Jahrbuch

über die

Fortschritte der Mathematik

im Verein mit anderen Mathematikern

herausgegeben

von

Dr. Carl Ohrtmann und Dr. Felix Müller.

Erster Band.

Jahrgang 1868.

Berlin.

Druck und Verlag von Georg Reimer.

1871.

V o r r e d e.

Wir übergeben hiermit dem gelehrten Publikum das erste Heft unseres Jahrbuchs. Nicht weil wir uns für die Fähigsten zur Herausgabe desselben hielten, sondern weil wir selbst häufig den Mangel eines solchen empfunden, haben wir die Bearbeitung unternommen.

Das Ziel, das uns vorschwebte, war einerseits: Demjenigen, der nicht in der Lage ist, alle auf dem umfangreichen Gebiete der Mathematik vorkommenden Erscheinungen selbstständig zu verfolgen, ein Mittel zu geben, sich wenigstens einen allgemeinen Ueberblick über das Fortschreiten der Wissenschaft zu verschaffen; andrerseits: dem gelehrten Forscher seine Arbeit bei Auffindung des bereits Bekannten zu erleichtern.

Als Muster bei Erreichung dieses doppelten Zieles dienten uns die von der hiesigen physikalischen Gesellschaft herausgegebenen Fortschritte der Physik. Einzelne Abweichungen waren durch das Wesen der beiden Wissenschaften geboten.

Dass wir unser Ziel in diesem Bande noch keineswegs erreicht, dass im Gegentheile noch manche Aenderung und Besserung für die Zukunft nothwendig sein dürfte, dessen sind wir uns wohl bewusst, hoffen indess mit Zuversicht, dass es uns mit der Zeit gelingen wird, die vielen Schwierigkeitcn, die sich unserer Arbeit von Anfang an entgegenstellten, zu überwinden.

Ein grosser Uebelstand, das verkennen wir nicht, ist das diesmalige späte Erscheinen. Trotzdem jedoch die Arbeit bereits zu Anfang des vorigen Jahres begonnen wurde, war es nicht möglich, das Erscheinen früher zu bewerkstelligen. Neben der langen Zeit, welche die Herbeischaffung des Materials in Anspruch nahm, führte auch der Krieg Zögerungen herbei, da einzelne der Herren Referenten zu den Fahnen einberufen wurden. Wir geben daher diesen Jahrgang nicht, wie ursprünglich beabsichtigt war, als vollen Band, sondern heftweise heraus, der Art, dass das zweite Heft die Geometrie, das dritte die angewandte Mathematik enthalten wird. Diesem Uebelstande des späten Erscheinens hoffen wir für die Zukunft erfolgreich abzuhelfen. Zunächst werden wir die Jahrgänge 1869 und 1870 in einen Band zusammenfassen. Es scheint dies wegen der geringeren Zahl der Arbeiten im Jahre 1870 nicht ungerechtfertigt zu sein. Die Vorarbeiten zu diesem zweiten Bande sind auch bereits soweit gediehen, dass unmittelbar nach Vollendung des vorliegenden mit dem Druck des zweiten begonnen werden kann. Um das Erscheinen jedoch in der wünschenswerthen Weise ausführen zu können, dass bereits in der Mitte jedes Jahres der vorhergehende Jahrggang abgeschlossen werden kann, ist eine Aenderung in der dies Mal befolgten Art der Zusammenstellung erforderlich. Die Hefte werden daher in Zukunft nicht den Gegenständen, sondern der Zeit nach begrenzt werden; dem

Uebelstande der dadurch bedingten geringeren Uebersichtlichkeit gedenken wir durch sorgfältige systematisch geordnete Register entgegenzutreten.

Auf absolute Vollständigkeit können wir dies Mal noch keinen Anspruch erheben. Trotz aller Bemühungen ist es uns nicht gelungen, alle Journale, Abhandlungen, Berichte und selbstständigen Werke mathematischen Inhalts in das Bereich unserer Arbeit zu ziehen. Doch glauben wir, wenigstens nichts Wesentliches übersehen zu haben. Wo es doch geschehen sein sollte, erbitten wir uns gefällige Notizen. Wir werden dieselben nach Möglichkeit zur Vervollständigung benutzen. Unsere Arbeit ist eben eine solche, die nur durch allgemeine Theilnahme, gewissermassen nur dadurch, dass Jeder an seinem Theile hilft, dem vorgesteckten Ziele zugeführt werden kann. Um diesem Mangel, wenigstens so viel an uns liegt, abzuhelfen, haben wir uns mit Gelehrten des Auslandes in Verbindung gesetzt, welche die uns unzugängliche Litteratur ihres Landes zu bearbeiten sich gütigst bereit erklärt haben.

Dadurch, wie durch eine grössere Zahl von Mitarbeitern, hoffen wir, wird sich auch das alleinige Anführen von Titeln an Stelle von Referaten vermeiden lassen. Dies Mal war es in Folge der oben besprochenen Schwierigkeit noch nicht zu umgehen.

Was die Einordnung der Referate — die Verantwortlichkeit für den Inhalt tragen die Herren Referenten — in die einzelnen Abschnitte und Capitel betrifft, so dürfte auch diese trotz gewissenhaftester Berathung mit den Herren Bearbeitern noch mancher Verbesserung bedürfen. Wir bitten in dieser Beziehung um gütige Rathschläge. Eine Arbeit von Jacobi (S. 65) ist durch

Versehen leider an eine unrichtige Stelle gerathen, Sie stände wohl richtiger Capitel 2 Abschnitt III.

Indem wir hiermit das erste Heft den geehrten Herren Mathematikern übergeben, können wir nur die Bitte um milde Beurtheilung und gütige allseitige Unterstützung unsers wahrlich nicht leichten Unternehmens mit Rath und That hinzufügen. Je allgemeiner uns diese Unterstützung zu Theil wird, desto mehr dürfen wir hoffen, zur Förderung der Mathematik und gründlicher mathematischer Studien auch durch unsere Arbeit beizutragen.

Wir können nicht schliessen, ohne der bereitwilligen Güte zu gedenken, mit welcher uns die Herren Borchardt, Kronecker und Weierstrass durch ihren Rath unterstützt haben. Sie haben uns dadurch zu dem herzlichsten Danke verpflichtet.

Berlin, im Februar 1871.

Erklärung der Citate.

Eine eingeklammerte (arabische) Zahl vor der (römischen) Bandzahl bezeichnet die Reihe (Serie), zu der der Band gehört. Im Allgemeinen ist nach der Bandzahl citirt; nur da, wo die Zeitschrift sich selbst nach Jahrgängen bezeichnet, ist diese Zahl benutzt. Bei selbstständigen Werken ist das Jahr des Erscheinens nicht angeführt, da nur die im bearbeiteten Jahre erschienenen Werke berücksichtigt sind.

Ann. de l'Éc. Norm.: Annales scientifiques de l'école normale supérieure publiées sous les auspices du minister de l'instruction publique par Mr. Le Pasteur avec un comité de rédaction composé de Mrs. les maitres de conférences. Paris.

Ann. d. Mines: Annales des Mines.

Ann. d. Un. Tosc.: Annali delle Universitá Toscana. Pisa.

Arch. Néerl.: Archives Néerlandaises des sciences exactes et naturelles, publiées par la Société Hollandaise des sciences á Haarlem. La Haye.

Astr. Nachr.: Astronomische Nachrichten, begründet von H. C. Schumacher, herausgegeben von C. A. F. Peters. Altona.

Astr. Viertjahr: Vierteljahrschrift d. Astron. Ges. herausg. von C. Bruhns. Leipzig.

Atti di Torino: Atti della Reale Accademia delle Scienze di Torino. Torino.

Basel. Verh.: Verhandlungen der naturforschenden Gesellschaft in Basel. Basel.

Battagl. G.: Giornale di Matematiche ad uso degli studenti delle universitá italiane pubblicata per cura del Professore G. Battaglini. Napoli.

Berl. Abh.: Mathematisch-physikalische Abhandlungen der Königlichen Akademie der Wissenschaften zu Berlin. Berlin.

Berl. Monatsber.: Monatsberichte der Kgl. Preussischen Akademie der Wissenschaften zu Berlin. Berlin.

Borchardt J.: Journal für die reine und angewandte Mathematik. Als Fortsetzung des von A. L. Crelle gegründeten Journals herausgegeben unter Mitwirkung der Herren Schellbach, Kummer, Kronecker, Weierstrass von C. W. Borchardt. Berlin.

Brioschi Ann.: Annali di Matematica pura ed applicata diretti da F. Brioschi e L. Cremona in continuazione degli Annali gia pubblicati in Roma dal prof. Tortolini. Milano.

Brünn. Verh.: Verhandlungen des naturforschenden Vereins zu Brünn. Brünn.

Bull. de Belg.: Bulletin de l'Académie Royale des sciences, des lettres et des beaux arts de Belgique. Bruxelles.

Bull. de Moscou: Bulletin de la Société Impériale des Naturalistes de Moscou. Moscou.

Bull. de St. Pét.: Bulletin de l'Académie Impériale de St. Pétersbourg. Pétersbourg et Leipzig.

Bull. d. l. S. Vaud.: Bulletin des séances de la Société Vaudoise des sciences naturelles. Lausanne.

Boncompagni Bull.: Bulletino di Bibliografia e di Storia delle scienze matematiche e fisiche pubblicato da B. Boncompagni. Roma.

Carl Repert.: Repertorium für Experimental-Physik herausgegeben von Dr. Ph. Carl. München.

C. R.: Comptes rendus hebdomadaires des séances de l'Académie des sciences. Paris.

Educ. Times.: Mathematical Reprint of the Educational Times. London.

Forh. af Christ.: Forhandlingar i Videnskabs Selskabet i Christiania Christiania. Leipzig.

Gött. Abh.: Abhandlungen der Königlichen Gesellschaft der Wissenschaften zu Göttingen. Göttingen.

Gött. Nachr.: Nachrichten von der Kgl. Gesellschaft der Wissenschaften und der G. A. Universität zu Göttingen. Göttingen.

Gött. Anz.: Göttingische gelehrte Anzeigen. Unter der Aufsicht der Kgl. Gesellschaft der Wissenschaften. Göttingen.

Grunert Arch.: Archiv für Mathematik und Physik mit besonderer Rücksicht auf die Bedürfnisse der Lehrer an höhern Unterrichtsanstalten. Herausgegeben von Johann August Grunert. Greifswald.

Handl. Stockh.: Kongl. Svenska Vetenskaps-Akademiens Handlingar. Stockholm.

Jaarb. v. Amst.: Jaarbock van de koninkligke Akademie van Wetenschappen. Amsterdam.

Inst.: L'Institut, Journal universel des sciences et des sociétés savants en France et à l'étranger. Premier section. Sciences mathématiques, physiques et naturelles. Paris.

J. de l'Éc. Pol.: Journal de l'école impériale polytechnique publié par le conseil d'instruction de cet établissement. Paris.

Leipz. Abh.: Abhandlungen der Kgl. sächsischen Gesellschaft der Wissenschaften. Leipzig.

Leipz. Ber.: Berichte über die Verhandlungen der Kgl. sächsischen Gesellschaft der Wissenschaften zu Leipzig, Mathematisch-physikalische Classe. Leipzig.

Liouville J.: Journal de mathématiques pures et appliquées ou recueil mensuel des mémoires sur les diverses parties de mathématiques, par J. Liouville. Paris.

Mém. cour. de Belg. en 4° où 8°: Mémoires couronnés et mémoires des savans étrangers publiés par l'Académie Royale des sciences de Belgique. Bruxelles.

Mem. di Bologna: Memorie dell'Accademia delle scienze dell'Istituto di Bologna. Bologna.

Mem. d. Ist. Lomb.: Memorie del R. Istituto Lombardo di scienze, lettere ed arti. Milano.

Mem. of Manch.: Memoirs of the litterary and philosophical society of Manchester. Manchester.

Mém. de Paris: Mémoires de l'Académie des sciences de l'Institut de France. Paris.

Mém. prés. de Paris: Mémoires présentés par divers savants à l'Académie des sciences de l'Institut impérial de France. Sc. math. et phys. Paris.

Mém. de St. Pét.: Mémoires de l'Académie impériale des sciences de St. Pétersbourg. St. Pétersbourg.

Mem. di Torino: Memorie dell'Accademia delle scienze di Torino. Torino.

Mem. di Vinez.: Memorie del Reale Istituto Veneto di scienze, lettere ed arti. Venezia.

Messenger: The Oxford, Cambridge and Dublin Messenger, a journal supported by junior mathematical students of three universities, edited by Whitworth, Casey, Challis, Mc. Dowell, Taylor and Turnbull. London and Cambridge.

Mondes: Les Mondes, revue hebdomadaire des sciences et de leur application aux arts et á l'industrie par M. l'Abbé Moigno. Paris.

Münch. Abh.: Abhandlungen der Kgl. bayrischen Akademie der Wissenschaften. Zweite Classe. München.

Münch. Ber.: Sitzungsberichte der Kgl. bayrischen Akademie der Wissenschaften zu München. München.

N. Act. Ups.: Nova Acta Regiae societatis scientiarum Upsaliensis. Upsala.

Nouv. Ann.: Nouvelles Annales de Mathématiques. Journal des candidats aux écoles polytechnique et normale, rédigé par MM. Gerono et Bourget. Paris.

N. Mém, de Belg.: Nouveaux Mémoires de l'Académie Royale des sciences, des lettres et des beaux arts de Belgique. Bruxelles.

N. Schw. Denkschr.: Neue Denkschriften der allgemeinen Schweizerischen Gesellschaft für die gesammten Naturwissenschaften. Bern.

Nyt Mag.: Nyt Magazin for Naturvidenskaberne, ved Sars og Kjerulf. Christiania.

Öfv. of Forh. Stockh.: Öfversigt of Kongl. Vetenskaps-Akademiens Forhandlingar. Stockholm.

Overs. v. Kopenh.: Oversigt over det Kongelige Danske Videnskabernes Selskabs Vorhandlingar. Af J. J. S. Steenstrup. Kopenhagen und Leipzig.

Phil. Mag.: The London, Edinburgh and Dublin philosophical Magazine and Journal of science, by Brewster, Kane, Francis. London.

Pogg. Ann.: Annalen der Physik und Chemie, herausgegeben zu Berlin von Poggendorff. Leipzig.

Prag. Abh.: Abhandlungen der Kgl. Böhmischen Gesellschaft der Wissenschaften. Prag.

Prag. Ber.: Sitzungsberichte der Kgl. Böhmischen Gesellschaft der Wissenschaften. Prag.

Proc. of Edinb.: Proceedings of the Royal Society of Edinburgh. Edinburgh.

Proc. of London: Proceedings of the Royal Society of London. London.
Proc. of Manch.: Proceedings of the litterary and philosophical Society of Manchester. Manchester.
Quart. J.: The Quarterly Journal of pure and applied mathematics. Edited by Sylvester and Ferrers. London.
Rend. di Bologna: Rendiconti delle sessioni dell'accademia delle scienze dell'Istituto di Bologna. Bologna.
Rend. d. Ist. Lomb.: Reale Istituto Lombardo di scienze el lettere. Rendiconti. Classe di scienze mathematiche e naturali. Milano.
Rend. di Napoli: Rendiconti dell'accademia delle scienze fisiche e matematiche di Napoli. Napoli.
Rep. Brit. Ass.: Report of the meeting of the british Association for the advancement of science. London.
Schlömilch Z.: Zeitschrift für Mathematik und Physik, herausgegeben unter der verantwortlichen Redaction von Schlömilch, Kahl und Cantor. Leipzig.
Skrift. v. Kopenh.: Det Kongl. Danske Videnskabernes Selskabs Skrifter. Kopenhagen.
Trans. of Dublin: The Transactions of the Royal Irish Academy. Dublin.
Trans. of Edinb.: Transactions of the Royal Society of Edinburgh. Edinburgh.
Trans. of London: Philosophical Transactions of the Royal Society of London. London.
Tychsen Tidsskr.: Tidsskrift for Mathematik. Udgivet af C. Tychsen. Kopenhagen, Leipzig.
Verh. v. Amst.: Verhandlingen der Kongl. Akademie de Wetenschappen. Amsterdam.
Versl. en Mededeel.: Verslagen en Mededeelingen d. Kongl. Akademie van Wetenschappen te Amsterdam. Amsterdam.
Wien. Ber.: Sitzungsberichte der mathematisch - naturwissenschaftlichen Klasse der Kaiserlichen Akademie der Wissenschaften. Zweite Abtheilung: Enthält die Abhandlungen aus dem Gebiete der Mathematik, Physik, Chemie, Physiologie, Meteorologie, physischen Geographie und Astronomie. Wien.
Wien. Denkschr.: Denkschriften der Kaiserlichen Akademie der Wissenschaften. Mathematisch - naturwissenschaftliche Klasse. Wien.
Wolf J.: Vierteljahrsschrift der naturforschenden Gesellschaft in Zürich von R. Wolf. Zürich.
Z. dtsch. Ing.: Zeitschrift des Vereins deutscher Ingenieure von Ziebarth.

Inhaltsverzeichniss.

(Die mit einem † versehenen Arbeiten sind ohne Referate.)

Erster Abschnitt. Geschichte und Philosophie.

Capitel 1. Geschichte.

Capitel 2. Philosophie.

Zweiter Abschnitt. Algebra.

Capitel 1. Gleichungen.

Capitel 2. Symmetrische Functionen.

Capitel 3. Elimination und Substitution.

Dritter Abschnitt. Zahlentheorie.

Capitel 1. Allgemeines.

Capitel 2. Theorie der Formen.

Capitel 3. Kettenbrüche.

Vierter Abschnitt. Wahrscheinlichkeitsrechnung.

Fünfter Abschnitt. Reihen.

Capitel 1 Allgemeines.

Capitel 2. Besondere Reihen.

Sechster Abschnitt. Differential- und Integral-Rechnung.

Capitel 1. Allgemeines.

Siebenter Abschnitt. Functionentheorie.

Seite

Capitel 2. Besondere Functionen.

Achter Abschnitt. Analytische Geometrie.

Capitel 1. Allgemeines.

Capitel 2. Geometrie der Ebene.

A. Allgemeines.

B. Algebraische Curven.

C. Kegelschnitte.

D. Besondere Curven.

Capitel 3. Geometrie des Raumes.

A. Allgemeines.

B. Allgebraische Curven und Flächen.

C. Curven und Flächen zweiter Ordnung.

D. Besondere Curven und Flächen.

Capitel 4. Abbildung.

Capitel 5. Strahlensysteme.

Neunter Abschnitt. Synthetische Geometrie.

Capitel 1. Allgemeines.

Capitel 2. Besondere Curven.

Capitel 3. Besondere Flächen.

Seite

Zehnter Abschnitt. Mechanik.

Capitel 1. Lehrbücher.

Capitel 2. Cinematik.

Capitel 3. Statik.

Seite

Elfter Abschnitt. Mathematische Physik.

Capitel 1. Elasticität und Akustik.

Capitel 2. Optik.

Zwölfter Abschnitt. Geodäsie und Astronomie.

Capitel 2. Astronomie.

Anhang.

Erster Abschnitt.
Geschichte und Philosophie.

Capitel 1.
G e s c h i c h t e.

J. M. Wilson. Euclide come testo di geometria elementare. Battaglini G. VI. 361-368.

Der Verfasser erwähnt im Eingang, dass Euclid's Elemente, die vor mehr als 2000 Jahren geschrieben, fast durchweg in England gelehrt werden und für die einzige Grundlage der bekannten Geometrie gelten, — wogegen in jedem andern Zweige der Mathematik mit dem Fortschreiten der Wissenschaft auch bessere Elementarbücher geschrieben und angewandt werden. Er erklärt dies für einen Mangel und weis't auf das Beispiel anderer Nationen hin, die nicht in derselben Weise, wie die Engländer, an Euclid festhalten. Hierauf bespricht der Verfasser zwei Puncte, in denen Euclid's Elemente ihm besonders mangelhaft erscheinen. Erstens ist der Standpunct des ganzen Buches im Gegensatz gegen die wahre Wissenschaft, insofern Alles mehr aus conventionellen Gesetzen (wie etwa Spielregeln) als aus den nothwendigen und unveränderlichen Denkgesetzen gefolgert wird. Zweitens giebt Euclid nicht zu denken. Es ist also eine Reform nöthig, wie die von Jussieu in der Botanik, und Euclid's Elemente als Lehrbuch zu verbannen. Mz.

Wilkinson. On some points in the restoration of Euclide's Porism. Proc. of Manch. VII. 68-72.

Herr Chasles hatte in seinem Werke: „Aperçu historique, Bruxelles 1837“ und in „Les trois livres de porismes d'Euclide, Paris 1860“ behauptet, dass er zuerst auf die Natur der von

Diophant citirten Porismen aufmerksam gemacht hätte. Herr Wilkinson vindicirt die Priorität dieser Entdeckung Herrn Charles Wildbore auf Grund eines Briefes desselben an Herrn Lawson vom 18. August 1775. O.

MARIANINI. Settanta cinque porismi tratti quasi tutti dell' opera del Chasles intitolata „Les trois livres de porismes d'Euclide" e dimostrati la maggior parte con metodo che dietro certe considerazioni, sembra probabile essere stato usato da Euclide. Mem. di Modena. (2) II.

G. SPEZI. Nicomachi Geraseni Pythagorei Introductiones Arithmeticae libri II. Recensuit R. Hoche. Boncompagni Bull. I. 57-62.

Anzeige der bei Teubner 1866 erschienenen neuen Ausgabe der Arithmetik des bekannten Mathematikers Nicomachus aus Gerasa, welche Hrn. Spezi Gelegenheit bietet, einmal, auch hier, wie er es nach eigener Angabe auch sonst thut, auf das Geschick der Alten ihren Gedankenreichthum in wenig umfangreichen Schriften zusammenzudrängen und auf ihre Kunst der Darstellung hinzuweisen, zwei Eigenschaften, die der modernen Zeit abhanden gekommen, — sodann, sich gegen die Art und Weise zu erklären, wie neuere deutsche Philologen die Texte der Alten bearbeiteten. Mr.

G. FRIEDLEIN. De Notis numerorum Romanis. Boncompagni Bull I. 48-50.

Die Zahlen in Plinius' Naturgeschichte haben den Herausgebern und Erklärern viel zu schaffen gemacht, einmal, weil Zahlen an und für sich leicht der Verderbniss durch eine Unachtsamkeit des Schreibers ausgesetzt sind, dann aber, weil uns die Methode der Römer nicht überliefert ist, grössere Zahlen als einige Tausende zu schreiben. Denn dann hätten ihre M in einer schwer zu übersehenden Anzahl an einander gereiht werden müssen. Sie mussten daher darauf ausgehen, eine solche lange Reihe in ein leicht fassliches Zahlenbild zusammenzufassen. Daher unterschieden sie die Hunderttausende und Tausende, zählten jede dieser Gruppen für sich und machten sie durch Zeichen kenntlich. |XXIII| hiess 2 300 000, XVII 17000, also 2 317 508 wurde geschrieben |XXIII| XVII DVIII.

Nun finden sich aber bei Plinius auch Zahlen aus 2 Gruppen bestehend, bei welchen obige Regel, wie der Zusammenhang lehrt, unmögliche Zahlen ergeben würde.

Für diese hat Herr Martin in „Tortolini Ann. V. 295" eine Erklärung gegeben, welche die Schwierigkeiten hebt. Die erste Gruppe bedeutet Tausende, wenn Hunderte nachfolgen; dagegen nur Hunderte, wenn keine Hunderte in der zweiten Gruppe enthalten sind.

Herr Friedlein erkennt die Nothwendigkeit dieser Erklärung für die Interpretation des Plinius an, macht aber darauf aufmerksam, dass diese Art die Zahlen zu schreiben unmöglich von Plinius herrühren könne, der nicht von der gewöhnlichen Regel abgewichen sein werde, ohne wenigstens seine Leser darauf hinzuweisen. Es sei dieses Verfahren daher wohl für die Erfindung eines Abschreibers zu halten.

Weitere Bemerkungen sind gegen Herrn M. Cantor gerichtet, welcher die Bedeutung der Gruppen von ihrer Stellung abhängig macht, während das hinzugefügte Zeichen nach d. V. allein den veränderten Werth bezeichnet. Herr Cantor hat sich auf eine Stelle des Julius Sextus Africanus gestützt, um nachzuweisen, dass die Alten durch die Stellen die Bedeutung der Ziffern verändert hätten. Die Stelle bezieht sich aber auf eine Bezeichnung der Buchstaben für eine Art nächtlicher Telegraphie bei den Griechen, nicht auf Schreibung von Zahlen; ein Analogon zu unseren Stellen dürfte aber doch in jener Telegrapheneinrichtung anzuerkennen sein. Mr.

G. Friedlein. Beiträge zur Geschichte der Mathematik. Pr. d. St.-A. Hof 1868.

Das vorliegende Programm ist ein Theil einer grösseren Arbeit, welche später unter dem Titel: „Die Zahlzeichen und das elementare Rechnen der Griechen und Römer und des christlichen Abendlandes vom 7. bis 13. Jahrhundert. Mit 11 Tafeln" bei

Deichert in Erlangen 1869 erschienen ist. In dem vorliegenden Theile werden die Darstellungsarten der Zahlen bei den Griechen und zum Theil auch die bei den Römern vorkommenden besprochen. Ausgehend von der einfachsten und allgemeinsten Darstellungsmethode der Zahlen, welche durch Hinzufügen gleicher Gegenstände die kleinen Zahlbegriffe liefert, zeigt die Untersuchung, wie die Nothwendigkeit der Darstellung grösserer Zahlen die Griechen zu Vereinfachungen führte. Als solche werden genannt und ausführlich besprochen: die Anwendung von Recheninstrumenten, die Verwendung bestimmter Biegungen und Stellungen der Finger, der Gebrauch zusammenfassender Zeichen, die Benutzung der Buchstaben als Zahlzeichen. Namentlich wird der letzte Punkt ausführlich erörtert und besonders hervorgehoben, dass sich nirgends in griechischen Schriften eine Spur vom Gebrauche der Null, nirgends besondere, nicht von Buchstaben ableitbare, Ziffern finden. Erst um das 14. Jahrhundert lernten die Griechen im byzantinischen Reiche die Zahlzeichen der Araber als indische Ziffern kennen.

Bei den Römern finden wir auch Belege für die einfachste Darstellung der Zahlen durch Hinzufügen desselben Zeichens, aber von den Arten der Vereinfachungen, die bei den Griechen vorkamen, finden sich nur deren drei wieder angewandt; es fehlt nämlich die Verwendung der Buchstaben, wenigstens ist sie nicht sicher festzustellen, da sich zu wenig Spuren einer solchen Verwendung finden. Das Recheninstrument der Römer ist uns dagegen bekannt, sogar bekannter als das griechische. Die vorkommenden Arten und ihre Anwendung werden besprochen. Hier bricht die Arbeit ab. T.

L. Am. Sédillot. De l'astronomie et des mathématiques chez les Chinois. Lettre à D. B. Boncompagni. Boncompagni Bull. I. 161-166.

Hr. Sédillot protestirt in diesem Briefe sehr energisch gegen die vortheilhafte Ansicht von den mathematischen und astronomischen Kenntnissen der Chinesen, welche in einem Aufsatze im Journal des arts et des industries von Florenz aufgestellt worden ist. Er zeigt durch Citation einer Reihe von Thatsachen aus seinem grösseren Werke „Matériaux pour servir à l'histoire comparée des sciences mathématiques chez les Grecs et les Orientaux", dass sämmtliche bei den Chinesen angetroffenen wissenschaftlichen Kenntnisse ausserchinesischen Ursprunges sind und seitens der Chinesen nicht die geringste selbständige Fortbildung erfahren haben, und schliesst mit dem Urtheilsspruch: l'astronomie et les mathématiques ne doivent rien, en fait de découvertes, aux peuplades russes, indiennes ou chinoises. B.

L. Am. Sédillot. De l'école de Bagdad et des travaux scientifiques des Arabes. Lettre à M. D. B. Boncompagni. Boncompagni Bull. I. 217-222.

Herr Sédillot beklagt sich, dass in dem Werke des Herrn Guignant über die neuesten Fortschritte auf dem Gebiete der Geschichte der Wissenschaften der von ihm und andern Gelehrten angestellten Forschungen über die arabische Schule von Bagdad keine Erwähnung geschehen. Er verbindet damit ein kurzes Résumé über das, was diese Schule auf dem Gebiete der Mathematik, Astronomie und mathematischen Geographie geleistet hat. O.

L. Am. Sédillot. De la détermination de la troisième inégalité lunaire ou variation par Aboul-Wéfâ et Tycho Brahé. C. R. LXVI. 286. — Bonc. Bull. I. 51-53.

E. Mailly. L'Espagne scientifique. Notices extraites de l'annuaire de l'Observatoire R. d. Brux. 1868. Grunert Arch. XLVIII. 376.

Neben einem Abriss der Geschichte der Mathematik, Physik und Astronomie in Spanien von den Arabern an, enthält die Arbeit historische Notizen über die Sternwarten und über die spanische Akademie der Wissenschaften. An der erst citirten Quelle finden sich zugleich Nachrichten über spanische Universitäten. O.

Maximilian Curtze. Ueber die Handschrift R. 4° - 2. „Problematum Euclidis explicatio" der königl. Gymnasialbibliothek zu Thorn. Schlömilch Z. XIII. Suppl. 45-104.

Genauere Analyse des Inhalts der schon in einer Provincial-

Zeitschrift, dann in Grunert Arch. XLIV. angezeigten Handschrift aus dem XIV. Jahrhundert.

Die Handschrift enthält 13 Stücke:

1) Euclidis liber de visu (lat. Uebers. der Optik des Euklid.) von Herrn Curtze zuerst fälschlich für eine bisher unbekannte Perspective Bradwardins gehalten.
2) Utrum visio corporis que fit per radiorum reflexionem et refractionem possit esse equalis visioni que fit per rectam radiorum radiationem. Verf. unbekannt.
3) Joannis Peckkarni Archiepiscopi Cantuariensis Perspective communis libri tres.
4) Postrema duo Theoremata libri de Speculis Euclidis.
5) Carastonis liber editus a Thebith filio Thore.
6) Verba filiorum Moysi filii Schyr. i Marmeti. Hameli. Hasen. (Behandelt die Messung von Flächen und Körpern, namentlich des Kreises und der Kugel.)
7) Demonstratio magistri Campani de figura sectore.
8) Algorismus proportionum magistri Nicolay Orem (i. e. Orême).
9) Theorica motus longitudinum septem planetarum.
10) Geometria Bradwardini.
11) Tractatus de continuo Bradwardini.
12) Liber de ponderibus Jordani Nemorarii.
13) De latitudine formarum magistri Nicholai Horen (i. e. Orême).

Von diesen Stücken waren schon früher, theilweise bereits im 15. und 16. Jahrhundert, gedruckt No. 1, 3, 4, 7, 12, 13; 1, 4 und 12 weichen jedoch in eigenthümlicher Weise von bekannten Drucken ab, während die andern im wesentlichen mit bekannten Ausgaben übereinstimmen. Der Druck von No. 13 (aus dem Jahre 1505) ist selten, und da es wichtig ist, weil es die Anfänge eines Coordinatensystems enthält und die Veränderung der Form als eine Function von Länge und Breite (so nennt er Abscisse und Ordinate) auffasst, wird der Inhalt von Herrn Curtze ausführlicher besprochen. Resultate dieser Idee treten hier aber nicht weiter hervor.

No. 8 ist erst von Herrn Curtze zum 300jährigen Jubiläum des Thorner Gymnasiums gedruckt worden (Berlin 1868, bei Calvary). Geschichtsschreibern der Mathematik war es in den

Handschriften bekannt; es ist neben dem oben besprochenen No. 13 das wichtigste Stück der ganzen Handschriften. Es enthält nämlich die Lehre von der Rechnung mit Potenzen mit gebrochenen Exponenten, deren erste Anwendung bisher auf den späteren Vieta zurückgeführt wurde (Orême † 1382. Juli 11). Nur in Bruchstücken waren bekannt 5 und 6. Ersteres Werkchen von Steinschneider in Tortolini Ann. V. ausführlich behandelt, wird vollständig mitgetheilt. Caraston ist eine arabische Ableitung von κειρ und heist Handwage; das Buch handelt von der Art Handwage, die wir schwedische Schnellwage nennen.

Von No. 6 (auch verba trium fratrum genannt und in der Geschichte der Geometrie von Bedeutung) finden sich die bisher veröffentlichten Stücke nicht in der Handschrift, was wohl darauf beruht, dass, wie die Vergleichung mit einem Basler Codex ergiebt (F. II. 33), die Handschrift nur 6 von den 19 Sätzen enthält, aus denen das ganze Werk besteht.

Noch nicht gedruckt waren No. 2, 9 und 11. No. 2 ist eine eigenthümliche Discussion katoptrischer und dioptrischer Sätze in der Art, dass die letzte Abtheilung die Ausstellungen der vorhergehenden vier umstösst. — Der Verfasser ist unbekannt; es ist frühestens aus dem Anfang des XIII. Jahrhunderts, wie sich aus einigen Citaten ergiebt. No. 9 ist nicht von besonderem Werth aber nicht ohne Interesse dadurch, dass es nach den (allerdings kaum verständlichen) Anfangs- und Schlussworten scheint, als ob 1—9 der Handschrift ein systematisch geordnetes Ganzes bilden sollten, so dass die optischen, geometrischen und arithmetischen Lehrsätze von 1—8 nur Vorbereitung zu 9 wären. — Herr Curtze hat hieraus geschlossen, dass der Verfasser von 9 überhaupt der Schreiber der Handschrift sei, was aber nur richtig ist, wenn der Codex Original ist. No. 11 war bisher gänzlich unbekannt, hat aber keine hervorragende Bedeutung. Es handelt über die Zusammensetzung des Stetigen und gipfelt in dem Satze: omnes scientias veras esse, ubi non supponitur, continuum ex indivisibilibus componi.

Zum Schluss folgen noch Notizen über eine andere Handschrift derselben Bibliothek K fol. 23, welche 1) eine Darstellung des decadischen Zahlensystems ohne Anwendung der 0 enthält, 2) Prognostica für die Zeichen des Zodiaker, und 3) ein Calendarium für 1328, darin quatuor cicli premacionis lune, goldene Zahl, Wochenbuchstaben, Tageslänge und Sonnenhöhe, — endlich ein Verzeichniss der mathematischen Handschriften, welche die Thorner Gymnasialbibliothek (gegründet 1594) ehemals besass, bis sie ihr 1729 bei den so blutig endenden Unruhen abhanden kamen. Mr.

Curtze. Der Algorithmus proportionum d. Nicol. Oresme, zum ersten Male nach der Lesart der Handschrift R. 4°. 2 der königl. Gymn.-Bibl. zu Thorn. Berlin, Calvary, 1868. (Siehe S. 6 unten.)

A. Marre. Manière de compter des anciens avec les doigts des mains, d'après un petit poëme inédit arabe, de Chems-Eddin el Massoul et le Tratado de Mathematicas de Juan Perez de Moya, imprimé à Alcala de Henares, en 1573. Boncompagni Bull. I. 309-318.

Uebersetzungen 1) eines kleinen arabischen Gedichtes aus einer Handschrift der kaiserlichen Bibliothek in Paris (supplément arabe No. 1912) über die Art und Weise die Zahlen durch Bewegungen der Finger auszudrücken, — 2) eines Abschnittes aus dem Tratado de Mathematicas von J. Perez de Moya, welcher das Verfahren der alten Völker in derselben Beziehung auseinandersetzt. Die Araber bezeichneten die Zahlen bis 99 mit der linken Hand, durch dieselben Bewegungen der rechten das Hundertfache, 10000 wird wieder mit der linken bezeichnet; weiter geht das arabische Gedicht nicht. — Die alten Völker nahmen noch andere Theile des Körpers zu Hülfe und hatten auch andere Bewegungen als die Araber. Die spanischen Mathematiker leiten dieses Verfahren von den Aegyptern her, welche keine Freunde von viel Worten gewesen seien. — Herr Boncompagni hat die Citate, die in dem spanischen Werke angeführt werden, aufgesucht und vervollständigt, zugleich auch die Literatur angegeben, welche über jene Art und Weise der Alten, die Zahlen zu bezeichnen, vorhanden ist. Mr.

E. Ritter. Introduction à l'art analytique par François Viète. Boncompagni Bull. I. 223-244.

Das Buch, dessen Uebersetzung vorliegt, bildet den ersten Theil von Vieta's „wiederhergestellter mathematischer Analysis". Es giebt einen Ueberblick über die Mathematik der zweiten Hälfte des 16. Jahrhunderts, ihre Zeichen und Sprechweise, ihre Begriffe und Ausdehnung. Den Hauptinhalt bildet das von Vieta sogenannte „Gesetz der Homogeneität", d. h. die Regel über die Behandlung von Aggregaten, deren Glieder verschiedene Potenzen enthalten. — Die unter dem Texte befindlichen Anmerkungen sind mit einer Ausnahme geschichtlichen oder sprachlichen Inhalts; jene einzige mathematische Anmerkung S. 244 (2) ist unrichtig. No.

E. Ritter. Première série de notes sur la logistique spécieuse. Boncompagni Bull. I. 245.

Wir würden diese Anmerkungen „Formelsammlung" nennen. Nur sind die Formeln wegen des noch unausgebildeten Zeichengebrauches in Worten ausgedrückt, also ziemlich weitläufig. Man findet unter ihnen die Formeln über die Potenzen eines Binoms, Sätze über geometrische Reihen, den allgemeinen pythagoreischen Lehrsatz, sogar schon (S. 271) die Entwickelung von $\sin mx$ und $\cos mx$ nach Potenzen von $\sin x$ und $\cos x$, freilich nur in geometrischer Form. No.

Vorsterman v. Oijen. Notice sur Ludolphe van Colen. Boncompagni Bull. I. 141-157.

Einige Details aus dem Leben Ludolf van Ceulens, denen eine Analyse seiner beiden Hauptschriften (de Arithmetische en Geometrische fondamenten, Leyden 1595 und van den circkel, Leyden 1597) folgt. Jene sind, wenn auch nicht ganz neu, aus Ludolfs eigenen und anderen bekannten Schriften von Zeitgenossen geschöpft — doch wenig bekannt und betreffen seine Beziehungen zu andern Mathematikern und Gelehrten seiner Zeit: Gondaen, Simon van der Eycke (a Querca) und namentlich zu Scaliger, gegen den er die archimedische Berechnung der Zahl π durch seinen Freund Adrian van Roomen (Romanus; Ludolf selbst verstand nicht Latein genug) in Schutz nehmen liess. Die Analyse der oben angeführten Schriften giebt eine Uebersicht über Ludolph's mathematischen Standpunkt; auffallend ist, dass er sich der französischen Methode, die Zahlen zu lesen, noch nicht bediente und anstatt die Ausdrücke Million, Billion etc. zu gebrauchen, noch das Wort Tausend sehr oft wiederholen musste. In der Geometrie sieht man mit Interesse, dass Aufgaben wie: ein Dreieck von einem Punkte ausserhalb in einem gegebenen Verhältniss zu theilen, oder: ein Kreis-Viereck aus den 4 Seiten zu construiren und ähnliche ihm und seinen Zeitgenossen noch Schwierigkeiten machten. Bekanntlich gaben sich die Mathematiker jener Zeit fortwährend gegenseitig geometrische Aufgaben, wozu sie den Hauptanstoss, wie sich auch aus dem von Herrn Vorsterman van Oijen Mitgetheilten ergiebt, aus der praktischen Feldmesskunst erhielten. Mr.

G. Neumüller. Elemente der praktischen Arithmetik von D. Nicolaus Medler. Weissenfels 1564. Pr. d. h. B. Naumburg 1868.

Die Einleitung und den Schluss bilden kurze biographische Notizen über Medler, in denen das Verhältniss Medlers zu Melanchthon und namentlich die Bemühung des letzteren, dem mathematischen Unterrichte in den Schulen eine grössere Geltung zu verschaffen, ausführlicher erörtert wird. Die praktische Arithmetik von Medler ist wohl als ein Werk anzusehen, das diesem Streben Rechnung tragen sollte. Der erste Theil derselben hat dem Herrn Verfasser in einer Ausgabe vorgelegen, die später, im Jahre 1564, von Laurentius Codomanus veranstaltet ist. Die Methode, welche in dem Werke befolgt wird, ist anerkennenswerth, weil sie zeigt, dass Medler bemüht gewesen, einen geordneten Lehrgang, vom Leichteren zum Schwereren fortschreitend, einzuführen. Im Uebrigen aber ist die Behandlung des Stoffes die im 16. Jahrhundert übliche. Regeln und Anweisungen für die verschiedenen Rechnungsoperationen finden sich ohne Angabe einer Begründung oder eines Beweises ihrer Richtigkeit. Die aufgestellten Regeln werden an zahlreichen Beispielen eingeübt.

Die Eintheilung des behandelten Stoffes ist folgende: Im ersten Abschnitt befindet sich eine Besprechung der Grundrechnungsarten für unbenannte Zahlen, darauf folgt, ohne dass die Anwendung derselben auf benannte Zahlen zuvor besonders gezeigt wäre, die Regula de tri, die umgekehrte Regula de tri, die Gesellschaftsrechnung, im Anschluss daran einige Regeln über die Rechnung mit Brüchen. Der zweite Abschnitt behandelt die Grundrechnungsarten mit gebrochenen Zahlen und die Regula falsi. Der dritte ist der Summation der arithmetischen und geometrischen Progressionen, den Verhältnissen und den Proportionen gewidmet. T.

CH. FRISCH. Joannis Kepleri Astronomi Opera omnia. Vol. VII. Frankfurt a. M. Heyder & Zimmer.

R. PEINLICH. Zwei Beiträge zur Biographie M. Johann Kepler's. Grunert. Arch. XLIX. 460-474.

I. Kepler's Dienstzeugniss bei seinem Abzuge aus den innerösterreichischen Erbländern 1600. II. Versuch zur Lösung der Frage, in welchem Hause M. Johann Kepler zu Graz wohnte. Eine „Nachschrift des Herausgebers" enthält einige Notizen über Kepler, die von demselben Verfasser im „Jahresbericht des k. k. Ober-Gymn. zu Graz" 1866 veröffentlicht sind. M.

E. REITLINGER. Johannes Kepler. Vier Bücher in drei Theilen. Unter Mitwirkung von C. W. Neumann und dem Herausgeber C. Gruner. Erster Theil. Stuttgart 1868.

Das erste Buch „Berufen" weist an der Jugendgeschichte und Entwicklung Kepler's nach, dass er berufen war und wozu er berufen war. Nachdem in den ersten beiden Capiteln über die Ahnen Kepler's, über seine Geburt (27. December 1571) und seine Kindheit berichtet worden, schildert das dritte Capitel seinen Aufenthalt in der Grammatisten-Klosterschule zu Adelberg und in der Klosterschule zu Maulbronn (1584-89), das vierte seine Studien auf der Universität Tübingen (bis 1594). Das fünfte Capitel ist seiner Thätigkeit als Landschafts-Mathematiker zu Graz gewidmet, woselbst er auch einen mit Prognosticis versehenen Kalender herauszugeben genöthigt war. Hier stellte Kepler sich die Aufgabe, das Copernikanische System fester zu begründen und legte seine kühnen Versuche in dem „Mysterium cosmographicum", dem „Geheimniss des Weltbaues" nieder, dessen Inhalt das sechste Capitel gibt. Die beiden letzten Capitel des ersten Buches erzählen Kepler's Heirath und seine Schicksale während der Protestantenverfolgung bis zu seiner Zusammenkunft mit Tycho bei Prag im Januar 1600.

Die Beilagen I-XXXIII. enthalten Stammtafeln, Briefe Zeugnisse und andre Urkunden. M.

G. A. Vorsterman van Oijen. Eine historische Bemerkung. Schlömilch Z XIV. 22-25.

Zu einer Bemerkung des Herrn Baltzer, den Gebrauch und die Erfindung des Wortes Million betreffend, theilt der Herr Verfasser mit, dass aus französischen Lehrbüchern der Arithmetik von Jean Trenchant und Jaques Peletier du Mans hervorgeht, dass das Wort Million in der zweiten Hälfte des 16. Jahrhunderts in Frankreich allgemein üblich, ebenso auch schon am Anfange des 17. Jahrhunderts einigen Rechenmeistern in den Niederlanden bekannt gewesen sei. Girard hat also wohl in seiner Prolation eine Methode, die schon in Frankreich üblich war, gegeben und nicht eine neue dargestellt. T.

Bartholomaei. Erhard Weigel. Ein Beitrag zur Geschichte der mathematischen Wissenschaften auf den deutschen Universitäten im 17. Jahrhundert. Schlömilch Z. XIII. Suppl. 1-44.

Um dem Leser einen Einblick zu gewähren in die Art und Weise, wie die mathematischen Wissenschaften auf den deutschen Universitäten im 17. Jahrhundert behandelt wurden, gibt der Herr Verfasser eine Uebersicht über die Lehren des „weltberühmten" Erhard Weigel, der zwar in den mathematischen Wissenschaften nichts Wesentliches geleistet hat, der aber als Professor der Mathematik zu Jena (vom Jahre 1654 an) einer der gefeiertsten Lehrer war. In dem ersten Abschnitt erhalten wir nach einigen historischen Notizen eine Darstellung der Philosophie Weigel's, eines entschiedenen Gegners der Scholastik, dem als Muster der Philosophie die Mathematik galt. Der Inhalt seiner Mathematik, mit dem wir im zweiten Abschnitt bekannt gemacht werden, ist höchst dürftig und armselig. Weder von seinem grossen Zeitgenossen Cartesius, noch von seinem grossen Schüler Leibnitz lernte Weigel etwas hinzu. Bemerkenswerth ist seine Tetractys oder das Rechnen mit der Grundzahl Vier. Vom Nutzen der Mathematik hatte Weigel einen sehr hohen Begriff; dem Rechnen schrieb er einen beinahe allmächtigen sittlichen Einfluss zu. Der dritte Abschnitt behandelt die Astronomie, welche durch ihren theologischen Anstrich noch armseliger erscheint als seine Mathematik. Hervorgehoben werden die Bestrebungen Weigel's den Kalender zu verbessern, über den bei seinen abergläubigen Zeitgenossen eine grosse Unwissenheit herrschte. Der vierte Abschnitt enthält die mechanische Physik und ein Verzeichniss der von Weigel erfundenen Apparate.

M.

J. Bertrand. Sur la méthode de Huyghens pour calculer les logarithmes. C. R. LXVI. 565-567. Nouv. Ann. (2) VII. 229.

Fédor Thoman. Sur la méthode de Huyghens pour calculer les logarithmes. C. R. LXVI. 661-664. Nouv. Ann. (2) VII. ~~661-664~~ mit einer Note von Bourget.

Nachrichten über eine von Huyghens aus dem Jahre 1666 herrührende, bisher noch nicht publicirte Methode zur Berechnung der Logarithmen mittelst einfacher Wurzelausziehung. Herr Bourget macht in seiner Note auf eine sehr viel einfachere Methode durch Potenzirung aufmerksam, die sich in Briggs, Arithmetica logarithmica, London 1624, findet. O.

P. Tardy. Intorno ad una formula del Leibnitz. Boncompagni Bull. I. 177-186. Mondes (2) XVIII. 687.

Siehe Abschn. V, Cap. X.

Franz Schmidt. Aus dem Leben zweier ungarischer Mathematiker Johann und Wolfgang Bolyai von Bolya. Grunert Arch. XLVIII. 217-228.

Die Arbeit enthält einige biographische Notizen und eine Aufzählung nebst Analyse der Werke Wolfgang Bolyai's, welcher bei den jetzt wieder aufgenommenen Versuchen, die Parallelentheorie ohne Euclid's Axiom XI. zu begründen, vielfach im Verein mit Nicolaus Lobatschewsky genannt wird. Auch Wolfgang's Sohn, Johann Bolyai, war ein tiefdenkender Mathematiker, dessen zahlreiche Arbeiten nur zum kleinen Theil veröffentlicht sind.

M.

— — Notice sur la vie et les travaux des deux mathématiciens hongrois Wolfgang et Johann Bolyai de Bolya. Mém. Bord. V. 191-205.

— — „La science absolue de l'espace, indépendante de la vérité ou de la fausseté de l'Axiome XI d'Euclide (que l'on ne pourra jamais établir a priori); suivie de la quadrature géométrique du cercle, dans le cas de la fausseté de l'axiome XI“, par Jean Bolyai, Capitaine au Corps du Génie dans l'armée autrichienne; précédé d'une notice sur la vie et les travaux de W. et de J. Bolyai. Paris, Gauthier-Villars, 1868.

Angelo Forti. Nota intorno alla vita ed agli scritti di Wolfgang e Giovanni Bolyai di Bolya, matematici ungheresi. Boncompagni Bull. I. 277-299.

Im Wesentlichen eine freie Uebersetzung der Arbeit von F. Schmidt, vermehrt durch eine Fülle literarischer Notizen.

M.

Notice sur J.-A. Timmermans (1801-64). Annuaire de Belg. 1868. 99.

Notice sur Mathias Schaar (1817-67). Annuaire de Belg. 1868. 99.

Catalogue des Travaux de Mr. Noel Germinal Poudra. Boncompagni Bull. I 302-308.

C.-A. Valson. La vie et les travaux du baron Cauchy, membre de l'Académie des Sciences; avec une Préface de M. Hermite, membre de l'Académie des Sciences. — 2 vol. in 8. Paris, Gauthiers-Villars.

Der erste Band dieses Werkes enthält eine ausführliche Lebensbeschreibung, der zweite eine Analyse der zahlreichen Arbeiten Cauchy's.

C. J. Matthes. Rehuel Lobatto, eine Lebensskizze. Grunert Arch. XLIX. 332-334.

Eine kurze Lebensbeschreibung des am 9. Februar 1866 verstorbenen niederländischen Mathematikers Rehuel Lobatto, der ein chronologisches Verzeichniss der von ihm herrührenden Arbeiten angefügt ist. O.

A. Forti. Intorno alla vita e alle opere die Luige Lagrange. Pistoja, Nistri, 1868.

E. Fallex. Léon Lagrange.' Paris, Douniol.

D. Piani. Intorno al centro di gravitá. Notice storico critiche. Boncompagni Bull. I. 41-42.

Zusammenstellung der von verschiedenen Mathematikern gegebenen Sätze über den Schwerpunkt. O.

P. Bassaget. Révolution dans l'astronomie en une leçon. L'Astronomie de premiers âges jusqu'à nous et son progrès réel au XIX siècle. Paris, impr. Balitout, Questroy u. Co.

Allégret. Mélanges scientifiques et littéraires. Pascal, Viète, Newton et Leibnitz. Liberté du calcul. Clermont-Ferrand, Thibaut 1868.

Capitel 2.
Philosophie.

J. J. BAUMANN. Die Lehren von Raum, Zeit und Mathematik in der neuern Philosophie nach ihrem ganzen Einfluss dargestellt und beurtheilt. Berlin 1868.

Der Hauptinhalt des umfangreichen Werkes ist eine Zusammenstellung der Aeusserungen von Suarez, Descartes, Spinoza, Hobbes, Locke, Newton, Leibnitz, Clarke, Berkeley und Hume, welche sich auf Raum, Zeit, Zahl, Mathematik beziehen, und derer, aus welchen ersichtlich ist, inwiefern die Mathematik auf die Richtung der Philosophie Einfluss übte. In Betreff der späteren Philosophie verweist der Verfasser namentlich auf Trendelenburg's logische Untersuchungen. Die Anordnung ist derart getroffen, dass bei jedem Autor von neuem erst die genannten mathematischen Begriffe, dann die Gegenstände der beeinflussten Philosophie einzeln nach einander behandelt werden. Den Aufführungen der Stellen folgt in geeigneten Abschnitten die Kritik, welche sich jedoch fast nur gegen das Einzelne richtet, wenn gleich mitunter daraus summarische Folgerungen gezogen werden. Zum Schlusse entwickelt der Verfasser seine eigenen Ansichten.

Die Kritik, sofern sie erläutert, ist ein unentbehrlicher Bestandtheil des Werkes zur Herstellung des gelösten Zusammenhangs; sofern sie Fehler rügt, ist sie gleichfalls dem Zweck der Darstellung in hohem Grade entsprechend und bietet kaum Anlass zu Einwänden. Was ihr aber mangelt, ist folgendes:

1) Das Falsche wird nur flüchtig abgewiesen, und das davon abhängige Urtheil über das Ganze nicht gehörig begründet. Eine grössere Sorgfalt in der Herausstellung der Grundirrthümer hätte die Arbeit bedeutend erleichtert und erspriesslicher gemacht. Hierzu bot Descartes die vortrefflichste Gelegenheit, indem sich bei ihm eine grosse Zahl der lehrreichsten Gedanken und Fragen vorfinden, von denen derselbe aber jedesmal mit merkwürdigen Fehlschlüssen zur Seite ablenkt. Da seine Vorurtheile noch heut-

zutage sehr wirksam sind, so konnte mit einer eingehenden Verfolgung der gerügten Fehler viel geleistet werden.

2) Das Genannte hat augenscheinlich seinen Grund in dem Mangel einer positiven, entschieden ausschliessenden und einheitlichen Ansicht über den Gegenstand, was natürlich den Verfasser nicht insbesondere treffen soll. Die Folge davon aber ist, dass nirgends ein exactes Resultat, nirgends ein Fortschritt ersichtlich wird, vielmehr am Ende eine grössere Mannigfaltigkeit unentschiedener und ungeordneter Fragen übrig bleibt, als ursprünglich vorhanden war.

3) Es fehlt jede Vorüberlegung, was Ausgang und Ziel der Wissenschaft sei, jede Auskunft darüber, was und warum es als gegeben betrachtet werde. Daher werden dann auch im Erklärungsacte die verschiedensten Richtungen mit einander vermischt und verwechselt.

Die hiermit bezeichnete restirende Aufgabe des Werkes stellt den Werth des Gelieferten nicht in Frage, soll vielmehr den Standpunkt kenntlich machen, bis zu welchem das Unternehmen gefördert worden ist, und an welchen eine spätere Vollendung mit dem grossen Gewinn anknüpfen kann, dass sie die historische Entfaltung des Stoffes in grösster Reichhaltigkeit vorfindet.

H.

L. A. Nuytz. De l'esprit métaphysique en géométrie. Paris, Germer Baillière. 1868.

A. T. Bledsoe. The philosophy of mathematics. Philadelphia 1868.

F. C. Fresenius. Die psychologischen Grundlagen der Raumwissenschaft. Wiesbaden 1868.

In der Einleitung wird gezeigt, wie in jeder Wahrnehmung der umfassende Sinneseindruck von dem Sinnesbewusstsein, welches immer nur einen sehr kleinen Theil des Gesammtbildes enthält, zu unterscheiden ist. Bis hierher und nicht weiter geht die Schrift psychologisch zu Werke. Der erste Abschnitt handelt vom Ursprung der geometrischen Elementarbegriffe. Man durfte wohl erwarten, dass die Schrift erst die Natur ihrer Aufgabe ins Auge fassen, ihren Plan darlegen und Rechenschaft darüber geben würde, was im Sinneseindruck unmittelbar gegeben ist, welche Transformation und warum sie vollzogen wird. Statt dessen schreitet sie sofort zu Erklärungen des Punkts, der Linie, der Geraden, des Winkels u. s. w., welche die fertigen Begriffe unmittelbar in Anwendung bringen. Der Leser erfährt nichts über deren psychischen Ursprung, nicht einmal den Grund, warum im einzelnen Falle die Erklärung auf das oder jenes gestützt wird.

Im zweiten Abschnitt, der von der Vergleichung handelt, tritt der Mangel an psychischer Beobachtung noch deutlicher hervor. Der Verfasser hat nicht daran gedacht, dass vor jeder Vergleichung das Subject, welches bleiben oder sich ändern, einem andern gleich oder ungleich sein soll, erst als dasselbe zu charakterisiren war, dessen Identität auch bei Wechsel der Accidentien fortbesteht. Ausdrücklich behauptet er, das Subject enthalte den neuen Eindruck, das Prädicat allein den festgewordenen, und schneidet hiermit den Weg zur Identität völlig ab. Nach seiner Auffassung würde ein Maassstab, an verschiedene Linien gelegt, jedesmal ein anderer sein, mithin alle Vergleichung unmöglich werden.

Eine namhafte Leistung bietet dagegen der dritte Abschnitt, überschrieben „die Methode“ dar, welcher fern von psychologischer Beobachtung nur einen bekannten und viel besprochenen, aber vorwaltend einseitig und oberflächlich beurtheilten Gegenstand mit grösserer Umsicht und Klarheit nach praktischen Gesichtspunkten darlegt. Der Verfasser spricht für die Anwendung der genetischen Beweise, mit der bestimmten Forderung, dass sie die Gesammtbeleuchtung für die schrittweisen Folgerungen und Hülfsmittel der strengen Beweise bilden sollen. Durch erstere wird dem Geiste die Freiheit und das Bewusstsein der Fähigkeit ertheilt, durch letztere die gewonnene Einsicht fest und zur Verwendung tauglich gemacht. Das Gesagte hätte sich leicht auf die höhere Mathematik ausdehnen lassen, die jedoch nicht berührt ist. H.

DUHAMEL. Des méthodes dans les sciences de raisonnement. 3 vol. Paris, Gauthier-Villars 1865-68.

V. I. Des méthodes communes à toutes les sciences de raisonnement.

V. II. Application des méthodes à la science des nombres et à la science de l'étendue.

V. III. Application de la science des nombres à la science de l'étendue.

PIEPER. Einige Bemerkungen zum Unterricht in der Elementargeometrie. Pr. d. h. B. Bochum 1868.

Die Schrift giebt eine geordnete Zusammenstellung der in der elementaren Mathematik enthaltenen Logik, mit welcher der Unterricht die Schüler durch Uebung im Einzelnen bekannt macht, die jedoch nach Ansicht des Verfassers, auch nach Erreichung irgend einer Stufe, als besonderer Lehrgegenstand, zum Bewusstsein gebracht werden muss. Der erste Abschnitt behandelt die Begriffe, Definitionen, Urtheile und Schlüsse im allgemeinen, der zweite deren Anwendung auf Geometrie, der dritte die Anweisung zur Lösung von Aufgaben. Die Darlegung ist zwar nicht ganz erschöpfend, doch fast durchgehends mit grosser Klarheit ausgeführt. Eine Ausnahme hiervon möchte nur die Erklärung des Raumes mit Hinzuziehung einer nicht zum Verständniss genügenden Betrachtung des Unendlichen sein, abweichend von dem vorher aufgestellten, richtigen Grundsatz, die Urbegriffe durch Isolirung aus den gewohnten Vorstellungen abzuleiten. H.

A. TABULSKI. Ueber den Einfluss der Mathematik auf die geschichtliche Entwickelung der Philosophie bis auf Kant. Leipzig. 1868.

Lassen wir vom Inhalte der Schrift beiseite, was vom ausgesprochenen Zwecke abschweift, so bleibt uns in der That wenig zur Mittheilung übrig; denn die Mathematik spielt darin kaum mehr als durch ihren Namen und ihre Darstellungsform eine Rolle. Etwas eingehende Charakteristik ist nur am Schluss in einem Auszug aus Kant enthalten, der jedoch ohne Beurtheilung bleibt.

Pythagoras und Plato waren die Begründer exacter Erkenntniss, realisirt auf dem Gebiete der Zahl und der räumlichen Grösse, in Folge dessen geahnt und erstrebt im ganzen Bereiche des Lebens. Hier reicht allerdings die Nennung der Mathematik hin, um sich aus eigner Erfahrung zu vergegenwärtigen, wie für Beide die Kenntniss derselben Bedingung der Philosophie sein musste, indem sie einerseits die Idee und Forderung exacten Wissens, andrerseits den Muth in weiterem Kreise exact zu erkennen, nach einmaliger Weckung bei der einfachern Aufgabe innerhalb des gleichartigen Begriffs, von da an zum dauernden Besitz des Geistes macht.

Um hingegen den Entwickelungsgang der Philosophie von da aus in Beziehung zur Mathematik zu setzen, war ein tieferer Einblick in das Wesen mathematischer Erkenntniss unumgänglich. Ohne denselben vermochte der Verfasser die historischen Erscheinungen nur einfach zu registriren, namentlich die Logik des Aristoteles, welche in beiderlei Hinsicht das Gegentheil mathematischer Erkenntniss ist, einmal sofern sie den realen Begriffsinhalt, der in der Mathematik evident ist, unbestimmt lässt, damit also der Forderung exacter Erkenntniss nicht Genüge thut, dann sofern sie durch Entlehnung der Form und Methode den gänzlichen Mangel an Muth zur Production und Auffindung der Wege beweist.

Der gleiche Missgriff überträgt sich nach Wiederaufleben der Wissenschaften auf Descartes. Obgleich dieser die Euklidische Form, die er seinen Deductionen gab, für Nebensache erklärte, so ist doch gerade an den angeführten Beispielen recht sichtbar, wie da, wo keine Folgerung stattfindet, das mathematische „folglich“ den Schein erweckt, es sei etwas begründet, eine Täuschung, von der weder Descartes noch der Verfasser frei zu sein bekundet. Doch wichtiger ist auf des Descartes Standpunkt der folgende Fehler. Er sagt, die metaphysischen Begriffe fügen sich nicht der mathematischen Behandlung, weil sie mit Vorurtheilen streiten, die wir von den Sinnen empfangen. Während nun jedes exacte Verfahren die Täuschung und den Widerspruch zur Quelle verfolgen muss, beschliesst im Gegentheil Descartes dem Täuschenden aus dem Wege zu gehen, und lässt so seine Vorurtheile unangetastet bestehen. Wenn der Verfasser in diesem Schritte eine Aehnlichkeit mit Kant's Methodenlehre in der Kritik der reinen Vernunft entdeckt, so müssen wir diese nicht nur bestätigen, sondern noch weit darüber hinausgehen. Auf Jahrhunderte war durch ihn die Bahn bezeichnet, welche nach Descartes die Philosophie einschlug, indem sie die gegebene Wirklichkeit beiseite liess, und sie bis heute vergeblich wiederzufinden suchte. Ausdrücklich vertheidigt der Verfasser dies Beiseitelassen in der irrigen Meinung, dass die Mathematik demselben ihre Erfolge verdanke. Im executiven Rechnen, was er allein vorführt, trifft freilich die Bemerkung zu, aber nicht in der Erfindung und dem principiellen Fortschritt.

Die Leistungen Bako's sind dem Verfasser unverständlich. In der That ist seine Methode nicht der Mathematik abgeborgt. Dass durch sie gleichwohl in deutlichen Schritten exactes und mathematisch begründetes Wissen erzielt wird, wie es die formale Logik zu erzielen nicht im Stande ist, wird der Verfasser nicht in Abrede stellen können. Es zu erklären hätte ihm obgelegen.

Wie weit die am Schluss aufgeführte unmittelbare Aeusserung Kant's über den Unterschied der mathematischen und philosophischen Erkenntniss von einer exacten Auffassung entfernt ist, tritt am augenfälligsten in dem Mangel an Klarheit über den Begriff des apriori hervor, welches eingeführt wird in der Bedeutung der Allgemeinheit, aber stillschweigend den Sinn und die Behauptung der Ursprünglichkeit involvirt, und in letzterm Sinne wieder sich durch nichts unterscheidet von dem, was der Autor nach Inhalt und Entstehung nicht zu erklären vermag. Es lässt sich nur annehmen, dass der Verfasser von der Darlegung Kant's vollkommen befriedigt war.

Zu erwähnen ist noch, dass auch ein Einfluss der Philosophie auf die Mathematik darin gefunden wird, dass Descartes durch erstere auf die Erfindung der analytischen Geometrie geleitet worden sei. Diese rein persönliche Verknüpfung kann uns indess den Nachweis objectiver Beziehung nicht ersetzen.

H.

Graf L. v. PFEIL. Zur Theorie der graden Linie. Grunert Arch. XLIX. 178-192.

Raum, Länge, Breite, Dicke, Ort, Grösse und Richtung sind einfache Begriffe; die grade Linie nicht. Mit Hülfe der Erklärungen: „Eine grade Linie ist eine solche, welche in allen ihren Theilen dieselbe Richtung hat“, und: „Parallele Linien sind grade Linien, welche die gleiche Richtung haben, ohne doch zusammen zu fallen“, — wird eine Reihe bisher als Grundsätze bekannter Sätze über die grade Linie und zuletzt der XI. Euclidische Grundsatz hergeleitet. M.

RIEMANN. Ueber die Hypothesen, welche der Geometrie zu Grunde liegen. Gött. Abhandl. XIII 1868. 1-20.

HELMHOLTZ. Ueber die Thatsachen, die der Geometrie zu Grunde liegen. Gött. Nachr. 1868. 193-221.

Beide Arbeiten behandeln die Frage nach dem Ursprung und dem Wesen unsrer allgemeinen Anschauung vom Raume und suchen zu ermitteln, welche von den Sätzen der Geometrie objectiv gültigen Sinn haben, und wieviel nur Definition oder Folge aus Definitionen ist.

Riemann sucht in die Frage einzudringen, indem er aus allgemeinen Grössenbegriffen den Begriff einer mehrfach ausgedehnten Grösse construirt, unter welchem die Raumgrössen als specieller Fall enthalten sind. Als wesentliches Kennzeichen einer $n$fach ausgedehnten Mannigfaltigkeit stellt Riemann auf: 1) dass sich ein Punkt in derselben durch n veränderliche Grössen (Coordinaten) bestimmen lasse. 2) Als weitere Forderung wird hinzugefügt, dass die Länge einer Linie unabhängig sei von Ort und Richtung, dass also jede Linie durch jede andre messbar sei.

3) Um die Maassverhältnisse in einer solchen Mannigfaltigkeit zu untersuchen, ist für jeden Punkt das von ihm ausgehende Linienelement darzustellen durch die entsprechenden Differentialien der Coordinaten. Dies geschieht mittelst der Hypothese, dass das Längenelement der Linie gleich sei der Quadratwurzel aus einer homogenen Function zweiten Grades von den Differentialien der Coordinaten. Diese Hypothese begründet Riemann nur

als die einfachste, die den vorigen Bedingungen entspricht; er erwähnt insbesondere, dass auch eine vierte Wurzel aus einem homogenen Ausdruck vierten Grades oder andre noch complicirtere Ausdrücke für das Linienelement gesetzt werden könnten. — Einen besondern Fall bilden hierbei diejenigen Mannigfaltigkeiten, in welchen sich das Quadrat des Linienelements auf die Summe der Quadrate von vollständigen Differentialien bringen lässt; solche Mannigfaltigkeit nennt Riemann ebene.

Aus dieser Hypothese zieht Riemann nur einige Folgerungen in allgemeinster Form. Er betrachtet namentlich das Krümmungsmaass einer beliebigen Fläche in einer $n$fach ausgedehnten Mannigfaltigkeit und zeigt, dass sich die Maasverhältnisse der Mannigfaltigkeit bestimmen lassen, wenn das Krümmungsmaass in jedem Punkte in $n \cdot \frac{n-1}{2}$ Flächenrichtungen gegeben ist. — In den oben definirten ebenen $n$fach ausgedehnten Mannigfaltigkeiten ist das Krümmungsmaass in jeder Richtung null. Diese sind zu betrachten als ein besonderer Fall derjenigen Mannigfaltigkeiten, deren Krümmung allenthalben constant ist, in denen sich also $n$fach ausgedehnte Gebilde von endlicher Grösse ohne Dehnung bewegen lassen. Die Betrachtung dieser Mannigfaltigkeiten führt dann auf den Fall des wirklichen Raumes, der diese Forderung erfüllt. Es zeigt sich dabei, dass durch die zu Grunde gelegten vier Voraussetzungen die Unendlichkeit der Ausdehnungen des Raumes nicht gefordert wird, vielmehr könnte auch der Raum in Bezug auf eine vierfach ausgedehnte Mannigfaltigkeit das sein, was für eine dreifache Mannigfaltigkeit eine Fläche mit constantem Krümmungsmaass ist.

Helmholtz führt in seiner Arbeit die letzte Beschränkung, dass endliche Figuren ohne Formveränderung beweglich seien, von vorne herein ein. Die dritte Hypothese von Riemann ergiebt sich dann als eine nothwendige Folgerung dieser Annahme. Helmholtz beweist nämlich, dass ein homogener Ausdruck zweiten Grades von den Differentialien existirt, welcher bei jeder Bewegung zweier unter sich fest verbundener Punkte von verschwindend kleinem Abstande ungeändert bleibt.

Helmholtz legt demgemäss folgende Postulate zu Grunde:

1) Ein Punkt einer $n$fachen Mannigfaltigkeit ist durch n Coordinaten bestimmt (erstes Postulat von Riemann).

2) Zwischen den $2n$ Coordinaten eines Punktpaares besteht eine von der Bewegung des letzteren unabhängige Gleichung, welche für alle congruenten Punktpaare dieselbe ist.

3) Es wird vollkommen freie Beweglichkeit der festen Körper vorausgesetzt.

4) Wenn ein fester Körper von n Dimensionen sich um $(n-1)$ feste Punkte dreht, so führt die Drehung ohne Umkehr in die Anfangslage zurück (Monodromie des Raumes).

Die Sätze 2) und 3) werden bei der Ableitung für die Länge des Linienelements nur auf unendlich kleine Raumelemente eingeschränkt. Es zeigt sich also, dass die dritte Voraussetzung Riemanns identisch ist mit der, dass der Raum monodrom ist und unendlich kleine Raumelemente, von der Begrenzung abgesehen, einander congruent sind.

Die beiden Arbeiten von Riemann und Helmholtz zeigen also, dass die 4 von Helmholtz aufgestellten Postulate zusammen mit folgenden 2 Sätzen:

5) der Raum hat drei Dimensionen,

6) der Raum ist unendlich ausgedehnt,

die genügende Grundlage zur Entwickelung der Geometrie abgeben. Wg. $\varkappa$.

Allègret. La liberté du calcul et nos géomètres de l'Institut. Clermont-Ferrand. Thibaut. 1868.

Zweiter Abschnitt.

Algebra.

Capitel 1.

Gleichungen. (Allgemeine Theorie. Besondere algebraische und transcendente Gleichungen.)

J. A. Serret. Handbuch der höheren Algebra. Deutsch bearbeitet von G. Wertheim. 2 Bände. Leipzig. B. G. Teubner. 1868.

G. Salmon. Leçons d'algèbre supérieure. Trad. de l'anglais par M. Bazin; augm. de notes par M. Hermite. Paris, Gauthier-Villars. 1868.

Cayley. Note on the Solvibility of Equations by means of Radicals. Phil. Mag. (4). XXXVI. 386-387.

Die Unmöglichkeit, Gleichungen vom höheren als dem vierten Grade durch Wurzelzeichen aufzulösen, folgt aus den beiden Lemma's:

I. Eine einwerthige (oder symmetrische) Function von n Grössen ist nur dann eine vollständige k^{te} Potenz, wenn die k^{te} Wurzel eine einwerthige Function der n Grössen ist. (Ausnahme: $k = 2$ für jedes n).

II. Eine zweiwerthige Function von n Grössen ist nur dann eine vollständige k^{te} Potenz, wenn die k^{te} Wurzel eine zweiwerthige Function der n Grössen ist. (Ausnahme: $k = 3$ für $n = 3, 4$.)

M.

Thomas P. Kirkman. On the General Solution of Algebraic Equations. Phil. Mag. (4) XXXVI. 169-174.

— — Note on the Resolution of Algebraic Equations. Phil. Mag. (4). XXXVI. 264-266.

Der H. Verf. construirt ein Product von der Form

$$\Gamma_n \Gamma_{n-1}^{\beta} \Gamma_{n-2}^{\gamma} \ldots \Gamma_5^{\lambda} \Gamma_4^{\mu} \Gamma_3^{\nu} \Gamma_2^{\xi} J_i^{\alpha},$$

wo J_i die Summe der Werthe bedeutet, welche die i^{te} Potenz einer asymmetrischen Function von $x_1, x_2, \ldots x_n$ bei Permutationen der x annimmt, und Γ_m die Gruppe der m cyclischen Permutationen der ersten m Elemente, wobei die übrigen $n-m$ ungeändert bleiben. Dieses Product ist eine rationale und symmetrische Function von $x_1, x_2, \ldots x_n$ für beliebige positive ganze $\beta, \gamma, \ldots \nu, \xi, \alpha, i$.

Die Anwendung dieses Productes auf die Lösung der Gleichung $(n+1)^{\text{ten}}$ Grades nach der des n^{ten} Grades ist für $n > 3$ nicht richtig, wie der Verf. in der Note selbst bemerkt. Die Note enthält einen neuen Beweis dafür, dass die obige Function rational und symmetrisch ist. M.

Thomas P. Kirkman. Note on „An Essay on the Resolution of Algebraic Equations, by the late Judge Hargreave, L. L. D., F. R. S". — Proc. of Manch. VII. 133-137. — Educ. Times X. 70-74.

— — On the Solution of Algebraic Equations. Proc. of Manch. VII. 141-148.

— — Note on the Correction of an Algebraic Solution. Proc. of Manch. VII. 221-222.

Ein Versuch, die Gleichungen vom fünften und höherer Grade algebraisch zu lösen, der, wie der H. Verf. in der zweiten Note bemerkt, ein vergeblicher war. Die erste Note zeigt, dass auch Hargreave im Irrthum war. Die zweite enthält die Correction einer Stelle in der Lösung der Gleichung sechsten Grades (p. 147). M.

Richard Baltzer. Ueber die Auflösungen eines Systems von Gleichungen. Pr. d. G. zum heiligen Kreuz in Dresden. 1868.

Nach allgemeinen Bemerkungen über die Bedingungen, welche das aufgestellte Gleichungssystem erfüllen muss, nach allgemeinen

Andeutungen über die Operationen, durch welche das gegebene System in das resolvirende zu transformiren ist, nach allgemeinen Erörterungen über die Vorsicht, die zur Sicherstellung des richtigen Umfangs des transformirten Systems nothwendig ist, erwähnt der Herr Verfasser das von Hudde angegebene Kriterium, nach welchem zu entscheiden ist, ob eine Wurzel einer Gleichung eine vielfache derselben ist; für dieses Kriterium giebt er den Beweis mit Hilfe des Taylorschen Satzes. Dann giebt er für das analoge, von Jacobi gegebene, Kriterium, nach welchem zu entscheiden ist, ob eine endliche Auflösung eines Gleichungssystems als eine mehrfache zu zählen ist, einen analogen Beweis.

Die Anzahl der endlichen Lösungen eines binären Systems resp. vom m^{ten} und n^{ten} Grade kann nie grösser sein als die Anzahl der endlichen Werthe, welche eine der Unbekannten in den Auflösungen des Systems hat. Ist nun auf den angegebenen Wegen durch die Determinante oder die Minding'sche Regel (Crelle J. XXII. 178) ermittelt, dass die zur selbstständigen Berechnung von x oder y dienenden Gleichungen resp. p^{ten} oder q^{ten} Grades sind, so folgt, dass das Gleichungssystem p oder q Auflösungen hat, je nachdem $p < q$ oder $q < p$ ist.

Die unendlichen Lösungen (und mittelbar dann auch die endlichen) lassen sich geometrisch gut ermitteln. Denn betrachtet man eine algebraische Gleichung n^{ten} Grades als Gleichung einer Curve, so entspricht der unendlichen Wurzel der Gleichung ein unendlich ferner Punkt der Curve und umgekehrt. Eine solche Curve hat aber ebensoviel asymptotische Richtungen und in diesen ebensoviel unendlichferne Punkte als ihr Grad Einheiten hat. Von diesen asymptotischen Richtungen können einige zusammenfallen, deshalb aber brauchen noch nicht die in ihnen liegenden Punkte zusammenzufallen; das bleibt erst noch nach dem gegebenen Momente zu entscheiden. Numerische Beispiele erläutern die Anwendbarkeit derselben. Einem binären Gleichungssysteme entsprechen zwei Curven, den zusammenfallenden Punkten der letzteren entsprechen Lösungen des ersteren. Zwei Curven haben nur dann zusammenfallende, unendlichferne Punkte, wenn sie zusammenfallende asymptotische Richtungen haben. Die Aufgabe der unendlichfernen Punkte, welche zwei Curven in einer bestimmten Richtung haben, lässt sich durch Untersuchung des Curvenzweiges führen, der in jener Richtung sich ins Unendliche erstreckt. Dazu entwickele man die eine Unbekannte nach fallenden Potenzen der andern mit Hilfe des Newtonschen Parallelogramms. (Briefe an Oldenburg 1676 13. Juni u. 24. Oct.) Zerlegt man nämlich die gegebene Gleichung in besondere, von denen eine jede einer Grenzlinie eines Parallelogramms entspricht, dann ist eine jede der besonderen Gleichungen eine Grundlage zu einer Entwickelung. Unter diesen Entwickelungen bestimmen die von y nach fallenden Potenzen von x, oder die von x nach fallenden Potenzen von y geordneten eine asymptotische Richtung, welche beziehentlich $y:x=0$ oder $x:y=0$ bei unendlichem x oder y geben. Zunächt wird durch diese Methode nur das erste Glied der Entwickelung gefunden, sie ist aber auch geschickt zur Auffindung der folgenden Glieder; Beispiele erläutern für jeden Fall ihre Anwendbarkeit. Hat man nun für ein Curvenpaar, das einem binären Gleichungssystem entspricht, eine gemeinsame asymptotische Richtung ermittelt und entwickelt man dann aus einer der Gleichungen für jeden nach jener Richtung hin sich erstreckenden Zweig der andern Gleichung y (oder x) nach fallenden Potenzen von x (oder y) und substituirt jede der gefundenen Reihen in die erste Gleichung, dann werden die Curven, wenn sich der Grad der Schlussgleichungen um μ, ν, ... Einheiten verringert, $\mu+\nu+\cdots$ unendlichferne Punkte mit einander gemein haben, und das binäre Gleichungssystem hat $\mu+\nu$ ... unendliche und zwar resp. μ, ν-fache Auflösungen. Hat man nun das analoge Verfahren für alle den beiden Curven gemeinsame asymptotische Richtungen wiederholt, so hat man auch alle unendlichen Auflösungen des binären Gleichungssystems gefunden, die übrigen sind dann endliche. Beispiele erläutern das Verfahren. Die Entwickelungen von y nach steigenden Potenzen von x, ebenfalls mit Benutzung des Newtonschen Parallelogramms ausgeführt, lassen erkennen, ob eine Lösung eines binären Systems eine mehrfache ist, und zeigen zugleich an, wievielfach sie ist. Ein Beispiel erläutert noch diese Methode.

T.

E. Pellet. Solution de la question 850. Nouv. Ann. (2). VII. 334-335.

Bezeichnet man mit V, V_1, V_2, ... V_n die Reihe der Sturmschen Functionen, so hat, wenn eine der Gleichungen $V_r = 0$ p imaginäre Wurzeln hat, die aufgestellte Gleichung wenigstens p imaginäre Wurzeln.

Lill. Résolution graphique des équations algébriques qui ont des racines imaginaires. Nouv. Ann. (2). VII. 363.

Eine Construction, um sämmtliche Wurzeln einer beliebigen algebraischen Gleichung geometrisch darzustellen. Br.

C. F. E. Björling. Sur la réalité des racines d'équations algébriques. Grunert Arch. XLVIII. 363-375.

Die gegebene Gleichung $fx = 0$, als Function der Unbekannten betrachtet, repräsentirt eine Curve; aus der Anzahl ihrer Schnittpunkte mit der Abscissenachse und aus der Bemerkung, dass zwischen je zwei Schnittpunkten ein Maximum oder Minimum der Curve liegen muss, folgt, dass $f'x = 0$ lauter reelle und verschiedene Wurzeln haben muss, wenn $fx = 0$ solche Wurzeln hat. Die weitere Untersuchung zeigt dann, welchen Rückschluss die Beschaffenheit der Wurzeln der Gleichung $f'x = 0$ auf die Anzahl der reellen Wurzeln von $fx = 0$ gestattet. Dabei ist aber zu unterscheiden, ob die Wurzeln von $f'x = 0$ sämmtlich reell und verschieden sind, oder ob nur ein Theil derselben diese Bedingung erfüllt und die übrigen imaginär sind, oder ob endlich vielfache Wurzeln sich finden. Das Verschwinden auf einander folgender Coefficienten in der Gleichung $fx = 0$ bewirkt, dass eine bestimmbare Anzahl ihrer Wurzeln imaginär wird. Die Anwendbarkeit der entwickelten Kriterien wird an mehreren numerischen Beispielen gezeigt, die auch in der Algebra von Bourdon mit Hülfe des Sturm'schen Satzes behandelt sind. Am Schluss findet sich dann die Untersuchung der allgemeinen cubischen Gleichung und eine vollständige Tabelle für die allgemeine Gleichung des fünften Grades.

T.

Abel Transon. De la séparation des racines. Nouv. Ann. (2). VII. 25-36. 57-67.

Versteht man in der Gleichung $F(z) = 0$, die eine ganze algebraische Function von z mit beliebigen Coefficienten sein soll, unter z eine complexe Grösse $x + y\sqrt{-1}$, dann nimmt $F(z)$ die Form $P + Q\sqrt{-1}$ an, in der P und Q ganze, algebraische Functionen von x und y mit reellen Coefficienten sind. Die Durchschnittspunkte der Curven $P = 0$ und $Q = 0$ sind die Wurzelpunkte (Liouville J. (2) I, 179), die der Gleichung $F(z) = 0$ zukommen. In der vorliegenden Arbeit ist nun die Aufgabe gelöst, die Bestimmung der Anzahl der Wurzelpunkte, die auf einem begrenzten Bogen der Curve $P = 0$ oder $Q = 0$ oder $aP + bQ = 0$ liegen, auf eine Rechnungsaufgabe zurückzuführen. Diese Zurückführung wird auf zwei Wegen bewirkt. Zuerst geschieht dieselbe mit Hülfe des Cauchy'schen Theorems von der Anzahl der Wurzelpunkte, die innerhalb einer geschlossenen Curve liegen (cf. p. 31). Als Resultat ergiebt sich: die Anzahl der Wurzelpunkte, die auf einem begrenzten Bogen der Curve $Q = 0$ liegen, dessen Endpunkte keine Wurzelpunkte sind, ist gleich dem Unterschiede der Anzahl der Zeichenwechsel, die das Verhältniss: $P\frac{dx}{ds} : \frac{dQ}{dy}$ beim Uebergang vom Negativen zum Positiven und umgekehrt erleidet. Die Fälle, in denen das Resultat illusorisch werden könnte, werden erörtert. Drückt man P als Function des Bogens aus, setzt also $P = \varphi(s)$, dann kann an Stelle des obigen Verhältnisses auch $\frac{\varphi(s)}{\varphi'(s)}$ genommen werden. Analoge Resultate gewinnt man für den Fall, dass man die Anzahl der Wurzelpunkte auf begrenzten Bogen der Curven $P = 0$ oder $aP + bQ = 0$ bestimmen will.

Zweitens wird die Aufgabe durch die Eigenschaften der Richtungszahlen (nombres directifs — cf. p. 31 ud. Id. Appl. de l'alg. dir. à. l. g.) gelöst. Dabei ergiebt sich noch, dass das Verhältniss $\frac{\varphi s}{\varphi' s}$ nur Zeichenwechsel beim Uebergang vom Negativen zum Positiven erfahren kann. Diese gewonnenen Sätze bezeichnet der Herr Verfasser als das Princip der Trennung der Wurzeln. Er zeigt dann weiter, dass das Princip der Substitutionen und das Princip von Rolle auf complexe Wurzeln ausgedehnt werden kann. Von den gewonnenen Resultaten wird dann noch am Schlusse Anwendung auf die reellen Lösungen eines Gleichungssystems zweier Gleichungen mit zwei Unbekannten, aber reellen Coefficienten gemacht. T.

Abel Transon. Démonstration de deux théorèmes d'algèbre. Nouv. Ann. (2). VII. 97-110.

Ausgehend von den Richtungszahlen (nombres directifs; cf. p. 30), deren Eigenschaften schon Mourey (La véritable théorie des quantités négatives et des quantités prétendues imaginaires. 1828) erörtert hatte, beweist der Herr Verfasser den Cauchy'schen Satz von der Anzahl der Wurzelpunkte (Liouville J. (2) I. 179), die innerhalb einer geschlossenen Curve liegen. Er folgt dabei im Wesentlichen dem von Sturm gegebenen Beweise (Liouville J. (2) I. 290 und IV. 501), nur dass er eben die Richtungszahlen statt der gewöhnlichen algebraischen Zeichen verwendet. Daran schliesst sich dann ein Beweis des Fundamentalsatzes, dass jede algebraische Gleichung wenigstens eine Wurzel haben muss. Der Beweis dieses Satzes stützt sich darauf, dass eine algebraische Gleichung m^{ten} Grades nicht mehr als m Wurzeln haben kann. T.

A. Griveau. Méthode théorique pour déterminer les conditions de réalité des racines d'une équation $f(x)=0$, de la forme $x^m + Px^{m-1} + \cdots + S = 0$. Mondes (2). XVII. 214.

F. D. Thomson, C. W. Merrifield, J. L. Kitschin. Solution of the question 1920. Educ. Times. IX. 67-68.

Die Bedingung, dass eine Gleichung zwei gleiche aber entgegengesetzte Wurzeln habe.

S. Roberts. Solution of the question 2323. Educ. Times. IX. 94.

Die Bedingung dafür, dass von drei cubischen Gleichungen zwei ein Paar gleicher Wurzeln haben, und dass die eine dieser

Wurzeln auch der dritten Gleichung genügt, ist in Bezug auf die Coefficienten von der Ordnung 11.

J. PRANGHOFER. Beiträge zu einer Abelschen Gleichung und zu einem Satze von Parseval. Wien. Ber. LVII. 29-45.

Siehe Abschn. VI. Cap. 3. 4.

CAMILLE JORDAN. Sur la résolution algébrique des équations primitives de degré p^2 (p étant premier impair). Liouville J. (2). XIII. 111-136.

Siehe Abschn. II. Cap. 3.

H. LAURENT. Sur la résolution des équations à plusieurs inconnues. C. R. LXVII. 491-494.

Sind die Gleichungen

$$\varphi(x, y, z, \ldots) = u, \quad \chi(x, y, z, \ldots) = v, \quad \ldots$$

gegeben; sind $x = \alpha$, $y = \beta$, $z = \gamma$, ... gemeinsame Lösungen von $\varphi = 0$, $\chi = 0$, ... und bildet man

$$\iiint \ldots \frac{F(x, y, z, \ldots)}{u \cdot v \ldots} du \cdot dv \ldots,$$

so lässt sich dies, wenn R die Jacobische Functionaldeterminante ist, umwandeln in

$$\iiint \ldots R F \frac{dx \cdot dy \cdot dz \ldots}{\varphi \cdot \chi \ldots};$$

andrerseits, wenn man für $u = r_1 e^{\theta_1 i}$, $v = r_2 e^{\theta_2 i}$, ... über die Umgebung von $x = \alpha$, $y = \beta$, ... integrirt und die r den Grenzen 0, also x, y, ... den Grenzen α, β, ... nähern lässt, in

$$F(\alpha, \beta, \gamma, \ldots)(2\pi i)^n.$$

Dadurch ist die Function F des Wurzelsystems bestimmt, so lange R nicht verschwindet, also α, β, γ, ... keine vielfachen Lösungen sind. No.

H. SCHRAMM. Les invariants et les covariants, en qualité de critères pour les racines d'une équation. Brioschi Ann. (2). I. 259-279.

Sind $a, b, c, \ldots l$ die ungleich vorausgesetzten Wurzeln einer Gleichung m^{ten} Grades, und bildet man

$$p_1 = m,$$
$$p_2 = \Sigma(a-b)^2,$$
$$p_3 = \Sigma(a-b)^2(a-c)^2(b-c)^2,$$
$$\cdot\ \cdot\ \cdot\ \cdot\ \cdot\ \cdot\ \cdot\ \cdot\ \cdot\ \cdot\ \cdot\ \cdot$$
$$p_m = (a-b)^2(a-c)^2\dots(k-l)^2,$$

so ist die Zahl der Zeichenänderungen in $p_1, p_2, \dots p_m$ gleich der Zahl der Paare imaginärer Wurzeln. In der vorliegenden Arbeit sind Functionen gesucht, welche in gleicher Weise die Zahl der imaginären Wurzeln angeben und entweder Covarianten oder Invarianten sind. Im ersteren Falle ergiebt sich eine Reihe

$$+,\ C_2,\ C_3,\ \dots,\ D,$$

wobei C_2 die Hesse'sche Covariante, D die Discriminante der Function ist; die Zahl der Zeichenänderungen ergiebt wieder die Zahl der Paare imaginärer Wurzeln. Im zweiten Falle erhält man eine Reihe

$$J^0 = D,\quad J^{(1)},\quad J^{(2)},\quad \dots\quad J^{(s)}.$$

Es wird dabei die Gleichung $2(r+1)$ imaginäre Wurzeln haben, wenn r der höchste Index ist, für den $J^{(r)}$ negativ wird. No.

P. A. G. Colombier. Mémoire sur les symptômes d'imaginarité des racines des équations algébriques. Nouv. Ann. (2). VII. 308 und 501.

Joseph Horner. On certain criteria of imaginary and equal roots. Quat. J. IX. 57-62.

— — New version of Prof. Sylvester's theorem. Quat. J. IX. 221-225.

F. Brioschi. La soluzione generale delle equazioni del quinto grado. Brioschi Ann. (2). I. 222-231.

Da von dieser Arbeit im Jahre 1868 nur der erste Theil erschien, so werden wir über dieselbe zu berichten später Gelegenheit finden. No.

M. Roberts. Sur l'expression la plus simple de certaines fonctions des différences des racines d'une équation du cinquième degré. Brioschi Ann. (2). II. 224-231.

$\Phi(\omega, \varkappa)$ sei eine symmetrische Function der Differenzen der Wurzeln von $a_0x^5 + 5a_1x^4 + \cdots a_5 = 0$. ω ist der Grad von Φ in

Bezug auf die Coefficienten (das Gewicht), $\varkappa$ der höchste Grad, in dem eine Wurzel vorkommt. Es soll für gegebene ω und $\varkappa$ die einfachste Form von Φ gefunden werden. Die Lösung stützt sich darauf, dass $\frac{\partial^\nu \Phi}{\partial a_3^\nu}$ eine ähnliche Function ist. Durch Integration und Hinzufügung passender anderer von $a_0, \ldots a_4$ abhängender Functionen kommt man zum Ziele.

No.

M. Roberts. Note sur les équations du cinquième degré. Brioschi Ann. (2). I. 135-138.

A. Cayley. On the conditions for the existence of three equal roots, or of two pairs of equal roots of a binary quartic or quintic. Trans. of London CLVIII. 577-588. Proc. of London XVI. 229.

Soll eine homogene ganze Function $f(xy) = 0$ mit ihrer Ableitung einen gemeinsamen quadratischen Factor haben, so muss $f(xy) = 0$ entweder drei gleiche Wurzeln oder zwei Paare je zweier gleicher Wurzeln haben. Die Bedingungen für den angeführten Fall sind also als Product der Bedingungen dieser beiden Möglichkeiten anzusehen. —

Der Verfasser zeigt für Quartic's und Quintic's diesen Zusammenhang. So sind z. B., wenn wir uns der bekannten Schreibweise bedienen, die Bedingungen dreier gleicher Wurzeln für $(a, b, c, d, e)(xy)^4$ die folgenden $I = ae - 4bd + 3c^2 = 0$; $J = ace - ad^2 - b^2e + 2bcd - c^3 = 0$; diejenige eines quadratischen Factors zwischen f und f' ist

$$\left\| \begin{matrix} 0 & a & 3b & 3c & d \\ 0 & b & 3c & 3d & e \\ a & 3b & 3c & d & 0 \\ b & 3c & 3d & e & 0 \end{matrix} \right\| = 0.$$

Bezeichnet man nun die Determinante, welche durch Fortlassung der fünften Reihe entsteht mit 1234 u. s. w., so ist

$$(1234, 1235, 1245, 1345, 2345)(xy)^4 = 6I.H(U) + 9J.U,$$

wobei U eine gewisse Function und $H(U)$ ihre Hesse'sche Determinante bedeutet.

No.

F. Unferdinger. Ueber einen Casus irreducibilis in reellen Grössen. Grunert Arch. XLIX. 484-486.

Der Verf. macht auf die Identität aufmerksam, welche entsteht, wenn man die Wurzel 1 der Gleichung $x^3+3kx-(1+3k)=0$ derselben durch die cardanische Formel ausgedrückten Wurzel gleichsetzt. No.

A. Zinna. Sulla separazione delle radici delle equazioni numeriche. Battaglini G. VI. 344-357.

Liegt zwischen p und $p+1$ eine Wurzel der Gleichung $f(x)=0$, so wird der Unterschied der Variationen in $f(x+p)$ und $f(x+p+1)$ gleich 1 sein und umgekehrt. Setzt man also diese Wurzel $=p+\frac{1}{a+\cdots}$, so hat $f(x+p)=0$ die Wurzel $\frac{1}{a+\frac{1}{b+\cdots}}$, und wenn man mit $f_1(x)$ die Function bezeichnet, deren Wurzeln die reciproken Werthe der Wurzeln von $f(x+p)$ sind, so kann man durch Betrachtung von $f_1(x)$, $f_1(x+1)$, $f_1(x+2)$, ... den Werth a finden u. s. w. — Ist ferner der Unterschied der Variationen für $f(x+p)$ und $f(x+p+1)$ grösser als 1, so sieht man wie durch Verfolgung dieser Methode die zwischen p und $p+1$ liegenden Wurzeln gesondert werden, wenn sie verschieden sind. No.

A. v. d. Schulenburg. Die Gleichungen der drei ersten Grade. Berlin, 1868.

J. Sievers. Entwickelung der Umformung der Gleichung
$$z^5-a_0z^4+b_0z^3-c_0z^2+d_0z-e_0=0$$
in $y^5+y+\lambda=0$ mittelst Tschirnhausenscher Substitutionen. Astr. Nachr. LXX. 353.

Die Umformung der allgemeinen Gleichung fünften Grades in die bekannte und berühmte dreigliedrige Form mit einem Coefficienten ist von Herrn Sievers mittelst Tschirnhausenscher Substitutionen in der Weise bewältigt worden, dass er die allgemeine Gleichung durch eine Substitution vom ersten Grade in eine fünfgliedrige mit drei Coefficienten, diese durch eine Substitution vom zweiten Grade in eine viergliedrige mit nur zwei Coefficienten und endlich diese durch eine Substitution vom vierten Grade in die dreigliedrige Form mit einem Coefficienten verwandelte. Auf die Frage der Realität oder Imaginärität der Coefficienten der Substitutionen oder derjenigen der resultirenden Gleichungen ist nicht eingegangen.

Ht.

T. N. THIELE. Om den kubiske Lignings Loesning. Tychsen Tidsskr. IV. 65-77.

Theorie der kubischen Gleichung gegründet auf die vorausgehende Erklärung der Covarianten und Invarianten nach Cayley.

H.

SYLOW. Om Systemer af conjugerede Substitutioner der kunne tilhoere irreductible Ligninger, hvis Grad er Primtal. Forh. af Christ. 1867. 105-122.

BRIOSCHI. Sopra le equazioni generali dell' 8⁰ grado che hanno lo stesse groppo delle equazioni dell moltiplicatore corrispondente alla trasformazione dei 7⁰ ordine delle funzioni ellittiche. Rend. d. Ist. Lomb. (2). I. 68.

CAYLEY. A „Smith's Prize" Paper. Solution of the question: 2. Express $\frac{x^7-1}{x-1}$ as the product of two cubic factors; and show generally that for any prime exponent p the function $\frac{x^p-1}{x-1}$ may be broken up into two factors each of the order $\frac{1}{2}(p-1)$, by means of a quadratic equation. Messenger IV. 202-203.

$\frac{x^7-1}{x-1}$ lässt sich in die Factoren $\frac{1}{2}\{2x^3+x^2-x-2\pm\sqrt{-7}(x^2+x)\}$ zerlegen. Bezeichnet allgemein p einen Primzahl-Exponenten und r eine Wurzel der gegebenen Gleichung, so genügen die beiden gesuchten Factoren

$$y_1 = (x-r^{a_1})(x-r^{a_2}) \quad \ldots,$$
$$y_2 = (x-r^{b_1})(x-r^{b_2}) \quad \ldots,$$

wo a_1, a_2, ... die quadratischen Reste und b_1, b_2, ... die quadratischen Nichtreste von p sind, der Gleichung

$$y^2 - yP + Q = 0,$$

wo P eine Function $\frac{p-1}{2}$ten Grades von x, $Q = x^{p-1} + x^{p-2} + \cdots + 1$ und $P^2 - 4Q = \pm p \cdot Z^2$. M.

R. Tucker. Solution of the question 2469. Educ. Times. IX. 44-45.

Die Gleichung $x^4 + px^3 + qx^2 + rx + s = 0$ mit den Wurzeln $\alpha, \beta, \gamma, \delta$ in eine zu verwandeln, deren Wurzeln $\beta\gamma\delta + \beta\gamma + \gamma\delta + \delta\beta + \beta + \gamma + \delta$, etc.

S. Roberts. Solution of the question 2479. Educ. Times. IX. 47.

m so zu bestimmen, dass

$$\frac{-3b + am}{2a} + \frac{\sqrt{(9b^2 - 12ac - 6abm - 3a^2m^2)}}{2a}$$

eine Wurzel der Gleichung $ax^3 + 3bx^2 + 3cx + d = 0$.

R. Tucker. Solution of the question 2549. Educ. Times. IX. 66.

Lösung der Gleichungen $yz + x = 14$, $zx + y = 11$, $xy + z = 10$.

Vériot. Problème de la trisection de l'arc. Propriétés de l'équation $x^3 - 3x + k = 0$. Nouvelle méthode de résolution de l'équation du toisième degré, au moyen de tables de logarithmes. C. R. LXVI. 619 und 730.

J. J. Walker. Solution of the question 2571. Educ. Times X. 45-46.

Die Gleichung, deren Wurzeln die Verhältnisse der Wurzeln von $ax^3 + 3bx^2 + 3cx + d = 0$ sind, ist

$$a^2d^2x^6 + (3a^2d^2 - 9abcd)x^5 + (6a^2d^2 - 45abcd + 72ac^3 + 27b^3c)x^4$$
$$+ (7a^2d^2 - 54abcd + 54ac^3 - 81b^2c^2 + 54b^3d)x^3$$
$$+ (6a^2d^2 - 45abcd + 27ac^3 + 27b^3d)x^2 + (3a^2d^2 - 9abcd)x + a^2d^2 = 0.$$

Ihre Discriminante ist

$$a^4b^4(ad - 9bc)^2(b^3d - ac^3)^4(a^2d^2 + 4ac^3 + 4db^3 - 3b^2c^2 - 6abcd)^3.$$

Auch lässt sich a priori beweisen, dass während b und c in der dritten Potenz erscheinen, a und d nur in der zweiten vorkommen.

J. J. Walker. Solution of the question 2568. Educ. Times X. 44-45.

Die Wurzeln der Gleichung

$$a^6x^6+18a^4(bd-c^2)x^4+81a^2(bd-c^2)^2x^2$$
$$+27d^2(a^2d^2+4ac^3+4db^3-3b^2c^2-6abcd)=0$$

lassen sich durch die Wurzeln der Gleichung $ax^3+3bx^2+3cx+d=0$ ausdrücken.

Félix Lucas. Question algébrique. Mondes (2) XVIII. 709.

Der Verfasser fordert auf, analytisch zu erweisen, dass die beiden Gleichungen

$$x^2+axy+bx+cy-1=0,$$
$$y^2+\frac{1}{a}xy+\frac{c}{a}x+dy-1=0$$

drei Systeme reeller Wurzeln zulassen, welche den Relationen

$$x'x''+y'y''+1=0,$$
$$x'x'''+y'y'''+1=0,$$
$$x''x'''+y''y'''+1=0$$

genügen. O.

Fr. Unferdinger. Auflösung der beiden Gleichungen

$$a_0(x^2-y^2)-2b_0xy+a_1x-b_1y+a_2=0,$$
$$b_0(x^2-y^2)-2a_0xy+b_1x-a_1y+b_2=0.$$

Grunert Arch. XLIX. 474-477.

Die beiden Gleichungen werden durch Transformationen auf die Form gebracht:

$$(x+\alpha)^2-(y+\beta)^2=A,$$
$$2(x+\alpha)(y+\beta)=B,$$

woraus sich auf bekannte Weise die Variabeln x und y bestimmen lassen. O.

Strehlke. Verschiedene Bemerkungen. 1) Auflösung der Gleichungen $x^3+y^3=a$, $x^2y+xy^2=b$. Grunert Arch. XLVIII, 1.

J. J. Walker. Solution of the question 2548. Educ. Times X, 30-31.

Aus der Gleichung

$$\cos^2x.\cos^2a=\sin^2a.\cos^2a-4\cos x\sin(x-a)\sin^3a$$

wird x bestimmt.

E. Bardey. Algebraische Gleichungen nebst den Resultaten und Methoden ihrer Auflösung. 2 Th. Leipzig 1868. Teubner.

Trudi. Intorno alle equazione binomie. Mem. di Nap. 1868.

E. Rouché. Mémoire sur la série de Lagrange. Mém. prés. de Paris. XVIII. 457-487.

Siehe Abschn. V, Cap. 2.

Capitel 2.

Symmetrische Functionen.

F. Mertens. Zur Theorie der symmetrischen Functionen. Borchardt J. LXIX. 289-290.

Ist $ft = (t - x_1)(t - x_2)\dots(t - x_n)$ und $F(t_1, t_2, \dots t_n)$ irgend eine ganze rationale Function der n Grössen $t_1, t_2, \dots t_n$, so nehme man

$$F = \varDelta . V,$$

wo $\varDelta = (t_1 - t_2)\dots(t_1 - t_n)(t_2 - t_1)\dots(t_2 - t_n)\dots(t_n - t_{n-1})$ und V eine ganze rationale Function von $t_1, t_2, \dots t_n$. Ist V eine symmetrische Function, so ergiebt sich für $V(x_1, x_2, \dots x_n)$ ein independenter Ausdruck durch die Coefficienten der Gleichung $ft = 0$. M.

B. Vantin. Due problemi sulle funzioni simmetriche delle radice delle equazioni algebriche. Vicenza, Burato.

Capitel 3.
Elimination und Substitution, Determinanten, Invarianten, Covarianten.

Camille Jordan. Sur la résolution algébrique des équations primitives de degré p^2 (p étant premier impair). Liouville J. (2). XIII. 111-136.

In einer früheren Arbeit (Liouville J. (2). XII) hatte der Verfasser gezeigt, dass für jede primitive durch Wurzeln lösbare Gleichung vom Grade p^2 (wobei p ungerade ist), die Gruppe von Substitutionen, von welcher die Lösung abhängt, erhalten wird, indem man mit den Substitutionen von der Form $\begin{vmatrix} x & x+a \\ y & y+a' \end{vmatrix}$ eine Gruppe linearer Substitutionen von der Form $\begin{vmatrix} x & ax+by \\ y & a'x+b'y \end{vmatrix}$ combinirt. Galois hatte nun die Vermuthung ausgesprochen, dass die Gruppen der gesuchten Gleichungen sich auf einen Typus zurückführen liessen. Jordan zeigt in diesem Falle, dass dies unrichtig sei und beweist die Existenz dreier Typen, auf deren einen jede der Gruppen zurückgeführt werden kann. No.

A. Cayley. Théorème relatif à la théorie des substitutions. C. R. LXVII. 784. Mondes (2). XVIII. 318.

Cayley giebt ein Theorem, welches die drei Sätze III, IV, V t. II, p. 260-263 in Serret's Cours d'algèbre supérieure umfasst. No.

C. Jordan. Sur deux nouvelles séries de groupes. C. R. LXVII. 229-233.

Cayley. Addition to Memoir on the resultant of a system of two equations. Trans. of London CLVIII. 173-180. Proc. of London XVI. 156.

Im Iahre 1857 hatte Cayley in den Trans. of London 703-715 Tafeln für die Resultanten eines Systems zweier Gleichungen veröffentlicht. Die Coefficienten der Functionen waren ohne Binomial-Coefficienten. In diesem Aufsatze sind Tafeln gegeben, welche dasselbe für Gleichungen mit Binomial-Coefficienten leisten.

No.

Brioschi. Il discriminante delle forme binarie del sesto grado. Brioschi Ann. (2). I. 159.

Siehe Abschn. III, Cap. 2.

C. Jordan. Théorèmes généraux sur les substitutions. C. R. LXVI. p. 836-837.

Die drei Theoreme lauten:

1) Zwei Substitutionsgruppen heissen isomorph, wenn jede Substitution der einen einer einzigen Substitution der andern, und jedes Product zweier Substitutionen dem Product der analogen Substitutionen entspricht: Ist nun G eine Gruppe von Substitutionen zwischen $x_1, x_2, \ldots x_\mu$, ferner F eine rationale Function derselben Buchstaben, sind $F_1, F_2, \ldots F_\nu$ deren Transformirte nach Ausführung der Substitutionsgruppe G; dann transformirt die Substitutionsgruppe G, auf die Functionen $F_1, \ldots$ angewandt, die eine in die andere und ist von gleicher Wirkung mit einer Substitutionsgruppe zwischen den ν Functionen $F_1, \ldots$. Diese neuen Substitutionen bilden dann eine transitive Gruppe, die isomorph mit G ist.

Umgekehrt lässt sich jede transitive und isomorphe Gruppe nach dem bezeichneten Verfahren bilden.

2) Sei n eine ganze Zahl; dann haben die Functionen von k Buchstaben, welche in Bezug auf $k-n$ Buchstaben symmetrisch oder alternirt sind, weniger verschiedene Werthe, als die, welche die Eigenschaft nicht haben. Ausnahmen kommen vor für kleine k. Der wichtigste Fall des Theorems ist $k=1$, behandelt von Bertrand 1845. Setzt man $k=2$, so erhält man einen Satz von Serret.

3) Eine Substitutionsgruppo G zwischen $n+\nu$ Buchstaben, welche die alternirte Gruppe nicht enthält, kann nur ν mal ($\nu > 12$) transitiv sein, wenn

$$1.2\ldots(\nu-1) < n^{\alpha}$$

oder wenn gleichzeitig

$$\frac{1.2\ldots\nu}{2} < n'^{\alpha'}; \quad n' < n-1$$

(wo α, α' die Anzahl der Primfactoren von $n+1$, $n'+1$ bezeichnen) oder

$$\frac{\nu(\nu-1)}{2} \gtreqless n$$

oder

$$\left(\frac{2\nu-3}{q} - 1\right)\nu \gtreqless n$$

$\left(\text{wo } q \text{ die nächst grössere Primzahl von } \frac{n}{\nu} \text{ ist}\right)$.

Ist ν sehr gross, so giebt die letzte Ungleichung als Grenze von n den kleinsten asymptotischen Werth; nämlich nahezu $\sqrt{2\nu^3}$.

Für $7 < \nu \gtreqless 12$ ist $n \gtreqless 3\nu$; für $4 < \nu \gtreqless 7$, ist $n \gtreqless 2\nu$; ist $\nu \gtreqless 4$, so hat man $n \gtreqless \nu$ nach einem Theorem von Mathieu.

H.

O. Hesse. Ein Determinantensatz. Borchardt J. LXIX. 319-322.

Als Resultat einer kurzen Determinanten-Entwicklung ergiebt sich eine Formel, deren Specialisirung den Satz liefert:

„Wenn eine Determinante $A = \Sigma \pm a_0^0 a_1^1 \ldots a_n^n$ gegeben ist, deren Unterdeterminante $\frac{\partial A}{\partial a_p^q}$ verschwindet, so zerfällt A in zwei Factoren derart, dass man hat

$$A = (\lambda_0 a_0^q + \cdots + \lambda_n a_n^q)(\lambda^0 a_p^0 + \cdots + \lambda^n a_p^n).$$

Ist die Determinante symmetrisch und $\frac{\partial A}{\partial a_n^n}$ verschwindet, so ist A das Quadrat einer linearen homogenen Function der n Veränderlichen $a_0^n = a_n^0$, $a_1^n = a_n^1$, ...“ (Siehe Weierstrass, Berl. Monatsber. 1858, p. 211.)

No.

C. Sardi. Un teorema sui determinanti. Battaglini G. VI. p. 357-361.

Der Satz, dessen Beweis gegeben wird, lautet. Ist $\varphi(m) = (a_1 - m_1)(a_2 - m_2)\ldots(a_n - m_n)$, so ist

$$\begin{vmatrix} a_1 & m_2 & \dots & m_n \\ m_1 & a_2 & \dots & m_n \\ \dots & \dots & \dots & \dots \\ m_1 & m_2 & \dots & a_n \end{vmatrix} = \varphi(m) - \sum_{p=1}^{p=n} m_p \frac{\partial \varphi(m)}{\partial m_p}.$$

Es schliessen sich an den Beweis noch einige Anmerkungen über besondere Fälle u. s. w. No.

M. Dietrich. Ueber den Zusammenhang gewisser Determinanten mit Bruchfunctionen. Borchardt J. LXIX. 190-196.

Entwickelt man rationale Burchfunctionen nach Potenzen der Veränderlichen, so lassen sich die Coefficienten als regelmässig gebildete Determinanten darstellen. Zu ähnlich gebildeten Determinanten findet der Verf. die erzeugenden Functionen.

No.

Neumann. Eine mathematische Abhandlung: Ueber Vorzeichenbestimmung in Formeln der Determinantentheorie. — Anwendung auf die Herleitung des Sylvesterschen und Jacobischen Satzes. Verallgemeinerung des letzteren. Pr. d. R. St. Peter u. Paul zu Danzig. 1868.

G. Armenante. Sui determinanti cubici. Battaglini G. VI. 175-182.

Im Sept. 1861 veröffentlichte A. de Gasparis zu Neapel unter dem Namen Jean Blaise Grandpas (Anagramm) eine Abhandlung, in welcher zuerst der Begriff von Determinanten mit mehreren Indices aufgestellt wurde. 1868 wurden seine Untersuchungen von Armenante und Padova aufgenommen, und auch er selbst sah sich dadurch veranlasst jene Arbeiten wieder fortzusetzen.

Die Abhandlung von Armenante giebt die einfachsten Sätze, die Grundlagen der Theorie. Der Verfasser behandelt die cubischen Determinanten, d. h. die mit drei Indices, welche sich in Form eines Kubus darstellen lassen, wie die gewöhnlichen in der Form eines Quadrates. In $a_{111}\, a_{222} \dots a_{nnn}$ werden die ersten Indices als fest betrachtet, die zweiten und dritten permutirt und die Vorzeichen nach der Cramerschen Regel bestimmt. Man erhält $(n!)^2$ Glieder. Vertauscht man zwei der ersten Indices, so bleibt die Determinante ungeändert; vertauscht man zwei der letzteren, so ändert sie ihr Zeichen. Man kann für die cubischen Determinanten den Laplaceschen Zerlegungssatz nachweisen u. s. f. Schliesslich zeigt Armenante, dass das Product einer cubischen und einer gewöhnlichen Determinante wiederum eine cubische sei.

No.

E. Padova. Sui determinanti cubici. Battaglini G. VI. 182-190.

Diese Arbeit schliesst sich derart an die oben erwähnte an, dass das Problem der Multiplication von Determinanten behandelt wird. „Das Product zweier Determinanten von n Indices ist eine Determinante von $n+1$ Index". Der Beweis wird für $n=2$ und $n=3$ in ziemlich umständlicher Weise gegeben. (Er lässt sich sehr einfach allgemein geben). Es folgen einige Anwendungen cubischer Determinanten auf besondere Gleichungsformen.

No.

A. de Gasparis. Sopra due teoremi dei determinanti a tre indice, ed un altra maniera di formazione degli elementi di un determinante ad m indice. Rend. di Napoli VII. 118-121.

G. Zehfuss. Ueber eine Erweiterung de Begriffes der Determinante. Frankfurt a. M. Hermann, 1868.

Der Verf. giebt ausser den bereits in der Arbeit von Armenante erwähnten Sätzen noch Anwendungen auf die Bildung von Invarianten. Der Hauptsatz lautet: Welches auch der Grad $(p-1)$ der homogenen Form

$$f' = \Sigma(a_{1mnr\ldots})\,x'_m x'_n x'_r$$
$$f'' = \Sigma(a_{2mnr\ldots})\,x''_m \ldots \quad \text{etc.}$$

sein möge, wenn nur ihre Anzahl mit derjenigen der Veränderlichen zunächst übereinstimmt, es wird stets eine simultane Invariante der Formen f erhalten, wenn man die Determinante

$$i = \Sigma \pm (a_{111\ldots}\, a_{222\ldots} \ldots)$$

bildet.

No.

— — (Un Abonné.) Exposé des principes élémentaires de la théorie des déterminants à l'usage des élèves de mathématiques spéciales. Nouv. Ann. (2). VII. 403.

Die angeführte Schrift über die Prinzipien der Determinanten erinnert sowohl in der Anordnung des Stoffes, als auch in der Darstellung ausserordentlich an das bekannte Buch des Herrn Baltzer über die Theorie und die Anwendung der Determinanten. Neue Vorzüge hat Ref. in dem exposé nicht entdecken können.

Ht.

P. Jordan. Sur les covariants et les invariants des formes binaires. C. R. LXVI. 1117-1119.

Siehe Aschn. III, Cap. 2.

Aronhold. Neuer und directer Beweis eines Fundamentalsatzes der Invariantentheorie. Borchardt J. LXIX. 185-189.

Der Verfasser zeigt ohne Voraussetzung irgend welcher Sätze der Invariantentheorie auf directem Wege, dass: wenn durch die Transformation $x_k = x_k^{(1)}\xi_1 + \cdots + x_k^{(n)}\xi_n$, $(k=1, 2, \ldots n)$ die Form $F(x_1, \ldots x_n)$ in $F'(\xi_1, \ldots \xi_n)$ übergeführt wird, die Substitutionscoefficienten $x_k^{(\lambda)}$ von willkürlichen Parametern frei sind; vorausgesetzt ist, dass $F=0$ eine allgemeine homogene Gleichung p^{ten} Grades ist $(p>2)$. Der eingeschlagene Weg führt zugleich zu dem Beweise, dass die partiellen Differentialgleichungen $\frac{dF}{dx_k}=0$ $(k=1, 2, \ldots n)$ linear von einander unabhängig sind.

No.

A. Clebsch. Ueber eine Eigenschaft der Functionaldeterminanten. Borcharrdt J. LXIX. 355-358.

Wenn man aus $n+1$ homogenen Functionen mit n Veränderlichen und gleich hoher Ordnung die Functionaldeterminanten bildet, und aus diesen wiederum die Functionaldeterminanten, so sind die letzteren bis auf einen gemeinsamen Factor den gegebenen Functionen gleich. Dieser Satz wird in der vorliegenden Arbeit bewiesen und für $n=2$ und $n=3$ jener gemeinsame Factor, (welcher vom Grade $(n+1)(n-2)$ in den Variabeln und vom Grade $n-1$ in den Coefficienten ist) wirklich hergestellt.

No.

Gordan. Beweis, dass jede Covariante und Invariante einer binären Form eine ganze Function mit numerischen Coefficienten einer endlichen Zahl solcher Formen ist. Borchardt J. LXIX. 323-354.

Siehe Abschn. III, Cap. 2.

J. Dale and R. W. Symes. Solution of the question 2367. Educ. Times. IX. 69-70.

Sind $x_1, x_2, \dots x_n$ die Wurzeln der algebraischen Gleichung $x^n+b_1 x^{n-1}+b_2 x^{n-2}+\dots+b_n=0$, so ist

$$\begin{vmatrix} \frac{\partial b_1}{\partial x_1}, & \frac{\partial b_2}{\partial x_1} & \dots & \frac{\partial b_n}{\partial x_1} \\ \frac{\partial b_1}{dx_2}, & \frac{\partial b_2}{\partial x_2} & \dots & \frac{\partial b_n}{\partial x_2} \\ \cdot & \cdot & \cdot & \cdot \\ \frac{\partial b_1}{\partial x_n}, & \frac{\partial b_2}{\partial x_n} & \dots & \frac{\partial b_n}{\partial x_n} \end{vmatrix} = \sqrt{\Delta},$$ wo Δ die Discriminante.

S. Roberts. Solution of the question 2587. Educ. Times. X. 42-43.

Setzt man $a_0+a_1 z+\frac{a_2}{1.2}z^2+\frac{a_3}{1.2.3}z^3+\dots=F(z)$, so ist der Coefficient von $x_1^{k_1}x_2^{k_2}\dots x_m^{k_m}$ in dem Producte

$$F(x_1-x_2).F(x_2-x_3)\dots F(x_m-x_1)$$

eine Invariante, oder das Hauptglied einer Covariante derjenigen Function, welche aus F entsteht, wenn man statt der Exponentialcoefficienten Binomialcoefficienten setzt.

Brioschi. Alcune proprietà degli invarianti di una forma del sesto grado. Rend. d. Ist. Lomb. (2). I. 197.

Dritter Abschnitt.

Zahlentheorie.

Capitel 1.

Allgemeines (Primzahlen, complexe Zahlen, Congruenzen, Kreistheilung).

C. W. MERRIFIELD and MORGAN JENKINS. Solution of the question 2558. Educ. Times. IX. 91-94.

Eine von H. Goodwin 1818 veröffentlichte Tafel enthält alle eigentlichen Brüche, deren Zähler $\leqq 50$ und deren Nenner $\leqq 100$, nach ihrer Grösse geordnet. Es wird bewiesen, dass 3 aufeinander folgende Brüche $\frac{N_1}{D_1}, \frac{N_2}{D_2}, \frac{N_3}{D_3}$ die Eigenschaft haben, dass $\frac{N_1+N_3}{D_1+D_3} = \frac{N_2}{D_2}$.

C. W. MERRIFIELD. Solution of the question 2536. Educ. Times. IX. 85-86.

Für ein sehr grosses x nähert sich die Anzahl der zwischen $x-a$ und $x+a$ liegenden Primzahlen der Grenze $\frac{2a}{\gamma+\log x}$, wo $\gamma = 0{,}57721\ldots$ (Euler's Constante).

CURTZE. Notes diverses sur la série de Lambert et la loi des nombres premiers. Brioschi, Ann. (2). I. 285-295.

Siehe Abschn. V, Cap. 2.

ANTON. Die Elferprobe und die Proben für die Moduln 9, 13 und 101. Grunert Arch. XLIX. 241-308.

Der erste Theil dieses Aufsatzes enthält die durch Beispiele erläuterten Regeln für die Ausführung der Rechnungsproben, der zweite ihre mathematische Begründung. No.

Öttinger. Ueber das Pell'sche Problem und einige damit zusammenhängende Probleme aus der Zahlenlehre. Grunert Arch. XLIX. 193-222.

Der Verfasser wendet die Kettenbrüche auf die Lösung der Aufgabe $x^2-Ay^2=\mp b$ an, und giebt am Schluss eine Tafel von x und y für die Werthe $A=2, 3, \ldots 20$ und $b=1, 2, \ldots 10$.
No.

Öttinger. Ueber die Sätze von Wilson und Fermat und über die Theilbarkeit der Factorenfolgen und Facultäten. Grunert Arch. XLVIII. 159-185.

E. Lionnet. Note sur les diviseurs d'un nombre entier. Nouv. Ann. (2). VII. 68-71.

Die aus den Anfangsgründen der Zahlentheorie hinlänglich bekannten Sätze über $\varphi(n)$ werden von Neuem bewiesen.
No.

Meyer. Ueber einige Sätze Lionnets. Grunert Arch. XLIX. 168-177.

Halphén. Sur le caractère biquadratique du nombre 2. C. R. LXVI. 190-193.

Ein von Gauss in der Theoria residuorum biquadraticorum für Primzahlen gegebenes Theorem wird erweitert. No.

Liouville. Extrait d'une lettre adressée à M. Le Besgue. Liouville J. (2). XIII. 1.

Der Brief bezieht sich auf ein zahlentheoretisches Problem von Jacobi. No.

Cayley. Specimen Table $M \equiv a^\alpha b^\beta$ (Mod. N) for any Prime or Composite Modulus. Quart. J. IX. 95-96.

Le Besgue. Sur une identité qui conduit à toutes les solutions de l'équation $t^2=x^2+y^2+z^2$. C. R. LXVI. 396-398.

Die Identität ist folgende

$$(g^2+h^2)^2[e^2(a^2+b^2)+f^2(c^2+d^2)]^2-(g^2+h^2)^2[e^2(a^2+b^2)-f^2(c^2+d^2)]^2$$
$$= 4e^2f^2(g^2+h^2)(a^2+b^2)(c^2+d^2).$$

Ausser auf die oben angegebene Aufgabe, welche durch diese Formel gelöst wird, da die rechte Seite als Summe zweier Quadrate darstellbar ist, lässt sich die Identität noch zum Beweise anderer Sätze benutzen, z. B.: dass der Divisor der Summe zweier Quadrate wieder die Summe zweier Quadrate ist, dass jede Zahl als Summe von 2, 3 oder 4 Quadraten darstellbar ist u. s. w.

No.

L. Matthiessen. Auflösung einer Aufgabe von Prinz Boncompagni. Schlömilch Z. XIII. 348-350.

Es wird in der Aufgabe die Lösung der Gleichung

$$x^3+(x+r)^3+(x+2r)^3+\cdots+(x+(n-1)r)^3=y^3$$

in ganzen Zahlen verlangt. Im XI. Bande von Schlömilch's Zeitschrift ist von H. Cantor in Heidelberg ein Referat über eine Lösung von A. Genocchi gegeben. Der Verfasser giebt eine andere sehr einfache Behandlung. No.

Grassmann. Lösung der Gleichung $x^3+y^3+z^3+u^3=0$ in ganzen Zahlen. Grunert Arch. XLIX. 49-50.

N. Trudi. Sulla forma quadratica de' fattori irreduttibili delle equazione binomie. Brioschi Ann. (2). II. 150-167.

In der Einleitung giebt der Verfasser einen kurzen Abriss über die Entwicklung und Ausdehnung des von Gauss aufgestellten Satzes, dass, wenn n eine Primzahl ist, die primitiven Wurzeln von $x^n-1=0$ in der Form $f(n)=Y(x)^2\pm nZ(x)^2$ darstellbar seien. Der erste Theil der Arbeit ist eine freie Bearbeitung des Dirichletschen Aufsatzes über denselben Gegenstand. Es ist in diesem Theile der Satz für $n'=p_1.p_2...p_\varepsilon$ erweitert, wenn die p ungleiche und ungerade Primzahlen sind. Ist nun $n=q.p_1p_2\cdots p_\varepsilon=q.n'$, wo q ein Product der p ist, also keinen neuen Primfactor einführt, so ist, wie im zweiten Theile der Arbeit gezeigt wird,

$$f(n)=Y(x^q)^2\pm n'Z(x^q)^2,$$

und wenn $n=2qp_1.p_2\dots p_\varepsilon=2n'$ ist, so wird $f(n)$ aus $f(n')$ dadurch abgeleitet, dass x in $-x$ verwandelt wird. Man hat also für die Formen $n=qn'$, $n=2n'$, $n=q.2n'$ die Darstellungen

$$f(n)=Y^2\pm n'Z^2,$$

No.

N. Trudi. Appendice alla Memoria sulle equazione binomie. Rend. di Napoli. VII. 99-100.

Genocchi. Intorno ad un teorema di Cauchy. Brioschi Ann. (2). II. 216-219.

Aus dem letzten angeführten Resultate in der obigen Arbeit von Trudi zog dieser den Schluss, dass folgendes von Cauchy (C. R. X. 181) ohne Beweis aufgestellte Resultat unrichtig sei: Ist n von einer der Formen

$$n = p_1 p_2 \dots p_\varepsilon, \quad n = 4p_1 p_2 \dots p_\varepsilon, \quad n = 8p_1 p_2 \dots p_\varepsilon,$$

so ist $f(n) = Y^2 + nZ^2$. Trudi übersah, dass dies Theorem auch neben dem seinen bestehen könne. Genocchi führt dies aus und giebt zugleich mehrere Beispiele für Cauchy's Satz. Ausserdem spricht er diesem die Entdeckung eines Satzes zu, der von Trudi für Dirichlet in Anspruch genommen war. No.

— — Sur un théorème de Cauchy présenté par M. Hermite. C. R. LXVII. 1035-1037.

G. Jung. Sopra alcuni teoremi di Gauss intorno alla teorica della repartizione del circulo. Battaglini G. VI. 67-81.

Die Arbeit ist, wie dies Jemand, welcher es bereits weiss, aus der Einleitung herauslesen kann, eine Uebersetzung des Dirichletschen Aufsatzes. Die Uebersetzung ist getreu.

No.

Frederick Pollock. On the Mysteries of Numbers alluded to by Fermat. Trans. of London. CLVIII. 627-640. Proc. of Lond. XVI. 251-254.

Der Verfasser geht von dem Fermatschen Satze über die Zerlegung jeder Zahl in 4 Quadrate aus und untersucht die Eigenschaften der algebraischen Summen dieser Wurzeln. Er zeigt z. B., dass für die Zahlen der Reihe 1, 3, 7, 13, 21 (deren Gesetz ersichtlich ist) die Wurzeln n, n, n, $n \pm 1$ sind und dergl. mehr; die hierbei hervortretenden Verhältnisse dürften aber wohl nicht als werthvoll angesehen werden. No.

STERN. Ueber einige Eigenschaften der Trigonalzahlen. Borchardt J. LXIX. 370-380.

Nimmt man die Reste der ersten $p-2$ Trigonalzahlen (p sei Primzahl) nach p, so werden sich alle Reste mit Ausnahme des mittleren von $\frac{p^2-1}{8}$ herrührenden, wiederholen. Diese $\frac{p-1}{2}$ so hervortretenden Zahlen heissen „die trigonalen Reste". Es wird nun die Theorie derselben in gleicher Weise durchgeführt, wie dies mit den quadratischen Resten der Fall ist. Schliesslich wird mit Hülfe dieser Betrachtungen der Beweis zu einem Eisenstein'schen Satze (Crelle J. XXVII. 283) geliefert. No.

GENOCCHI. Intorno ad alcune forme di numeri primi. Brioschi Ann. (2). II. 256-267.

Der Verfasser geht von der Betrachtung der Ausdrücke $(a+\sqrt{b})^k = A_k + B_k\sqrt{b}$ aus. Er findet, dass B_{mn} durch B_m theilbar sei, und dass $\frac{B_{mn}}{B_m}$ mit B_m keinen anderen Factor gemein haben könne, als Theiler von n. Wenn ferner B_k das niedrigste durch die Primzahl p theilbare B ist, so sind B_{2k}, B_{3k}, ... die einzigen B, welche ebenfalls durch p theilbar sind. Je nachdem nun b quadratischer Rest oder Nichtrest von p ist, ist B_{p-1} oder B_{p+1} durch p theilbar. Es ergiebt sich weiter, dass wenn B_{mn} ohne Rest durch eine Primzahl p theilbar ist, und $m = n^{i-1}$ ist, wobei n ebenfalls eine Primzahl sein soll, dann je nach dem ersten oder zweiten Falle des Restes oder Nichtrestes $p = n^i z+1$ oder $= n^i z - 1$ sein wird. Von diesem Satze werden verschiedene Anwendungen gemacht, z. B. auf das Fermat'sche Theorem, betreffend die Auflösbarkeit der Gleichung

$$2n = x^2 + y^2 + z^2$$

durch ganze Zahlen, wenn n eine Primzahl von der Form $8k-1$ ist. Endlich werden noch Sätze über die Zahlen B_m abgeleitet, wenn m eine beliebige zusammengesetzte Zahl ist. No.

C. TRAUB. Theorie der sechs einfachsten Systeme complexer Zahlen. Erster Theil, zweite Hälfte. Pr. Lyc. Mannheim 1868.

Es wird nöthig sein mit einigen Worten der ersten Hälfte dieser Arbeit Erwähnung zu thun. Ist die complexe Zahl $t \pm u\sqrt{D}$

gegeben, so ist ihre Norm $N(t \pm u\sqrt{D}) = t^2 - Du^2$. Nur wenn $D = -1, -2, -3, +2, +3, +5$ ist, schliesst sich die Operation der Aufsuchung des grössten gemeinsamen Theilers zweier Zahlen des Systems. Einheiten heissen die Zahlen, welche alle Zahlen des Systems theilen. Wird eine Zahl m mit allen Einheiten multiplicirt, so bilden die entstandenen Zahlen eine Gruppe (m). Gerade oder ungerade heissen complexe Zahlen, je nachdem ihr Modul gerade oder ungerade ist. In der zweiten Hälfte wird der Begriff „einfache Zahlen“ aufgestellt, als solcher, die nur durch Einheiten theilbar sind, und zweier relativ einfacher Zahlen, als solcher, die ausser den Einheiten keinen gemeinsamen Theiler haben. Die Anzahl der zweigliedrigen und ebenso der eingliedrigen einfachen Zahlen bei beliebiger Determinante ist unendlich gross. Nur einfache Zahlen können die Eigenschaft besitzen, dass $m.m_1$ nicht durch die einfache Zahl p theilbar ist, wenn es weder m noch m_1 sind, und dass wenn $m.m_1$ durch p theilbar ist, m oder m_1 es sein muss. In diesem Falle heissen die einfachen Zahlen complexe Primzahlen. Bei weiteren Untersuchungen über die primitiven Wurzeln für eine eingliedrige Primzahl als Modul werden ähnliche Verhältnisse nachgewiesen, wie sie im Gebiete der reellen Zahlen stattfinden. Es wird die Aufgabe des grössten gemeinsamen Theilers zweier Zahlen aus einem der 6 Systeme noch einmal behandelt; dann schliesst das Heft mit Angabe der Kennzeichen für Primzahlen und mit einer Tabelle derselben für jene 6 Systeme. No.

H. Grassmann. Verschiedene mathematische Bemerkungen. Bildung rationaler Dreiecke. Grunert Arch. XLIX. 1-2.

Man bezeichne mit p den halben Umfang eines Dreiecks, mit ϱ, ϱ_1, ϱ_2, ϱ_3 resp. die Radien des eingeschriebenen und der an die Seiten a, b, c angeschriebenen Kreise und setze $p-a=p_1$, $p-b=p_2$, $p-c=p_3$. „Wählt man aus den zwei Gruppen p, p_1, p_2, p_3 und ϱ, ϱ_1, ϱ_2, ϱ_3 drei beliebige Grössen aus, die jedoch nicht alle derselben Gruppe angehören und so, dass nicht p_ν mit ϱ_ν zusammen kommt, so wird das Dreieck stets rational, sobald die drei gewählten Grössen in rationalem Verhältniss stehen.“ M.

J. HORNER. On Triads of Once-Paired Elements. Quart. J. IX. 15-18.

WACKER. Die Lehre von den Decimalbrüchen. Pr. d. Friedr.-Sch. z. Marienwerder 1868.

CAYLEY and JENKINS. Solution of the question 2743. Educ. Times X, 88 u. 89

Ist p eine Primzahl, und sind m und n irgend welche ganze Zahlen, so erhält man die höchste in $\frac{\pi(m+n)}{\pi(m).\pi(n)}$ enthaltene Potenz von p, wenn man die Summen

$$E\left(\frac{m+n}{p}\right)+E\left(\frac{m+n}{p^2}\right)+\text{etc.}$$

$$E\left(\frac{m}{p}\right)+E\left(\frac{m}{p^2}\right)+\cdots+E\left(\frac{n}{p}\right)+E\left(\frac{n}{p^2}\right)+\cdots$$

bildet, wo E das bekannte Zeichen für die grösste ganze Zahl. Der Index der gesuchten Potenz von p ist nämlich diejenige Zahl, welche angiebt, wie oft man borgen muss, wenn man die zweite Summe von der ersten subtrahirt.

W. H. WALENN. On Unitation; a novel Arithmetical Operation. Phil. Mag. (4). XXXVI. 346-348.

Eine Verallgemeinerung des Satzes: „Jede Zahl giebt durch 9 dividirt denselben Rest wie die Quersumme", ist folgender Satz: „Sind u die Einer, t die Zehner, s die Hunderte etc. einer gegebenen Zahl, und ist δ eine ganze Zahl < 10, so lässt die gegebene Zahl, durch δ dividirt, denselben Rest wie die Zahl

$$u+(10-\delta)t+(10-\delta)^2 s+\cdots\text{“.}$$

Wendet man, bei Bestimmung des Restes, diesen Satz wiederholt an, so gelangt man schliesslich immer zu Einheiten; deshalb nennt der Verfasser diese Operation Unitation. In der Praxis lässt sich das Verfahren noch vereinfachen. Der Einheitsrest (unitate) einer unbekannten Zahl kann gefunden werden, wenn eine bekannte Zahl mit dieser durch bekannte directe arithmetische Operationen oder durch inverse Operationen verbunden ist, wie an Beispielen erläutert wird. M.

Capitel 2.

Theorie der Formen.

G. Cantor. Zwei Sätze aus der Theorie der binären und quadratischen Formen. Schlömilch Z. XIII. 261-263.

Die Arbeit enthält den Beweis zweier von Göpel gefundenen, von Jacobi (Crelle J. LV) reproducirten Sätze. Dieselben lauten: I) Ist $D=p$ oder $=2p$, und p eine Primzahl $8n+3$, und bezeichnet man mit φ, ψ eine von den Darstellungen der Zahl D in der Form $D=\varphi^2+2\psi^2$, in welchen $\psi\equiv 1$ mod. 4 (wenn $D=p$) und $\psi\equiv 1$ oder $\equiv 3$ mod. 8 (wenn $D=2p$), so ist die Form $(-2\psi, \varphi, \psi)$ äquivalent der Form $(1, 0, -D)$. — II) Ist $D=p$ oder $=2p$, und p eine Primzahl von der Form $8n+7$, bezeichnet man mit φ, ψ eine von den unendlich vielen Darstellungen der Zahl D in der Form $D=\varphi^2\pm 2\psi^2$, in welchen $\psi\equiv 1$ mod. 4 (wenn $D=p$) und $\psi\equiv 1$ oder $\equiv 3$ mod. 8 (wenn $D=2p$), so ist die Form $(2\psi, \varphi, \psi)$ äquivalent der Form $(1, 0, -D)$.

No.

Battaglini. Sulle forme ternarie di grado qualunque. Rend. di Napoli. VII. 108.

Stephen Smith. On the Orders and Genera of Quadratic Forms containing more then three indeterminates. Second Notice. Proc. of London. XVI. 197-208.

Eine Fortsetzung der Arbeit gleichen Titels in den Proc. of London XIII, 199, welche die Principien enthält, nach denen die quadratischen Formen in Ordnungen und Klassen eingetheilt werden.

M.

Weierstrass. Zur Theorie der bilinearen und quadratischen Formen. Berl. Monatsber. 1868. 310-338.

Es seien zwei bilineare Formen derselben $2n$ Veränderlichen gegeben

$$P=\sum_{\alpha\beta} A_{\alpha\beta}x_\alpha y_\beta, \quad Q=\sum_{\alpha\beta} B_{\alpha\beta}x_\alpha y_\beta.$$

Bildet man die Determinante $[P, Q]$ der Form $pP + qQ$, so lässt dieselbe sich als Product von Factoren in der Form

$$[P, Q] = C.(a_1 p + b_1 q)^{l_1}.(a_2 p + b_2 q)^{l_2} \ldots (a_\varrho p + b_\varrho q)^{l_\varrho}$$

darstellen. $(ap + bq)$ sei einer dieser Factoren, l der Exponent der höchsten in $[P, Q]$ aufgehenden Potenz desselben. Ferner bedeute $l^{(k)}$ den Exponenten der höchsten Potenz von $ap + bq$, durch welche alle aus den Elementen von $[P, Q]$ gebildeten Unterdeterminanten $(n-k)^{\text{ter}}$ Ordnung theilbar sind. Setzt man dann

$$e = l - l', \quad e' = l - l'', \quad \ldots \quad e^{(r-1)} = l^{(r-1)},$$

so sind die $e, e', \ldots e^{(r-1)}$ positive Zahlen, und man hat

$$(ap + bq)^l = (ap + bq)^e (ap + bq)^{e'} \ldots (ap + bq)^{e^{(r-1)}}.$$

Jeder Factor $(ap + bq)^{e^{(k)}}$ heisst Elementartheiler von $[P, Q]$. Die Bedeutung der Elementartheiler erhellt aus Folgendem. Gehen die Formen P und Q durch Transformationen

$$x_1 = \sum_\gamma h_{1\gamma} u_\gamma, \quad \ldots \quad x_n = \sum_\gamma h_{n\gamma} u_\gamma,$$
$$y_1 = \sum_\gamma k_{1\gamma} v_\gamma, \quad \ldots \quad y_n = \sum_\gamma k_{n\gamma} v_\gamma,$$

in P' und Q' über, so haben $[P, Q]$ und $[P', Q']$ dieselben Elementartheiler. Der Beweis dieses Satzes bietet geringe Schwierigkeiten; der Beweis der Umkehrung desselben beruht darauf, dass P und Q in Formen der Veränderlichen $X_{\lambda\mu}$, $Y_{\lambda\nu}$ transformirt werden, welche durch die Elementartheiler von $[P, Q]$ bestimmt sind. Man erhält, wenn man

$$\sum_{(\mu+\nu=e-1)} X_{\lambda\mu} Y_{\lambda\nu} \quad \text{mit} \quad (X_\lambda Y_\lambda)_e$$

bezeichnet

$$P = \sum_\lambda [a_\lambda (X_\lambda Y_\lambda)_{e_\lambda} - h (X_\lambda Y_\lambda)_{e_\lambda - 1}],$$
$$Q = \sum_\lambda [b_\lambda (X_\lambda Y_\lambda)_{e_\lambda} - g (X_\lambda Y_\lambda)_{e_\lambda - 1}].$$

Wichtig ist dabei, dass

$$x_\alpha = \sum (\alpha\lambda\mu) X_{\lambda\mu}, \qquad y_\beta = \sum (\beta\lambda\nu) Y_{\lambda\nu}$$

ist, und dass umgekehrt die $X_{\lambda\mu}$ als lineare Functionen der x_α, die $Y_{\lambda\nu}$ als solche der y_β auftreten. Besitzt also $[P', Q']$ der Formen

$$P' = \sum_{\alpha\beta} A'_{\alpha\beta} u_\alpha v_\beta, \qquad Q' = \sum_{\alpha\beta} B'_{\alpha\beta} u_\alpha v_\beta$$

dieselben Elementartheiler wie $[P, Q]$, und man wandelt P' und Q' (in ähnlicher Weise wie oben P und Q) in eine Form von

$U_{\lambda\mu}$ und $V_{\lambda\nu}$ um, so werden diese Grössen mit den entsprechenden $X_{\lambda\mu}$ und $Y_{\lambda\mu}$ übereinstimmen; die $x_1 \dots x_n$ verwandeln sich dadurch in homogene lineare Functionen von $u_1 \dots u_n$, $y_1 \dots y_n$ in eben solche Functionen von $v_1 \dots v_n$ und zugleich P in P' und Q in Q'.

Die eben angeführten Zahlen $e_1 \dots e_\varrho$ und die Constanten $a_1 b_1 \dots a_\varrho b_\varrho$, g, h unterliegen nur den Bedingungen

$$e_1 + \cdots + e_\varrho = n,\; ga_1 + hb_1 = 1, \dots ga_\varrho + hb_\varrho = 1;$$

sind diese erfüllt und wählt man für die X beliebige lineare Functionen von $x_1 \dots x_n$, für die Y beliebige lineare Functionen von $y_1 \dots y_n$, so erhält man aus den obigen Formeln ein Formenpaar P, Q, für welches die Determinante $[P, Q]$ die Elementartheiler

$$(a_1 p + b_1 q)^{e_1} \dots (a_\varrho p + b_\varrho q)^{e_\varrho}$$

hat. Als Anwendung dieses Satzes ergiebt sich: Damit es möglich sei, die Formen P, Q in der Gestalt

$$P = a_1 X_1 Y_1 + a_2 X_2 Y_2 + \cdots + a_n X_n Y_n,$$
$$Q = b_1 X_1 Y_1 + b_2 X_2 Y_2 + \cdots + b_n X_n Y_n$$

auszudrücken, wobei die X lineare Functionen der x, die Y lineare Functionen der y sind, ist es nothwendig und hinreichend, dass jeder lineare Theiler von $[P, Q]$, wenn er l mal als Factor darin enthalten ist und $l > 1$ ist, auch ein gemeinsamer Theiler aller Unter-Determinanten $(n - l + 1)^{\text{ter}}$ Ordnung von $[P, Q]$ sei.

Aus den so entwickelten Sätzen über bilineare Formen ergiebt sich eine Reihe analoger Theoreme für quadratische Formen. Aus diesen sei nur erwähnt, dass $\mathfrak{P}$ und $\mathfrak{Q}$ sich gleichzeitig unter der Form

$$\mathfrak{P} = a_1 X_1^2 + \cdots + a_n X_n^2, \quad \mathfrak{Q} = b_1 X_1^2 + \cdots + b_n X_n^2$$

darstellen lassen, wenn die Coefficienten von $\mathfrak{P}$, $\mathfrak{Q}$ reell sind und unter den Formen $p\mathfrak{P} + q\mathfrak{Q}$ irgend eine sich findet, welche bei reellen Werthen von $x_1 \dots x_n$ nur gleich Null werden kann, wenn diese Grössen selbst sämmtlich verschwinden. Unter diesen Bedingungen besitzt die Determinante $[\mathfrak{P}, \mathfrak{Q}]$ von $p\mathfrak{P} + q\mathfrak{Q}$ nothwendig n Elementartheiler und die Quotienten $\frac{b_\lambda}{a_\lambda}$ sind alle reell.

No.

Kronecker. Bemerkungen zu der Arbeit von Weierstrass: „Zur Theorie der quadratischen und bilinearen Formen“. Berl. Monatsber. 1868. 339-346.

Sind φ und ψ quadratische Formen der n Variabeln x_1, $x_2 \dots x_n$, so stellt $u\varphi + v\psi$ für alle verschiedenen reellen Werthe des Verhältnisses $u:v$ eine Schaar von quadratischen Formen dar. Solcher Schaaren giebt es zwei wesentlich verschiedene Arten. Die erste Art enthält „bestimmte Formen“ (formae definitae) von n Variabeln, deren Determinante von Null verschieden ist; die zweite Art enthält derartige Formen nicht. Jede Schaar, deren Determinante einen complexen Linearfactor hat, gehört zur zweiten Art; für Schaaren der ersten Art besteht die bezeichnete Determinante aus lauter reellen Linearfactoren. Jede solche Schaar der ersten Art lässt sich unter die Form bringen

$$u\varphi + v\psi = (uv_1 - vu_1)z_1^2 + (uv_2 - vu_2)z_2^2 + \cdots + (uv_n - vu_n)z_n^2,$$

wobei unter $u_1, v_1, u_2, v_2 \dots u_n, v_n$ nur positive reelle Grössen verstanden zu werden brauchen, während die $z_1, z_2, \dots z_n$ homogene lineare reelle Functionen der Variabeln x bedeuten. Aus diesem Ausdrucke der Schaaren erster Art lassen sich alle bekannten Eigenschaften derselben ableiten, namentlich das Vorkommen jedes in der Determinante mehrfach enthaltenen Linearfactors in den Unterdeterminanten.

Dieselbe Form gilt ferner für diejenigen Schaaren der zweiten Art, deren Determinante aus lauter verschiedenen reellen Linearfactoren besteht. Zu den Schaaren der zweiten Art gehören auch jene Schaaren $(u\varphi + v\psi)$, deren Determinante identisch verschwindet. Für diese wird als allgemeiner Ausdruck gefunden

$$(ux'_1 + vx'_0)\varphi'_1 + \cdots + (ux'_m + vx'_{m-1})\varphi'_m + u\,\Phi + v\,\Psi,$$

in welchem $x'_0, x'_1, \dots x'_{n-1}$ lineare Functionen von $x_1, x_2 \dots x_n$, ferner Φ und Ψ quadratische Formen von $x'_{m+1} \dots x'_{n-1}$ und endlich $\varphi'_1, \varphi'_2 \dots \varphi'_m$ homogene lineare Functionen derselben $(n-m-1)$ Variabeln bedeuten.

No.

Clebsch e Gordan. Sulla rappresentazione tipica delle forme binarie. Brioschi Ann. (2). I. 23-79.

Der Zweck der Arbeit ist der, die binäre Form fünften Grades

$$u = ax_1^5 + 5bx_1^4x_2 + 10cx_1^3x_2^2 + 10dx_1^2x_2^3 + 5ex_1x_2^4 + fx_2^5$$

in typischer Form darzustellen, d. h. so, dass die Coefficienten der neuen Form Invarianten werden, wenn man zwei lineare Covarianten als Veränderliche einführt. Bildet man die Invarianten i und j der Form vierten Grades $\frac{1}{5}\left(x_1\frac{\partial u(y)}{\partial y_1} + x_2\frac{\partial u(y)}{\partial y_2}\right)$, so sind

$$A = i_{11}i_{22} - i_{12}^2,$$
$$B = \tfrac{1}{2}(i_{11}\tau_{22} - 2i_{12}\tau_{12} + i_{22}\tau_{11}),$$
$$C = \tau_{11}\tau_{22} - \tau_{12}^2$$

die drei Invarianten von u, deren Ordnung bezüglich 4, 8, 12 ist. Dabei ist $\tau = 2(j_{11}j_{22} - j_{12}^2)$. Ferner sei $\vartheta = i_1\tau_2 - \tau_1 i_2$, so findet man

$$\vartheta_{11}\vartheta_{22} - \vartheta_{12}^2 = AC - B^2, \quad \vartheta^2 = -\{A\tau^2 - 2B\tau i + Ci^2\}.$$

Weiter führen wir die lineare Covariante

$$\alpha = \alpha_1 x_1 + \alpha_2 x_2 = \tfrac{1}{2}(i_{11}j_{22} - 2i_{12}j_{12} + i_{22}j_{22})$$

ein, ebenso

$$2M = i_{11}\alpha_2^2 - 2i_{12}\alpha_1\alpha_2 + i_{22}\alpha_1^2,$$
$$2N = \tau_{11}\alpha_2^2 - 2\tau_{12}\alpha_1\alpha_2 + \tau_{22}\alpha_1^2,$$
$$2R = \vartheta_{11}\alpha_1^2 - 2\vartheta_{12}\alpha_1\alpha_2 + \vartheta_{22}\alpha_2^2,$$

dann erhält man die Relationen

$$R^2 = -(AN^2 - 2BMN + CM^2), \quad N = \tfrac{1}{4}(AC - B^2), \quad M = AB - 3C,$$

und wenn $\gamma = \frac{1}{2}(\vartheta_1\alpha_2 - \alpha_1\vartheta_2)$ ist:

$$R = \gamma_1\alpha_2 - \alpha_1\gamma_2, \quad S = AN - BM, \quad T = CM - BN, \quad MT + NS = -R^2.$$

α und γ können auch als die rationalen Factoren von $M\tau - Ni$ definirt werden. Für u erhält man schliesslich die typische Form

$$R^1.u = \left(B - \frac{A^2}{3}\right)\gamma^5 - 5\left(N - \frac{AM}{3}\right)\gamma^4\alpha$$
$$-10\frac{M^2}{3}\gamma^3\alpha^2 - 10\left(N^2 - \frac{BM^2}{3}\right)\gamma^2\alpha^3$$
$$+5\left(NT - \frac{MN - BS}{3}M\right)\gamma\alpha^4 - \left(N^3 + T^2 + \frac{NMS - BM^2N - BS^2}{3}\right)\alpha^5.$$

Es werden hierauf die Specialfälle $R=0$; $R=0$, $M=0$; $\alpha=0$ behandelt. Für die Form sechsten Grades wird eine ähnliche Transformation vorgenommen; die betreffenden Formeln aber hier aufzustellen, würde zu weit führen. No.

GORDAN. Applicazione della Memoria „Sulla rappresentazione tipica delle forme binarie“ all' equazione modulare della trasformazione di quinto ordine. Brioschi Ann. (2). I. 367-372.

Die Resultate der eben besprochenen Abhandlung werden auf die von Jacobi in den Fundamenta gegebene Gleichung

$$v^6 - 4u^5v^5 + 5u^2v^4 - 5u^4v^2 + 4uv - u^6 = 0$$

angewendet. Es ergiebt sich, dass die Gleichung vermittels der Substitution

$$\frac{v+u^5}{vu^5-u} = z$$

übergeht in die Form

$$z^6 + 5z^4 + 15z^2 - 5 = 0.$$

No.

BRIOSCHI. Il discriminante delle forme binarie del sesto grado. Brioschi Ann. (2). I. 159.

Eine auf die obige Arbeit von Clebsch und Gordan bezügliche Bemerkung. No.

P. JORDAN. Sur les covariants et invariants des formes binaires. C. R. LXVI. 1117-1119.

Cayley hatte in seiner zweiten Arbeit „Upon quantics“ (Trans. of Lond. CXLVI. 101) die Vermuthung ausgesprochen, es gäbe kein endliches System von Invarianten und Covarianten, so dass man durch sie jede andere Invariante oder Covariante als ganze Functionen jener mit numerischen Coefficienten ausdrücken könne. Jordan giebt solche Systeme für binäre Formen von beliebigem Grade an. No.

Gordan. Beweis, dass jede Covariante und Invariante einer binären Form eine ganze Function mit numerischen Coefficienten einer endlichen Anzahl solcher Formen ist. Borchardt J. LXIX. 323-354.

Gordan löst in diesem Aufsatze die von Cayley aufgeworfene eben erwähnte Frage. Die gegebene Form f sei symbolisch durch

$$(a_1 x_1 + a_2 x_2)^n = a_x^n$$

bezeichnet. Bildet man nach dem bekannten Verfahren, welches dazu dient, aus zwei bekannten Covarianten von f, etwa φ und ψ, welche symbolisch durch φ_x^μ und ψ_x^ν bezeichnet seien, die einfachsten neuen Covarianten und Invarianten zu finden, die Formen

$$(\varphi\psi)^0 = \varphi . \psi,$$
$$(\varphi\psi)^1 = \varphi_x^{\mu-1} \psi_x^{\nu-1} (\varphi\psi),$$
$$(\varphi\psi)^2 = \varphi_x^{\mu-2} \psi_x^{\nu-2} (\varphi\psi)^2 \text{ etc.}$$

so sagen wir, sie seien durch die 0te, 1te, 2te ... Uebereinanderschiebung von φ und ψ entstanden. Es wird dann bewiesen, dass alle Formen von f lineare Functionen mit numerischen Coefficienten von Formen sind, die mittelst wiederholter Uebereinanderschiebung aus f entstehen. Nun werden die durch Uebereinanderschiebung entstehenden Formen in dieser Reihenfolge gebildet: $(ff)^0 = k_{21}$, $(ff)^1 = k_{22}$, $(ff)^2 = k_{23}$ ... ferner

$$(k_{21} f)^0, (k_{22} f)^0 \dots, (k_{21} f)^1, (k_{22} f)^1 \dots,$$
$$(k_{21} f)^2, (k_{22} f)^2 \dots, (k_{21} f)^3, (k_{22} f)^3 \dots,$$

welche mit k_{31}, k_{32} ... bezeichnet werden, u. s. w. für Formen 4ter, 5ter, ... Ordnung. Die in dieser Anordnung vor k_{ik} stehenden Formen heissen frühere. Wir lassen alle diejenigen aus, welche lineare Combinationen mit numerischen Coefficienten früherer Formen k sind. Die übrig bleibenden bezeichnen wir durch T. Unter den T besteht dann keine lineare Relation und jede Covariante und Invariante von f kann (aber nur auf eine Weise) in die Form gebracht werden

$$J = c_1 T_1 + c_2 T_2 + \cdots$$

Wird nun eine Form W definirt durch

$$W = b_x^r c_x^{a_1} d_x^{a_2} \dots (bc)(bd)(cd) \dots,$$

wenn $(bc) = b_1 c_2 - b_2 c_1$ ist, und setzt man

$$W = c_1 T_1 + c_2 T_2 + \cdots,$$

so ist die Form $(T_1 f)^k$, wenn überhaupt eine Form T, dann eine lineare Function von früheren Formen T und Formen W. Es wird darauf ein vollständig bestimmtes endliches System von Covarianten und Invarianten der Form f aufgestellt, durch welches sich alle zu f gehörigen Formen T ausdrücken lassen. Die Anzahl der Formen des erhaltenen Systems wird als eine endliche nachgewiesen, und endlich gezeigt, dass jede Covariante und Invariante von f eine ganze Function der Formen des endlichen Systems mit numerischen Coefficienten sei. Dieses für den allgemeinen Fall aufgestellte System ist nicht das kleinste denkbare, so dass noch viele Formen des Systems als ganze Functionen anderer darstellbar sind. Der Verfasser giebt nun für Formen fünften und sechsten Grades nach Ausführung der eben erwähnten Reduction ein möglichst kleines System von Grundformen.

No.

Capitel 3.

Kettenbrüche.

J. Lieblein. Zur Anwendung der Kettenbrüche. Schlömilch Z. XIII. 63-72.

Ist der Kettenbruch

$$\frac{p_{n-1}}{q_{n-1}} = \cfrac{a_1}{b_1 + \cfrac{a_2}{b_2 + \cdots + \cfrac{a_{n-1}}{b_{n-1}}}}$$

gegeben, so sind die Formeln für $p_1, p_2, \ldots, q_1, q_2, \ldots$ bekannt. Aus diesen kann man umgekehrt $a_1, a_2, \ldots, b_1, b_2, \ldots$ als Functionen der p und q ausdrücken und erhält, wenn

$$(p_\lambda q_\mu) = p_\lambda q_\mu - p_\mu q_\lambda$$

bezeichnet, die Formel

$$\frac{(p_{n-1}q_2):(p_2q_1)}{(p_1q_{n-1}):(p_2q_1)}$$

$$=\cfrac{(p_2q_3):(p_2q_1)}{(p_3q_1):(p_2q_1)+\cfrac{(p_3q_4):(p_3q_2)}{(p_4q_2):(p_3q_2)}+\ldots+\cfrac{(p_{n-2}q_{n-1})\ldots(p_{n-2}q_{n-3})}{(p_{n-1}q_{n-3})\ldots(p_{n-2}q_{n-3})}}.$$

Dieser Kettenbruch wird durch Einführung neuer Grössen in einen andern umgewandelt, bei dem sämmtliche Glieder Quotienten von Determinanten m^{ten} Grades sind. Wendet man nun auf mehrere auf einander folgende Glieder die bekannten Regeln bezüglich der Kettenbrüche an, so erhält man einen Satz, der verallgemeinert lautet: „Wenn man aus einem Systeme von n Elementenreihen zu je m Gliedern ($n > m$) alle Determinanten m^{ten} Grades ableitet, deren Systeme dieselben k Reihen besitzen, so sind durch die Werthe von $(m-k)(n-m)+1$ von einander unabhängigen Determinanten die Werthe aller übrigen vollständig bestimmt.“ Für $m=3$ haben die Determinanten bekanntlich geometrische Bedeutung; man erhält unter anderen Sätzen, dass, wenn von den dreiseitigen Pyramiden, welche durch ein System von n Punkten des Raumes bestimmt sind, irgend $3n-11$ von einander unabhängige ihrem Inhalte nach gegeben sind, die übrigen daraus berechnet werden können.

No.

C. G. J. Jacobi. Allgemeine Theorie der kettenbruchähnlichen Algorithmen, in welchen jede Zahl aus drei vorhergehenden gebildet wird. (Aus den hinterlassenen Papieren mitgetheilt durch E. Heine.) Borchardt J. LXIX. 29-64.

Seien a, a_1, a_2 unbestimmte Zahlen; l, m, l_1, m_1 ... gegebene Grössen; ferner

$$a_3 = a + l\,a_1 + m\,a_2,$$
$$a_4 = a_1 + l_1 a_2 + m_1 a_3,$$
$$a_5 = a_2 + l_2 a_3 + m_2 a_4,$$
$$\cdots\cdots\cdots$$

so kann man umgekehrt finden

$$a = p_i a_i + q_i a_{i+1} + r_i a_{i+2}; \quad a_i = P_i a + P'_i a_1 + P''_i a_2,$$
$$a_1 = p'_i a_i + q'_i a_{i+1} + r'_i a_{i+2}; \quad a_{i+1} = P_{i+1} a + P'_{i+1} a_1 + P''_{i+1} a_2,$$
$$a_2 = p''_i a_i + q''_i a_{i+1} + r''_i a_{i+2}; \quad a_{i+2} = P_{i+2} a + P'_{i+2} a_1 + P''_{i+2} a_2.$$

Die Determinante dieser Systeme ist $= +1$. Jedes P_i, P'_i, P''_i kann linear berechnet werden aus den drei vorhergehenden oder folgenden bez. P, P', P''; die p_i, q_i, r_i aus den zunächst vorhergehenden oder folgenden p, q, r. Den obigen Formeln entsprechend lassen sich andere aufstellen, welche die a_i, a_{i+1}, a_{i+2} nicht auf a, a_1, a_2, sondern auf drei beliebige frühere a_k, a_{k+1}, a_{k+2} zurückführen.

Sind nun u_0, v_0, w_0 drei positive Grössen, deren grösste w_0 ist, l_0 und m_0 die den Brüchen $\frac{v_0}{u_0}$, $\frac{w_0}{u_0}$ nächst kleineren ganzen Zahlen, und setzt man

$$v_0 - l_0 u_0 = u_1, \quad w_0 - m_0 u_0 = v_1, \quad u_0 = w_1$$

und bestimmt ähnlich l_1 und m_1 u. s. w., dann nehmen u_i und w_i mit wachsendem i beständig ab, und die nach den obigen Formeln gebildeten Brüche

$$\frac{P'_{i+2}}{P_{i+2}}, \quad \frac{P''_{i+2}}{P_{i+2}}$$

werden zwei mit demselben Nenner behaftete Näherungswerthe für die Grössen $\frac{v_0}{u_0}$ und $\frac{w_0}{v_0}$. Es wird darauf u_0 als ganze Zahl, v_0 und w_0 als Ausdrücke von der Form

$$\alpha + \beta x + \gamma x^2$$

angesehen, wobei x eine reelle Wurzel einer irreductiblen Gleichung dritten Grades ist; ebenso

$$k_i u_{i+1} = f_i(v_i - l_i u_i), \quad k_i v_{i+1} = f_i(w_i - m_i u_i),$$
$$k_i w_{i+1} = f_i u_i,$$

wobei f_i der einfachste Factor ist, der $v_i - l_i u_i$ zu einer ganzen Zahl macht, k_i die grösste ganze Zahl, welche alle diese Producte theilt. Die vorigen Formeln müssen also so verändert werden, dass man $\frac{u_i}{F_i}$, $\frac{v_i}{F_i}$, $\frac{w_i}{F_i}$ für u_i, v_i, w_i setzt, wenn

$$F_i = \frac{f_0}{k_0} \frac{f_1}{k_1} \cdots \frac{f_{i-1}}{k_{i-1}}$$

ist. Wenn $u_i = u_0$, $v_i = v_0$, $w_i = w_0$, so wird die Norm von F_i gleich Eins.

Als Resultat der weiteren Entwickelungen folgt: Es sei

$$v_i = \beta_i'(v_0 + a_i) + \beta_i''(w_0 + b_i),$$
$$w_i = \gamma_i'(v_0 + a_i) + \gamma_i''(w_0 + b_i),$$

so sind die Zahlen

$$\frac{u_i}{\beta_i'\gamma_i'' - \beta_i''\gamma_i'}$$

so beschaffen, dass in Bezug auf dieselben als Moduln die cubischen Gleichungen, deren Wurzeln v_0 und w_0 sind, gelöst werden können, und es werden resp. $-a_i$ und $-b_i$ die Werthe der Wurzeln dieser Congruenzen. Ist insbesondere

$$v_0 = \sqrt[3]{n}, \quad w_0 = \sqrt[3]{n^2},$$

so sind die Zahlen $\frac{u_i}{\beta_i'\gamma_i'' - \beta_i''\gamma_i'}$ solche, von denen n cubischer Rest ist, und es werden

$$a_i^3 + n, \quad b_i^3 + n^2$$

durch $\frac{u_i}{\beta_i'\gamma_i'' - \beta_i''\gamma_i'}$ theilbar. Auf diesen Satz wird die Entwickelung der reellen Wurzel einer cubischen Gleichung durch kettenbruchähnliche periodische Algorithmen gegründet.

No.

P. Seeling. Ueber die Formen der Zahlen, deren Quadratwurzeln, in Kettenbrüchen dargestellt, Perioden von einer gewissen Anzahl Stellen haben. Grunert Arch. XLIX. 4-44.

Bezeichnet n die grösste in der Quadratwurzel $\sqrt{A}$ enthaltene ganze Zahl, so erhält man für die einstellige Periode $(n, 2n, 2n, \dots)$ A von der Form $n^2 + 1$. Für die zweistellige Periode $(n; a, 2n; a, 2n; \dots)$ ergiebt sich $A = n^2 + \frac{2n}{a}$; für die dreistellige $(n; a, a, 2n; a, a, 2n; \dots)$ $A = n^2 + \frac{2an+1}{a^2+1}$, etc. Der Verfasser giebt diese Formen bis zur siebenstelligen Periode. Hieran schliesst sich eine Tabelle der Nenner in der Kettenbruchentwicklung der Quadratwurzeln aus den Zahlen 2 bis 602. In den „Zusätzen“ wird an den gegebenen

Formen für die Perioden mit ungrader Stellenzahl nachgewiesen, dass sie $=4m+1$ oder $4m+2$ sind, und gezeigt, dass sich alle gefundenen Formen der A auseinander herleiten lassen.

M.

C. G. J. Jacobi. Ueber die Auflösung der Gleichung

$$\alpha_1 x_1 + \alpha_2 x_2 + \cdots + \alpha_n x_n = fu,$$

aus den hinterlassenen Papieren mitgetheilt von E. Heine. Borchardt J. LXIX. 1-28.

Die Aufgabe ist folgende: Es sollen für die n variabeln ganzen Zahlen $x_1, \ldots x_n$ mittelst linearer Substitutionen n andre variable ganze Zahlen eingeführt werden, und es soll eine der Relationen die oben stehende Gleichung sein, in welcher $\alpha_1, \alpha_2, \ldots \alpha_n$ gegebene ganze Zahlen, f ihr gemeinsamer Theiler, u eine der neuen Variabeln ist. Zwei sich so entsprechende Systeme ganzer Zahlen heissen äquivalent. Nach einigen Vorbemerkungen folgen 4 particulare Lösungen.

Zuerst kann man durch Division f zu 1 machen. Die Forderung reducirt sich dann auf die Aufstellung von $n-1$ Gleichungen von der Form der oben stehenden der Art, dass die Determinante der sämmtlichen nn Coefficienten $\alpha = \pm 1$ wird, unter der Voraussetzung, dass die gegebenen α keinen Theiler haben.

Hat schon eine geringe Anzahl der α keinen Theiler, z. B. die m ersten, so ergiebt sich unmittelbar eine Lösung, sobald man eine solche für die Gleichung

$$\alpha_1 x_1 + \alpha_2 x_2 + \cdots + \alpha_m x_m = v$$

kennt. Denn, substituirt man in den 2 äquivalenten Systemen $x_1, \ldots x_m$ und $z_1, \ldots z_{m-1}, v$ für v seinen Werth

$$v = u - \alpha_{m+1} x_{m+1} - \cdots - \alpha_n x_n,$$

so sind

$$z_1, \quad \ldots \quad z_{m-1}, \quad u, \quad x_{m+1}, \quad \ldots \quad x_n$$

die verlangten neuen Variabeln.

Die erste Lösung geht von dem Falle $n=2$ aus. Hat man zwei ganze Zahlen β, γ gemäss der Gleichung

$$\gamma \frac{\alpha_1}{f} - \beta \frac{\alpha_2}{f} = 1$$

bestimmt, so giebt das System

$$x_1 = \gamma u - \frac{\alpha_2}{f} z, \qquad x_2 = -\beta u + \frac{\alpha_1}{f} z$$

ganze Zahlen für u, z, und ersteres erfüllt die Gleichung

$$\alpha_1 x_1 + \alpha_2 x_2 = fu.$$

Ist nun f_2 der Theiler von α_1 und α_2, f_3 von f_2 und α_3, u. s. f., f_i der Theiler von f_{i-1} und α_i, so kann man ebenso für jede der Gleichungen

$$(1.) \quad \left\{ \begin{array}{l} \alpha_1 x_1 + \alpha_2 x_2 = f_2 y_2, \\ f_2 y_2 + \alpha_3 x_3 = f_3 y_3, \\ \quad \vdots \qquad\quad \vdots \qquad\quad \vdots \\ f_{n-1} y_{n-1} + \alpha_n x_n = f_n y_n \end{array} \right.$$

äquivalente Systeme

$$\begin{array}{lll} x_1,\ x_2 & \text{und} & z_1,\ y_2 \\ y_2,\ x_3 & \text{und} & z_2,\ y_3 \\ \vdots \quad \vdots & & \vdots \quad \vdots \\ y_{n-1},\ x_n & \text{und} & z_{n-1},\ y_n \end{array}$$

finden. Es ergiebt sich, dass $f_n = f$ ist, woraus $y_n = u$ folgt. Man hat dann die äquivalenten Systeme

$$\begin{array}{cccccccc} x_1, & x_2, & y_2, & x_3, & y_3, & \ldots & x_{n-1}, & y_{n-1}, \quad x_n \\ z_1, & y_2, & z_2, & y_3, & z_3, & \ldots & y_{n-1}, & z_{n-1}, \quad u \end{array}$$

und braucht nur die gemeinsamen Elemente y wegzulassen. Die entwickelte Darstellung des ersten Systems im zweiten ist folgende:

$$\begin{aligned} x_n &= -\beta_{n-1} u + \frac{f_{n-1} z_{n-1}}{f_n}, \\ x_{n-1} &= \beta_{n-2}\left(-\Gamma_{n-1}^{n-1} u + \frac{\alpha_n z_{n-1}}{f_n}\right) + \frac{f_{n-2} z_{n-2}}{f_{n-1}}, \\ x_{n-2} &= \beta_{n-3}\left(-\Gamma_{n-2}^{m-1} u + \Gamma_{n-2}^{n-2} \frac{\alpha_n z_{n-1}}{f_n} + \frac{\alpha_{n-1} z_{n-2}}{f_{n-1}}\right) + \frac{f_{n-3} z_{n-3}}{f_{n-2}}, \\ \vdots \quad & \quad \vdots \\ x_2 &= \beta_1\left(-\Gamma_2^{n-1} u + \Gamma_2^{n-2} \frac{\alpha_n z_{n-1}}{f_n} + \cdots + \Gamma_2^2 \frac{\alpha_4 z_3}{f_4} + \frac{\alpha_3 z_2}{f_3}\right) + \frac{\alpha_1 z_1}{f_2}, \\ x_1 &= \Gamma_1^{n-1} u - \Gamma_1^{n-2} \frac{\alpha_n z_{n-1}}{f_n} - \cdots - \Gamma_1^2 \frac{\alpha_4 z_3}{f_4} - \Gamma_1^1 \frac{\alpha_3 z_2}{f_3} - \frac{\alpha_2 z_1}{f_2}, \end{aligned}$$

wo zur Abkürzung

$$\Gamma_i^k = \gamma_i \gamma_{i+1} \ldots \gamma_k$$

gesetzt ist, und die β und γ die Auflösungen von

$$f_i \gamma_i - \alpha_{i+1} \beta_i = f_{i+1}$$

bezeichnen.

Die zweite Lösung besteht darin, dass aus den Gleichungen (1.), wo $f_n = f$, $y_n = u$ zu setzen ist, von der letzten anfangend, successive $x_n, x_{n-1}, \ldots x_1$ bestimmt werden. Es ist dann immer möglich

$$x_i < \frac{f_{i-1}}{2 f_i}$$

zu machen.

Bei der dritten Lösung wird, wie nach den Vorbemerkungen zulässig ist, angenommen, dass $f = 1$, und dass kein Theiler für alle α, dagegen immer ein Theiler $h_i > 1$ für alle α ausser α_i existirt. Setzt man

$$h_1 h_2 \ldots h_n = H, \qquad \alpha_i = \frac{H}{h_i} m_i,$$

so ist m_i eine ganze Zahl, und die gegebene Gleichung lässt sich schreiben

$$(19.) \qquad \frac{m_1 x_1}{h_1} + \frac{m_2 x_2}{h_2} + \cdots + \frac{m_n x_n}{h_n} = \frac{u}{H}.$$

Ferner hat sie in Bezug auf jedes einzelne x die Form

$$\alpha_i x_i + h_i w_i = u.$$

Bestimmt man $c_i < \frac{1}{2} h_i$ so, dass

$$\alpha_i c_i + h_i d_i = 1$$

wird, so ist der allgemeinste Werth von x_i

$$x_i = c_i u + h_i v_i,$$

nach dessen Substitution die Gleichung (19.) die Form erhält:

$$m_1 v_1 + m_2 v_2 + \cdots + m_n v_n = g u.$$

Hier ist g eine ganze Zahl; ferner sind die m der Art, dass nie $n-1$ derselben einen Theiler haben; denn, hätten alle m ausser m_n den Theiler $p > 1$, so hätten alle α ausser α_n den Factor $p h_n > h_n$. Nach der Vorbemerkung ist hiermit die Aufgabe auf eine geringere Anzahl Elemente zurückgeführt, und durch Wiederholung des Verfahrens immer lösbar. Meistens aber werden einige der Coefficienten so klein, dass die Lösung unmittelbar folgt.

Die vierte Lösung ist von Euler (De relatione inter ternas pluresve quantitates instituenda. Opuscula Analytica II, p. 91

und Commentationes Arithmeticae collectae II, p. 99) aufgenommen. Die Regel des Verfahrens wird nicht mitgetheilt, sondern nur zwei Beispiele der Anwendung auf Aufgaben für drei Elemente mit den aus der Regel resultirenden Zahlen ausgeführt, nebst einigen Betrachtungen über den Erfolg.

H.

F. Strehlke. Verschiedene Bemerkungen:
No. 2. Bemerkungen zu der Aufgabe von Öttinger über die Näherungswerthe periodischer Kettenbrüche.
Grunert Arch. XLVIII. 1-7.

Vierter Abschnitt.

Wahrscheinlichkeitsrechnung.

— — Problems supplementary to choice and chance. Messenger IV. 152-158 u. 193-200.

Siebzehn Theoreme über Permutationen und Combinationen.

W. Lea. Solution of the question 2244. Educ. Times. IX. 35 u. 36.

Elf Grössen so in Gruppen von je fünf zu setzen, dass jede Combination von je vier dieser Grössen nur einmal erscheint.

C. T. Hudson. Solution of the question 2594. Educ. Times. IX. 89-91.

Es werden $a.b$ Karten $n$mal in Päckchen von je a vertheilt, und die Päckchen nach jeder Vertheilung so geordnet, dass nach der n^{ten} Vertheilung und Anordnung eine ausgewählte Karte an die r^{te} Stelle kommt.

J. Wolstenholme. Solution of the question 2414. Educ. Times. X. 50 u. 51.

1. n verschiedene Dinge können auf r^n verschiedene Arten unter r Personen verloost werden, wenn Nieten zulässig sind.

2. Sind keine Nieten zulässig, so ist die Anzahl der Arten gleich den Coefficienten von x^n in der Entwicklung von $(e^x-1)^r n!$

3. Sind die Dinge gleich, so ist die Anzahl gleich der Anzahl der Combinationen von $n+r-1$ Dingen zu je $r-1$, wenn Nieten zulässig sind.

4. Sind keine Nieten zulässig, so ist diese Anzahl gleich der Anzahl der Combinationen von $n-1$ Dingen zu je $r-1$.

J. Wolstenholme. Solution of the question 2453. Educ. Times. X. 62.

Die Anzahl der Arten, auf welche n verschiedene Dinge in 1, 2, 3 ... oder n beliebige Theile getheilt werden können, ist gleich dem Coefficienten von x^n in der Entwicklung von $n!e^{e^x-1}$.

Withworth. Solution of the question 2627. Educ. Times. X. 59.

Die Anzahl der Signale, welche durch n verschiedene, auf s Masten vertheilte Flaggen, von denen r zu gleicher Zeit angewendet werden, $(n > r > s)$, ist $\frac{n!\,\overline{r-1}!}{\overline{n-r}!\,\overline{r-s}!\,\overline{s-1}!}$ oder $\frac{n!\,\overline{s+r-1}!}{\overline{n-r}!\,r!\,\overline{s-1}!}$, je nachdem alle Masten benutzt werden oder nicht.

A. R. Clarke. Solution of the question 2614. Educ. Times. X. 54 u. 55.

Wird auf drei Flächen eines Tetraeders je ein Punkt beliebig angenommen, so ist die Wahrscheinlichkeit, dass die durch diese drei Punkte gelegte Ebene die vierte Tetraederfläche schneidet, gleich $\frac{3}{4}$.

J. J. Walker. Solution of the question 2647. Educ. Times. X. 43.

Liegen die Coefficienten der Gleichung $x^3 - qx + r = 0$ zwischen den Grenzen $+1$ und -1, und werden alle zwischen diesen Grenzen liegenden Werthe als gleich wahrscheinlich angenommen, so ist die Wahrscheinlichkeit, dass alle Wurzeln der Gleichung reell sind, gleich $\frac{2}{45}\sqrt{3}$.

M. W. Crofton. Solution of the question 2680. Educ. Times X. 90 u. 91.

Nimmt man in einer geschlossenen convexen Curve zwei beliebige Punkte A, B an, und trifft die durch A, B gelegte Sehne die Curve in den Punkten P und Q, so ist die Wahrscheinlichkeit, dass die Abschnitte PA, AB, BQ ein Dreieck bilden, gleich $\frac{1}{4}$.

STEPHEN WATSON. Solution of the question 2695. Educ. Times. X. 58.

Theilt man eine gegebene Strecke a durch zwei Punkte in drei beliebige Theile, so ist die Wahrscheinlichkeit, dass das Product dieser drei Theile $> \frac{a^3}{108}$ ist, gleich

$$\tfrac{4}{9}\int_{\frac{4}{9}\pi}^{\frac{8}{9}\pi} \sin\tfrac{1}{2}\theta\,(1+2\cos 3\theta)^{\frac{1}{2}}\,d\theta.$$

J. WOLSTENHOLME and STEPHEN WATSON. Solution of the question 2612. Educ. Times. X. 109-111.

Werden auf den drei Seiten eines Dreiecks ABC die Punkte P, Q, R beliebig angenommen, so lässt sich die Wahrscheinlichkeit, dass $\triangle PQR > (n+\frac{1}{4})\triangle ABC$ ist, für jedes positive n, das $< \frac{3}{4}$ ist, bestimmen.

A. R. CLARKE. Solution of the question 2646. Educ. Times. X. 36 u. 37.

Die Wahrscheinlichkeit, dass der Durchschnitt eines Würfels mit einer beliebigen Ebene ein Sechseck giebt, ist

$$\frac{\sqrt{3}\,.\cot^{-1}\sqrt{3} - \sqrt{2}\,.\cot^{-1}\sqrt{2}}{\frac{1}{4}\pi}.$$

J. WOLSTENHOLME. Solution of the question 2421. Educ. Times. IX. 85.

Die Wahrscheinlichkeit, dass der Abstand zweier auf der nördlichen Halbkugel beliebig angenommenen Orte grösser als 90^0 des grössten Kreises ist, ist $\frac{1}{\pi}$.

L. BILLS and T. SAVAGE. Solution of the question 2422. Educ. Times. IX. 96 u. 97.

Der durchschnittliche Inhalt aller Dreiecke, welche in der Fläche eines Kreises mit dem Radius r gezeichnet werden können, ist $\frac{35r^2}{48\pi}$; und die Wahrscheinlichkeit, dass vier beliebig in der

Kreisfläche angenommene Punkte die Ecken eines convexen Vierecks bilden, ist $\frac{35}{12\pi^2}$.

W. S. B. Woolhouse. Solution of the question 2433. Educ. Times. IX. 94 u. 95.

Nimmt man in der Fläche eines regulären n-Ecks beliebig fünf Punkte an, so ist die Wahrscheinlichkeit, dass zwei Ecken des dadurch gebildeten Fünfecks convex sind, gleich

$$\frac{5}{12}\left\{\frac{\cos\frac{2\pi}{n}+2}{n\sin\frac{2\pi}{n}}\right\}^2.$$

J. Wolstenholme. Solution of the question 2500. Educ. Times. IX. 95 u. 96.

1. Werden in einem Kreise zwei beliebige Punkte angenommen, so ist die Wahrscheinlichkeit, dass ihre Verbindungslinie einen gegebenen Durchmesser innerhalb des Kreises schneidet, gleich $\frac{3\pi^2+16}{6\pi^2}$.

2. Die Wahrscheinlichkeit, dass drei in einem Kreise beliebig angenommene Punkte mit dem Kreismittelpunkt ein convexes Viereck bilden, ist $\frac{3\pi^2+16}{12\pi^2}$.

Stephen Watson and A. R. Clarke. Solution of the question 2541. Educ. Times. IX. 37 u. 38.

Theilen die Diagonalen eines convexen Vierecks einander in den Verhältnissen $\lambda : 1-\lambda$ und $\mu : 1-\mu$, so ist die Wahrscheinlichkeit, dass die Verbindungslinie zweier in dem Viereck beliebig angenommenen Punkte beide Diagonalen innerhalb des Vierecks schneidet, gleich $\frac{1}{3}\{1+2(\lambda+\mu)-2(\lambda^2+\mu^2)\}$; für ein Parallelogramm also $\frac{2}{3}$.

A. R. Clarke. Solution of the question 2543. Educ. Times. IX. 75-77.

1. In einer geschlossenen convexen Curve von der Länge L liege eine zweite eben solche von der Länge l; die Wahr-

scheinlichkeit, dass eine beliebig in der Ebene gezogene, die Curve L schneidende Gerade auch l schneidet, ist $l:L$.

2. Liegt l ausserhalb L, und ist X die Länge eines beide Curven fest umschliessenden sich zwischen ihnen kreuzenden Bandes, Y die Länge eines eben solchen sich nicht kreuzenden Bandes, so ist obige Wahrscheinlichkeit $(X-Y):L$.

3. Schneiden sich L und l, und ist Y die Länge des beide umschliessenden Bandes, so ist die Wahrscheinlichkeit $(L+l-Y):L$.

WITHWORTH. Solution of the question 2592. Educ. Times. IX. 103-105.

Eine gerade Strecke l werde in p beliebig grosse Theile getheilt; die Wahrscheinlichkeit, dass kein Theil $< \frac{l}{m}$ $(m > p)$, ist $\left(1-\frac{p}{m}\right)^{p-1}$. Aehnlich ergiebt sich die Wahrscheinlichkeit, dass kein Theil $> \frac{l}{n}$ $(n < p)$; und die, dass kein Theil $< \frac{l}{m}$ und keiner $> \frac{l}{n}$.

STEPHEN WATSON. Solution of the question 1934. Educ. Times. IX. 70.

Zwei Urnen enthalten resp. m und n Kugeln; man nimmt aus jeder eine beliebige Anzahl (incl. 0); wie gross ist die Wahrscheinlichkeit, dass die Summe der aus beiden Urnen genommenen Kugeln gleich einer bestimmten ganzen Zahl ist?

W. CROFTON and STEPHEN WATSON. Solution of the question 1977. Educ. Times. IX. 45.

Die Wahrscheinlichkeit, dass sich aus drei Strecken von beliebiger Länge, aber mit gemeinsamer oberer Grenze, ein Dreieck construiren lässt, ist $\frac{1}{2}$.

W. S. B. WOOLHOUSE and STEHEN WATSON. Solution of the question 2420. Educ. Times. IX. 63-65.

Ist die Wahrscheinlichkeit, dass sich aus irgend welchen drei, unterhalb der geraden Zahl n liegenden Zahlen ein Dreieck construiren lässt, gleich p_n, so bilden die Wahrscheinlichkeiten p_n, p_{n+1}, p_{n+2} eine arithmetische Progression.

Samuel Roberts. Solution of the question 2434. Educ. Times. IX. 91 u. 92.

1. Von drei verschiedenen Personen nennt jede eine ganze Zahl $\overline{\gtrless} n$; die Wahrscheinlichkeit, dass die genannten Zahlen proportional den Seiten eines reellen Dreiecks sind, ist $\frac{1}{2}\left(1+\frac{1}{n^2}\right)$.

2. Jemand nennt eine Combination von drei ganzen Zahlen, die nicht nothwendig verschieden, aber nicht grösser als n sind; die Wahrscheinlichkeit, dass genannte Zahlen proportional den Seiten eines reellen Dreiecks sind, ist $\frac{1}{2}\left\{1+\frac{3(n+1)}{2n^2+4n+1+(-1)^n}\right\}$.

W. S. B. Woolhouse. Solution of the questions 2532, 2514 and 2556. Educ. Times. X. 24-27.

Der quadrirte durchschnittliche Inhalt eines beliebigen Dreiecks in einer geschlossenen Curve von beliebiger Gestalt ist 3 mal so gross als der eines Dreiecks, dessen eine Ecke der Mittelpunkt der Fläche ist. In einer Fläche ist das Verhältniss der entsprechenden Tetraederinhalte gleich 4 : 1. Diese Inhalte lassen sich durch die Radien der Rotation einer convexen Fläche um die Hauptaxen ausdrücken. Ebenso die Wahrscheinlichkeit, dass ein beliebiges in der Fläche angenommenes Hexaeder zwei einspringende Ecken hat. Daran schliesst sich die Lösung einer Aufgabe über Bestimmung gewisser Gruppen von 6 Punkten auf 4 im Raume gegebenen Flächen von beliebiger Form.

Ein zweiter Beweis dafür, dass die oben gegebenen Verhältnisse für Flächen von beliebiger Form gelten, ist von J. Wolstenholme gegeben (p. 27 u. 28).

A. R. Clarke. Solution of the question 2561. Educ. Times. X. 21 u. 22.

1. Die Wahrscheinlichkeit, dass drei auf den Seiten eines gleichseitigen Dreiecks beliebig angenommene Punkte ein spitzwinkliges Dreieck bilden, ist $1-\frac{9}{2}\log(\frac{27}{64}e)$.

2. Die Wahrscheinlichkeit, dass der durch diese drei Punkte gehende Kreis jede Seite in einem zweiten Punkte schneidet, ist $\frac{3}{4}$.

S. Watson. Solution of the question 2585. Educ. Times. X. 38 u. 39.

Die Wahrscheinlichkeit, dass die Verbindungslinien von 4 auf den 4 Seiten (a, b, c, d) eines Vierecks beliebig angenommenen Punkten sich schneiden, ist

$$\frac{2(ab+ac+ad+bc+bd+cd)^2-8abcd}{(a+b+c+d)^4}.$$

Schiaparelli. Sul principio della media arithmetica nel calcolo dei risultati delle osservazioni. Rend. d. Ist. Lomb. (2). I. 771.

Frisiani. Sulle più vantaggiosa combinazione delle osservazioni. Mem. d. Ist. Lomb. (3). II. 1—21.

Ziemlich ausführliche Begründung der Principien der Methode der kleinsten Quadrate auf Grundlage des Satzes vom arithmetischen Mittel. B.

H. G. Day. Problems in Chances. Quart. J. IX. 354 u. 355.

Morgan W. Crofton. On the Theory of Local Probability, applied to Straight Lines drawn at random in a plane; the methods used being also extended to the proof of certain new Theorems in the Integral Calculus. Trans. of London. CLVIII. 181-199. — Proc. of London. XVI. 266-269.

Die erste Spur einer Theorie der geometrischen Wahrscheinlichkeit findet sich bereits in Buffon's Problem: Die Wahrscheinlichkeit zu finden, dass ein Stab von gegebener Länge, welchen man auf eine mit aequidistanten Parallelen liniirte Ebene wirft, eine der Parallelen durchkreuzt. Mit diesen und einigen ähnlichen Problemen beschäftigte sich auch Laplace (Théorie analytique des probabilités). Ausgebildet wurde die Theorie der geometrischen Wahrscheinlichkeit aber erst vor kurzer Zeit durch

Sylvester und Woolhouse (Vgl. Rep. Brit. Ass. 1865 u. Educ. Times). Herr Crofton wendet diese Theorie auf gerade Linien an, welche ganz willkürlich im Raume gezogen sind. Einiges von seinen Resultaten findet sich schon im Jahrgang 1867 der Educ. Times.

In dem vorliegenden Aufsatze legt der Verfasser zunächst die allgemeinen Principien der geometrischen Wahrscheinlichkeit dar, erklärt die Ausdrücke at random (an kein Gesetz gebunden) und assemblage (Gemeinschaft mehrerer gleichartiger Dinge), und hebt besonders das Laplace'sche Princip (chap. 3) hervor, wonach es gestattet ist, aus einer unendlichen Zahl gleich wahrscheinlicher Fälle eine geringere Unendlichkeit beliebig auszuwählen. Die Dichtigkeit der in einer Ebene beliebig zu wählenden Punkte kann als gleichförmig angesehen werden, so dass ein solcher Punkt einer unendlichen Menge symmetrisch über die ganze Ebene vertheilter, oder auf einer Linie in gleichen Abständen befindlicher Punkte angehört. Um das Aggregat beliebig in einer Ebene zu wählender Linien zu erhalten, theile man den Winkelraum um einen Punkt herum in gleiche unendlich kleine Winkel $\delta\theta$ und denke sich in jeder dieser Richtungen die Ebene von unendlich vielen äquidistanten Linien durchschnitten. Ebenso für den Raum.

Jede ebene Fläche kann als das Maass für die Anzahl der in ihr willkürlich anzunehmenden Punkte angesehen werden. Für die Anzahl beliebiger Geraden aber ergiebt sich folgendes Fundamentaltheorem: Das Maass für die Anzahl beliebiger Geraden, welche eine gegebene geschlossene convexe ebene Curve schneiden, ist die Länge der Curve. Daher ist die Wahrscheinlichkeit, dass eine beliebige Gerade, welche eine geschlossene Curve von der Länge L schneidet, auch eine ganz in L liegende Curve l schneidet, gleich $\frac{l}{L}$. Für eine nicht convexe Curve wird jenes Maass durch die Länge eines fest um die Curve gezogenen Riemens bestimmt; ebenso für nicht geschlossene Curven. Schneidet die zweite Curve die erste, oder liegt sie ganz ausserhalb derselben, so werden die gemeinschaftlichen Tangenten zu Hülfe genommen.

Die Wahrscheinlichkeit, dass zwei beliebige Gerade, welche eine gegebene geschlossene ebene Curve von der Länge L durchschneiden, sich selbst innerhalb der von der Curve umschlossenen Fläche Ω schneiden, ist $\frac{2\pi\Omega}{L^2}$. Wird eine unendliche Anzahl von Linien willkürlich in einer unendlichen Ebene gezogen, so ist die Dichtigkeit ihres Durchschnitts (d. h. das Maass für die Anzahl der Durchschnittspunkte in einer gegebenen Fläche, dividirt durch die Fläche selbst) gleichförmig, und gleich π. Wenn unendlich viele willkürliche Linien eine gegebene Fläche Ω schneiden, so ist die Dichtigkeit ihrer Durchschnitte in einem ausserhalb der Fläche liegenden Punkte P gleich $\theta - \sin\theta$, wo θ den Winkel bezeichnet, den die beiden von P an die Begrenzungscurve L der Ω gelegten Tangenten bilden. Die Zahl der ausserhalb Ω liegenden Durchschnitte wird also gemessen durch das Doppelintegral $\iint(\theta - \sin\theta)\,dS$, erstreckt über die ganze Ebene ausserhalb Ω, wo dS das Flächenelement ist. Nun ist aber die Anzahl der innerhalb Ω liegenden Durchschnitte $\pi\Omega$, und die Summe aller ist $\frac{1}{2}L^2$. Daraus ergiebt sich das folgende merkwürdige Theorem: „Ist θ der Winkel, welchen die beiden von einem Punkte (x, y) an eine gegebene convexe Curve gezogenen Tangenten bilden, ist L die Länge dieser Curve und Ω der Inhalt der von ihr umschlossenen Fläche, so ist das über alle Punkte ausserhalb Ω erstreckte Doppelintegral:

$$\iint(\theta - \sin\theta)\,dx\,dy = \tfrac{1}{2}L^2 - \pi\Omega.“$$

Durch die Methoden der geometrischen Wahrscheinlichkeit ist auf diese Weise ein Doppelintegral ermittelt, dessen Bestimmung in seiner Allgemeinheit auf anderem Wege grosse Schwierigkeit haben würde.

Lediglich um die Fruchtbarkeit der angewandten Methoden zu zeigen, werden nach denselben noch einige andere bestimmte Integrale ermittelt.

Eine neue Reihe bestimmter Integrale lässt sich durch die nun folgenden Theoreme gewinnen, in denen Doppelintegrale von der Form

$$\iint \theta\, dx\, dy, \iint \sin\theta\, dx\, dy, \iint \frac{\sin\theta}{\tau\tau'}\, dx\, dy, \iint \frac{\varrho\varrho' \sin\theta}{\tau\tau'}\, dx\, dy$$

ausgewerthet werden, in denen τ und τ' die an die Curve gezogenen, den Winkel θ bildenden Tangenten und ϱ, ϱ' die Krümmungsradien der Curve in den Berührungspunkten bedeuten.

Allein wenige Probleme über willkürliche Gerade führen auf so einfache und doch so allgemeine Resultate, wie die obigen. Im Allgemeinen können sie nur für besondere Curven gelöst werden; doch genügen die obigen Principien stets, die Aufgabe auf ein Problem der Integralrechnung zurückzuführen. Der Herr Verfasser erläutert dies an einigen Beispielen.

Den Schluss der Arbeit bilden einige Andeutungen, wie die obigen Principien auf beliebig im Raume liegende gerade Linien und Ebenen übertragen werden könnten, was natürlich seine grosse Schwierigkeit hat. M.

W. S. B. Woolhouse. Note on random lines. Educ. Times. X. 33.

Den Ausdrücken „Eine willkürlich angenommene (random) Linie, die durch einen willkürlich angenommenen Punkt geht", und „Eine willkürlich gezogene Linie, die 2 willkürlich angenommene Punkte verbindet", fehlt noch irgend eine beschränkende Bestimmung, unter der die willkürlichen Punkte angenommen werden müssen. Die von Crofton (Educ. Times VII, 85) gegebene Vorstellung der unendlich vielen Schaaren paralleler Linien um einen Punkt herum hat wenigstens den Vorzug, dass sie für mathematische Deductionen am geeignetsten ist.

M.

L. Boltzmann. Studien über das Gleichgewicht der lebendigen Kraft zwischen bewegten materiellen Punkten. Wien. Ber. LVIII. 517-560.

— — Lösung eines mechanischen Problems. Wien. Ber. LVIII. 1035-1044.

Beide Arbeiten enthalten Theile eines Totalproblems, welches im Anfang der letztern folgendermassen bezeichnet wird: Eine

Anzahl materieller Punkte bewegt sich unter dem Einflusse von Kräften, für die eine Kräftefunction existirt. Es ist die Wahrscheinlichkeit zu finden, dass sich jeder derselben durch ein bestimmtes Raumelement mit einer bestimmten Geschwindigkeit und Geschwindigkeitsrichtung bewegt. Die erste Arbeit behandelt eine Reihe vorbereitender Aufgaben, betreffend den Bewegungszustand eines Systems von Atomen nach Eintritt des Gleichgewichts unter der Annahme, dass die Atome nur in grosser Nähe auf einander Wirkung üben. Unter Gleichgewicht wird der Zustand verstanden, wo jede Veränderung in umgekehrter Ordnung gleiche Wahrscheinlichkeit hat.

Die erste Aufgabe beschränkt die Bewegung auf die Ebene und setzt gleiche Massen und Kräfte der Atome voraus. Es ergiebt sich, dass die Wahrscheinlichkeit einer Geschwindigkeit eines Atoms zwischen c und $c + \partial c$

$$= bce^{-\frac{1}{2}bc^2}\partial c$$

ist, wo b unbestimmt bleibt, weil über die anfänglichen Geschwindigkeiten nichts festgesetzt ist.

Die zweite Aufgabe lässt die Atome längs einer Geraden sich bewegen unter Anziehung eines festen Punkts gegen alle mit einem Potential $\chi(x) + A$. Die Summe der Zeiten, während welcher in der Zeiteinheit die nach jenem Zusammenstoss geänderte Constante A zwischen A und $A + \partial A$, und der Abstand x zwischen x und $x + \partial x$ liegt, ist

$$= \frac{Be^{-hA}}{C} \partial A \partial x,$$

wo C die Geschwindigkeit des betreffenden Atoms ist.

Dieselbe Aufgabe wird dann für beliebig gerichtete Bewegung gelöst. Die Wahrscheinlichkeit, dass ein Atom innerhalb des Raumelements liegt, ist proportional

$$e^{h\chi(r)}\partial s.$$

Die vierte und fünfte Aufgabe berücksichtigen die besondere gegenseitige Einwirkung der Atome.

In der sechsten wird ein System von Punkten unter gegenseitiger Einwirkung in grosser Nähe ohne weit wirkendes Centrum angenommen. Die Wahrscheinlichkeit, dass unter $n + 1$ Punkten beliebige n eine lebendige Kraft zwischen k_1 und $k_1 + \partial k_1$, k_2 und

$k_2 + \partial k_2$ etc. k_n und $k_n + \partial k_n$ haben, erweist sich

$$= h\,\partial k_1\,\partial k_2\ldots\partial k_n,$$

die des letzten ist durch die übrigen bestimmt. Die Wahrscheinlichkeit einer lebendigen Kraft k für einen beliebigen von unendlich vielen Punkten ist

$$= \frac{1}{\varkappa} e^{-\frac{k}{\varkappa}} \partial k,$$

wo $\varkappa$ die mittlere lebendige Kraft bezeichnet. Das Gleiche ergiebt sich, wenn die Bewegung zwischen Wänden stattfindet.

Es sollen ausser den unter sich wirkenden Atomen eine Anzahl ohne gegenseitige Wirkung jedes von einem besondern festen Punkte angezogen sein. Die mittlere lebendige Kraft aller Punkte ist gleich.

Als allgemeinste Aufgabe wird die aufgestellt, welche ein System von Atomen unter gegenseitiger und von festen Centris ausgeübter Anziehung voraussetzt. Die Wahrscheinlichkeit, dass jedes Atom nach Eintritt des Gleichgewichts der lebendigen Kraft die Geschwindigkeit, nach Grösse und Richtung geometrisch dargestellt, von jedem Atom ausser einem in einem gegebenen Raumelement, und der Endpunkt der darstellenden Linie auf gegebenem Flächenelement liegt, ist gleich dem Product aller dieser Elemente dividirt durch die Geschwindigkeit jenes letzten Atoms. Als specielle Folgerung ergiebt sich, dass die mittlere lebendige Kraft eines Gasatoms gleich der progressiven Bewegung eines Moleculs ist.

In der zweiten Schrift wird eine Anwendung der Principien auf den besondern Fall gemacht, dass die Atome von festen Punkten angezogen und von festen Linien reflectirt werden. Es wird zuerst eine specielle Kräftefunction und eine reflectirende Gerade angenommen, nachher aber gezeigt, dass die Specialisirung von keinem Einfluss ist, vielmehr allgemein jede Geschwindigkeit und Richtung gleich wahrscheinlich bleibt. H.

Beispiele durchgeführter Anwendung der Wahrscheinlichkeitsrechnung finden sich in Tychs. Tidsskr. nämlich auf STATISTIK VON PULLICH p. 17—24, auf LOTTERIE VON L. LORENZ p. 139—143. H.

Fünfter Abschnitt.

Reihen.

Capitel 1.

Allgemeines.

A. G. Theorell. Några konseqvenser af Cauchys theorem om kontinuerliga funktioners differenser. Öfv. af Förh. Stockh. XXIV. 75-79.

Eine Reihe von Folgerungen, die sich vorkommenden Falls leichter und sicherer unmittelbar ziehen, als aus den an vielfache Bedingungen geknüpften Lehrsätzen entnehmen lassen, sich daher nicht zur Aufzeichnung eignen. H.

N. Jadanza. Sulle Progressioni a due e a tre differenze. Battaglini G. VI. 375-379.

Der vorliegende erste Theil der Arbeit behandelt Progressionen mit zwei Differenzen oder Reihen a_1, a_2, a_3, ..., a_n ..., worin $a_n = a_{n-1} + \delta = a_{n-2} + \delta + \delta'$ ist. Nachdem der Ausdruck des n^{ten} Gliedes durch das erste Glied und die beiden Differenzen gegeben ist, werden Gesetze für die Summe $a_m + a_{n-m+1}$ hergeleitet, und die Summe der n ersten Glieder bestimmt. M.

William Walton. On an Equation infinite Difference. Quart. IX 108-111.

Die zu lösende Gleichung gehört der Theorie partieller Differenzengleichungen an, es ist die folgende:

$$u_{n+1,\nu+1} = u_{n,\nu+1} + u_{n+1,\nu};$$

eine spezielle Lösung ist:

$$u_{n,\nu} = (n+\nu-1)_\nu,$$

wo die rechte Seite den bekannten Binomialcoefficienten anzeigt.

Als allgemeine Lösung findet der Verfasser:

$$u_{n,\nu} = \Psi(\nu) + (n+\nu)_1\,\Psi(\nu-1) + (n+\nu)_2\,\Psi(\nu-2)$$
$$+ (n+\nu)_3\,\Psi(\nu-3) + \cdots + (n+\nu)_{\nu-1}\,\Psi(-n+1) + (n+\nu)_\nu\,\Psi(-n)$$

Ni.

Ulisse Dini. Sulle serie a termini positivi. Battagl. G. VI. 166-175.

Der von Gauss in seinen „Disquisitiones circa series infinitas“ bewiesene Satz, dass, wenn

$$\frac{u_n}{u_{n+1}} = 1 + \frac{a_1}{n} + \frac{a_2}{n^2} + \cdots$$

dargestellt werden kann, Σu_n convergirt oder divergirt, je nachdem $a_1 > 1$ oder $a_1 < 1$ ist, giebt dem Verfasser Anlass, um zu beweisen, dass, wenn die Entwickelung

$$\frac{u_n}{u_{n+1}} = 1 + \frac{1}{n} + \frac{1}{n\,ln} + \cdots + \frac{1}{n\,ln \ldots l^{r-1}n} + \frac{1}{n\,ln \ldots l^{r-1}.\sigma_n}$$

möglich ist, entweder Convergenz oder Divergenz der Reihensumme Statt findet, je nachdem

$$\lim_{n=\infty} \frac{l^r n}{\sigma_n} > 1 \quad \text{oder} \quad < 1$$

ist.

Hierbei wird $l^1 n = ln = \log.\text{nat}.n$, $l^r n = l.l^{r-1}n$ bezeichnet. Der der Beweisführung zu Grunde gelegte Satz, welcher mit Hülfe von Scalen abgeleitet wird, lautet:

„Wenn $\frac{\sigma_n}{l^r n}$ sich stetig wachsend oder abnehmend einem Grenzwerthe nähert, so ist

$$\lim.\Big[(n+1)\,l(n+1)\ldots l^{r-x}(n+1).\sigma_{n+1} - \sigma_n \sum_{s=0}^{s=r-1} l^s n\, l^{s+1} n \ldots l^{r-1} n - \sigma_n\Big]$$
$$= \lim. \frac{\sigma_n}{l^r n}.\text{“}$$

Wy.

Ulisse Dini. Sui prodotti infiniti. Brioschi Ann. (2). II. 28-38.

Es werden aus den als bekannt betrachteten Convergenzbedingungen der Reihensumme Σu_n diejenigen des Products $\Pi(1+u_n)$ abgeleitet, und namentlich die Fälle berücksichtigt, in denen $\Sigma \text{mod}.u_n$ nicht convergirt, so dass eine Vertauschung der u_n eine Veränderung der Grenzwerthe zur Folge hat. Wy.

H. Fleury. Note sur l'emploi des séries divergentes en analyse. Paris, Noblet et Boudry 1868.

R. Hoppe. Sur les sommes des séries divergentes. N. Act. Ups. (3). VI.

Adoptirt man den Namen von Aequivalenten für solche Functionen, deren Quotient sich dem Grenzwerthe 1 nähert, so kann man die Aufgabe, welche der Verfasser sich gesteckt und in grosser Allgemeinheit gelöst hat, so aussprechen, dass für die divergirenden Reihensummen positiver Glieder möglichst einfache Aequivalente gefunden werden sollen.

Die Hauptgrundlage der Untersuchung bildet der aus der Taylor'schen Reihe abgeleitete Satz, dass bei unendlichem ω

$$(\sum^{k=\omega} f'(k)) : f(\omega) = 1$$

ist, wenn $f'(\omega):f(\omega)=0$, $f(\omega)=\infty$, und $f(x)$, $f'(x)$ sich stetig in einem Sinne ändernde Functionen sind. Wy.

Most. Ueber Erweiterung endlicher Reihen durch beliebige Parameter. Grunert Arch. XLVIII. 104.

Der Verfasser nimmt aus der von Abel für ganze n bewiesenen Gleichung (Crelle J. X. 159)

$$(x+\alpha)^n = x^n + \sum_{\mu=1}^{\mu=n} \binom{n}{\mu} \alpha(\alpha-\mu\beta)^{\mu-1}(x+\mu\beta)^{n-\mu}$$

Veranlassung, um auf inductorischem Wege für die Coefficienten der allgemeineren Identität

$$A_0 x^n + A_1 x^{n-1} + A_2 x^{n-2} + \cdots$$
$$= B_0 x^n + B_1 (x+\alpha)^{n-1} + B_2 (x+2\alpha)^{n-2} + \cdots$$

eine Berechnungsformel zu erhalten. Die letztere lautet:

$$pB_p = \sum_{\mu=0}^{\mu=p-1} (-1)^\mu (p-\mu)(p\alpha)^\mu \binom{n-p+\mu}{\mu} A_{p-\mu}.$$

Dann führt er noch für einen zweiten Parameter die Rechnung aus, wendet seine Formel auf die hypergeometrische Reihe $F(-n,\beta,\gamma,x)$ und ihren besondern Fall $F(-n,\beta,\beta,x)=(1-x)^n$ an und zeigt, dass die Abel'sche Formel in der seinigen enthalten ist. Wy.

Schneidewind. Ueber die Convergenz unendlicher Reihen. Inaug.-Diss. Heidelberg. 1868.

Neues bringt die Abhandlung nicht. Verfasser müsste sich weniger unvorsichtig ausdrücken, damit er nicht die Identität

$$l\frac{1+x}{1-x} = 2\left(\frac{x}{1}+\frac{x^3}{3}+\cdots\right)$$

für jedes x zu behaupten scheint, wo er von der „wenig wissenschaftlichen Methode" früherer Zeiten spricht. Wy.

Capitel 2.

Besondere Reihen.

A. Winckler. Der Rest der Taylor'schen Reihe. Wien. Denkschr. LIX, 2. Abthl., Wien bei Karl Gerold's Sohn. 1868.

Der sog. Rest der Taylor'schen Reihe ist in verschiedenen Formen zuerst von D'Alembert, dann von Lagrange, Cauchy, Roche und Sturm dargestellt worden. Will man sich von dem numerischen Werthe des Restes eine Vorstellung verschaffen, so ist es wünschenswerth, ihn in möglichst enge Grenzen einzuschliessen. Verf. gelangt nun zu Restausdrücken, welche in dieser Beziehung die der oben genannten Mathematiker übertreffen. Er findet: Bleiben $f(z)$, $f'(z)$, ... $f^{(n+2)}(z)$ von $z = x$ bis $x+h$ endlich und stetig, behält ferner $f^{(n+2)}(z)$ innerhalb dieses Intervalls von z das entgegengesetzte Zeichen von $hf^{(n+1)}(z)$, so ist:

$$f(x+h) = f(x)+hf'(x)+\cdots+\frac{h^n}{n!}f^{(n)}\left(x+\frac{\varepsilon h}{n+1}\right),$$

behält dagegen $f^{(n+2)}(z)$ das gleiche Zeichen mit $hf^{(n+1)}(z)$, so ist

$$f(x+h) = f(x)+hf'(x)+\cdots+\frac{h^n}{n!}f^{(n)}\left(x+\frac{h}{\varepsilon n+1}\right),$$

worin $0 < \varepsilon < 1$ ist. Es liegt also in dem ersten Falle der Rest zwischen $f^{(n)}(x)$ und $f^{(n)}\left(x+\frac{h}{n+1}\right)$, in dem zweiten zwischen

$f^{(n)}(x+h)$ und $f^{(n)}\left(x+\frac{h}{n+1}\right)$. Bei der ersteren Form des Restes ist die Genauigkeit der Eingrenzung eine grössere als bei der zweiten Form, daher leitet Verfasser noch einen anderen Satz ab, der in vielen Fällen zu einer schärferen Bestimmung des Restgliedes führt und welcher folgendermassen lautet: Sind die Grössen $f^{(n)}(x)$, $hf^{(n+1)}(x)$, ... $h^r f^{(n+r)}(x)$ insgesammt positiv und bleibt der Quotient $\frac{h}{n+s}\frac{f^{(n+s)}(x)}{f^{(n+s-1)}(x)} < 1$ für $s=r$, $r+1$, $r+2$, ..., ist ferner der grösste Werth, welchen dieser Quotient für diese Werthe von s annimmt, kleiner oder gleich einem positiven echten Bruche α, wird endlich

$$\varrho = \left[(1-\alpha)\frac{(n+1)(n+2)\dots(n+r)}{1.2\dots r}\right]^{\frac{1}{r}}$$

gesetzt, so liegt in der Gleichung

$$f(x+h) = f(x)+hf'(x)+\dots+\frac{h^{(n-1)}}{(n-1)!}f^{(n-1)}(x)+\frac{h^n}{n!}u$$

der Factor u zwischen $f^{(n)}\left(x+\frac{h}{n+1}\right)$ und $f^{(n)}\left(x+\frac{h}{\varrho}\right)$, oder, was dasselbe ist, es kann

$$u = f^{(n)}\left(x+\frac{h}{n+1-\varepsilon(n+1-\varrho)}\right),$$

worin $0<\varepsilon<1$ ist, gesetzt werden.

Setzt man überall a für x und $x-a$ für h, so ergeben sich sofort die analogen Sätze für die Maclaurin'sche Reihe.

Ht.

J. Dienger. Die Sätze von Bürmann und Lagrange. Prag 1868.

Verfasser zeigt in dieser Abhandlung, dass die Sätze von Bürmann und Lagrange Folgerungen aus dem Taylor'schen Lehrsatze sind und somit die Bestimmung des Restgliedes, auch in der Form des Herrn Winckler, unmittelbar ergeben. Ht.

Placido Tardy. Intorno ad una formula del Leibniz. Boncompagni Bull. I. 177-186. Mondes (2). XVIII. 372.

Der Aufsatz gipfelt in dem Nachweis, dass die Leibnitzsche Reihe

$$D^\mu . uv =$$

$$u . D^\mu v + \binom{\mu}{1} Du\, D^{\mu-1} v + \binom{\mu}{2} D^2 u\, D^{\mu-2} v + \binom{\mu}{3} D^3 u\, D^{\mu-3} v + \cdots$$

für alle reellen Werthe von μ gilt, wenn man für gebrochene und negative μ dem Differentialquotienten $D^\mu y$ die Bedeutung vindicirt, welche von Liouville (Sur le calcul des différentielles à indices quelconques. — J. de l'éc. pol. 1832, p. 117) eingeführt worden ist. Der Verfasser zeigt, dass sie einen besondern Fall seiner allgemeineren, für jedes μ geltenden Formel

$$\int^\mu \varphi(x)\, dx = \frac{x^\mu}{\Gamma(\mu)} \sum_{k=0}^{k=\infty} \frac{(-1)^k}{k!} \frac{x^k}{\mu + k} D^k \varphi$$

darstellt, welche er bereits im Jahre 1858 in den von Tortolini herausgegebenen Annali di Matematica etc. publicirt hat, nachdem er schon im Jahre 1844 in demselben Journal die allgemeine Gültigkeit der Leibnitz'schen Reihe nachgewiesen.

Besonders beachtenswerth ist die Abhandlung für Diejenigen, welche sich über die Literatur des fraglichen Stoffs unterrichten wollen, da dieselbe sehr vollständig aufgeführt und belegt ist. Wir tragen in letzter Beziehung noch nach

Borchardt. Ueber die Leibnitz'sche Formel. Berl. Monatsber. 1868.

Wy.

Eugène Rouché. Mémoire sur la série de Lagrange.

Mém. prés. de Paris. XVIII. 457-487.

Die Formel von Lagrange (Mém. d. l'Ac. de Berlin 1768) für die Entwicklung einer Wurzel oder einer continuirlichen Function einer Wurzel der Gleichung

$$u = x + \alpha \varphi(u)$$

in eine Reihe, mit deren Beweis Laplace, Jacobi, Cauchy, Tchebichef u. A. sich beschäftigten, ist hier von H. Rouché nach einer Methode entwickelt, welche einige Analogie mit derjenigen hat, die Lagrange (Traité de la résolution des équations numériques) befolgte, und welche Murphy (Phil. Trans. of Cambridge) in anderer Form, aber mit weniger Strenge wiedergegeben hat.

Nachdem der Verfasser einige Cauchy'sche Principien über die Functionen einer imaginären Variabeln auseinander gesetzt hat, leitet er folgendes Theorem ab: „Ist die Constante α so beschaffen, dass für jeden Werth von z, dessen Modul gleich r ist, die Function $\frac{\alpha\varphi(x+z)}{z}$ einen Modul < 1 hat, ist ferner $\varphi(x+z)$ für alle z, deren Modul $<r$, endlich und bestimmt: so hat die Gleichung

$$z = \alpha\varphi(x+z),$$

worin z als Unbekannte angesehen wird, eine Wurzel und zwar eine einzige, deren Modul $< r$ ist". Mit Hülfe dieses Theorems giebt der Verfasser einen einfachen Beweis der Lagrange'schen Formel. Das Resultat ist folgendes: „Finden die Bedingungen des obigen Theorems statt, und bezeichnet man die einzige Wurzel, deren Modul $< r$, mit z_1, ferner mit $F(x+z)$ eine für alle Werthe von z, deren Modul nicht grösser als r ist, bestimmte endliche und stetige Function: so lässt sich $F(x+z_1)$ in folgende convergente Reihe entwickeln:

$$F(x+z_1) = F(x) + \frac{\alpha}{1} F'(x).\varphi x + \frac{\alpha^2}{1.2} \cdot \frac{d}{dx} F'(x)[\varphi x]^2 + \cdots$$

$$+ \frac{\alpha^n}{n!} \frac{d^{n-1}}{dx^{n-1}} F'(x)[\varphi x]^n + \cdots \text{"}$$

Diese Reihe wird nun auf die Lösung der trinomischen Gleichungen

$$u = x + \alpha u^m$$

angewendet; ferner auf die Entwicklung der excentrischen Anomalie und des Radiusvector der Planetenbahnen nach Potenzen der Excentricität. Ist diese nicht grösser als 0,25, so genügt es, sieben Glieder der betreffenden Reihen zu nehmen, wobei der Fehler $< \frac{1}{2000000}$.

Nach diesen Anwendungen giebt der Herr Verfasser eine Verallgemeinerung der obigen Theoreme, welche zahlreiche Anwendungen zulässt, u. a. einen sehr kurzen Beweis einer Formel von Waring (Meditationes algebraicae) für die Summe der gleichen Potenzen der Wurzeln einer algebraischen Gleichung.

M.

Schröter. Ableitung der Partialbruch- und Produkt-Entwicklungen für die trigonometrischen Funktionen. Schlömilch Z. XIII. 254-259.

Während gewöhnlich die Partialbruch-Entwicklungen von $\cot x$ und $\operatorname{cosec} x$ aus der Produktentwicklung hergeleitet werden, welche wieder das allgemeine Multiplicationstheorem der trigonometrischen Functionen voraussetzt, gelangt der Herr Verfasser zu den ersteren durch wiederholte Anwendung der Formel

$$\cot x = \tfrac{1}{2}\left\{\cot\frac{x}{2} + \cot\frac{x+\pi}{2}\right\}.$$

Die Produktentwicklungen werden in ähnlicher Weise aus der Formel $\sin x = 2\sin\frac{x}{2}\cdot\sin\frac{x+\pi}{2}$ gewonnen. M.

Nejedli. Beitrag zur Zerlegung gebrochener rationaler Functionen in Partialbrüche. Pr. d. Oberg. Laibach. 1868.

Der Verfasser setzt ganze Coefficienten voraus und erläutert das blos auf Division beruhende Verfahren, für welches er die Beweise beibringt, durch geeignete Beispiele. Wy.

Curtze. Notes diverses sur la série de Lambert et la loi des nombres premiers. Brioschi, Ann. (2). I. 285-295.

In diesem Aufsatze wird die Summe der Lambert'schen Reihe durch 3 verschiedene Methoden ermittelt. Es ist nicht möglich, die Grundzüge anzugeben, ohne die gesammten Rechnungen durchzuführen. Es mögen wenigstens die 3 Resultate hier Platz finden:

$$\sum_1^\infty \frac{p^r}{1-p^r}$$

$$= \tfrac{1}{2}\frac{p}{1-p} - \int_0^\infty \frac{e^{\pi x}+e^{-\pi x}}{e^{\pi x}-e^{-\pi x}}\cdot\frac{p\sin(x\,lp)}{1-2p\cos(x\,lp)+p^2}\,dx,\quad p^2<1$$

$$= -\tfrac{1}{2}\int_0^\infty \frac{e^{\frac{1}{2}\pi x}-e^{-\frac{1}{2}\pi x}}{e^{\frac{1}{2}\pi x}+e^{-\frac{1}{2}\pi x}}\cdot\frac{p^{\frac{1}{2}}\sin(\frac{1}{2}x\,lp)}{1-2p^{\frac{1}{2}}\cos(\frac{1}{2}x\,lp)+p^2}\,dx,\quad 0<p<1$$

$$= \tfrac{1}{2}\left(\frac{1+p}{1-p}\right)p - \int_0^\infty \frac{e^{\pi x}+e^{-\pi x}}{e^{\pi x}-e^{-\pi x}}$$

$$\times\frac{(1-p^2)\sin[xl(p^2)]+2p\sin(xlp)\cos[xl(p^2)]}{1-2p\cos(xlp)+p^2}\,p^{1-x^2}\,dx;\quad p^2<1.$$

Da der Coefficient von x^n die Anzahl der Theiler von n angiebt, und da dieselbe nur bei Primzahlen 2 ist, so ist das Gesetz der Primzahlen in geschlossener Form gegeben, wenn man die n^{te} Ableitung nach p der rechten Seite gleich 2 setzt. No.

J. PETERSEN. Lösning af Opgaverne 189 og 199. Tychsen Tidsskr. (2). IV. 57. 58.

S. HERTZSPRUNG. Lösning af Opgave 189. Tychsen Tidsskr. (2). IV. 78.

Die Formel für die Summe der Quadrate der Binomialcoefficienten wird in ersterer Schrift durch ein bestimmtes Integral, in letzterer durch eine sehr einfache combinatorische Betrachtung hergeleitet. H.

BJÖRLING. Fourierska serierna. Öfv. af Förh. Stockh. 1868.

HERING. Summation der n ersten Glieder der binomischen Reihe mittelst der Theorie der hypergeometrischen Reihen. Pr. d. R. Chemnitz 1868.

Die in zwei Abtheilungen zerfallende Abhandlung enthält im ersten Theil (§ I—V) ausser einem Ueberblick über die Literatur der hypergeometrischen Reihen einige später zu verwendende Sätze über den Zusammenhang der Gammafunctionen mit den hypergeometrischen, welche auf Neuheit keinen Anspruch machen, mit Andeutung von Beweisen.

Im zweiten Theil (§ 1—12) transformirt der Verfasser zunächst die Summe y der n ersten Glieder der binomischen Reihe für $(1-x)^{-m}$ auf mehrfache Weise in hypergeometrische und in einen Kettenbruch, dann auch den Rest der binomischen Reihe.

Die Aufzählung der Resultate würde eine Wiederholung des grössten Theils der Arbeit bedeuten. Der zu Grunde liegende Gedanke aber ist folgender:

Analog den Euler'schen Transformationsformeln

$$F(a, b, c, x) = (1-x)^{-a} F\left(a,\ c-b,\ c,\ \frac{x}{x-1}\right),$$
$$F(a, b, c, x) = (1-x)^{c-a-b} F(c-a,\ c-b,\ c,\ x)\ .$$

ist

$$F_n\left(1-n,\beta,\gamma,\frac{1}{x}\right)=\left(\frac{x-1}{x}\right)^{n-1}F_n\left(1-n,\gamma-\beta,\gamma,\frac{1}{1-x}\right), \ (\S\,2),$$

$$F_n\left(1-n,\beta,\gamma,\frac{1}{x}\right)=\left(\frac{x-1}{1}\right)^{\gamma-\beta+n-1}F\left(\gamma+n-1,\gamma-\beta,\gamma,\frac{1}{x}\right), \ (\S.3),$$

wenn man unter F_n die Summe der n ersten Glieder in F versteht. — Hieraus ergeben sich viele Transformationen von y.

Für den Rest $R=(1-x)^{-m}-y$ folgt durch Differentiation und Integration

$$R=(1-x)^{-m}\frac{\Gamma(m+n)}{\Gamma(m)\,\Gamma(n)}\int_0^x(1-x)^{m-1}x^{n-1}dx$$

und hieraus eine Reihe von Ausdrücken für R mit Hülfe des Früheren und der Euler'schen Formel

$$\int_0^x(1-x)^{m-1}x^{n-1}dx=\frac{x^n}{n}F(1-m,n,n+1,x).$$

Dann wird (§ 10) die Differentialgleichung

$$\frac{dy}{dx}-\frac{m}{1-x}y+\frac{\Gamma(m+n)}{\Gamma(m)\,\Gamma(n)}\cdot\frac{x^{n-1}}{x-1}=0$$

und aus ihr die früheren Resultate nebst einem Kettenbruch nach bekannter Methode abgeleitet. Wy.

Unferdinger. Ueber den Werth des Ausdrucks

$$\frac{1}{(m+\delta)^\varepsilon}+\frac{1}{(m+2\delta)^\varepsilon}+\cdots+\frac{1}{(m+m(n-1)\delta)^\varepsilon}$$

für $m=\infty$ und über das Dirichlet'sche Paradoxon. Wien. Ber. LVII. 121-126.

Der Verfasser findet den richtigen Werth durch Entwickelung der einzelnen Glieder vermittelst der Binomialreihe. Diese Methode leidet aber ausser grosser Umständlichkeit an dem Mangel, dass sie den Verfasser zu einer Beschränkung der für δ und ε zulässigen Werthe verführt, welche nicht aus der Natur des behandelten Ausdrucks entspringt.

Um die Frage in aller Kürze zu erledigen, so ist, indem wir $(-\varepsilon)$ für ε, n für $(n-1)$ schreiben:

$$\lim_{m=\infty} \sum_1^{mn}{}_r (m+r\delta)^\varepsilon = \lim. \left[\frac{m^{\varepsilon+1}}{\delta}\cdot\sum_1^{mn}{}_r \left(1+r\frac{\delta}{m}\right)^\varepsilon \frac{\delta}{m}\right]$$

$$= \left[\lim. \frac{m^{\varepsilon+1}}{\delta}\right]\cdot\int_0^{n\delta}(1+z)^\varepsilon dz$$

$$= \begin{cases} \dfrac{(1+n\delta)^{\varepsilon+1}-1}{\delta(\varepsilon+1)}\cdot\lim.m^{\varepsilon+1} \text{ für } \varepsilon \gtrless 1, \\ \dfrac{1}{\delta}\, l(1+n\delta) \text{ für } \varepsilon = 1. \end{cases}$$

Bei dieser Entwickelungsmethode, welche nur auf den Begriff des bestimmten Integrals zurückgreift, erledigen sich etwaige Zweifel in Betreff der Grössen ε und δ von selbst.

Es mag, um zur Vermeidung von Wiederholungen später Bezug nehmen zu können, die Bemerkung gestattet sein, dass fast alle ähnlichen Fragen — so ziemlich das ganze Gebiet der Reihensummen — aus den Untersuchungen Cauchy's über das Verhältniss $\sum_n^{n+m}{}_r f(r) : \int_0^{n+m} f(x)\,dx$, welche er bei Gelegenheit der Untersuchung der Convergenz der Reihen anstellt, die einfachste Erledigung finden, da die Reihensummen nichts Anderes sind, als Integrale von Functionen, welche sich nur sprungweise ändern. Ferner finden sich die im Gebiete des Complexen zu beachtenden Rücksichten für diesen Zweck mit einiger Ausführlichkeit auseinandergesetzt in der Abhandlung „Ueber die Endlichkeit von bestimmten Integralen und Reihensummen 1867" von Worpitzky, wo besonders ihre Verhältnisse berücksichtigt werden. Wy.

Samuel Roberts. Solution of the Question 2470. Educ. Times. IX. 26.

Es ist

$$\frac{n-1}{1}\cdot\frac{p^2}{3} - \frac{(n-1)(n-2)}{1.2}\cdot\frac{p^3}{4} + \text{etc.}$$

$$= \frac{p}{2} - \frac{1}{p}\cdot\frac{1-(1-p)^n(1+np)}{n(n+1)}.$$

J. Blissard. Solution of the question 2481. Educ. Times. IX. 56-60.

Entwicklung von $\dfrac{(\sin^{-1}x)^{2n-1}}{\Gamma(2n)}$ und $\dfrac{(\sin^{-1}x)^{2n}}{\Gamma(2n+1)}$ in Reihen, welche analoge Eigenschaften haben mit denen, die Sylvester (Educ. Times VIII, 59) für $\sin^{-1}x$ und $\frac{1}{2}(\sin^{-1}x)^2$ gegeben.

J. BLISSARD. Solution of the question 2428. Educ. Times. X. 43 u. 44.

Es wird gezeigt, dass $\frac{\Gamma(mx)}{\Gamma(nx)}(x=0)=\frac{n}{m}$, und dass

$$\frac{\Gamma(n)}{\Gamma(2n)}-\frac{\Gamma(n+2)}{\Gamma(2n+2)}\cdot\frac{\pi^2}{2!}+\frac{\Gamma(n+4)}{\Gamma(2n+4)}\cdot\frac{\pi^4}{4!}-\text{etc.}=0.$$

MÜHLHÖFER. Mathematische Abhandlung. Pr. d. G. Essen. 1868.

Eine Herleitung der Reihe für $\log\frac{q+1}{q-1}$ aus dem binomischen Satze, welche nur für Schüler bestimmt ist und keinen Anspruch auf Strenge macht. M.

ROTTOCK. Ueber Reihen mit Binomialcoefficienten und Potenzen. Pr. d. G. Rendsburg 1868.

E. PELLET. Solution de la question 811. Nouv. Ann. (2). VII. 227 u. 228.

Ist S eine Gruppe auf einander folgender Glieder in der Entwicklung von $(1-x)^i$ (i negativ) oder eine Gruppe auf einander folgender Glieder mit positiven Coefficienten in der Entwicklung von $(1+x)^i$ (i positiv) und schreibt man S in der Form $x^k\Sigma$, so ist Σ eine Grösse, die ihr Zeichen niemals ändert, wie auch x beschaffen sei, oder eine solche Grösse, multiplicirt mit einem Binom ersten Grades. Dasselbe gilt auch für die Entwicklung von e^x.

C. TAYLOR. Solution of the question 2426. Educ. Times. X. 31 u. 32.

Bezeichnet man $\frac{1+a^2+a^4+\cdots+a^{2n}}{a+a^3+\cdots+a^{2n-1}}$ mit F_n, so ist

1) $F_n>\frac{n+1}{n}+\left(\sqrt{a}+\frac{1}{\sqrt{a}}\right)^2$,

2) $F_n>\frac{1}{2}\cdot\frac{n+1}{n}\left(a+\frac{1}{a}\right)$,

3) $\frac{n}{n+1}F_n$ wächst mit n.

Horvath. Sur les valeurs approximatives et rationnelles des radicaux de la forme $\sqrt{X^2+Y^2+Z^2}$ et $\sqrt{X^2+Y^2}$. Inst. 1868, 1. sect. 67-69.

Poncelet hatte in seinem „Cours de Mécanique appliquée aux Machines“ Metz 1828 eine näherungsweise Form für $\sqrt{X^2+Y^2}$ gegeben. H. Horvath hat dies für $\sqrt{X^2+Y^2+Z^2}$ erweitert und findet für $X > Y > Z$

$$R = 0{,}939X + 0{,}389Y + 0{,}297Z.$$

Der grösste Fehler beträgt $0{,}06X$ (s. auch Schlömilch Z. XIV, 80).

O.

Sechster Abschnitt.
Differential und Integral-Rechnung.

Capitel 1.
Allgemeines (Lehrbücher etc.).

Debacq. Sur son mémoire: Essai sur les grandeurs des différentes ordres. Mondes (2). XVI. 484.

Debacq. Les infiniment petits. Mondes (2). XVI. 567; XVII. 197 u. 238.

Hoüel. Les infiniment petits. Mondes (2). XVI. XVII. 197 u. 287.

De Marsilly. Infiniment petits. Mondes (2). XVII. 286.

Angriffe des Herrn Debacq auf die von Duhamel gegebene Definition des unendlich Kleinen. Vertheidigung derselben seitens des Herrn Hoüel. O.

Debacq. Des bases du calcul infinitésimal et des infiniment petits. Mondes (2). XVIII. 608.

Weitere Begründung der Anschauungen, die der Verfasser in der oben erwähnten Arbeit niedergelegt hatte. O.

A. Genocchi. Relation entre la différence et la dérivée d'un même ordre quelconque. Grunert Arch. XLIX. 342-345.

Der Beweis des Satzes, dass der Differentialquotient $\frac{d^n y}{dx^n}$ die Grenze von $\frac{\Delta^n y}{\Delta x^n}$ für $\Delta x = 0$ ist, wird aus einer Verallgemeinerung der Relation $f(x+h)-f(x) = hf'(x+\theta h)$ hergeleitet.

Sind $h, h_1, \dots h_n$ die successiven Vergrösserungen, so ist entweder

$$\Delta^n y = hh_1 \dots h_{n-1} f^{(n)}(x + \theta h + \theta_1 h_1 + \cdots + \theta_{n-1} h_{n-1})$$

oder

$$\Delta^n y = hh_1 \dots h_{n-1} \int_0^1 \int_0^1 \dots \int_0^1 f^{(n)}(x + ht + \cdots + h_{n-1} t_{n-1}) dt dt_1 \dots dt_{n-1},$$

welche Formeln zugleich Ausdrücke für das Ergänzungsglied der Newton'schen Interpolationsformel liefern. M.

C. F. E. Björling. Elementerna af algebraiska analysen och differential-kalkylen, after Cauchy, Bertrand, Todhunter. Upsala, Edquist 1868.

M. H. Pimentel. Schets van de alleriveste beginselen der differentiaal en integraal rekening. Hoofzadelijk naar anleiding van Tate's „Principles of the differential and integral calculus simplified" voor afgegaan door sen dit werkje goedheurend schryren van wijlen den hoogleeraar Dr. R. Lobatto. Rotterdam, Altmann 1868.

Rubini. Elementi di calcolo infinitesimale. 2 v. Napoli 1868.

Robinson's Differential and Integral Calculus for High Schools and Collegs, edited by Quinly. New-York, Jvison 1868.

Schlömilch. Uebungsbuch zum Studium der höhern Analysis. Leipzig, Teubner 1868.

H. Dölp. Aufgaben zur Differential- und Integral-Rechnung nebst den Resultaten und den zur Lösung nöthigen theoretischen Erläuterungen. Giessen, Ricker, 1868.

H. G. Doerk. Erste Fortsetzung der Sammlung stufenmässig geordneter und vollständig berechneter Aufgaben aus der reinen Differentialrechnung. Pr. G. Marienburg. Danzig 1868.

5 Beispiele zur Differentiation der impliciten Functionen, und

12 Aufgaben über das Maximum und Minimum der Functionen, mit vollständigen Auflösungen. M.

W. WALTON. Note on the operation $e^x \frac{d}{dx}$. Quart. J. IX. 355-357.

W. WALTON. On the Symbol of operation $x\frac{d}{dx}$. Quart. 18-22. J. IX.

Capitel 2.

Differentialrechnung (Differentiale, Functionen von Differentialen, Maxima und Minima).

CAYLEY. A „Smith's Prize“ Paper. Question 5. Messenger IV. 206-208.

Es werden die Differentialgleichungen hergeleitet, die den drei Integralgleichungen

$$(y+c)^2 = x(x+1)(x+2),\quad (y+c)^2 = x^2(x-1),\quad (y+c)^2 = x^3$$

entsprechen, und die singulären Lösungen geometrisch gedeutet. M.

TCHEBYCHEF. Des maxima et minima des sommes composées de valeurs d'une fonction entière et de ses dérivées. Liouville J. (2). XIII.

Die behandelte Aufgabe ist die folgende:

Es soll der Ausdruck

$$\Sigma \varphi_0 (x_i, y_i, y_i', y_i'', \ldots)$$

zum Maximum oder Minimum gemacht werden, wo x eine unabhängige Variable, y eine ganze rationale Function derselben von gegebenem Grade, aber mit unbekannten Coefficienten, y' y'' die Ableitungen derselben nach x, φ_0 eine gegebene ganze rationale Function von x, y, y', y'', ..., die Summe dem Index i entspricht, welcher anzeigen soll, dass die Variable x eine beliebige und folglich auch den Functionen y, y', y'', ... die sich dadurch ergebenden Werthe beizulegen sind. In dem Falle, wo diese Werthe x_1, x_2, ... continuirlich auf einander folgen, sich die Summe Σ also in ein bestimmtes Integral verwandelt, enthält die Aufgabe eine gewisse Analogie mit der der Variationsrechnung, unterscheidet sich aber sehr wesentlich dadurch, dass nicht von allen Functionen y von x, sondern nur von den ganzen Functionen vom gegebenen Grade m die ermittelt werden soll, welche die Maximal- oder Minimal-Eigenschaft hat.

Ist

$$y = A_0 + A_1 x + \cdots + A_m x^m,$$

so ergeben sich die Gleichungen, welche zu lösen sind, leicht durch Differentiiren der gegebenen Summe nach A_0, A_1, ... A_m, wenn das Maximum oder Minimum ein absolutes sein soll. Wird die Aufgabe aber darin beschränkt, dass gewisse andere ähnliche Summen wie die gegebenen, also von der Form

$$\Sigma \varphi_s (x_i, y_i, y'_i, y''_i, \ldots)$$

verschwinden sollen, wo jedoch die Werthe der x in den verschiedenen Summen nicht dieselben sind, so wird die Lösung dadurch erschwert, dass sich die Bedingungen nicht auf Gleichungen von bekannter Gestalt, also z. B. nicht wie in der Variationsrechnung auf Differentialgleichungen zurückführen lassen. Dem Verfasser gelingt die Lösung des Problems jedoch durch diejenigen Reihen, die er in einer früheren Abhandlung (Développement des fonctions en séries à l'aide des fractions continues) bereits behandelt hat. Ni.

Kleinfeller. Zur Theorie der Maximal- und Minimal-Werthe. Schlömilch Z. XIII. 515-521.

Der Verfasser betrachtet diejenigen Fälle, wo einer der für das Criterium zu untersuchenden Differentialquotienten unendlich wird. Die Bemerkung im Anfange, dass $(x-a)^{\frac{2}{3}}$ für jedes reelle x positiv bleibt, möchte doch wohl der Anfechtung unterliegen. Das Resultat der Untersuchung drückt der Verfasser so aus:

„Um die Werthe der Variabeln zu finden, welche eine gegebene Function $F(x)$, deren n erste Differentialquotienten für $x = a$ Null sind und zugleich stetig bleiben, zu einem Maximum oder Minimum machen, braucht man nur die Werthe zu bestimmen, für welche bei geraden n $F^{(n)}(x)$, und bei ungeraden $F^{(n-1)}(x)$ bezüglich ein Grösstes oder Kleinstes wird“.

Ni.

GRUNERT. Ueber eine Aufgabe aus der Lehre vom Grössten und Kleinsten. Grunert Arch. IX. 68.

Der Verfasser behandelt die Aufgabe, einen Punkt einer gegebenen Geraden so zu bestimmen, dass die Differenz seiner Abstände von 2 gegebenen Punkten ein Minimum ist. Der Zweck dieser Arbeit ist nach dem Ausspruche des Verfassers, zu Nutz und Frommen derjenigen, welche die Bedeutung der Vorzeichen einer Quadratwurzel nicht gehörig berücksichtigen, ein Beispiel zu geben.

Ni.

Capitel 3.

Integralrechnung.

PH. A. GRÜHN. Ueber die Integrabilität der Differentialfunctionen. Pr. Meldorf. 1868.

J. COCKLE. Memorandum on the Evaluation of Integrals. Proc. of Manch. VII. 67 u. 68.

Verallgemeinerung der vom Verfasser in Philos. Mag. (4). XXXIII und XXXIV gefundenen Sätze.

O.

Cockle. On a certain rational fraction. Messenger, IV. 168-177.

Sind x_1 und x_2 ganze rationale Functionen von x, so wird zur Integration von $\frac{x_1\,dx}{x_2}$ im Allgemeinen die Auflösung der Gleichung $x_2 = 0$ nöthig sein. Der Verfasser führt einen besonderen Fall an, in welchem dies nicht erforderlich ist. No.

Bierens de Haan. On a Theorem in the Integral Calculus. Rep. Brit. Ass. 1868.

Ableitung der Formel:

$$\int_p^q d\varrho \int_r^R f(\varrho, x)\,dx$$

$$= \int_r^R dx \int_p^q f(\varrho, x)\,d\varrho - \int_p^q \frac{dR}{d\varrho}\,d\varrho \int f(\varrho, R)\,d\varrho$$

$$- \int_p^q \frac{dR}{d\varrho}\,d\varrho \int F(\varrho, R)\frac{dR}{d\varrho}\,d\varrho + \int_p^q \frac{dr}{d\varrho}\,d\varrho \int f(\varrho, r)\,d\varrho$$

$$+ \int_p^q \frac{dr}{d\varrho}\,d\varrho \int F(\varrho, r)\,\frac{dr}{d\varrho}\,d\varrho,$$

wo

$$F(\varrho, y) = \frac{\delta \Phi(\varrho, y)}{\delta y}, \qquad \Phi(\varrho, y) = \int f(\varrho, y)\,d\varrho$$

ist. O.

Hermite. Sur l'intégrale $\int \frac{x^m\,dx}{\sqrt{1-x^2}}$. Brioschi Ann. (2). I. 155-158.

Bekanntlich ist das Integral $\int_0^x \frac{m\,dx}{\sqrt{1-x^2}}$ für ein ungerades m rein algebraisch und von der Form $P\sqrt{1-x^2} - C$, für ein gerades m aber transcendent und von der Form

$$\mathfrak{P}\sqrt{1-x^2} + \varepsilon \int_0^x \frac{dx}{\sqrt{1-x^2}}.$$

Hermite leitet für das Polynom P den Satz her: P ist, abgesehen von dem Factor $-\frac{1}{m}\cdot\frac{2.4\ldots(m-1)}{1.3\ldots(m-2)}$, gleich dem Aggregat der ersten $\frac{m+1}{2}$ *) Glieder in der Entwicklung von $(1-x^2)^{-\frac{1}{2}}$ nach steigenden Potenzen von x. Bemerkenswerth ist, dass wenn man diese Entwicklung irgendwo in zwei Theile theilt, beide Theile ein und derselben Differentialgleichung zweiter Ordnung genügen. Das andere Polynom $\mathfrak{P}$ hingegen ist, abgesehen von dem Factor $-\varepsilon$ oder $-\frac{1.3.5\ldots(m-1)}{2.4.6\ldots m}$, gleich dem Aggregat der ersten $\frac{m}{2}$ *) Glieder in der Entwicklung von $\frac{\arcsin x}{\sqrt{1-x^2}}$ nach steigenden Potenzen von x. Als Erweiterung ergiebt sich die Bestimmung von ε in dem Integral $\int\frac{F(x)\,dx}{\sqrt{1-x^2}} = \varphi(x)\sqrt{1-x^2}+\varepsilon\int\frac{dx}{\sqrt{1-x^2}}$, wo $F(x)$ und $\varphi(x)$ ganze Polynome bedeuten, durch Entwicklung von $F(x).\left(1-\frac{1}{x^2}\right)^{-\frac{1}{2}}$.

M.

W. Crofton. Solution of the question 2641. Educ. Times. X. 20 u. 21.

Der Werth von $\iint\frac{dx\,dy}{\{(x^2+y^2+a^2-b^2)^2-4(a^2-b^2)x^2\}^{\frac{1}{2}}}$ ist $\pi\log\frac{a+b}{a-b}$, wenn $\frac{x^2}{a^2}+\frac{y^2}{b^2} \overline{\overline{<}}\ 1$.

J. Booth. Sur la rectification de quelques courbes. Brioschi Ann. (2). II. 81-88.

Wir führen die Gleichungen der rectificirten Curven an:

$$1)\quad k^2(a^2y^2+b^2x^2) = (x^2+y^2)^2,$$
$$2)\quad a^2x^2-b^2y^2 = (x^2+y^2)^2,$$
$$3)\quad \frac{y^2}{a^2}-\frac{x^2}{b^2} = 1,\quad x^2+y^2+z^2 = r^2.$$

No.

Le Cordçer. Sur une intégrale double. C. R. LXVI. 707-710.

Ableitung der in Gauss' nachgelassenen Schriften ohne Beweis mitgetheilten Formel:

---

*) In der Arbeit steht beide Male irrthümlich $m-1$.

$$4\pi m =$$
$$\iint \frac{(x'-x)(dydz'-dzdy')+(y'-y)(dzdx'-dxdz')+(z'-z)(dxdy'-dydx')}{\{(x'-x)^2+(y'-y)^2+(z'-z)^2\}^{\frac{3}{2}}}.$$

xyz, $x'y'z'$ sind die Coordinaten zweier Punkte, deren jeder eine geschlossene Curve durchläuft. Die beiden Curven, längs welcher die Integration stattfindet, sollen sich nicht schneiden. m giebt an, wie oft sich die eine um die andere herumwindet, eine Zahl welche auf folgende Weise definirt ist: Man zähle wie oft die eine Curve eine beliebige von der andern Curve vollständig begrenzte Fläche in einem bestimmten Sinne und dann im entgegengesetzten schneidet, der Unterschied beider Zahlen ist dann m.

B.

P. du Bois Reymond. Ueber Fourier'sche Doppel-Integrale. Borchardt J. LXIX. 65-108.

Das Fourier'sche Integral

$$\int_0^{\infty} dy \int_{-\infty}^{+\infty} dx \cos(y(x-\xi)) fx = \pi f(\xi)$$

geht aus folgendem hervor:

$$\text{(I.)} \quad \int_0^{\infty} dy \int_0^{a} dx \cos(x.y) fx = \lim_{h=\infty} \int_0^{a} \frac{\sin hx}{x} fx\, dx = \frac{\pi}{2} f(0),$$

(a bedeutet einen beliebigen positiven Werth, fx eine beliebige ev. auch gesetzlose Function). Die Richtigkeit dieser identischen Gleichungen lässt sich genau in derselben Weise darthun, wie von *Dirichlet* (cf. Theorie d. Funkt. v. Cournot § 426, oder Crelle J. XVII, 60) bewiesen wurde, dass:

$$\text{(II.)} \quad \lim_{h=\infty} \int_0^{a} \frac{\sin hx}{\sin x} fx.dx = \frac{\pi}{2} f(0),$$

wenn h ganz und ungrade, $a < \pi$ gedacht wird.

Die charakteristische Eigenschaft der Integrale (I.) und (II.), von a unabhängig zu werden, wurzelt darin, dass:

$$\text{(III.)} \quad \int_0^{a} \frac{\sin hx}{x} dx \quad \text{und} \quad \int_0^{a} \frac{\sin hx}{\sin x} dx$$

an der Grenze $h = \infty$ von a unabhängig $\left(=\frac{\pi}{2}\right)$ sind. Nach der Untersuchung des Verfassers, welche nur reelle Integrationswege berücksichtigt, giebt es nun unzählig viele Integrale der

Form $\int_0^a \Phi(x,h)\,dx$, welche für $h=\infty$ von a unabhängige, von Null verschiedene, endliche und bestimmte Werthe erhalten. Verfasser nennt dieselben Dirichlet'sche Integrale (D.-Intgr.) und jedes Doppelintegral $\int_0^h dy \int_0^a dx\,\varphi(x,y)$, welches nach der Integration in Bezug auf y auf ein D.-Integr. führt, ein Fourier'sches (F.-Integr.). Für alle diese F.- oder D.-Integrale besteht die der Relation (I.) oder (II.) analoge:

$$\text{(IV.)}\qquad \lim_{h=\infty} \int_0^h dy \int_0^a dx \,.\, fx \,.\, \varphi(x,y) = \int_0^a fx \,.\, \Phi(x,h)\,dx$$
$$= f(0) \int_0^a \Phi(x,h)\,dx.$$

Nach diesen Ergebnissen lässt sich eine ausgedehnte Klasse von Doppelintegralen auswerthen, welche für die Auflösung partieller linearer Differentialgleichungen von grosser Wichtigkeit sind.

Um F.-Integrale zu bilden, geht die Abhandlung vom unbestimmten Doppelintegral aus. Ist:

$$\frac{\partial^2 F}{\partial x \partial y} = \varphi(x,y),$$

so wird:

$$\text{(V.)}\quad \int_{y_0}^{y_1} \int_{x_0}^{x_1} \varphi(x,y)\,dx\,dy = F(x_1,y_1) - F(x_1,y_0) - F(x_0,y_1) + F(x_0,y_0).$$

$F(x,y)$ möge nun folgende Bedingungen erfüllen:

α) $F(a,h) - F(a,y_0)$ ist, wenn zuerst $y_0 = 0$, dann $h=\infty$ gesetzt wird, bestimmt, unabhängig von a, von Null und Unendlich verschieden.

β) $F(x,y)$ erlangt verschiedene Werthe, je nachdem man erst $x=0$, dann $y=\infty$, oder erst $y=\infty$, dann $x=0$ setzt.

Alsdann ist:

$$\int_{y_0}^h dy \int_{x_0}^a \varphi(x,y)\,dx = F(a,h) - F(a,y_0) - F(x_0,h) + F(x_0,y_0)$$

ein Fourier'sches Integral, wenn man noch die Grenzen in folgender Reihenfolge bestimmt: 1) $y_0 = 0$, 2) $x_0 = 0$, 3) $h = \infty$.

Nach diesen beiden Kriterien lassen sich beliebig viele F.- oder D.-Integrale bilden; von denselben soll hier die Gruppe angeführt werden, welcher die Integrale (III.) angehören. Hat nämlich irgend ein Integral der Form:

$$\int_0^\infty \frac{\Phi x}{x}\, dx$$

einen endlichen, von Null verschiedenen Werth, ist $\Phi(0) = 0$ und bezeichnet man mit $\varphi(t)$ die Ableitung $\frac{\partial \Phi t}{\partial t}$, so ergiebt sich auf Grund obiger Kriterien, dass:

$$\int_{y_0}^{h} dy \int_{x_0}^{a} dx \,.\, \varphi(x \,.\, y)$$

ein F.-Integral wird, sobald man nach einader $y_0 = 0$, $x_0 = 0$, $h = \infty$ setzt. Man findet z. B. aus:

$$\int_0^\infty x^\nu e^{-x}\, dx = \Gamma(\nu + 1)$$

das F.-Integral:

$$\int_0^\infty dy \int_0^a dx \,.\, x^\nu y^\nu e^{-x \cdot y}(\nu + 1 - xy) = \Gamma(\nu + 1).$$

Nachdem somit die Existenz unzählig vieler D.-Integrale erwiesen ist, bleibt zu ermitteln, ob:

$$\text{(VI.)} \quad \lim_{h=\infty} \int_0^a fx \,.\, \Psi(x, h)\, dx = f(0) \,.\int_0^a \Psi(x, h)\, dx,$$

vorausgesetzt dass $\int_0^a \Psi(x, h)\, dx$ ein D.-Integral ist. Den Beweis des Verfassers hat Referent durch folgenden einfacheren ersetzt: Man theile das Intervall 0 bis a durch Zwischenwerthe $\varepsilon_1 \ldots \varepsilon_p$ so, dass weder $f(x)$ noch $\Psi(x, h)$ innerhalb irgend eines Theil-Intervalles $\varepsilon_r\, \varepsilon_{r+1}$ ihre Zeichen wechseln und untersuche den numerischen Werth von:

$$\int_{\varepsilon_r}^{\varepsilon_{r+1}} f(x) \,.\, \Phi(x, h)\, dx.$$

Wird fx in dem Intervall 0 bis a nicht ∞, so erlangt es numerisch im Intervall $\varepsilon_r \varepsilon_{r+1}$ einen endlichen grössten Werth M und einen kleinsten N, folglich ist dem numerischen Werthe nach:

$$\int_{\varepsilon_r}^{\varepsilon_{r+1}} fx\, \Phi(x, h)\, dx > N \int_{\varepsilon_r}^{\varepsilon_{r+1}} \Phi(x, h)\, dx, < M \int_{\varepsilon_r}^{\varepsilon_{r+1}} \Phi(x, h)\, dx.$$

Dieses Raisonnement gilt offenbar, gleichviel, wie gross h ist. Wird h aber ∞, so ist nach Voraussetzung

$$\lim \int_0^{\varepsilon_{r+1}} \Phi(x, h)\, dx = \lim \int_0^{\varepsilon_r} \Phi(x, h)\, dx = k,$$

wo k einen von der oberen Grenze unabhängigen Werth bedeutet. Folglich werden die Factoren von M und N im Grenzfalle 0; also:

$$\lim_{h=\infty} \int_{\varepsilon_r}^{\varepsilon_{r+1}} fx \,.\, \Phi(x, h)\, dx = 0;$$

daraus aber ergiebt sich, dass:

$$\lim_{h=\infty} \int_0^a fx \,.\, \Psi(x, h)\, dx = \lim_{h=\infty} \int_0^\vartheta fx \,.\, \Psi(x, h)\, dx,$$

wenn ϑ eine beliebig kleine Zahl bedeutet $=$ oder $< \varepsilon_1$; da aber der grösste und kleinste Werth von fx im Intervall 0 bis ϑ bei genügend kleinem ϑ mit $f(0)$ zusammenfällt, so ergiebt sich:

$$\text{(VI.)} \quad \lim_{h=\infty} \int_0^a fx \,.\, \Psi(x, h)\, dx = f(0) \int_0^\vartheta \Psi(x, h)\, dx$$
$$= f(0) \int_0^a \Psi(x, h)\, dx.$$

Diese wichtige Gleichung gilt aber nur mit der Einschränkung, dass fx in dem Intervall 0 bis a nicht unendlich werde, sonst darf diese Function völlig beliebig, auch gesetzlos sein.

Wird fx an irgend einer Stelle in gegebener Stärke unendlich, so lässt sich übrigens der Werth des Integrals $\int_0^a fx \,.\, \Psi(x, h)\, dx$ durch Aussonderung des betreffenden Intervalles in vielen Fällen noch angeben.

Aus Gleichung (VI.) folgt unter den entsprechenden Bedingungen:

$$\text{(VII.)} \quad \lim_{h=\infty} \int_0^a f(x, h)\, \Psi(x, h)\, dx = \lim_{h=\infty} f(0, h) \int_0^a \Psi(x, h)\, dx.$$

Endlich gestattet sie die Bestimmung von Integralen folgender Form:

$$\lim_{h=\infty} \int_a^b \Psi(\lambda(x), h) f(x) \,.\, dx$$

vorausgesetzt, dass nicht nur $\int_0^a \Psi(x, h)\, dx$, sondern auch

$\int_0^b \Psi(-x, h)\,dx$ für $\lim_{h=\infty}$ D.-Integrale sind. Das erste dieser Integrale habe den Werth A_+, das zweite den Werth A_-, $\lambda(x)$ sei eine völlig beliebige Function von x, welche für folgende zwischen a und b liegende Werthe von x Null wird $a, b, \alpha_1, \alpha_2, \ldots \alpha_n$; $\beta_1, \beta_2, \ldots \beta_n$. Beim Durchgange durch eine Wurzel α möge $\lambda(x)$ wachsen, beim Durchgange durch β abnehmen, endlich sei $\frac{fx}{\lambda' x}$ stetig in den Nullpunkten von $\lambda(x)$. Dann ergiebt sich:

$$\lim_{h=\infty}\int_a^b \Phi(\lambda(x), h) fx.dx = \pm \frac{fa}{\lambda' a} A_\pm \mp \frac{fb}{\lambda' b} A_\pm :$$

$$: + (A_+ + A_-) \sum_1^n {}_p \frac{f\alpha_p}{\lambda' \alpha_p} - (A_+ + A_-) \sum_1^m {}_p \frac{f\beta_p}{\lambda' \beta_p}.$$

Die beiden ersten Glieder fallen fort, wenn λa und λb nicht Null sind; die oberen oder unteren Zeichen gelten, je nach dem $\lambda(a + da)$ und $\lambda(b - db)$ positiv oder negativ sind.

In dem vierten Abschnitt der Abhandlung wird die Convergenz derjenigen Volumina untersucht, die sich als F.-Integrale darstellen lassen, wenigstens für den Fall, dass die Function unter den Integralzeichen nur von $x.y$ abhängt; Referent beschränkt sich auf diese Anführung, weil die betreffenden Resultate weniger wichtig erscheinen. K.

Capitel 4.

Bestimmte Integrale.

Pranghofer. Beiträge zu einer Abel'schen Gleichung und zu einem Satze von Parseval. Wien. Ber. LVII. 29-44.

Eine „Abel'sche Gleichung" bedeutet hier „eine von Abel aufgestellte Gleichung". Dieselbe findet sich: Oeuvres compl. II, 90 und lautet:

$$\int_0^{\frac{1}{0}} \frac{dt}{1+t^2} \cdot \frac{-\varphi(x+\alpha t i) + \varphi(x - \alpha t i)}{2} = \frac{\pi}{2}\varphi(x+\alpha).$$

Der Verfasser findet allgemeiner:

$$\int_{-\infty}^{+\infty} \frac{\varphi(e^{axi}) \pm \Psi(e^{-axi})}{k^2+x^2}\, dx = \frac{\pi}{k}[\varphi(e^{-ak}) \pm \Psi(e^{-ak})]$$

und

$$\int_{-\infty}^{+\infty} \frac{\varphi(e^{axi}) \pm \Psi(e^{-axi})}{k^2+x^2} \cdot x\,dx = \pi i[\varphi(e^{-ak}) \pm \Psi(e^{-ak})].$$

Die Herleitung ergiebt sich unmittelbar durch die Reihendarstellung der linken Seite.

In ähnlicher Weise wird ein Satz von Parseval (Mém. prés. de Paris I.) erweitert, indem der Werth von

$$\int_{-\infty}^{+\infty} F(e^{axi}).f(e^{-axi})\frac{dx}{k^2+x^2}$$

in eine Reihe entwickelt wird, welche nach Potenzen von e^{-ak} fortschreitet. No.

Öttinger. Ueber die Integrale von $\sin x^n dx$, $\cos x^n dx$, $\sin x^m \cos x^n dx$ innerhalb bestimmter Grenzen. Grunert Arch. XLIX. 51-67.

Die Abhandlung enthält eine längere Reihe von Formeln, die sich auf den Fall beziehen, wo m und n ganze Zahlen, die Grenzen aber Vielfache von π oder $\frac{\pi}{2}$ sind. Ni.

E. Padova. Soluzione delle quistioni 49, 50, 66. Battagl. G. V. 116-120.

L. Rajola. Soluzione delle quistione 66. Battagl. G. V. 121-124.

Die drei gelösten Aufgaben (S. IV. 318 und V. 124) verlangen den Beweis folgender Sätze:

49. Ist r eine ganze Zahl und $< 2n$, so ist

$$\int_0^{\frac{\pi}{2}} \sin x.\sin 2x \ldots \sin 2nx.\cos[n(2n+1)-2r]x\,dx = \frac{(-1)^{n+k}\pi}{2^{2n+1}} \text{ oder } = 0,$$

je nachdem $r = \frac{k(3k \pm 1)}{2}$ oder nicht; und $=0$, wenn $r > n(2n+1)$.

50. Ist r eine ganze Zahl und $< 2n+1$, so ist

$$\int_0^{\frac{\pi}{2}} \sin x.\sin 2x\ldots\sin(2n+1)x.\sin[(2n+1)(n+1)-2r]\,x\,dx$$
$$= \frac{(-1)^{n+k}\pi}{2^{2n+2}} \text{ oder } = 0,$$

je nachdem $r = \frac{k(3k\pm1)}{2}$ oder nicht; und $= 0$, wenn $r > (2n+1)(n+1)$.

66. Sind r und n ganze Zahlen, so ist für ein ungerades r

$$\int_0^{\frac{\pi}{2}} \cos^2 z.\cos^2 3z\ldots\cos^2(2r+1)z.\sin 2z.\sin 4z\ldots\sin(2r+2)z$$
$$\times \cos(3r^2+7r+4-2n)z\,dz$$

$= \frac{(-1)^{\frac{r+1}{2}}\pi}{2^{3r+3}}$, wenn $n < 2r+3$ ein Quadrat ist, aber

$= 0$, wenn $n<2r+3$ kein Quadrat, oder wenn $n>(r+1)(3r+4)$.

Für ein gerades r ist:

$$\int_0^{\frac{\pi}{2}} \cos^2 z.\cos^2 3z\ldots\cos^2(2r+1)z.\sin 2z.\sin 4z\ldots\sin(2r+2)z$$
$$\times \sin(3r^2+7r+4-2n)z\,dz$$

$= \frac{(-1)^{\frac{r}{2}}\pi}{2^{3r+3}}$, wenn $n < 2r+3$ ein Quadrat, aber

$= 0$, wenn $n<2r+3$ kein Quadrat, oder wenn $n<(r+1)(3r+4)$.

M.

W. Shanks. Second and Third Supplementary Paper on the Calculation of the Numerical Value of Euler's Constant. Proc. of Lond. XVI. 154 und 299-300.

Fortsetzungen von Proc. of Lond. XV. 429—432, woselbst die Constante des Integrallogarithmus mit Hülfe der Reihe

$$E = S_n - \log n - \frac{1}{2n} + \frac{B_1}{n^2} - \frac{B_2}{4n^4} + \frac{B_3}{6n^6} - \frac{B_4}{8n^8} + \cdots,$$

wo S_n die harmonische Reihe und die B die Bernoulli'schen Zahlen bedeuten, auf 80 Stellen berechnet wird. Vgl. Öttinger (Borchardt J. LX, 375). In unseren Ergänzungen wird die Berechnung fortgesetzt. Für $n = \infty$ ist $E = S_n - \log n$.

M.

H. Weber. Ueber einige bestimmte Integrale. Borchardt J. LXIX. 222-237.

Die betrachteten Integrale sind diejenigen, welche die Bessel'schen Functionen von beliebiger Ordnung $J^{(h)}(z)$ enthalten. Zu diesen Integralen gelangt der Verfasser durch Benutzung der Formel:

$$e^{-m^2 t}\varphi(x, y, z)$$
$$= \frac{1}{\pi^{\frac{3}{2}}}\int_{-\infty}^{+\infty}\int_{-\infty}^{+\infty}\int_{-\infty}^{+\infty} d\alpha\, d\beta\, d\gamma\, \varphi(x+2\alpha\sqrt{t}, y+2\beta\sqrt{t}, z+2\gamma\sqrt{t}),$$

die aus Betrachtungen, die der Wärmelehre entnommen sind, sich leicht beweisen lässt, von der aber hier auch ein analytischer Beweis gegeben wird. Ni.

Andrae. Om den approximative Beregning af bestemte Integraler. Overs. Kopenh. 1867. 165-201. — Tychsen Tidsskr. (2). IV. 24-30. (Auszug.)

Zur annähernden Berechnung eines bestimmten Integrals

$$F = \int_{g}^{g+\varDelta} y\,\partial x$$

theilt Simpson das Intervall $\varDelta$ in n gleiche Theile, und verbindet die nächsten Theilpunkte durch anschliessende Parabelbogen für vertikale Axen. Dagegen legt Cotes durch dieselben Theilpunkte eine parabolische Curve n^{ten} Grades. Gauss verfügt über die n Theilpunkte derart, dass, nachdem das Integral durch lineare Substitution auf die Form

$$F = \varDelta\int_{0}^{1} y\,\partial t$$

gebracht, und y nach Potenzen von t entwickelt ist, in der Entwickelung von $F - F_0$ die Coefficienten der $2n$ ersten Glieder verschwinden.

Der Verfasser wendet im Wesentlichen die Gauss'sche Methode an, findet jedoch Vorzüge der Darstellung des Integrals in der Form

$$F = \int_{-\frac{1}{2}}^{\frac{1}{2}} y\,\partial t$$

vor der Reduction auf die Grenzen 0 bis 1. Hier verschwinden in der Entwickelung sogleich die ungeradstelligen Terme. Theilt man das Intervall bei $t = a_1, a_2, \ldots a_n$, und entsprechen diesen Punkten die Werthe $y = A_1, A_2, \ldots A_n$, so kann man, um den Näherungswerth des Integrals in der Form

$$F_0 = A_1 R_1 + A_2 R_2 + \cdots + A_n R_n$$

darzustellen, entweder die Theilpunkte als fest betrachten, und durch Bestimmung der R die n ersten Coefficienten der Entwickelung von $F - F_0$ zum Verschwinden bringen, oder auch über erstere so verfügen, dass $2n$ Coefficienten verschwinden. Im letzteren Falle werden die Grundgleichungen

$$\Sigma a^{2h} R = \frac{2^{-2h}}{2h+1}; \qquad \Sigma a^{2h+1} R = 0.$$

Die Gleichungen zweiter Form werden im voraus erfüllt durch symmetrische Legung der Theilpunkte und Gleichheit der paarweise entsprechenden R. Zur Auflösung der übrigen kann man leicht eine Gleichung

$$cq^m + c_1 q^{m-1} + \cdots + c_n = 0, \qquad \left(m = \frac{n}{2} \text{ oder } \frac{n-1}{2}\right)$$

aufstellen, deren Wurzeln die Werthe von a^2 sind, indem man für $q = a_\mu^2$ die Gleichung mit $a_\mu^{2\nu} R_\mu$ multiplicirt, die Summe nimmt, und die bekannten Summenwerthe einführt, woraus die nöthige Anzahl linearer Gleichungen zur Bestimmung der c hervorgeht. Die R sind nach Ermittelung der a linear bestimmt. Die a sind hiernach von der Function unabhängige Zahlen, die sich überdies als Wurzeln der Gleichung

$$\frac{\partial^n (a^2 - \frac{1}{4})^n}{\partial a^n} = 0$$

erweisen.

Bei specieller Anwendung wird besonders der Fall als bemerkenswerth hervorgehoben, wo im voraus die R einander gleichgesetzt, mithin das Flächenstück F in ein Rechteck verwandelt wird, dessen Höhe das arithmetische Mittel der A ist, während die a so bestimmt werden, dass n Coefficienten der Reihe verschwinden. Die Coefficienten c der obigen Gleichung, deren Wurzeln die a sind, werden alsdann recurrirend dargestellt durch

$$\sum_{h=1}^{h=\mu} \frac{n \,.\, 2^{-2h-1}}{2h+1} c_{\mu-h} = -\mu c_\mu .$$

Um zur Prüfung des Fehlers das erste nicht verschwindende Glied

$$\frac{2^{-2n}}{2n+1} - 2\Sigma a^{2n} R$$

zu berechnen, braucht man nur das genannte Verfahren, wodurch die c gefunden wurden, fortzusetzen; denn in der nächst folgenden Relation tritt sogleich $\Sigma a^{2n} R$ als Term ein. H.

TYCHSEN. Nogle Anvendelser af Liouville's Theori om Differentiation og Integration med brutne Indices. Tychs. Tidsskr. (2). IV. 89-109.

An einen Auszug aus Liouville's Abhandlung in J. de l'Éc. Pol. t. XIII., enthaltend die Elemente seiner Theorie und die symbolische Darstellung von 7 bestimmten Integralen in Form von Integralen mit gebrochenen Ordnungsexponenten, schliesst sich eine Reihe geometrischer und mechanischer Aufgaben, welche, in complicirter Weise angelegt, in der Kürze zu sehr einfachen Resultaten führen. H.

L. MATTHIESSEN. Sopra alcune proprietà degl' integrali euleriani di prima e seconda specie. Brioschi Ann. (2). II. 21-27.

Die Abhandlung betrifft eine Erweiterung der aus der Theorie der Euler'schen Integrale bekannten Formel:

$$\int_0^\infty \frac{x^{ra-1}\,dx}{(x^r + x_0^r)^{a+b}} = \frac{\Gamma(a)\Gamma(b)}{r\Gamma(a+b)x_0^{rb}} = \frac{B(a,b)}{rx_0^{rb}}.$$

Der Verfasser ersetzt den ersten Ausdruck links durch den allgemeineren

$$\int_0^\infty \frac{x^{2k-1}\,dx}{x^{rn} + ax^{rn-1} + bx^{rn-2} + \cdots px^r + s} = \int_0^\infty \frac{x^{2k-1}\,dx}{[x^{rn}]}.$$

Er gelangt zur Entwicklung dieses Ausdrucks mittels recurrenter Formeln, in welchen die Coefficienten der Gleichung

$$x^n - \alpha x^{n-1} + \beta x^{n-2} - \gamma x^{n-3} + \cdots \mp \pi x \pm \sigma = 0$$

vorkommen, die so bestimmt sind, dass die Gleichung

$$x^{rn} - ax^{r(n-1)} + bx^{r(n-2)} - cx^{r(n-3)} + \cdots \mp px^r \pm s.$$

die r^{ten} Potenzen der Wurzeln der ersten Gleichung enthält. Bei dieser Entwicklung ergiebt sich dann eine Reihe von Formeln, welche die Functionen Γ und B selbst betreffen.

Ni.

L. Schlaefli. Sulle relazione tra diversi integrali definiti che giovano ad esprimere la soluzione generale della equazione di Riccati. Brioschi Ann. (2). I. 232-242.

Siehe Abschn. VI. Cap. 5.

Enneper. Bemerkungen über einige bestimmte Integrale. Schlömilch Z. XIII. 250-253.

Capitel 5.

Gewöhnliche Differentialgleichungen.

S. Roberts. Solution of the question 2497. Educ. Times. X. 47 u. 48.

Bezeichnet man

$$\frac{1}{1.2}\frac{d^2y}{dx^2},\ \frac{1}{1.2.3}\frac{d^3y}{dx^3},\ \frac{1}{1.2.3.4}\frac{d^4y}{dx^4},\ \dots\ \frac{1}{1.2\dots9}\frac{d^9y}{dx^9}$$

mit $a, b, c, \dots h$, so ist

$$\begin{vmatrix} a, & b, & c, & a^2, & 0, & 0 \\ b, & c, & d, & 2ab, & a^2, & 0 \\ c, & d, & e, & 2ac+b^2, & 2ab, & a^3 \\ d, & e, & f, & 2ad+2bc, & 2ac+b^2, & 3a^2b \\ e, & f, & g, & 2ae+2bd+c^2, & 2ad+2bc, & 3a^2c+3ab^2 \\ f, & g, & h, & 2af+2be+2cd, & 2ae+2bd+c^2, & 3a^2d+6abc+b^3 \end{vmatrix} = 0$$

die allgemeine Differentialgleichung von

$$a_1x^3+a_2x^2y+b_1xy^2+a_3x^2+dxy+b_3y^2+c_1x+c_2y+c_3=0.$$

A. Cayley. On Riccati's Equation. Phil. Mag. (4). XXXVI. 348-351.

Der Herr Verfasser geht von der Gleichung

$$\frac{dy}{dx}+y^2 = x^{2q-2}$$

aus, welche durch algebraische und Exponentialfunctionen integrabel ist, sobald $(2i+1)q=\pm 1$, wo $i=0$ oder irgend eine positive ganze Zahl bedeutet. Zur Integration führt die Substitution $y=\frac{1}{u}\cdot\frac{du}{dx}$, wodurch man $\frac{d^2u}{dx^2}=x^{2q-2}u$ erhält. Sind P, Q die particulären Lösungen und P', Q' ihre Ableitungen, so wird y von der Form $y=\frac{CP'+DQ'}{CP+DQ}$, worin $\frac{C}{D}$ die Integrationsconstante ist. Um die Lösung zu vollenden, setzt der Verfasser $u=ze^{\frac{1}{q}x^q}$ und betrachtet die beiden particulären Integrale $z_1=\sum_0^n A_n x^{nq}$ und $z_2=\sum_0^n A'_n x^{nq+1}$ der dadurch resultirenden Differentialgleichung

$$\frac{d^2z}{dx^2}+2x^{q-1}\frac{dz}{dx}+(q-1)x^{q-2}z=0.$$

Für die A_n und A'_n ergeben sich die Relationen

$$\{(2n-1)q-1\}A_{n-1}+nq(nq-1)A_n=0,$$

$$\{(2n-1)q+1\}A'_{n-1}+nq(nq+1)A'_n=0.$$

Die Reihen z_1 und z_2 sind endlich, wenn $(2i+h)q$ resp. $+1$ oder -1 ist, folglich auch die P und Q. M.

L. Schlaefli. Sulle relazione tra diversi integrali definiti che giovano ad esprimere la soluzione generale della equazione di Riccati. Brioschi Ann. (2). I. 232-242.

In der vorliegenden Abhandlung wird die Auflösung der Riccati'schen Gleichung durch bestimmte Integrale von verschiedener Gestalt gegeben, und zwischen den letzteren einige Relationen festgestellt. Ni.

Cockle. On the integration of differential equations. Educ. Times. IX. 105-112.

Theorem I: Sind die Coefficienten der beiden linearen Differentialgleichungen der zweiten Ordnung

$$\frac{d^2y}{dx^2}+2q\frac{dy}{dx}+ry=0,\qquad \frac{d^2Y}{dx^2}+2Q\frac{dY}{dx}+RY=0$$

durch die Relation $q^2+\frac{dq}{dx}-r=Q^2+\frac{dQ}{dx}-R$ verbunden, so ist $Ce^{\int(q-Q)dx}y=Y$. (Die Functionen auf beiden Seiten der Bedingungsgleichung nennt der Verfasser criticoids.)

Theorem II: Die Gleichung

$$\frac{d^2y}{dx^2}-\left\{\frac{1}{2r}\cdot\frac{dr}{dx}+a\sqrt{r}\right\}\frac{dy}{dx}+ry=0$$

ist für jede Function r von x lösbar, da sie in eine Gleichung mit constanten Coefficienten transformirt werden kann. Dasselbe wird für ein Paar Differentialgleichungen von ähnlicher Form nachgewiesen. Die gewonnenen Resultate lassen sich u. a. auf specielle Fälle der Riccati'schen Gleichung anwenden.

M.

J. L. Kitchin. Solution of the question 2491. Educ. Times. IX. 21-23.

Die Lösung der Gleichung

$$(x^3-1)\frac{d^3y}{dx^3}-3ax^2\frac{d^2y}{dx^2}+3a(a+1)x\frac{dy}{dx}-a(a+1)(a+2)y=0$$

ist

$$y=C_1(x-1)^{a+2}+C_2(x-\omega)^{a+2}+C_3(x-\omega^2)^{a+2},$$

wo ω eine kubische Wurzel der Einheit bezeichnet.

J. J. Walker. Solution of the question 2478. Educ. Times. IX. 24 u. 25.

Direkte Herleitung von

$$f+x\left(\frac{\mu}{r}-\frac{dy^2+dx^2}{dt^2}\right)+\frac{y\,dy+z\,dz}{dt}\cdot\frac{dx}{dt}=0,\quad f'x \text{ etc.}$$

aus den 3 Gleichungen:

$$\frac{d^2x}{dt^2}+\frac{\mu x}{r^3}=0,\quad \frac{d^2y}{dt^2}+\frac{\mu y}{r^3}=0,\quad \frac{d^2z}{dt^2}+\frac{\mu z}{r^3}=0,$$

siehe Laplace, Méc. cél. II. Cap. III § 18.

Cockle. On reversible symbolical factors. Quart. J. IX. 242-245.

Eine lineare Differentialgleichung mit constanten Coefficienten, worin y die abhängige, t die unabhängige Variable bedeutet, lässt sich symbolisch in die Factoren

$$\left(\frac{d}{dt}-a_1\right)\left(\frac{d}{dt}-a_2\right)\ldots\left(\frac{d}{dt}-a_n\right)y=0$$

zerlegen, wo die a Constanten sind. Es werden Folgerungen hergeleitet, welche sich aus der beliebigen Anordnung dieser Factoren für die Integration ergeben, und die allgemeine Form solcher vertauschbaren Factoren dargethan. M.

A. Steen. Om Integration af Differentialligninger, der före til Additionstheoremer for transcendente Functioner. Skrift. Kopenh. I. Afd. 8.

C. Tychsen. Om Integration af lineaere Differensligninger af 1ste og 2den Orden. Tychsen Tidsskr. (2). IV. 163-180.

Darlegung des Bekannten nebst einigen Beispielen der Anwendung. H.

R. Radau. Théorème sur les équations différentielles du premier ordre. C. R. LXVI. 904. Mondes (2). XVII. 86.

Die Note betrifft eine Erweiterung der Jacobi'schen Methode zur Integration der Differentialgleichung:

$$L(x\,dy-y\,dx)-M\,dy+N\,dx=0,$$

die sich in folgendem Satz zusammenfassen lässt.

Ist die linke Seite der Differentialgleichung:

$$\Sigma(\pm dx_1,\ x_2;\ \varphi_3^{(3)}\varphi_4^{(4)}\ldots\varphi_n^{(n)})=0,$$

die aus n Variabeln $x_1, x_2 \ldots x_n$, ihren Differentialen $dx_1, dx_2 \ldots dx_n$ und $n(n-2)$ linearen Funktionen von $x_1,\ x_2\ \ldots\ x_n$ gebildete Determinante, und bildet man die linearen Ausdrücke:

$$u_p=a_{p_1}x_1+a_{p_2}x_2+\cdots+a_{p_n}x_n,$$

$$x_p=\alpha_{p_1}u_1+\alpha_{p_2}u_2+\cdots+\alpha_{p_n}u_n,$$

so lassen sich die Coefficienten a und α immer so bestimmen, dass das Integral der gegebenen Gleichung die Form

$$u_1^{\pi_1}\,u_2^{\pi_2}\ \ldots\ u_n^{\pi_n}=\text{const.}$$

annimmt. Ni.

Capitel 6.

Partielle Differentialgleichungen.

J. COCKLE. Solution of the question 2551. Educ. Times. X. 81-84.

Sind in der Gleichung

$$\frac{d^2z}{dy^2} - \alpha^2 \frac{d^2z}{dx^2} + \beta \frac{dz}{dy} + \gamma z = 0$$

α, β, γ nur Functionen von x, dann ist

$$z = \sqrt{\alpha}.e^{\int \frac{\beta}{2\alpha} dx}.\varphi\left(y + \int \frac{dx}{\alpha}\right),$$

wenn

$$\gamma - \tfrac{1}{4}\left(\frac{d\alpha}{dx} + \beta\right)^2 - \frac{\alpha^2}{2} \frac{d}{dx}\left\{\frac{1}{\alpha}\left(\frac{d\alpha}{dx} + \beta\right)\right\} = 0$$

, wo φ eine willkürliche Function.

Ist β constant und dieselbe Bedingung erfüllt, so ist

$$z = \sqrt{\alpha}.e^{\int \frac{\beta}{2\alpha} dx}.\varphi\left(y + \int \frac{dx}{\alpha}\right) + ke^{-\int \frac{\beta}{2\alpha} dx}.\psi\left(y - \int \frac{dx}{\alpha}\right),$$

wo ψ eine andere willkürliche Function.

CAMILLO TYCHSEN. Note über die Integration der partiellen Differentialgleichung:

$$\frac{d^nz}{dx^n} + P \frac{d^nz}{dx^{n-1}dy} + P_1 \frac{d^nz}{dx^{n-2}dy^2} + \cdots + P_{n-1} \frac{d^nz}{dx\,dy^{n-1}} + P_n \frac{d^nz}{dy^n} = Q,$$

wo P_1, P_2, ... P_{n-1}, P_n, Q gegebene Funktionen der unabhängigen Variabeln x und y sind. Schlömilch Z. XIII. 441-445.

Der Verfasser führt in dem besonderen Fall, wo die Funktionen P_1, P_2, ... P_n einer gewissen Bedingung genügen, die Aufgabe auf n lineare partielle Differentialgleichungen 1ter Ordnung zurück. Dieser Fall tritt namentlich ein, wenn P_1, P_2, ... P_n constant sind. Obgleich die Aufgabe einer weit allgemeinern Lösung fähig, und das Resultat des Verfassers bekannt ist, so empfiehlt sich die Methode durch ihre Kürze doch namentlich für Lehrbücher geringeren Umfanges und zum Vortrage.

Ni.

L. Boltzmann. Ueber die Integrale linearer Differentialgleichungen mit periodischen Coefficienten. Wien. Ber. LVIII. 34-39. Inst. 1 sect. XXXVI. 384.

Die in der mathematischen Physik so häufig vorkommenden linearen Differentialgleichungen mit constanten Coefficienten sind bekanntlich unter der Voraussetzung gebildet, dass die Körper homogen sind und den Raum continuirlich erfüllen. Geht man aber zu der Annahme getrennter Atome, welche nicht gleichförmig, aber periodisch gelagert sind, über, so treten an die Stelle der constanten Coefficienten periodische. Der Verfasser beschäftigt sich mit der Frage, in wiefern die aus der ersten Annahme gewonnenen Integrale als Näherungswerthe für die der zweiten entsprechenden betrachtet werden können, wenn die Periode, also die Strecke, in welcher identische Anordnungen der Atome an einander folgen, nur klein ist. Das gewonnene Resultat ist, dass in diesem Falle, wenn der Coefficient der höchsten Ableitung gleich die übrigen endlichen continuirlich bleiben müssen. Der Weg der Lösung dieser Frage ist der Uebergang vom Endlichen zum Unendlichen.

Ni.

P. C. V. Hansen. Lösning af Opgave 201. Tychsen Tidsskr. (2). IV. 54-57.

Die partielle Differentialgleichung

$$x^2\frac{\partial^2 z}{\partial x^2}+2xy\frac{\partial^2 z}{\partial x\partial y}+y^2\frac{\partial^2 z}{\partial y^2}-n\left(x\frac{\partial z}{\partial x}+y\frac{\partial z}{\partial y}\right)+nz=f(x,y)$$

geht durch die Substitution $y=ux$ über in

$$y^2\frac{\partial^2 z}{\partial y^2}-ny\frac{\partial z}{\partial y}+nz=f\left(\frac{y}{u},y\right).$$

Die andere

$$(1-x^2)^2\frac{\partial^2 z}{\partial x^2}+2(1-x^2)(1-xy)\frac{\partial^2 z}{\partial x\partial y}+(1-xy)^2\frac{\partial^2 z}{\partial y^2}$$
$$-2x(1-x^2)\frac{\partial z}{\partial x}-(x+y-2x^2y)\frac{\partial z}{\partial y}+n^2z=0$$

kommt durch die Substitution

$$\frac{y-x}{\sqrt{1-x^2}} = u$$

auf die Form

$$M\frac{\partial^2 z}{\partial y^2} + \tfrac{1}{2}\frac{\partial M}{\partial y}\frac{\partial z}{\partial y} + n^2 z = 0$$

und hat das Integral

$$M\left(\frac{\partial z}{\partial y}\right)^2 + n^2 z^2 = \text{const.}$$

H.

R. Lipschitz. Beitrag zur Theorie der linearen partiellen Differentialgleichungen. Borchardt J. LXIX. 109-127.

Die zu integrirenden Gleichungen sind die folgenden:

$$\begin{aligned}
u &= \frac{dP}{dx} + \frac{dP_{12}}{dy} - \frac{dP_{31}}{dz}, \\
v &= -\frac{dP_{12}}{dx} + \frac{dP}{dy} + \frac{dP_{23}}{dz}, \\
w &= \frac{dP_{31}}{dx} - \frac{dP_{23}}{dy} + \frac{dP}{dz}, \\
g &= \frac{dP_{23}}{dx} + \frac{dP_{21}}{dy} + \frac{dP_{13}}{dz},
\end{aligned}$$

wo x, y, z unabhängige Variabeln, u, v, w, g Funktionen derselben sind, die innerhalb eines gewissen von der Oberfläche S begrenzten Raumes endlich und stetig bleiben, wenn man x, y, z als Coordinaten betrachtet, und $P, P_{23}, P_{31}, P_{12}$ die Unbekannten sind. Diese Aufgabe kommt in verschiedenen physikalischen Untersuchungen vor. In der Arbeit „Ueber Integrale der hydrodynamischen Gleichungen, welche den Wirbelbewegungen entsprechen" löst sie Helmholtz unter den dabei stattfindenden Voraussetzungen, dass $g = 0$ und die Funktionen u, v, w die Bedingung erfüllen:

$$\frac{du}{dx} + \frac{dv}{dy} + \frac{dw}{dz} = 0,$$

dass endlich an der Oberfläche S die Bedingung stattfindet:

$$\left(\frac{dv}{dz} - \frac{dw}{dy}\right)\cos\alpha + \left(\frac{dw}{dx} - \frac{du}{dz}\right)\cos\beta + \left(\frac{du}{dy} - \frac{dv}{dx}\right)\cos\gamma = 0,$$

wo α, β, γ die Winkel sind, welche die nach Aussen gezogene

Normale an S bezüglich mit den positiven Axen x, y, z bildet. Noch in seiner Inauguraldissertation behandelt er die Aufgabe nur mit der einen Einschränkung, dass $g = 0$ ist. Der Verfasser sieht auch von dieser Beschränkung ab, um das Resultat in symmetrischer Form zu erhalten. Die Unbekannten ergeben sich ihm zuerst als Integrale, die sich über den Raum T erstrecken, und werden dann je in die Summe eines solchen und eines über die Oberfläche S sich erstreckenden Integrals transformirt.

Ni.

Aloys Mayr. Der integrirende Factor und die partikularen Integrale: mit besonderer Anwendung auf die linearen Differentialgleichungen. Prolegomena zur Theorie der Integrationen. Würzburg, Kellner 1868.

Diese Schrift „Vorrede zur künftigen Theorie der Integration" ist wohl nur dem kleinen Kreise derjenigen Schüler oder Freunde des Verfassers bestimmt, welche seine mathematische Anschauungsweise theilen. Für andere Leser ist zu bemerken, dass nach Angabe des Verfassers er schon früher den Differentialcalcul durch den Beweis, dass die Differentialien endliche Grössen sind, wissenschaftlich gestattet, und dass er die Variationen als gewöhnliche partielle Differentiale festgestellt hat. Da nun nur noch der Integralcalcul übrig blieb, so war auch diesem eine neue wissenschaftliche Seite abzugewinnen, was hiermit erreicht sein soll. Im Anfang findet der Verfasser, dass die Bedingung der Integrabilität für höhere Differentialgleichungen, welche Euler aufstellt, darum anders, als von ihm zu beweisen sei, weil die Variationsrechnung, der sich bekanntlich Euler hierbei bedient hat, nichts „Besonderes und Eigenthümliches" sei. Andere, die, ohne des Verfassers Bemühungen zu kennen, Letzteres vielleicht zugeben, werden sich wohl schwerlich von der Nothwendigkeit des Ersteren überzeugen, da eben ein Satz irgendwie bewiesen werden muss. Die Fortsetzung enthält dann Einiges über den integrirenden Factor, vermischt mit sehr vielen Betrachtungen über die angewandten Methoden und Versicherungen, dass diese die richtigen seien. So glaubt z. B. der Verfasser „den unumstösslichen und vollkommenen Beweis geführt zu haben, dass die allgemeine Integration der allgemeinen linearen Gleichung der 2ten Ordnung, in dem Sinn, wie sie angestrebt und erwartet wird, nicht möglich ist". Ni.

LUIGI SCHLÄFLI Sopra una equazione a differenziali parziali del primo ordine. Brioschi Ann. (2). II. 89-96.

Die behandelte Gleichung ist die folgende:

$$a\varphi^2 + b\chi^2 + c\psi^2 = 1,$$

wo

$$\varphi = xq - yp, \quad \chi = yr - zq, \quad \psi = xr - zp$$

$$p = \frac{dw}{dx}, \quad q = \frac{dw}{dy}, \quad r = \frac{dw}{dz}$$

zu setzen ist. Die Auflösung geschieht nach der Pfaff'schen Methode. Der Verfasser hat sich diese Gleichung gebildet, um die Anwendung erwähnter Methode an einem schwierigeren Beispiele zu zeigen. Ni.

LAGUERRE. Sur l'intégration d'une certaine classe d'équations différentielles du second ordre. C. R. LXVII. 1130.

Die zu integrirende Gleichung ist diejenige, welche aus dem System:

$$\frac{dx}{d\xi} = \frac{dy}{d\eta} = \frac{\sqrt{F(x, y, a)}}{\sqrt{F(\xi, \eta, \alpha)}}$$

entsteht, wenn man $\eta = \theta(\xi)$ setzt. Hier ist θ eine beliebige algebraische Function von ξ, F eine ganze algebraische Function zweiten Grades von 3 Variabeln. Durch Elimination von η erhält man 2 Gleichungen erster und aus diesen eine Gleichung zweiter Ordnung. Die Integration erfolgt durch geometrische Betrachtungen, die der Geometrie des Raumes angehören und eine Erweiterung derjenigen der Theorie der Kegelschnitte entnommenen Betrachtungen sind, welche Jacobi zur Integration der Euler'schen Fundamentalgleichung der elliptischen Functionen anwendet. Ni.

R. MOON. On the integration of the general linear partial differential equation of the second order. Phil. Mag. (4). XXXVI. 118-122. 219-234.

A. v. Miller-Hauenfels. Allgemeine Integration der linearen Differentialgleichungen zweiter Ordnung und Ableitung von Differential-Reihen aus den höhern Gleichungen dieser Art. Wien, Tender 1868.

Capitel 7.

Variationsrechnung.

M. A. Stern. Ueber die Bestimmung der Constanten in der Variationsrechnung. Gött. Abh. XIII.

Die Arbeit beschäftigt sich mit einer Schwierigkeit, welche sich auf die Jakobi'sche Methode der Behandlung der Kriterien in der Variationsrechnung bezieht. Die Aufgabe, die Bedingungen festzustellen, in welchen ein Maximum oder Minimum oder keins von beiden stattfindet, (d. h. die Transformation der zweiten Variation) verlangt, wenn die Differentialgleichungen gelöst sind, welche sich aus dem Verschwinden der ersten Variation ergeben, die Auflösung neuer Differentialgleichungen und die Bestimmung gewisser Constanten. Jakobi hat nun gezeigt, dass die Lösung dieser Differentialgleichungen gar keine neue Integration erfordert, sondern dass die bezüglichen Integrale bereits durch die, welche sich aus dem Verschwinden der ersten Variation ergeben, mitbestimmt sind. Die auf diese Weise bewirkte Lösung der Aufgabe enthält aber mehr Constanten als a priori nothwendig erschienen, und es bleibt daher noch übrig, nachzuweisen, dass zwischen denselben eine Anzahl von Bedingungen stattfindet, was bisher allgemein nicht geschehen ist. Der Verfasser füllt diese Lücke durch eine allgemeine Betrachtung aus, welche wie die Natur der Aufgabe erfordert, der Determinantentheorie entnommen ist. Ni.

A. Meyer. Ueber die Kriterien des Maximums und Minimums. Borchardt J. LXIX. 238-263.

Die Abhandlung reproducirt im Wesentlichen eine frühere Schrift des Verfassers „Beiträge zur Theorie der Maxima und Minima der einfachen Integrale, Leipzig 1866“ und knüpft an eine Arbeit von Clebsch (Borchardt J. 55) und Lipschitz (Borchardt J. 65) an, in welcher letzteren eine kurze Uebersicht der hierhergehörigen Literatur zu finden ist.

Die allgemeinste Aufgabe der Variationsrechnung im Falle einer unabhängigen Variabeln kann also formulirt werden: Man soll die den m simultanen Differentialgleichungen erster Ordnung (I.) $\varphi_1 = 0, \ldots \varphi_m = 0$ unterworfenen n Variabeln $y_1, y_2, \ldots y_n$ als Functionen von x so bestimmen, dass das Integral

$$V = \int_{x_0}^{x_1} f(x, y_1 y'_1 \ldots y_n y'_n)\, dx$$

ein Maximum oder Minimum werde. Nach Lagrange wird dieses Problem durch folgendes ersetzt: Die Functionen y_h sind so zu bestimmen, dass Integral $J = \int_{x_0}^{x_1} \Omega\, dx$ ein Minimum oder Maximum wird, wenn

$$\text{(II.)} \quad \Omega = f + \lambda_1 \varphi_1 + \cdots + \lambda_m \varphi_m$$

gesetzt ist, während die vorläufig unbestimmten Functionen λ_k von x so gewählt werden, dass die y_h den Bedingungsgleichungen (I.) Genüge leisten. Ersetzt man in J y_h durch $y_h + \varepsilon \mathfrak{z}_h$, wo ε eine sehr kleine Constante, $\mathfrak{z}_h$ Functionen von x andeutet, welche in Folge der Gleichungen (I.) die folgenden m Bedingungen zu erfüllen haben:

$$\text{(III.)} \quad \delta \varphi_k = \sum_1^n {}_h \left(\frac{\partial \varphi_k}{\partial y_h} \mathfrak{z}_h + \frac{\partial \varphi_k}{\partial y'_h} \mathfrak{z}'_k \right) = 0,$$

so erhält man, unter Vernachlässigung der 3ten und höheren Potenzen:

$$J + \varepsilon . \delta J + \frac{\varepsilon^2}{2} \delta^2 J.$$

Für den Fall des Maximum oder Minimum müssen erstens die y_h $\delta J = 0$ machen, zweitens muss für die so gewählten y_h $\delta^2 J$ von Null verschieden und zwar entweder positiv oder negativ bleiben, welcher Art die n Functionen $\mathfrak{z}_h$, die den Gleichungen (III.) genügen, sonst auch sein mögen. Die Bedingung $\delta J = 0$ und die Gleichung (I.) liefern die zur Bestimmung der Functionen y_h und λ_k nothwendigen $n+m$ Gleichungen:

$$\text{(IV.)} \quad \frac{\partial \Omega}{\partial y_h} = \frac{d}{dx}\frac{\partial \Omega}{\partial y'_h} \ (n\,\text{Gl.}), \quad \varphi_k = 0 \ (m\,\text{Gl.}).$$

Damit die Reihe der y an den Grenzen x_0 und x_1 vorgeschriebene Werthe annehmen kann, muss System (IV.) $2n$ willkürliche Constanten liefern, d. h. von der Ordnung $2n$ sein; dazu ist nothwendig und hinreichend, dass:

$$\text{(V.)} \quad R = \begin{vmatrix} \frac{\partial^2 \Omega}{\partial y'_1 \partial y'_1}, & \ldots, & \frac{\partial^2 \Omega}{\partial y'_n \partial y'_1}, & \frac{\partial \varphi_1}{\partial y'_1}, & \ldots, & \frac{\partial \varphi_m}{\partial y'_1} \\ \cdot & \cdot & \cdot & \cdot & \cdot & \cdot \\ \frac{\partial^2 \Omega}{\partial y'_1 \partial y'_n}, & \ldots, & \frac{\partial^2 \Omega}{\partial y'_n \partial y'_n}, & \frac{\partial \varphi_1}{\partial y'_n}, & \ldots, & \frac{\partial \varphi_m}{\partial y'_n} \\ \frac{\partial \varphi_1}{\partial y'_1}, & \ldots, & \frac{\partial \varphi_1}{\partial y'_n}, & 0, & \ldots, & 0 \\ \cdot & \cdot & \cdot & \cdot & \cdot & \cdot \\ \frac{\partial \varphi_m}{\partial y'_1}, & \ldots, & \frac{\partial \varphi_m}{\partial y'_n}, & 0, & \ldots, & 0 \end{vmatrix}$$

nicht identisch Null sei. Drückt man nun aus den $(n+m)$ Gleichungen $\frac{\partial \Omega}{\partial y'_h} = v_h$ und $\varphi_k = 0$ die $n+m$ Grössen y' und λ als Functionen von y und v aus, so tritt an Stelle des Systems (IV.), das System von $2n$ Gleichungen:

$$\text{(VI.)} \quad \frac{dy_h}{dx} = \frac{\partial H}{\partial v_h}, \qquad \frac{dv_h}{dx} = -\frac{\partial H}{\partial y_h},$$

in welchen H die Form ist, welche der Ausdruck $\sum_1^n {}_h y'_h v_h - f$ annimmt, wenn für die y'_h die äquivalenten Functionen von y und v gesetzt werden. Man nimmt nun an, die Differentialgleichungen (IV.) sind integrirt und bezeichnet die allgemeinen Lösungen durch folgende Gleichungen: $y_h = [y_h]$; $\lambda_k = [\lambda_k]$; dann sind die Lösungen der Gleichung (VI.)

$$\text{(VIII.)} \quad y = [y_h]; \quad v_h = \left[\frac{\partial \Omega}{\partial y'_h}\right] = [v_h].$$

Unter den Symbolen $[y_h]$ etc. denkt man bekannte Functionen von x, die nur noch von den durch die Grenzbedingungen völlig bestimmten Integrations-Constanten $a_1, a_2, \ldots a_{2n}$ abhängen. Erscheint für die Folge irgend eine Function von y_h, y'_h, λ_k in der Klammer [ ], so denkt man darunter das Resultat, das durch die Substitution der Werthe $[y_h]$ etc. erhalten wird.

Die vorliegende Abhandlung ermittelt nun die Bedingungen, unter welchen $\delta^2 J$ von Null verschieden und beständig entweder positiv oder negativ ist, wie man auch die den m Gleichungen (III.) unterworfenen, im Uebrigen aber völlig willkürlichen Functionen $\mathfrak{z}_h$ wählen mag, wenn in dem Ausdruck für $\delta^2 J$ die y_h und λ_k ihre durch Gleichung (VIII.) ermittelten Werthe erhalten. Zunächst zeigen die von Clebsch gegebenen und vom Verfasser reproducirten Formeln, wie die zweite Variation $\delta^2 J$ in dem besonderen Falle, dass $y_h = [y_h]$, $\lambda_k = [\lambda_k]$ wird, nicht von den Functionen $\mathfrak{z}_h$ und ihren Ableitungen einzeln genommen abhängt, sondern von n linearen und homogenen Functionen (U_h) derselben, welche m lineare und homogene Bedingungsgleichungen zu erfüllen haben. In den Gleichungen, welche diese Umformung präcisiren, sind ausser den schon erklärten, noch folgende Bezeichnungen gebraucht worden:

$$(\text{X.})\qquad 2\Omega_2 = 2\sum_1^m{}_k \mu_k \sum_1^n{}_h \left\{\left[\frac{\partial \varphi_k}{\partial y_h}\right]\mathfrak{z}_h + \left[\frac{\partial \varphi_k}{\partial y'_h}\right]\mathfrak{z}'_h\right\}$$
$$+\sum_1^n{}_h\sum{}_i \left\{\left[\frac{\partial^2 \Omega}{\partial y_h \partial y_i}\right]\mathfrak{z}_h\mathfrak{z}_i + 2\left[\frac{\partial^2 \Omega}{\partial y_h \partial y'_i}\right]\mathfrak{z}_h\mathfrak{z}'_i + \left[\frac{\partial^2 \Omega}{\partial y'_h \partial y'_i}\right]\mathfrak{z}'_h\mathfrak{z}'_i\right\}.$$

Ersetzt man in Ω_2 die Grössen $\mathfrak{z}_h$ und $\mathfrak{z}'_h$ durch die Function $u_h^{(\sigma)}$ und ihre Ableitungen $\frac{du_h^{(\sigma)}}{dx}$, die Grössen μ_k durch $r_k^{(\sigma)}$, so sei das Resultat symbolisch bezeichnet mit: $\Omega_2(u^{(\sigma)}, r^{(\sigma)})$; dann bedeutet z. B. $\dfrac{\partial \Omega_2(u^{(\sigma)}, r^{(\sigma)})}{\partial \frac{du_h^{(\sigma)}}{dx}}$ die partielle Differentiation nach $\frac{du_h^{(\sigma)}}{dx}$, einer Quantität, von der man $\Omega_2(u^{(\sigma)}, r^{(\sigma)})$ nach der gewöhnlichen Bezeichnungsweise der Functionen nicht abhängig glauben würde.

$$(\text{XVI.})\qquad u_h^{(\sigma)} = \sum_1^{2n}{}_i \gamma_i^{(\sigma)} \frac{\partial [y_h]}{\partial a_i}, \qquad r^{(\sigma)} = \sum_1^n{}_i \gamma_i^{(\sigma)} \frac{\partial [\lambda_k]}{\partial a_i}.$$

Index h nimmt wie früher alle Werthe 1, 2, 3, ... n an, Index k

die Werthe 1, 2, ... m an. Die $2n^2$ Constanten $\gamma_i^{(\sigma)}$ haben den $\frac{n(n-1)}{1\,.\,2}$ Gleichungen zu genügen:

$$\text{(XXI.)}\qquad \sum_1^n {}_h \left\{ u_h^{(\sigma)} \frac{\partial \Omega_2(u^{(\varrho)}, r^{(\varrho)})}{\partial \frac{du_h^{(\varrho)}}{dx}} - u_h^{(\varrho)} \frac{\partial \Omega_2(u^{(\sigma)}, r^{(\sigma)})}{\partial \frac{du_h^{(\sigma)}}{dx}} \right\} = 0,$$

sind sonst aber vorläufig völlig willkürlich. Endlich seien die Determinanten

$$\text{(XXIII.)}\qquad \Sigma \pm u_1^{(1)} u_2^{(2)} \ldots u_n^{(n)} = U,$$

$$\text{(XXII.)}\qquad \begin{vmatrix} \frac{d\mathfrak{z}_h}{dx}, & \frac{du_h^{(1)}}{dx}, & \ldots, & \frac{du_h^{(n)}}{dx} \\ \mathfrak{z}_1, & u_1^{(1)}, & \ldots, & u_1^{(n)} \\ \cdot & \cdot & \cdot & \cdot \\ \mathfrak{z}_n, & u_n^{(1)}, & \ldots, & u_n^{(n)} \end{vmatrix} = U_h.$$

Dann ist die angekündigte Umformung definirt durch die Gleichung:

$$\text{(XXXII.)}\qquad \delta^2 J$$

$$= \int_{x_0}^{x_1} \sum_1^n {}_h \sum {}_i \left\{ \left[\frac{\partial^2 \Omega}{\partial y_h \partial y_i}\right] \mathfrak{z}_h \mathfrak{z}_i + 2 \left[\frac{\partial^2 \Omega}{\partial y_h \partial y'_i}\right] \mathfrak{z}_h \mathfrak{z}'_i + \left[\frac{\partial^2 \Omega}{\partial y'_h \partial y'_i}\right] \mathfrak{z}'_h \mathfrak{z}'_i \right\} dx.$$

$$= \int_{x_0}^{x_1} dx \sum_1^n {}_h \sum {}_i \left[\frac{\partial^2 \Omega}{\partial y'_h \partial y'_i}\right] \frac{U_h U_i}{U^2}.$$

Die n im Uebrigen willkürlichen Functionen U_h haben den m Gleichungen zu genügen:

$$\text{(XXXIII.)}\qquad \sum_1^n {}_h \left[\frac{\partial \varphi_k}{\partial y'_h}\right] U_h = 0.$$

Diese Transformation gilt aber nur unter folgenden Einschränkungen: 1) die Coefficienten der $\mathfrak{z}$ in $\delta^2 J$, 2) $\frac{\partial [y]}{\partial a}$, $\frac{\partial [\lambda]}{\partial a}$ müssen in dem Intervall x_0 bis x_1 endlich bleiben, 3) die Constanten $\gamma_h^{(\sigma)}$ müssen so bestimmt werden können, dass U in demselben Intervall nicht Null werden kann.

Darauf beweist Verfasser den Satz: „Die zweite Variation $\delta^2 J$ kann weder verschwinden, noch ihr Zeichen ändern, wenn einmal die Constanten γ die eben genannte Bedingung erfüllen, und wenn die homogene Function $\sum_1^n {}_h \sum {}_i \left[\frac{\partial^2 \Omega}{\partial y'_h \partial y'_h}\right] U_h U_i$, in welcher die Grössen U_h der Gleichung (XXXIII.) genügen, im Integrations-Intervall x_0 x_1 ihr Zeichen nicht ändern kann."

Damit tritt die Frage in den Vordergrund, unter welcher Bedingung können die Constanten γ der gestellten Forderung genügen und welche Werthe müssen sie ev. erhalten. Diese Bedingung betrifft ausschliesslich die Ausdehnung des Integrations-Intervalles von J. Ist x' die zunächst an x_0 gelegene Wurzel der Gleichung:

$$(\text{XXXVI.})\qquad \Delta(x, x_0) = \begin{vmatrix} \frac{\partial [y_1]}{\partial a_1}, & \dots, & \frac{\partial [y_1]}{\partial a_{2n}} \\ \cdot & \cdot & \cdot \\ \frac{\partial [y_n]}{\partial a_1}, & \dots, & \frac{\partial [y_n]}{\partial a_{2n}} \\ \frac{\partial [y_1]_0}{\partial a_1}, & \dots, & \frac{\partial [y_1]_0}{\partial a_{2n}} \\ \cdot & \cdot & \cdot \\ \frac{\partial [y_n]_0}{\partial a_1}, & \dots, & \frac{\partial [y_n]_0}{\partial a_{2n}} \end{vmatrix} = 0$$

$\left(\left[\frac{\partial y_h}{\partial a_i}\right]_0\right.$ bedeutet den Werth von $\left[\frac{\partial y_h}{\partial a_i}\right]$ für $\left. x = x_0\right)$, dann ist die gewünschte Bedingung: Die obere Grenze x_1 muss $< x'$ sein. In diesem Falle ergiebt sich ein passendes Werth-System für die Constanten auf folgende Weise. Man löse die Gleichungen (VIII.) $y_h = [y_h]$ und $v_h = \left[\frac{\partial \Omega}{\partial y'_h}\right]$ in Bezug auf die $2n$ Integrations-Constanten a, dann erscheint jede derselben als Function von y_h und v_h. Bildet man nun $\left[\frac{\partial a_i}{\partial v_\sigma}\right]$ und setzt in diesem Differentialquotienten $x = x_1 + \varepsilon$, wo $x_1 + \varepsilon < x'$, ε sonst aber beliebig ist, so liefern die $2n^2$ Gleichungen:

$$\gamma_i^{(\sigma)} = \left[\frac{\partial (a_i)}{\partial v_\sigma}\right]_{x = x_1 + \varepsilon}$$

Werthe für γ, die sowohl die Gleichungen (XXI.) als die obige Bedingung erfüllen. So kommt denn Verfasser zu dem Schlussatz:

„So lange die obere Grenze x_1 zwischen x_0 und der zunächst an x_0 gelegenen Wurzel x' der Grenzgleichung $\Delta(x, x_0)$ bleibt, wird das vorgelegte Integral für diejenigen Functionen y, welche die erste Variation verschwinden machen, stets ein Maximum oder Minimum, vorausgesetzt, dass die homogene Function

$$\sum_1^n{}_h \sum{}_i \left[\frac{\partial^2 \Omega}{\partial y'_h \partial y'_i}\right] U_h U_i,$$

deren n willkürliche Argumente U_h den m Bedingungsgleichungen $\sum_1^n{}_h \left[\frac{\partial \varphi_k}{\partial y'_h}\right] U_h = 0$ unterworfen sind, innerhalb dieser Grenzen ihr Zeichen nicht zu ändern vermag; dagegen findet im Allgemeinen weder ein Maximum noch ein Minimum statt, sobald $x_1 \gtreqless x'$ geworden ist".

Dabei ist zu bemerken, dass auch noch die Bedingungen 1 und 2 für die Gleichung (XXXII.) zu erfüllen bleiben, nothwendig wenigstens die erste, während die Bedingung der Endlichkeit von $\frac{\partial [y]}{\partial a}$ und $\frac{\partial [\lambda]}{\partial a}$ bei einer andern Schlussweise vielleicht entbehrlich erscheint. K.

Siebenter Abschnitt.

Capitel 1.

Allgemeines.

J. Pfeiffer. Die Elemente der algebraischen Analysis. Leipzig, Voss.

S. Réalis. Note sur le nombre *e*. Nouv. Ann. (2). VII. 16. 158.

In den beiden ersten Paragraphen dieser Abhandlung wird eine Reihe von Ungleichheiten bewiesen, welche auf die Zahl *e*, auf die trigonometrischen und hyperbolischen Functionen Bezug haben. Der letzte Paragraph enthält einige Anwendungen, z. B. auf die Grenzen der Summe der harmonischen Reihe, auf unendliche Producte und auf bestimmte Integrale. No.

Cayley. A „Smith's prize" Paper. Solution of the question 1. Messenger. IV. 201 u. 202.

Die allgemeine Form einer ganzen rationalen Function $\varphi(a, b, c, \ldots k)$, welche für alle Permutationen der Argumente nur zwei Werthe annimmt, ist $\varphi = L + V.M$, wo V das Product der Differenzen der Argumente, und L und M irgend welche symmetrischen Functionen aller Argumente bezeichnen.

M.

A. Lemonnier. Démonstration directe de la formule de Moivre, expressions de $\sin(a+b)$ et de $\cos(a+b)$. Nouv. Ann. (2). VII. 284 u. 285.

Ausgehend von den Eigenschaften der Moduln und Argumente imaginärer Ausdrücke entwickelt der Verfasser die Moivre'sche

Formel und leitet dann aus derselben die Formeln für $\sin(a+b)$ und $\cos(a+b)$ her. T.

SPINA. Sul numero dei valori delle funzioni algebriche razionali le quali contengono un dato numero di lettere. Atti Nuovi Lincei 1868.

J. MC. DOWELL. Solution of the question 2449. Educ. Times. IX. 34 u. 35.

Entwickelt man $\frac{f(x)}{F(x)}$, wo $f(x)$ und $F(x)$ quadratische Ausdrücke in x sind, nach Potenzen von x, so kann kein Glied der Entwicklung verschwinden, es sei denn $\log\frac{f(\alpha)}{f(\beta)}+\log\left(\frac{\alpha}{\beta}\right)$ eine positive ganze Zahl (α und β reelle und ungleiche Wurzeln von $F(x)$).

CASORATI. Un teorema fondamentale nella teoria delle discontinuitá delle funzioni. Rend. d. Ist. Lomb. (2). I. 123.

Synthetic evolution. Messenger. IV. 181-184.

Es wird gezeigt, wie aus dem einfachen Zusammenhange, der zwischen den Coefficienten einer Reihe und denen ihrer Wurzeln besteht, die Wurzeln abgeleitet werden können, und der binomische Lehrsatz für Bruchexponenten. No.

FELICE CASORATI. Teorica delle funzioni di variabili complesse. Vol. I. Pavia 1868.

Der Verfasser beginnt sein Lehrbuch mit einer methodisch geordneten Uebersicht über die Entwicklung der Theorie der complexen Grössen. Diese historische Einleitung, welche fast den dritten Theil des vorliegenden Bandes ausmacht, zerfällt in zwei Theile. Der erste, eine Geschichte der Theorie der elliptischen und Abel'schen Functionen, beginnt mit den Vorarbeiten des Maclaurin, d'Alembert, Fagnani, Euler, Lagrange und Landen, hebt dann die reformatorischen Bestrebungen Legendre's hervor und analysirt die von verschiedenen Ausgangspunkten fortschreitenden Arbeiten Jacobi's und Abel's, die durch Einführung des complexen Arguments die Theorie zu neuer Fruchtbarkeit brachten. Bei Besprechung der θ-Functionen werden auch die vorzüglichsten Arbeiten von Cauchy, Cayley, Eisenstein und Hermite über die elliptischen Functionen erwähnt. Hierauf wird Abel's bedeutendste Entdeckung, das nach ihm benannte Theorem, und seine Untersuchungen über die Integration algebraischer Differentiale erörtert. An letztere schliessen sich die verwandten Arbeiten von Legendre, Richelot, Aronhold, Brioschi, Weierstrass, Liouville und Tchébichef u. A. Zum Schluss giebt der Verfasser eine Geschichte der Abel'schen Functionen von Jacobi's Considerationes generales (Crelle J. IX) bis zu den neuesten Arbeiten über ihre Transformation.

Der zweite Theil der historischen Notizen behandelt die complexen Variabeln und die Functionen derselben. Hier nehmen natürlich die Arbeiten Cauchy's den ersten Rang ein. Nachdem Gauss als sein Vorläufer erwähnt ist, wird die Analyse algébrique und die grosse Zahl der Untersuchungen über die complexen Functionen, ihr Begriff und ihre Darstellung analysirt. In Cauchy's Arbeiten, meint der Verfasser, müsse man den Keim suchen für die späteren Methoden von Briot und Bouquet, von Weierstrass und Riemann, und sieht die genialen Entdeckungen Riemann's fast wie eine unvermeidliche Folge der Vertiefung in Cauchy's Ideen an. —

Wir haben bei der Besprechung der Einleitung des Buches länger verweilt, weil eine historische Uebersicht über diesen Zweig der Analyse bisher in gleicher Ausführlichkeit noch nicht gegeben wurde. Was den zweiten Theil des vorliegenden Bandes, die eigentliche Theorie, betrifft, so können wir uns mit einer Uebersicht seines Inhaltes begnügen. Er zerfällt in 4 Abschnitte. Der erste Abschnitt behandelt die arithmetischen Operationen, die Erweiterung des Begriffes der Zahl und den Begriff der Stetigkeit, giebt die geometrische Darstellung der Zahlen und die den arithmetischen Operationen entsprechenden Constructionen und schliesst mit den Functionen e^z und lz. Der zweite Abschnitt ist dem Begriff der Function gewidmet; es folgen aufeinander reelle Functionen einer reellen Variabeln, reelle Functionen mehrerer reeller Variabeln, complexe Functionen reeller Variabeln und

Functionen einer complexen Variabeln (Cauchy und Riemann). Geometrische Interpretationen, welche aus dem allgemeinen Functionsbegriffe folgen, werden allgemein wie auch an speciellen Beispielen erläutert. Im dritten Abschnitt findet sich eine Uebersicht über die gebräuchlichen Classificationen der Functionen, eine Theorie der Reihen und der unendlichen Producte und der Integrale längs geschlossener Linien. Der letzte Abschnitt endlich behandelt das Verhalten der monodromen Functionen in der Nähe der verschiedenen Werthe der Variabeln. M.

C. M. Piuma. Teorica delle funzioni di variabili complesse esposta dal Dott. Felice Casorati. Boncompagni Bull. I. 167-172.

Der Verfasser hebt die Bedeutung des Werkes von Casorati für die mathematische Literatur in Italien hervor und giebt dann eine Analyse desselben. M.

Cremona. Sull opera del Prof. Casorati: „Teorica delle funzioni di variabili complesse". Rend d. Ist. Lomb. (2) I. 420.

A. S. Guldberg. De omvendte Functioner anvendte paa Theorien for algebraesk Ligninger. Nyt. Mag. XV. 135.

T. N. Thiele. En Fundamentalligning. Tychsen Tidsskr. (2). IV. 109-112. (Vgl. p. 129 Kritik und p. 180 Erwiderung.)

Die Aufgabe ist, die zwei Functionen φ, ψ zweier Variabeln aus folgenden zwei Gleichungen zwischen vier unabhängigen Variabeln p, q, r, s zu finden:

$$\varphi\{pr+q\varphi(r,s), ps+q\psi(r,s)\} = \varphi(p,q).r+\psi(p,q)\varphi(r,s),$$
$$\psi\{pr+q\varphi(r,s), ps+q\psi(r,s)\} = \varphi(p,q).s+\psi(p,q)\psi(r,s).$$

Durch Elimination zwischen den acht partiellen Derivirten erster Ordnung ergiebt sich die Gleichung:

$$\frac{\partial\varphi(p,q)}{\partial p}+\frac{\partial\psi(p,q)}{\partial q}$$
$$=\frac{2p\varphi(p,q)+C\{p\psi(p,q)+q\varphi(p,q)\}+2C'q\psi(p,q)}{p^2+Cpq+C'q^2},$$

wo

$$C = \frac{\partial\varphi(r,s)}{\partial r} + \frac{\partial\psi(r,s)}{\partial s}$$

$$C' = \frac{\partial\varphi(r,s)}{\partial r}\frac{\partial\psi(r,s)}{\partial s} - \frac{\partial\varphi(r,s)}{\partial s}\frac{\partial\psi(r,s)}{\partial r}$$

gesetzt ist. Sie lässt sich nur durch constante C, C' erfüllen, wofern nicht φ und ψ gleichzeitig Functionen einer Variabeln werden sollen H.

A. Steen. Om Integration af Differentialligninger, der före til Additionstheoremer for transcendente Functioner. Skrift. Kopenh. I. Afd. 8.

A. Pioch. Mémoire sur les fonctions arbitraires. Bruxelles

Riemann. Ueber die Darstellbarkeit einer Function durch eine trigonometrische Reihe. Aus dem Nachlass des Verfassers mitgetheilt durch Dedekind. Gött. Abh. 1868.

Der Aufsatz besteht aus drei Theilen, von denen der erste die Geschichte der Frage seit ihrem ersten gelegentlichen Auftauchen bei der Untersuchung schwingender Saiten in der Mitte des vorigen Jahrhunderts bis auf Dirichlet in einer überaus klaren, die einzelnen Phasen hell beleuchtenden Weise vorführt.

Wir entnehmen aus ihm die Titel der einschlagenden Schriften:

D'Alembert: Mémoires de l'académie de Berlin, 1747, pag. 214 u. pag. 220.
— Ibid. 1750, pag. 358.
— Opuscules mathématiques. Tome I. 1761.

Euler: Mémoires de l'acad. de Berlin, 1748, pag. 69.
— Ibid. 1753, pag. 196.

Daniel Bernoulli: Ibid. 1753, pag. 147.

Taylor: De methodo incrementorum.

Lagrange: Miscellanea Taurinensia. Tom. I. Recherches sur la nature et la propagation du son.
— Ibid. Tom. II, Pars math. pag. 18.
— Ibid. Tom. III, Pars math. pag. 221.

Fourier: Bulletin des sciences p. la soc. philomatique Tome I. p. 112.
Cauchy: Mémoires de l'ac. d. sc. de Paris. Tome VI. p. 603.
Dirichlet: Crelle Journ. für Math. IV. p. 157.
Dirksen: Ibid. IV. p. 170.
Bessel: Schumachers Astron. Nachr. XVI. p. 229.

Der Stand, auf dem Dirichlet die Frage nach der Darstellbarkeit der Functionen durch die trigonometrische Reihe vor Riemann verlassen hat, ist folgender:

Durch eine trigonometrische Reihe ist jede sich nach dem Intervall 2π periodisch wiederholende Function darstellbar, welche

1) durchgehends eine Integration zulässt
2) nicht unendlich viele Maxima und Minima hat, und
3) wo ihr Werth sich sprungweise ändert, den Mittelwerth zwischen den beiderseitigen Grenzwerthen annimmt.

Die hier unter No. 1) aufgeführte Bedingung veranlasst Riemann zu der Untersuchung der Integrirbarkeit einer Function im zweiten Theil seiner Arbeit. Er findet:

„Damit die Function $f(z)$ zwischen den Grenzen a und b integrirbar sei, ist es nöthig und ausreichend, dass die Gesammtgrösse der Intervalle, in denen die Schwankungen von $f(x_\mu + \varepsilon_\mu \delta_\mu)$, $(0 \overline{\overline{<}} \varepsilon_\mu \overline{\overline{<}} 1)$ grösser als σ sind, in der Summe

$$S = \delta_1 f(a + \varepsilon_1 \delta_1) + \delta_2 f(a + \varepsilon_2 \delta_2) + \cdots + \delta_n f(a + \varepsilon_n \delta_n)$$

durch geeignete Wahl der δ beliebig klein gemacht werden kann, was auch σ sei".

Gewissermassen als Beispiel für diesen Satz giebt er ferner eine Function an, welche, obgleich sie bei jedem rationalen Werth der Veränderlichen mit gradem Nenner springt, doch integrirbar ist, und entwickelt Kriterien der Endlichkeit eines Integrals, dessen Derivirte unendlich wird. — Da er, in Absicht auf seinen Zweck, hierbei nur reelle Functionen berücksichtigt, so mag es erlaubt sein, zu erwähnen, dass der Refer. in einer etwas früher veröffentlichten Arbeit zu Resultaten für complexe Functionen gelangt ist, welche die Riemann'schen einschliessen und noch in manchen Fällen, in denen die reelle Function unendlich viele Maxima und Minima hat, eine Entscheidung zulassen, in welchen Riemann von einer solchen absehn zu müssen glaubt.

Der dritte Theil des Riemann'schen Aufsatzes stellt sich sein Thema in folgender Weise: „Während . . . die bisherigen Arbeiten zeigten: wenn eine Function diese und jene Eigenschaften hat, so ist sie durch die Fourier'sche Reihe darstellbar; müssen wir von der umgekehrten Frage ausgehen: Wenn eine Function durch eine trigonometrische Reihe darstellbar ist, was folgt daraus über den Gang, über die Aenderung ihres Werthes bei stetiger Aenderung des Arguments?"

Zur Grundlage dienen ihm folgende drei Sätze:

1) Falls die Reihe

$$\Omega = A_0 + A_1 + A_2 + \cdots,$$

in welcher

$$A_n = a_n \sin nx + b_n \cos nx$$

bedeutet, zu einem Werthe $f(x)$ convergirt, so convergirt der Ausdruck

$$\frac{F(x+\alpha+\beta) - F(x+\alpha-\beta) - F(x-\alpha+\beta) + F(x-\alpha-\beta)}{4\alpha\beta},$$

in welchem

$$F(x) = C + C'x + A_0 \frac{x^2}{2} - A_1 - \frac{A_2}{4} - \frac{A_3}{9} - \cdots$$

bedeutet, zn demselben Werth, wie die Reihe, falls α und β so unendlich klein werden, dass ihr Verhältniss endlich bleibt.

2) $$\frac{F(x+2\alpha) + F(x-2\alpha) - 2F(x)}{2\alpha}$$

wird stets mit α unendlich klein.

3) Bezeichnet man durch b und c zwei beliebige Constanten, die grössere durch c, und durch $\lambda(x)$ eine Function, welche nebst ihrem ersten Differentialquotienten zwischen b und c immer stetig ist und an den Grenzen gleich Null wird, und von welcher der zweite Differentialquotient nicht unendlich viele Maxima und Minima hat, so wird das Integral

$$\mu^2 \int_b^c F(x) \cos \mu (x-a) \lambda(x)\, dx$$

wenn μ ins Unendliche wächst, zuletzt kleiner als jede gegebene Grösse".

Auf Grundlage dieser Sätze werden die beiden Fälle untersucht, wenn die Coefficienten der Reihe Ω für alle Werthe von

x schliesslich unendlich klein werden, oder wenn dies bloss für besondere Werthe von x geschieht.

Offen bleibt die Frage für Functionen, welche unendlich viele Maxima und Minima haben. Zum Schluss zeigt der Verfasser, dass solche Functionen integrirbar sein können, ohne die Entwicklung nach der Fourier'schen Reihe zu gestatten.

Wy.

Capitel 2.

Besondere Function.

KOENIGSBERGER. Die Transformation, die Multiplication, und die Modulargleichungen der elliptischen Functionen. Leipzig, Teubner.

Das Buch ist bestimmt, diese in den meisten Lehrbüchern nicht mit der erforderlichen Ausführlichkeit behandelten Theorien in ihrem Zusammenhange und nach bequemen Methoden zu geben. Den grössten Theil des Werkes nimmt die Lehre von der Transformation ein, und wird zunächst das allgemeine algebraische Transformationsproblem beliebiger elliptischer Integrale auf die rationale Transformation elliptischer Integrale erster Ordnung reducirt. Diese letztere Aufgabe wird dann auf die Transformation der ϑ-Functionen zurückgeführt, welche als die Aufgabe definirt wird, das Product einer in v quadratischen Exponentialgrösse in die ϑ-Function mit dem Argumente v' und dem Modul τ (d. h. das transformirte ϑ) als ganze und homogene Function des ursprünglichen ϑ mit Argument v und Modul τ auszudrücken. Es folgt dann die lineare Transformation der ϑ, und die Reduction derselben auf 6 Normalfälle.

In die rationale Transformation n^{ten} Grades eingehend, stellt der Verfasser zunächst die Klassen der zugehörigen Transformationen, d. h. derjenigen, die nicht durch eine lineare Transformation in eine andere übergehen, fest, und zeigt dass jedem n eine endliche Anzahl von Klassen entspreche, für deren jede ein Repräsentant gefunden wird. Um die Transformationsformeln n^{ten} Grades der ϑ-Functionen selbst zu gewinnen, bedient sich der Verfasser der bekannten Hermite'schen Reihen mit unbestimmten Coefficienten:

$$\Pi(x) = \Sigma a_m q^{\frac{m^2}{n}} e^{\frac{2mi\pi x}{a}}$$

wo $a_{m+n} = a_m$ zu nehmen ist. Da sich vermöge der Fundamentaleigenschaften dieser Reihe sowohl die Potenzen der ursprünglichen ϑ bis zur $n-1^{\text{ten}}$ als auch das transformirte ϑ ausdrücken lassen, wenn man die a angemessen bestimmt, so ist man auch durch Elimination unmittelbar im Stande, das letztere linear durch die $n-1$ ersten Potenzen des ursprünglichen ϑ auszudrücken, und kommt es dann nur auf die Bestimmung der constanten Factoren dieser Potenzen an, welche durch Betrachtung der Werthe, wo ϑ verschwindet, gelingt. Diesen Betrachtungen folgt eine vollständige Entwicklung zunächst der Formeln für die quadratische und dann für die allgemeine Transformation in sehr ausführlicher Weise, endlich werden für das allgemeine Transformationsproblem beliebiger elliptischer Integrale im Zurückschreiten des zu Anfang eingeschlagenen Weges die nöthigen Formeln gewonnen.

Der Verfasser geht dann zum Multiplicationsproblem über, bei welchem er die Formeln nach den bekannten 2 Methoden, entwickelt, der Abel'schen, welche die Multiplication als eine wiederholte Addition auffasst, daher des Additionstheorems sich bedient, und der Jakobi'schen, welche sie in unmittelbarem Anschlusse an die Transformationslehre als eine doppelte Transformation betrachtet, welche zu dem ursprünglichen Integralmodul zurückführt. Schliesslich wird noch der Fall erörtert, in welchem eine complexe Multiplication möglich ist, auf die Untersuchung der zugehörigen Integralmoduln aber nicht weiter eingegangen.

Den letzten Gegenstand der Untersuchungen, die Modulargleichungen, definirt der Verfasser, als solche, deren Lösungen die vierten Wurzeln der zu den sämmtlichen Repräsentanten der nicht äquivalenten Klassen gehörigen Integralmoduln sind, und deren Coefficienten ganze rationale Functionen der 4ten Wurzeln aus dem vorgelegten Integralmodul darstellen. Es wird zunächst nachgewiesen, dass eine solche Gleichung vom $n+1^{\text{ten}}$ Grade immer existirt, wenn n eine Primzahl ist, und hieraus ergiebt sich dann der Beweis von der Existenz einer Modulargleichung für jedes gerade n, welches keinen quadratischen Theiler enthält. Nach einigen vorausgeschickten Sätzen über die Eigenschaften der Modulargleichungen folgt die Entwicklung für den angegebenen allgemeinen Fall, welcher sich der Beweis der Irreductibilität dieser Gleichung nach einer von Kronecker angedeuteten Methode anschliesst. Die Entwicklung einer Differentialgleichung 3ter Ordnung zwischen den transformirten Integralmoduln macht den Schluss des Werkes. Ni.

Allégret. Note relative à l'intégration d'une équation différentielle remarquable. C. R. LXVI. 1144-1146.

J. A. Serret. Remarques sur la Note de M. Allégret sur l'intégration d'une équation remarquable. C. R. LXVI. 1174.

Liouville. Observations relatives à la Note de M. Allégret. C. R. LXVI. 1174 u. 1175.

A. Picart. Note relative à l'integration d'une équation différentielle remarquable, en réponse à la Note de M. Allégret. C. R. LXVI. 1192-1194.

Allégret giebt in seiner Note, nachdem er die Lagrange'sche Methode der Integration der Euler'schen Differentialgleichung

$$\frac{dx}{\sqrt{A+Bx+Cx^2+Dx^3+Ex^4}} \pm \frac{dy}{\sqrt{A+By+Cy^2+Dy^3+Ey^4}} = 0$$

recapitulirt hat, die algebraische Lösung der Differentialgleichung

$$\frac{dx}{\sqrt[3]{(A+Bx+Cx^2+Dx^3)^2}} + \frac{dy}{\sqrt[3]{(A+By+Cy^2+Dy^3)^2}} = 0$$

und glaubt dadurch gewisse neue Transcendenten entdeckt zu haben, die eine grosse Analogie mit den elliptischen Transcendenten der ersten Gattung besitzen. Die letzte Differentialgleichung lässt sich aber, wie Serret und Liouville bemerken, sehr leicht durch algebraische Substitution auf die Euler'sche Differentialgleichung zurückführen. Diese Transformation wird von Picart wirklich ausgeführt. M.

Hermite. Sur le développement en série des intègrales elliptiques de première et de seconde espèce. Brioschi Ann. (2) II. 97 u. 98.

Der Verfasser setzt

$$\int_0^x \frac{dx}{\sqrt{(1-x^2)(1-k^2x^2)}} = \sqrt{(1-x^2)(1-k^2x^2)}\,\Sigma\alpha_n x^{2n+1}$$

$$\int_0^x \frac{k^2x^2\,dx}{\sqrt{(1-x^2)(1-k^2x^2)}} = \sqrt{(1-x^2)(1-k^2x^2)}\,\Sigma\beta_n x^{2n+1},$$

anstatt die Integrale nach steigenden Potenzen von x zu entwickeln.

Für α_n und β_n ergeben sich ganze rationale Polynome des Moduls, von denen einige Eigenschaften nachgewiesen werden.

M.

C. Jordan. Note sur les équations modulaires. C. R. LXVI. 308-312.

Galois hat zuerst bemerkt, und nach ihm haben es Hermite und Betti gefunden, dass der Grad der Modulargleichung für die Transformation p^{ten} Grades der elliptischen Functionen, (der allgemein — wenn p eine Primzahl ist — vom Grade $p+1$ ist,) in den besonderen Fällen $p=5$, 7 und 11 sich auf den p^{ten} Grad erniedrigt. Herr Jordan beweist nun den ebenfalls von Galois ohne Beweis gegebenen Satz, dass für $p>11$ der Grad der Modulargleichung nicht erniedrigt werden kann. M.

A. Winckler. Ueber die vollständigen Abel'schen Integrale. Wien. Ber. LVIII. 976-1014.

In der Abhandlung „De functionibus duarum variabilium quadrupliciter periodicis (Crelle XIII. 55)" hat Jacobi auf 2 verschiedenen Wegen die folgenden beiden Relationen zwischen den vollständigen Abel'schen Integralen hergeleitet:

$$\int_{-\infty}^{0} \frac{f(x)}{\sqrt{-X}} dx = \int_{a_1}^{a_2} \frac{f(x)}{\sqrt{-X}} dx - \int_{a_3}^{a_4} \frac{f(x)}{\sqrt{-X}} dx + \cdots$$
$$+ (-1)^{n-1} \int_{a_{2n-1}}^{a_{2n}} \frac{f(x)}{\sqrt{-X}} dx,$$

$$(-1)^{n-1} \int_{a_{2n}}^{+\infty} \frac{f(x)}{\sqrt{X}} dx = \int_{0}^{a_1} \frac{f(x)}{\sqrt{X}} dx - \int_{a_2}^{a_3} \frac{f(x)}{\sqrt{X}} dx + \cdots$$
$$+ (-1)^{n-1} \int_{a_{2n-2}}^{a_{2n-1}} \frac{f(x)}{\sqrt{X}} dx.$$

Herr Winckler giebt für diese Relationen einen dritten ebenfalls rein analytischen Beweis. Er geht aus von der Gleichung

$$\varrho \sin^2 \tau = \frac{f(t)}{(t+x_1)(t+x_2)\ldots(t+x_n)}, \quad \text{wo } \cot\tau = +\sqrt{t}$$

und $f(t)$ eine den $(n-1)^{\text{ten}}$ Grad nicht übersteigende ganze rationale Function von t bezeichnet, setzt hier $x_n = a_{2n-1}\cos^2\varphi_n + a_{2n}\sin\varphi_n$ und vergleicht die beiden Darstellungen, welche das nach τ und $\varphi_1, \varphi_2, \ldots \varphi_n$ zwischen 0 und $\frac{\pi}{2}$ genommene Integral des Bruches ϱ zulässt, mit einander, woraus für $X = x(a_1 - x)(a_2 - x)\ldots(a_n - x)$ die erste der obigen Relationen entspringt. Durch die Substitution $x_\nu = (a_{2n} - a_{2n-2\nu-1})\cos^2\varphi_\nu + (a_{2n} - a_{2n-2\nu})\sin^2\varphi_\nu$ in ϱ erhält man aus ihr die zweite Relation.

Entsprechende Beziehungen lassen sich leicht zwischen den Integralen herleiten, in denen X den Factor x nicht enthält. Bei Betrachtung der speciellen Fälle $n = 2$, $n = 3$ wird ein Fehler in den Gleichungen nachgewiesen, die Rosenhain (Crelle XI. 332 und Mém prés. de Paris XI. 1851. 440) gegeben. Hierauf wird das Vorige erweitert für:

$$\varrho \sin^2 \tau = \frac{f(t)}{\Pi(t+x_n).\Pi(t+x_s)}.$$

Der vom Verfasser eingeschlagene, mehr elementare Weg findet auch Anwendung auf andere Transcendente, wie an einem Falle gezeigt wird, in dem für ϱ die Gleichung

$$\Pi(l_m - y_m).\varrho \sin^2\tau = \frac{f(t)\,\Pi(t+l_m)}{\Pi(t+x_m)\,\Pi(t+y_m)}$$

zu Grunde gelegt wird. Die gewonnenen Resultate führen u. A. zu einer beträchtlichen Erweiterung der von W. Roberts (Liouville J. (1). XI) gegebenen Formel

$$\int_0^{\frac{\pi}{2}} \frac{\log \sin \varphi}{\sqrt{1-k^2 \sin^2 \varphi}} d\varphi = \tfrac{1}{2} K \log \frac{1}{k} - \frac{\pi}{4} K,$$

mit deren Hülfe sich die vollständigen elliptischen Integrale erster und zweiter Gattung nach Potenzen von k' entwickeln lassen.

M.

Michael Roberts. Sur l'application du théorème d'Abel à la comparaison des arcs des lignes de courbure d'un ellipsoide. Brioschi Ann. (2). II. 19 u. 20.

Der Verfasser hat schon früher im Liouville'schen Journal die bekannte Analogie zwischen den Bogen einer ebenen Ellipse und den Krümmungslinien eines Ellipsoids verfolgt und verschiedene, auf die Ellipse bezügliche Sätze für die angeführten Krümmungslinien erweitert. Die hier gegebene Arbeit giebt davon ein neues Beispiel. Es handelt sich in derselben nämlich um die geometrische Deutung, welche man bekanntlich dem Additionstheorem für die elliptischen Functionen zweiter Gattung in Bezug auf die Bogen der Ellipse geben kann. Eine entsprechende geometrische Betrachtung ist hier an die Abel'schen Functionen erster Klasse zweiter Gattung in Bezug auf die Krümmungsbogen des Ellipsoids geknüpft.

Ni.

C. Neumann. Theorie der Bessel'schen Functionen. — Ein Analogon zur Theorie der Kugelfunctionen. Leipzig.

Lommel. Studien über die Bessel'schen Functionen. Leipzig.

Die beiden uns vorliegenden Abhandlungen schliessen mit der folgenden Heines die Reihe der Untersuchungen ab, welche bisher über die Bessel'schen Functionen veröffentlicht sind, und bringen die Reichhaltigkeit ihrer Beziehungen unter sich und zu andern Functionen auf eine solche Höhe, dass Lommel wohl nicht Unrecht haben dürfte, wenn er in seinem Vorwort sagt: „Diese Transcendenten, theoretisch äusserst interessant, scheinen berufen, auch in den Anwendungen des Calculs eine immer wichtigere Rolle zu spielen; ja es dürfte kaum zu gewagt erscheinen, denselben in dieser Hinsicht gleich nach den goniometrischen Functionen ihren Platz anzuweisen." — In Absicht auf solche Anwendungen hat er denn auch die von Hansen berechneten Tafeln seiner Abhandlung angehängt.

Zur Orientirung über die frühere Literatur geben wir das von Neumann aufgestellte Verzeichniss wieder:

„Fourier: Théorie de la chaleur. S. 369. (1822).

Poisson: Sur la distribution de la chaleur dans les corps solides. (J. de l'Ec. Polyt., Cah. 19. S. 349. (1822).)

Bessel: Untersuchung des Theils der planetarischen Störungen, welcher aus der Bewegung der Sonne entsteht. (Berl. Abh. (1824)).

Jacobi: Formula transformationis integralium definitorum. (Crelle J. XV. S. 13. (1836).)

Hansen: Ermittlung der absoluten Störungen in Ellipsen von beliebiger Excentricität und Neigung. Erster Theil (Schriften der Sternwarte Seeburg. Gotha, 1834.)

Anger: Untersuchungen über die Function J_k^h, mit Anwendung auf das Kepler'sche Problem. (Danzig, 1855.)

Schlömilch: Über die Bessel'sche Function. (Schlömilch Z. II. S. 137. (1857).)

Lipschitz: Über die Bessel'sche Transcendente J. (Borchardt J. LVI. S. 189. (1859).)

C. Neumann: Über die Theorie der Wärme und Electricität. (Borchardt J. LXII. S. 42. (1863).)"

Was nun die in der Ueberschrift genannten Abhandlungen von Neumann und von Lommel betrifft, so ist in der Grundlage ihrer Untersuchungen kein wesentlicher Unterschied zu finden, in so fern beide die Function J durch ein bestimmtes Integral definiren, welches bei Neumann

$$J^n(z) = \frac{1}{\pi}\int_0^\pi \cos(z\sin\omega - n\omega)\,d\omega$$

$$= \frac{z^n}{1.3.5\ldots(2n-1)}\cdot\frac{1}{\pi}\int_0^\pi \cos(z\cos\omega)\sin^{2n}\omega\,d\omega,$$

und bei Lommel

$$J^{\nu}(z) = \frac{1}{\sqrt{\pi}} \cdot \frac{z_{\nu}}{2^{\nu}\Gamma(\nu+\frac{1}{2})} \int_0^{\pi} \cos(z\cos\omega)\sin^{2\nu}\omega\, d\omega$$

lautet. Das letztere geht offenbar für ein ganzes positives ν in das erstere über, kennzeichnet aber von vorn herein die Absicht Lommels, für den Parameter ν jeden reellen Werth zu gestatten, während Neumannn keine anderen, als ganze positive Parameter in Aussicht nimmt.

Die Stellung beider Auctoren zum Gegenstande der Untersuchung ist also zunächst diese, dass Neumann an dem von Bessel gegebenen Ausdrucke stricte festhält, während Lommel ein grösseres Terrain zu gewinnen sucht.

Eine weitere Uebereinstimmung beider besteht ferner darin, dass sie die Bessel'sche Differentialgleichung

$$\frac{d^2F}{dz^2} + \frac{1}{z}\frac{dF}{dz} + \left(1 - \frac{\nu^2}{z^2}\right)F = 0,$$

welcher die obigen Integrale genügen, im Grunde nur gelegentlich berücksichtigen, obschon sich ihre Bedeutung bei Lommel so weit gesteigert hat, dass er mit dem Namen einer Bessel'schen Function zweiter Art nicht die von Neumann gewählte Function O, sondern die Function Y belegen zu müssen glaubt, welche bei einem ganzen ν als ein zweites partikuläres Integral jener Gleichung auftritt.

Die beiden partikulären Integrale derselben zur Definition für die beiden Bessel'schen Functionen zu wählen, ist für Neumann augenscheinlich deshalb ein fernliegender Gedanke, weil ihn als Hauptresultat seiner Arbeit vornehmlich der Satz interessirt, dass jede Function, welche in einem um $z = 0$ gezogenen Kreise synektisch ist, innerhalb desselben durch die Reihe

$$f(t) = \sum_{n=0}^{n=\infty} J^n(t) \cdot \frac{\varepsilon_n}{2\pi i}\int f(z) O^n(z)\, dz$$

dargestellt wird ($\varepsilon_0 = 1$, $\varepsilon_1 = \varepsilon_2 = \varepsilon_3 = \ldots = 2$), welche auch nach t differentiirt werden darf. In diesem Satze nämlich, welcher darauf basirt, dass

$$\frac{1}{y-x} = \sum_{n=0}^{n=\infty} \varepsilon_n J^n(x) O^n(y) \quad \text{für mod.}\, y > \text{mod.}\, x$$

ist, springt die Analogie mit dem Heine'schen Satze über die Entwicklung nach Kugelfunctionen, durch welche ausgedrückt

$$\frac{1}{y-x} = \sum_{n=0}^{n=\infty} (2n+1) P^n(x) Q^n(y)$$

ist, zu sehr hervor, um es dem Entdecker verargen zu können, dass er bei der Wahl der Nomenclatur vielmehr diese Analogie, als die eigenthümliche Natur der Function J im Auge hat. Die von ihm aus diesem Beweggrunde als Bessel'sche Function zweiter Art bezeichnete Function ist eine rationale algebraische $(n+1)^{\text{ten}}$ Grades von $\frac{1}{z}$ und wird definirt durch die endliche Reihe

$$O^n(z) = \frac{1}{z}\left[1 + \frac{n^2}{z^2} + \frac{n^2(n^2-2^2)}{z^4} + \frac{n^2(n^2-2^2)(n^2-4^2)}{z^6} + \cdots\right]$$

für ein grades n, und durch

$$O^n(z) =$$
$$\frac{n}{z^2}\left[1 + \frac{n^2-1^2}{z^2} + \frac{(n^2-1^2)(n^2-3^2)}{z^4} + \frac{(n^2-1^2)(n^2-3^2)(n^2-5^2)}{z^6} + \cdots\right]$$

für ein ungrades n; sie genügt der Differentialgleichung

$$\frac{d^2F}{dz^2} + \frac{3}{z}\frac{dF}{dz} + \left(1 - \frac{n^2-1}{z^2}\right)F = g_n,$$

wo

$$g_{2m} = \frac{1}{z}, \quad g_{2m+1} = \frac{2m+1}{z^2}$$

genommen werden muss, und hat demnach in mancher Beziehung einen bei graden und ungraden n verschiedenen Charakter.

Im weiteren Verlauf der Abhandlung folgt ausser Relationen zwischen den Bessel'schen Functionen die vollständige Integration der Bessel'schen Differentialgleichung und Untersuchungen über die Gleichung

$$\frac{\partial^2 U}{\partial x^2} + \frac{\partial^2 U}{\partial y^2} \pm k^2 U = 0,$$

welche u. A. zu folgenden Resultaten führen:

„Setzt man

$$R = \sqrt{(x-x_1)^2 + (y-y_1)^2},$$

wo die x und die y reell sein sollen, so genügen $J^0(R)$ und $Y^0(R)$ der Differentialgleichung

$$\frac{\partial^2 U}{\partial x^2} + \frac{\partial^2 U}{\partial y^2} + U = 0.\text{“} \quad (\text{§. } 22.)$$

„Für eine beliebig gegebene Elementarfläche existirt immer eine Function U, welche sammt ihren ersten Ableitungen

$$\frac{\partial U}{\partial x}, \quad \frac{\partial U}{\partial y}$$

innerhalb der Fläche stetig ist, welche ferner innerhalb der Fläche der Differentialgleichung

$$\frac{\partial^2 U}{\partial x^2} + \frac{\partial^2 U}{\partial y^2} - k^2 U = 0$$

Genüge leistet, und welche endlich am Rande der Fläche beliebig vorgeschriebene Werthe besitzt". (§. 24.) — In einer Anmerkung wird hierzu bemerkt, dass ein analoger Satz bei dem entgegengesetzten Vorzeichen von k^2 nicht zu existiren scheine.

Wenden wir uns jetzt im Speziellen zur Abhandlung Lommels, so tritt uns wegen des in ihr eingenommenen, oben von uns angedeuteten Standpunktes die Frage entgegen, welcher Anlass die Definition der Functionen J und Y direct durch die Bessel'sche Differentialgleichung verhindert und dafür diejenige durch das bestimmte Integral gefordert haben mag, d. i. eine Definition, welche manche Unbequemlichkeit und Weitschweifigkeit in den Deductionen zur Folge hat, einfache Erscheinungsformen der Bessel'schen Differentialgleichung als überraschende Relationen zwischen den J und den Y mit verschiedenem Parameter auftreten lässt, die Nichtbeachtung der complexen Parameter ν veranlasst, endlich nur für die negativen ν gilt, welche zwischen 0 und $-\frac{1}{2}$ liegen, so dass für die übrigen eine neue Definition ersonnen werden muss (§ 4), welche auf dem Postulat der Allgemeinheit der Relationen beruht, ähnlich wie die Definition der positiven und negativen oder der complexen Grössen in der Arithmetik.

Die Antwort auf diese Frage scheint uns dadurch gegeben, dass die benutzte Form der Bessel'schen Differentialgleichung, in welcher der Parameter nur im Quadrat vorkommt, eine Unterscheidung des positiven vom negativen ν als paradox erscheinen lässt, und dass eine andere Form, auf welche die von Lommel zur allgemeinen Definition der J als Fundamentalrelationen benutzten Gleichungen übrigens unmittelbar hinweisen, für diesen Zweck nicht gesucht wurde.

Substituirt man nämlich

$$z = z_1^{\frac{1}{2}}, \quad F = z^{\nu} F_1^{(\nu)} = z_1^{\frac{\nu}{2}} F_1^{(\nu)},$$

so nimmt die Bessel'sche Differentialgleichung folgende Gestalt an:

$$4z_1 \frac{d^2 F_1^{(\nu)}}{dz_1^2} + 4(\nu+1)\frac{dF_1^{(\nu)}}{dz_1} + F_1^{(\nu)} = 0,$$

welche vor der andern nicht bloss den Vorzug grösserer Einfachheit besitzt, sondern auch den, dass sich gleiche Werthe des allgemeinen oder der partikulären Integrale bei verschiedenen ν nicht mehr vermuthen lassen.

Vor allen Dingen aber ergeben sich die wichtigsten Relationen zwischen den allgemeinen oder partikulären Integralen der Gleichung ohne Weiteres. Denn differentiirt man von Neuem, so folgt:

$$4z_1 \frac{d^3 F_1^{(\nu)}}{dz_1^3} + 4(\nu+2)\frac{d^2 F_1^{(\nu)}}{dz_1^2} + \frac{dF_1^{(\nu)}}{dz_1} = 0,$$

was die wichtige Gleichung

$$\frac{dF_1^{(\nu)}}{dz_1} = \text{const.}\, F_1^{(\nu+1)},$$

oder wenn man dem Gebrauche gemäss die willkürliche Constante $= -\frac{1}{2}$ setzt, die Gleichung

$$\frac{dF_1^{(\nu)}}{dz_1} = -\tfrac{1}{2} F_1^{(\nu+1)}$$

verificirt. Diese hat in Verbindung mit der ersteren sofort

$$z_1 F_1^{(\nu+2)} - 2(\nu+1) F_1^{(\nu+1)} + F_1^{(\nu)} = 0$$

zur Folge, d. i. die Gleichung, welche auf dem andern Wege durch mühsame Betrachtungen, theils als eine Merkwürdigkeit errungen, theils auch nur als Postulat den weiteren Ableitungen zu Grunde gelegt ist.

Nachdem hierdurch die Quelle der Bedeutung von F_1 für die Theorie der Bessel'schen Functionen ans Licht gezogen ist, welche in den Resultaten Lommel's überall hervortritt, sind wir durch die Zwecke unserer Besprechung verhindert, die Einfachheit der aus der transformirten Gleichung für F_1 zu ziehenden Consequenzen an dieser Stelle auszuwerthen. Wir können uns aber nicht versagen, darauf hinzuweisen, dass die Berücksichtigung der complexen Werthe von ν offenbar keine neuen Schwierigkeiten schafft, dass die Entwicklung der Reihen und der Kettenbrüche durch die transformirte Differentialgleichung unmittelbar gegeben ist, und dass aus der letzteren alle Singularitäten von F sofort hervorspringen, auch wenn man die einschlagenden allgemeineren Sätze von Weierstrass und Pochhammer nicht berücksichtigen will.

Was die von Lommel ausgeführten Relationen und Entwicklungen selbst betrifft, so ist die Fülle derselben so gross, dass ihre Aufzählung mehr Raum wegnehmen würde, als uns zu Gebote steht. Wir müssen dieserhalb vornehmlich auf das Werk selbst verweisen. — Da der Verfasser ausdrücklich auf die Aufstellung einer vollständigen Theorie verzichtet, so kann es übrigens nicht missdeutet werden, wenn wir die Beurtheilung des Restes der Reihen bei complexen Werthen der Veränderlichen als eine noch zu lösende Aufgabe bezeichnen und den Beweis, dass $J^{(\nu)} = 0$ nur reelle Wurzeln habe (§. 18.), für der Vervollkommnung bedürftig halten.

Wie Neumann die Entwicklung einer beliebigen Function nach den J gelehrt hat, so beweist Lommel den folgenden Satz, welchen er nach Fourier benennt, als von diesem für $m = 0$ zuerst aufgestellt:

„Bezeichnet man die positiven Wurzelwerthe der Gleichung $z^{-m} J^m(z) = 0$ ihrer Grösse nach geordnet mit $\theta_0, \theta_1, \theta_2, \ldots \theta_p, \ldots$, so kann jede innerhalb der Grenzen 0 bis 1 beliebig gegebene Function $f(x)$ in eine nach $(\theta_p x)^{-m} J^m(\theta_p x)$ fortschreitende Reihe entwickelt werden.“

und ferner die Erweiterung eines von Schlömilch (Schlömilch Z. II. S. 155.) aufgefundenen Satzes:

„Die beliebige Function $\varphi(x)$ kann unter der Bedingung $\pi \geqq x \geqq 0$ in die Reihe

$$\varphi(x) = B_1 J^m(x) + B_2 J^m(2x) + B_3 J^m(3x) + \cdots$$

verwandelt werden, wenn nur die Coefficienten B vermittelst der Formel

$$B_n = (-\tfrac{1}{2})^m . n^m . \frac{2}{\pi} \int_0^\pi u \cos nu \, du \int_0^1 \frac{F'(ut)\, dt}{\sqrt{1-t^2}}$$

und die Function $f(u)$ aus der Gleichung

$$\frac{d^m f(\sqrt{x})}{dx^m} = x^{-\frac{m}{2}} \varphi(\sqrt{x})$$

bestimmt werden".

Es ist für die Gültigkeit dieser Sätze jedoch nicht zu übersehn, dass der Beweis für andere, als synektische Functionen in der That nicht geführt wird und dass die Convergenzbetrachtungen fehlen.

Schliesslich verwendet der Verfasser die Bessel'schen Functionen, um die Gleichungen

1) $\frac{d^2}{dz^2} \cdot z^m y^{-\frac{\nu}{2}} J^\nu(\sqrt{y}) = f(z) z^m y^{-\frac{\nu}{2}} J^\nu(\sqrt{-y})$,

2) die Bessel'sche Differentialgleichung,

3) $z \frac{d^2 y}{dz^2} + a \frac{dy}{dz} \pm \frac{1}{4} y = 0$,

4) die Riccati'sche Gleichung

5) die Gleichungen $\frac{d^2 y}{dz^2} + e^{2z} y = 0$,

$$z^4 \frac{d^2 y}{dz^2} + e^{\frac{2}{z}} y = 0,$$

6) die Gleichung $x^m \frac{d^{2m} y}{dx^{2m}} \pm y = 0$

zu integriren. Wy.

Heine. Die Fourier-Bessel'sche Function. Borchardt J. LXIX. 128-142.

Diese zusammengesetzte Benennung wählt der Verfasser, weil diejenige nach Bessel allein gegen jeden Vorgang sei, und gebraucht ausserdem den Namen Cylinderfunction wegen ihrer Beziehungen zum Potential eines Cylinders. In seinen Entwickelungen setzt er zunächst ganze Functionsparameter voraus, wobei er die Reihe

$$e^{\theta \cos\varphi} = f_0(\theta) + 2f_1(\theta)\cos\varphi + 2f_2(\theta)\cos 2\varphi + \cdots$$

und den aus ihr folgenden Ausdruck

$$f_m(\theta) = \frac{1}{\pi} \int_0^\pi e^{\theta\cos\varphi} \cos m\varphi \, d\varphi$$

zu Grunde legt, der zu den Bessel'schen Functionen die Beziehung

$$(-i)^m f_m(i\theta) = J^m(\theta)$$

hat.

Gleichzeitig betrachtet er die Function

$$\psi_m(\theta) = \tfrac{1}{2}\int_0^\pi e^{\theta\cos\varphi} P^m(\cos\varphi)\sin\varphi\, d\varphi$$

$$= \frac{\theta^m}{3.5\ldots(2m+1)}\cdot\left(1+\frac{\theta^2}{2(2m+3)}+\frac{\theta^4}{2.4(2m+3)(2m+5)}+\cdots\right),$$

deren Analogie mit

$$f_m(\theta) = \frac{\theta^m}{2.4\ldots(2m)}\cdot\left(1+\frac{\theta^2}{2(2m+2)}+\frac{\theta^4}{2.4(2m+2)(2m+4)}+\cdots\right)$$

in die Augen fällt.

Seine erste Aufgabe sieht Heine in dem Nachweis, dass, wie Mehler in: „Ueber die Vertheilung der Electricität u. s. w." (Borchardt J. LXVIII. S. 140.) die Relation

$$J^0(\theta) = \lim_{n=\infty} P^n\left(\cos\frac{\theta}{n}\right)$$

abgeleitet hat, die Bessel'schen Functionen, nämlich bei seiner Bezeichnung die particulären Integrale der Differentialgleichung

$$\theta^2\frac{d^2y}{d\theta^2}+\theta\frac{dy}{d\theta}-(m^2+\theta^2)y = 0,$$

als Grenzwerthe von Kugelfunctionen angesehn werden können:

$$f_m(\theta) = \lim_{n=\infty}\frac{2^n}{\sqrt{n\pi}}P^n_m\left(\cos\frac{i\theta}{n}\right),$$

$$F_m(\theta) = \lim_{n=\infty}\frac{1}{2^{n+1}}\sqrt{\frac{\pi}{n}}\,Q^n_m\left(\cos\frac{i\theta}{n}\right).$$

Aehnliches gilt von der particulären Lösung $\psi_m(\theta)$ der Gleichung

$$\theta^2\frac{d^2y}{d\theta^2}+2\theta\frac{dy}{d\theta}-[m(m+1)+\theta^2]y = 0$$

in Beziehung auf die Lamé'schen Functionen. Auf die Mehrzahl der gegebenen Transformationen der Integralausdrücke, die Verwandlung von Integralen Kirchhoff's (Ueber den inducirten Magnetismus eines unbegrenzten Cylinders u. s. w. Crelle J. XLVIII.) durch Bessel'sche Functionen in elliptische, die Zurückführung der Riccati'schen Gleichung auf die Bessel'sche, können wir hier nicht eingehn.

Wir verzeichnen nur noch den Satz:

„Das vollständige Integral der Gleichung

$$\theta^2\frac{d^2y}{d\theta^2}+\theta\cdot\frac{dy}{d\theta}-(m^2+\theta^2)y = 0$$

ist

$$\theta^m . [\alpha \int_0^\pi e^{-\theta\cos\varphi} \sin^{2m}\varphi \, d\varphi + \beta \int_0^\infty e^{-\theta\cos iu} \sin^{2m} iu \, du],$$

wenn in diesem unter θ und m die positiven Wurzeln aus θ^2 und m^2 verstanden werden. Als obere Grenze ∞ des zweiten Integrals, kann man, wenn θ rein imaginär ist, $g - \frac{\pi}{2} i$, in allen andern Fällen g nehmen, wo g das reell Unendliche vorstellt. Die particuläre Lösung, welche mit β multiplicirt ist, kann man immer mit

$$\int_0^\infty e^{-\theta\cos iu} \cos miu \, du,$$

die mit α multiplicirte, für rationale Werthe von m, mit

$$\int_0^{\gamma\pi} e^{-\theta\cos\varphi} \cos m\varphi \, d\varphi$$

vertauschen, wenn γm eine ganze positive Zahl ist".

Hierbei wird eine complexe Grösse positiv genannt, wenn ihr reeller Theil positiv ist, während eine rein imaginäre Grösse positiv heisst, wenn sie positiv imaginär ist. Wy.

E. G. Björling. Les premières notions de la théorie des fonctions elliptiques. Grun. Arch. XLVIII. 121-158.

Achter Abschnitt.

Analytische Geometrie.

Capitel 1.

Allgemeines.

K. Koppe. Anfangsgründe der analytischen Geometrie und der Lehre von den Kegelschnitten, für den Schul- und Selbst-Unterricht bearbeitet. Essen. Bädeker.

L. Painvin. Principes de la géométrie analytique. Compte rendu par un Abonné. Nouv. Ann. (2). VII. 427-429.

Abel Transon. Application de l'algèbre directive à la géométrie. Nouv. Ann. (2). VII. 145-157. 193-208. 241-264.

Gestützt auf die Eigenschaften der Richtungszahlen (nombres directifs, cf. p. 30 und 31) macht der Herr Verfasser in der gegenwärtigen Arbeit einige Anwendungen dieser Zahlen auf Probleme der Geometrie, und zwar zunächst auf die Transformation der Curven. Fasst man nämlich in $F(x,y)=0$ x als Variable und y als Function derselben auf, so wird einem jeden Wege des Endpunktes von x eine gewisse Anzahl von Wegen des Endpunktes von y entsprechen — es kommt auf die Gradanzahl des höchsten Exponenten von y an — und $F(x,y)=0$ ist somit geeignet, eine vielfache Transformation einer jeden beliebigen ebenen Figur darzustellen. Die Transformation ersten Grades enthält die Gesetze der Aehnlichkeit; dass die Aehnlichkeitsmittelpunkte dreier Systeme in gerader Linie liegen, ergiebt sich auf diesem Wege leicht. Es werden dann einige allgemeine Eigenschaften der Transformationen höherer Grade besprochen und speciell wird aus der Gleichung zweiten Grades ein Satz hergeleitet, der zeigt, in welchem Zusammenhang die logarithmische Spirale mit einer Curve steht, welche die Eigenschaft hat, eine Schaar Ellipsen von gemeinschaftlichen Brennpunkten unter constantem Winkel zu schneiden. Besondere Erwähnung finden die Fälle, in denen der constante Winkel = 0 oder 90° ist. Dabei stellt sich heraus, dass die Aufgabe, die Gleichung der Trajectorie für den Fall zu finden, dass der constante Winkel beliebige Werthe hat, nur auf Ausführung von Eliminationen zurückkommt. Ebenso bedarf auch die Lösung der Aufgabe, die allgemeine Gleichung der Curven zu finden, deren Tangente diejenige Gerade unter constantem Winkel schneidet, welche den Winkel zwischen Radius vector und einer festen Achse nach gegebenem Verhältniss theilt, mit Hülfe der Richtungszahlen nur der Ausführung von Eliminationen, während sie sonst nur durch Integration einer Differentialgleichung zweiter Ordnung zu lösen ist. Daran schliesst dann der Herr Verfasser eine Rechtfertigung der Rechnung mit Richtungszahlen und belegt seine Ansichten durch Beispiele. Endlich zeigt er, dass die Anwendung der Richtungszahlen zu denselben geometrischen Resultaten führt, wie die von Chasles gemachte Anwendung des Imaginären in der „Géométrie supérieure“. T.

W. Matzka. Beiträge zur Lehre von der universellen Summirung von Strecken, d. i. ihrer Aneinanderfügung mittelst Parallelverschiebung. Prag. Abh. (6). II.

Nach ungemein ausführlicher Erörterung der Summirung von Strecken in Rücksicht auf Länge und Richtung werden die Relationen, welche die analytische Geometrie zwischen den verschiedenen, die Lage von Punkten des Raumes bestimmenden Grössen giebt, in dem Verfasser eigenthümlichen Zeichen ausgedrückt, die einfachsten Curven und Flächen in diesen Symbolen dargestellt, die Elemente der analytischen Mechanik in diese eingekleidet, ohne dass aus der umfangreichen Arbeit ersichtlich ist, welche Vortheile diese ungewöhnlichen Darstellungsformen gewähren. Sch.

J. Lieblein. Zur Anwendung der Kettenbrüche (auf Determinanten und Geometrie.) Schlömilch Z. XIII. 63.

Siehe Abschn. IV. Cap. 3 p. 61.

A. Dronke. Ueber die Vertauschung der Coordinaten. Pr. Prov. Gew. Coblenz.

D. Chelini. Teoria delle coordinate curvilinee nelle spazie e nelle superficie. Mem. di Bologna (2). VIII. 483-537.

Eine zusammenhängende und ausführliche Entwicklung der merkwürdigen Lehrsätze und Formeln, welche bis jetzt von den verschiedenen Bearbeitern dieses Zweiges der analytischen Geometrie entdeckt worden sind. B.

W. Walton. Note on trigonic coordinates. Quart. J. IX. 340-343.

Der Verfasser erinnert zuerst an das sogenannte Dreiecks-Coordinatensystem, wonach jeder Punkt in der Ebene durch seine drei Entfernungen (die aber in einer gewissen leicht zu ermittelnden Relation stehen) von den Dreiecksseiten bestimmt wird; — und wonach eine beliebige Curve durch eine Gleichung zwischen diesen Entfernungen gegeben ist.

Hierauf zeigt der Verfasser, wie man ebenso einen Punkt durch die drei Winkel, welche seine Entfernungen von den Ecken der Reihe nach mit einander bilden, definiren kann. Ist nämlich P dieser Punkt, sind ferner A, B, C die Ecken und bezeichnen sie gleichzeitig die Winkel des Dreiecks; sind α, β, γ die Dreieckscoordinaten von P, und ist endlich:

$$\angle\, APB = \nu, \quad \angle\, BPC = \lambda, \quad \angle\, CPA = \mu,$$

so ist:

$$\alpha = \frac{R\sin\lambda}{\sin(A-\lambda)},$$

$$\beta = \frac{R\sin\mu}{\sin(B-\mu)},$$

$$\gamma = \frac{R\sin\nu}{\sin(C-\nu)},$$

wo R durch folgende Gleichung gegeben ist:

$$\frac{2\Delta}{R} = \frac{a \sin \lambda}{\sin(A-\lambda)} + \frac{b \sin \mu}{\sin(B-\mu)} + \frac{c \sin \nu}{\sin(C-\nu)},$$

in welcher a, b, c, Δ die Seiten und den Inhalt des Coordinatendreiecks bezeichnen. Dann giebt der Verfasser die Gleichung der geraden Linie, in der $\cot\lambda$, $\cot\mu$, $\cot\nu$ als Variable auftreten. Er bemerkt ferner, dass diese Art von Coordinaten wohl nur selten Anwendung finden kann, jedoch gelegentlich von Nutzen ist, wie z. B. bei folgendem Lehrsatz: Liegen die Ecken eines Dreiecks ABC in einem gegebenen Kegelschnitt und ist P ein beliebiger Punkt dieses Kegelschnitts, so ist die Grösse

$$H \cot BPC + K \cot CPA + L \cot APC$$

wo H, K, L gewisse Constanten sind, — von unveränderlichem Werthe.

Zum Schluss giebt der Verfasser noch einige Uebungsbeispiele in diesem Coordinatensystem. Mz.

A. Steen. Om trilineaere Koordinater. (Fortsaettelse, se forr. Aarg. S. 129.) Tychsen Tidsskr. (2). IV. 6-14.

Trilineare Coordinaten eines Punkts sind dessen Abstände von den Seiten eines festen Dreiecks. Im gegenwärtigen Abschnitt der durch mehrere Jahrgänge fortlaufenden Abhandlung werden mittelst derselben bestimmt der Abstand zweier Punkte, der Winkel zwischen 2 Geraden und der Abstand eines Punktes von einer Geraden. Sie schliesst sich an die Darstellungsform von Ferrers: „An elementary treatise on trilinear coordinates, Cambridge and London 1861“, an. H.

P. Cassani. Coordinate sferiche omogenee. Battaglini G. VI. 81-96.

Der Verfasser erwähnt im Eingange das „Princip der Kugel“, wonach von jeder Figur auf einer Kugel zur sogenannten Polarfigur übergegangen werden kann, und wonach Eigenschaften der ersten Figur entsprechende Eigenschaften der zweiten bedingen. Er nimmt hierauf im Centrum einer Kugel drei schiefwinklige Coordinatenaxen an und giebt die Grundgleichung, welche zwischen den Axenwinkeln, den Winkeln jeder Axe gegen die Ebene der beiden andern und endlich den Winkeln einer beliebigen durch das Centrum gehenden Geraden gegen die Coordinatenebenen besteht. Hieran reiht er durch polare Uebertragung die entsprechende Relation, wobei alsdann an Stelle der beliebigen Geraden die zugehörige Polarebene tritt. Die Beziehung dieser Ebene auf das erste Coordinatensystem und die Beziehung der Geraden auf das zweite (polare) liefert dann zwei neue Relationen.

Eine Anwendung findet dies dann in der Aufsuchung des Winkels zweier Geraden, deren Neigungen gegen die drei Coordinatenebenen gegeben sind.

Hierauf geht der Verfasser zur eigentlichen Geometrie auf der Kugel über; zuerst mit Anwendung von Punkt-, dann von Liniencoordinaten, und leitet in der Kürze die bekanntesten Sätze über sphärische Dreiecke und überhaupt Systeme grösster Kreise ab (wie sie zum Theil in Hesse's „Analytischer Geometrie des Raumes" vorkommen). Zum Schluss betrachtet der Verfasser die Schnitte eines Kegels zweiter Ordnung, dessen Spitze im Mittelpunkte der Kugel liegt, mit dieser Kugel. Mz.

W. Walton. On Biangular-Coordinates. Quart. J. IX. 47-57.

Der Verfasser nimmt in der Ebene 2 feste Punkte A und B an, und bestimmt die Lage eines beliebigen Punktes P folgendermassen: P, A, B werden zu einem Dreieck verbunden und die Winkel $PAB\,(=\theta)$, und $PBA\,(=\varphi)$ gemessen. Auf diese Weise stellt die Gleichung $F(\theta, \varphi) = 0$ irgend eine ebene Curve dar. Die Gleichung einer Geraden wird nach diesem System: $a\alpha + b\beta = 1$, wo a, b Constanten; $\alpha = \cot\theta$, und $\beta = \cot\varphi$. Es werden nun besondere Fälle betrachtet, also z. B. wenn die Gerade der AB parallel sein, wenn sie durch die Mitte von AB gehen soll, wenn sie unendlich entfernt ist, u. a. m.

Ferner werden die Bedingungsgleichungen aufgefunden, dass zwei Gerade einander parallel, dass sie zu einander senkrecht, u. s. w. Dann geht der Verfasser zu Curven über und entwickelt die Gleichungen der Tangente, Normale, ferner diejenigen für die Coordinaten des Krümmungsmittelpunktes in einem Punkte der Curve. Auch werden die Asymptoten einer Curve nach dieser

Methode aufgefunden. Als Beispiele findet man: $\alpha\beta = 1$ (Kreis), $\alpha^2 + \beta^2 = \varepsilon^2$ (Hyperbel), ferner die Curven $\theta^2 \pm \varphi^2 = 1$. Am Schluss giebt der Verfasser noch eine Notiz über unbestimmte Berührung an singulären Punkten einer Curve. Mz.

H. M. Jeffery. On Conicoids referred to Boothian Tangential Coordinates. Quart. J. IX. 309-332.

Der Verfasser nimmt ein rechtwinkliges Coordinatensystem in der Ebene an und bezeichnet eine gerade Linie durch die reciproken Abschnitte ξ, η, welche sie auf den Axen (vom Anfangspunkte gezählt) bildet, und nennt diese die Coordinaten der Linie. Dem Punkte gehört dann eine Gleichung zu; die nämlich, welche zwischen den Coordinaten ξ, η aller durch diesen Punkt gehenden Geraden besteht. Hierauf wird gezeigt, wie man von der Gleichung einer Curve in Cartesischen Coordinaten zur entsprechenden in Tangential-Coordinaten (wo sie als Einhüllende ihrer Tangenten erscheint) übergehen kann. Auf diese Weise lässt sich jede Gleichung in (ξ, η) doppelt interpretiren, je nachdem man ξ, η als solche Tangentialcoordinaten, oder als gewöhnliche Cartesische Coordinaten ansieht. Hiervon werden zahlreiche Beispiele gegeben, nachdem die Brennpunkte, Asymptoten, Axen u. s. w. mittels dieses Booth'schen Coordinatensystems eingeführt sind. Die Resultate sind meist bekannt. Weiterhin geht der Verfasser auch zu sphärischen Kegelschnitten über. Als Coordinatendreieck wird die Begrenzung eines Kugeloctanten genommen. Sind nämlich α, β, γ die Sinus der Lothe, die von einem Punkte der Kugel auf die Coordinatenbogen gefällt sind, x, y die Tangenten der entsprechenden Coordinatenabschnitte, so ist: $\frac{\alpha}{\gamma} = x$, $\frac{\beta}{\gamma} = y$. Die Gleichung einer Linie $l\alpha + m\beta + n\gamma = 0$ wird dann: $lx + my + n = 0$; die Coordinaten ihres Quadrantenpoles werden:

$$\frac{x}{l} = \frac{y}{m} = \frac{1}{n}$$

Zu Booth'schen Coordinaten geht nun der Verfasser folgendermassen über: Die Linie PQ schneide die Coordinatenbogen in P und Q; sind (ξ, η) die Cotangenten ihrer Coordinatenabschnitte, so ist: $\frac{p}{\xi} = \frac{q}{\eta} = -r$, wo p, q, r von ähnlicher Bedeutung, wie oben α, β, γ (wahrscheinlich die Sinus der Lothe von den Ecken des Coordinatendreiecks auf PQ, der Verfasser giebt dies nicht an). Es sind dann ξ, η die Booth'schen Coordinaten einer Linie; der sphärische Kegelschnitt wird als Einhüllende aller seiner Tangentenbogen dargestellt. Die Behandlung dieser Kegelschnitte ist der der vorigen analog. Mz.

Habich. Sur un système particulier de coordonnées. Application aux caustiques planes. Brioschi Ann. (2). II. 134-150.

Bedeutet s die Länge eines Curvenbogens, von einem bestimmten Punkt an gerechnet, θ den Winkel, welchen eine Tangente in seinem Endpunkt mit einer festen Axe macht, und r eine Länge, welche auf der Tangente in einem bestimmten Sinne vom Berührungspunkt aus abgetragen ist, so lassen sich s und r als Coordinaten einer neuen Curve ansehen, welche repräsentirt werden kann durch $s = \varphi(\theta)$, $r = \psi(\theta)$. Die erste Gleichung stellt den Curvenbogen dar, eine Darstellungsform für Curven, welche zuerst von Euler angewendet ist; ihr gemäss stellt $s = a\theta$ den Kreis, $s = a \sin n\theta$ die Epicycloide dar etc. Nachdem die Curvenelemente als Functionen jener Coordinaten und deren Derivirten nach dem Parameter θ entwickelt sind, wendet sich der Verfasser zu einer Beziehung zweier Curven, die seiner Betrachtung der Brennlinien zu Grunde liegen. Wenn die Tangente einer Curve E zwei Curven A und A' so trifft, dass die Tangenten in den Schnittpunkten mit jener bezüglich die Winkel μ und μ' bilden, so nennt er die Curve A' eine Transformation von A, wenn $F(\mu, \mu') = 0$ ist. Im Besondern behandelt er diejenige Transformirte, für welche $\mu + \mu' = \pi$; diese heisst Reciproke in Beziehung auf Curve E. Es ist dies eine Verallgemeinerung der Linien, welche unter supplementären Winkeln die Leitstrahlen, welche von einem Punkt auslaufen, schneiden, und welche man reciprok genannt hat. Mit diesen in Zusammenhang stehen die Brennlinien, welche durch Reflexion entstehen. Ist A diejenige Curve, welche die einfallenden Strahlen normal schneidet, (anticaustique), D die reflektirende Curve (dirimante), so ist die anticaustique von reflektirten Strahlen A' eine Reciproke in Bezug auf eine Curve E, welche mit den Curven A und D in einfacher Relation steht. Nachdem der Verfasser wesentlich den Zusammenhang dieser Curven und einer allgemeineren Form von Fusspunktcurven, welche sich seinen Betrachtungen aufdrängt, verfolgt hat, entwickelt er einige Beziehungen zwischen der Brennlinie der einfallenden und derjenigen der reflektirten Strahlen. Schliesslich wendet er sich zu besonderen Fällen, auf welche er seine Entwicklungen anwendet. Sch.

J. J. Walker. Solution of the question 1971. Educ. Times. X. 68-70.

In ein Tetraeder soll ein System rechtwinkliger Axen so eingeschrieben werden, dass jede derselben durch zwei gegenüberliegende Kanten des Tetraeders geht. Der Anfangspunkt gehört drei Flächen ersten Grades an.

F. V. A. le Besque. Formule donnant le volume du tétraèdre maximum, compris sous des faces de grandeurs données. C. R. LXVI. 248-251.

Es mögen a, b, c, d die vier Seitenflächen des Tetraeders bezeichnen und es sei $a > b > c > d$, während $a < b + c + d$. Ordnet man die Summen und Differenzen $a \pm d$, $b \pm c$, nach ihrer Grösse, so ist die Anordnung in zweierlei Weise möglich:

$$1)\quad b-c=e,\quad a-d=f,\quad a+d=g,\quad b+c=h;$$
$$2)\quad b-c=e,\quad a-d=f,\quad b+c=g,\quad a+d=h.$$

Bildet man nach diesen Annahmen

$$\varphi(t)=\frac{1}{t}(t-e^2)(t-f^2)(t-g^2)(t-h^2)$$

und bestimmt t durch die Gleichung

$$\varphi'(t)=3t^4-2(e^2+f^2+g^2+h^2)t^3+(e^2f^2+e^2g^2+e^2h^2+f^2g^2+f^2h^2+g^2h^2)t^2 \\ -e^2f^2g^2h^2=0,$$

oder in anderer Form durch die Gleichung

$$\varphi'(t)=t(t-e^2)(t-f^2)(t-g^2)+t(t-e^2)(t-f^2)(t-h^2) \\ +t(t-e^2)(t-g^2)(t-h^2)+t(t-f^2)(t-g^2)(t-h^2) \\ -(t-e^2)(t-f^2)(t-g^2)(t-h^2)=0,$$

so ist das Maximaltetraeder T bestimmt durch die Relation

$$\varphi(t) = 4.(3T)^4.$$

Es ist aus den Gleichungen leicht zu ersehen, dass von den 4 Wurzeln für t nur die Wurzel, welche zwischen f^2 und g^2 gelegen ist, für die Aufgabe zulässig ist, da die Wurzeln zwischen $-\infty$ und 0, zwischen e^2 und f^2, zwischen g^2 und h^2 den Werth $\varphi(t)$ negativ machen würden. Jene Wurzel aber zwischen f^2 und g^2 genügt, wie in der Arbeit weiter gezeigt wird, in der That der Bedingung des Maximums. Aus diesem Werthe für t erhält man nach den in der Arbeit gegebenen Formeln die Werthe der Elemente, welche die Form des Tetraeders bestimmen.

Nach einer Bemerkung über die Beziehung der obigen Gleichungen zu den von Lagrange gegebenen Formeln, weist der Verfasser noch auf die Arbeiten von C. W. Borchardt (Mém. de l'Académie de Berlin, 1865 et 1866) hin, in denen die Frage eine allgemeinere Behandlung erfährt. Sch.

Nell. Ueber einen Irrthum, der sich in mehreren Lehrbüchern der Trigonometrie findet. Grunert Arch. XLIX. 104-110.

Will man im rechtwinkligen sphärischen Dreieck die Kathete b aus dem gegenüberliegenden Winkel B und der Hypotenuse a finden, so wird die Formel

$$\sin b = \sin a \sin B$$

ungenau, wenn $\sin b$ nahe gleich 1. Einige Lehrbücher schreiben in diesem Falle

$$\operatorname{tg}\varphi = \sin a \sin B,\quad \operatorname{tg}\left(\frac{\pi}{4} - \frac{b}{2}\right) = \sqrt{\operatorname{tg}\left(\frac{\pi}{4} - \varphi\right)},$$

Formeln, welche um nichts genauer sind. Herr Nell giebt statt dessen

$$\operatorname{tg}\psi = \frac{\sin\frac{1}{2}(a-B)}{\cos\frac{1}{2}(a+B)},\quad \sin\left(\frac{\pi}{4} - \frac{b}{2}\right) = \frac{\cos\frac{1}{2}(a+B)}{\sqrt{2}\cos\psi}$$

und analog für den entsprechenden Fall bei ebenen Dreiecken.

B.

Lösungen von analytisch geometrischen Aufgaben (Questions 834. 752. 769. 824. 836. 856. 849) durch Pellet, Painvin, Maffiotti, Laisant, Barbier, Giard, Paillotte finden sich Nouv. Ann. (2). VII. 40. 46. 89. 91. 445. 519.

Capitel 2.

Geometrie der Ebene.

A. Allgemeines.

F. Unferdinger. Die allgemeine Formel für die Summe der Winkel eines Polygons. Wien. Ber. LVII. 627-632.

Die $2n$ Winkel, welche die n Seiten eines ebenen, beliebig geformten gradlinigen Polygons bilden, lassen sich in zwei Gruppen von je n Winkeln theilen, welche man erhält, wenn man an der Figur herumgehend das eine Mal das eine, das andere Mal das andere Ufer einer Polygonseite verfolgt. Durch die Kreuzungspunkte zweier nicht aufeinander folgenden Seiten wird die Fläche des Polygons in einzelne einfach begrenzte Flächenstücke zerlegt, d. h. solche, in denen es immer möglich ist, zwei Punkte durch eine, die Grenzlinie nicht schneidende Curve zu verbinden. Durchläuft man nun den ganzen Umfang des Polygons in einer bestimmten Richtung, so wird die Begrenzung jedes einzelnen Flächenstückes entweder im (positiven) Sinne eines Uhrzeigers durchlaufen, oder im entgegengesetzten (negativen). Bezeichnet man den Ueberschuss der in positivem Sinne umlaufenen Flächenstücke über die in negativem Sinne umlaufenen mit v, so ist die Summe der Polygonwinkel in beiden Gruppen

$$\text{resp. } (n-2v)\,180^0 \quad \text{und} \quad (n+2v)\,180^0.$$

Daraus ergiebt sich eine neue Eintheilung der Polygone nach der Anzahl der einfach begrenzten Flächenstücke. M.

Watson. Solution of the question 2407. Educ. Times. X. 76.

Die mittlere Entfernung zweier Punkte, die in einem Kreise angenommen werden, ist $\frac{128}{45\pi}r$, in einer Kugel $\frac{36}{35}r$.

Jenkins. Solution of the question 2624. Educ. Times X. 79.

Eine Aufgabe über einen geometrischen Ort.

Wolstenholme. Solution of the question 2523. Educ. Times. X. 46.

Sind 3 geschlossene Flächen in der Ebene so gegeben, dass keine Gerade alle 3 zugleich schneidet, dann ist der mittlere Inhalt aller Dreiecke, welche zwischen je einem Punkte der 3 Flächen gebildet werden können, gleich dem Dreieck zwischen den Schwerpunkten. Aehnliches findet für 4 Volumina statt.

Merrifield. Solution of the question 2519. Educ. Times. X. 19.

Die 6 Entfernungen zwischen 4 Punkten sind gegeben. Es wird die Bedingung dafür aufgestellt, dass einer von ihnen in dem aus den anderen gebildeten Dreiecke liegt.

Clarke. Solution of the question 2537. Educ. Times. IX. 49.

Durch den Punkt O des Dreiecks A, B, C sind die Linien AOD, BOE, COF gezogen. Der mittlere Inhalt des Dreiecks DEF ist $10-\pi^2$ in Theilen des Dreiecks.

Wolstenholme. Solution of the question 2576. Educ. Times. IX. 52.

Wenn in der vorigen Aufgabe nicht O, sondern D und E willkürlich genommen werden, so ist der mittlere Inhalt von DEF, $\frac{1}{16}(\pi^2-8)$ des Dreicks.

Watson. Solution of the question 2318. Educ. Times. IX. 41.

Zieht man durch einen Punkt des Dreiecks die Linien parallel den Seiten, so ist der mittlere Inhalt des durch die Endpunkte gebildeten Sechsecks $\frac{3}{4}$ des Inhalts des Dreiecks.

Laisant. Solution de la question 803. Nouv. Ann. (2). VII. 318-330.

Abtheilung einiger allgemeiner Sätze über Subnormalen und Subtangenten.

G. B. Maffiotti. Solution de la question 745. Nouv. Ann. (2). VII. 181-183.

Zieht man von einem Punkte in der Ebene einer Curve alle

Tangenten nnd theilt den Krümmungsradius der Berührungspunkte durch den Kubus der Entfernung dieses Punktes vom festen Ausgangspunkt der Tangenten, so ist die Summe der Quotienten Null.

K. Exner. Ueber die Maxima und Minima der Winkel, unter welchen Curven von Radien durchschnitten werden. Wien. Ber. LVII. 75-85.

Der Verfasser nimmt in der Ebene irgend eine Curve und einen beliebigen Punkt p an und weist auf drei Arten nach, dass eine von p ausgehende Gerade die Curve unter einem grössten oder kleinsten Winkel dann schneidet, wenn 1) die Curve nach jener Seite gekrümmt ist, auf welcher der Punkt p liegt und 2) das Dreieck, dessen eine Ecke p, dessen zweite der Curvenpunkt c und dessen dritte der zu c gehörige Krümmungsmittelpunkt 0 ist, bei p einen rechten Winkel hat.

Für Raumcurven ist sein Resultat folgendes: Versteht man unter rectificirender Ebene diejenige Tangentialebene eines Curvenpunktes, die zur entsprechenden Schmiegungsebene senkrecht ist, — so trifft eine Gerade, die von einem Punkte p des Raumes ausgeht, die Curve unter einem grössten oder kleinsten Winkel, wenn

1) p mit der Curve auf derselben Seite der rectificirenden Ebene liegt und

2) die dritte Proportionale zur Linie pc und co (wo c wieder der Curvenpunkt und o der zugehörige Krümmungsmittelpunkt ist) zugleich die dritte Proportionale zu den Abständen des Punktes p von der rectificirenden Ebene und Tangente in c ist.

Mz.

F. Lucas. Formules de géométrie analytique. Mondes (2). XVIII. 611.

Ableitung der Formel: $\operatorname{tg}(u+n\alpha) = \frac{d.\varrho^{n+1}\sin(n+1)\alpha}{d.\varrho^{n+1}\cos(n+1)\alpha}$, wo α und ϱ Polarcoordinaten, u der Winkel zwischen Tangente und Polare des Punktes M sind. O.

A. Chemin. Relations entre les rayons de courbure de quelques systèmes de courbes. Nouv. Ann. (2). VII. 120-127.

Werden zwei in derselben Ebene gelegene Gruppen von je

m Curven durch eine und dieselbe Transversale geschnitten, und ist eine (X) der Curven der zweiten Gruppe so gelegen, dass $a.b.c\ldots = x.a'.b'\ldots$ ist (wenn a, b, c ... x, a', b', ... die von einem festen Punkte der Transversale gerechneten Abstände der Curven-Durchschnittspunkte bezeichnen), dann sind, wie gezeigt wird, die Krümmungsradien in den Schnittpunkten aller Curven mit der Transversale durch die Relation:

$$\Sigma \frac{A^3}{a^2}\left(\frac{1}{\varrho} - \frac{1}{A}\right) = \Sigma \frac{X^3}{x^2}\left(\frac{1}{\varrho'} - \frac{1}{X}\right)$$

verbunden, wenn unter A die Länge der Polarnormale der ersten Curve der ersten Gruppe und unter ϱ der Krümmungsradius derselben verstanden wird; X und ϱ' haben die analoge Bedeutung für die erste Curve der zweiten Gruppe. Als besonderer Fall, für $m=2$, ergiebt sich hieraus: $\frac{X}{\varrho_x} + \frac{A'}{\varrho'} = 2$, die von Nicolaïdès angegebene Formel für zwei Curven, von denen die eine aus der andern durch Transformation mit Hülfe von reciproken Leitstrahlen hervorgegangen ist.

Es folgen noch andere Relationen aus der allgemeinen Formel; wenn $a.b.c\cdots = a'^m$, oder wenn $\Sigma a^m = \Sigma a'^m$ gesetzt wird; durch Annahme bestimmter Werthe für m, $+1$ oder -1 gewinnt man dann noch speciellere Formeln. T.

H. Laurent. Théorie des asymptotes. Nouv. Ann. (2). VII. 413-416.

Ausgehend von allgemeinen Betrachtungen über die Bedingungen, welche die Gleichungen algebraischer Curven erfüllen müssen, wenn Asymptoten vorhanden sein sollen, entwickelt der Herr Verfasser durch passende Transformationen der Coordinaten die Bedingungsgleichungen für die Asymtoten algebraischer Curven und wendet die gefundenen Resultate auf die Hyperbel: $x^2 - y^2 = 1$ an. T.

J. Griffiths. Investigation of the Equations of the Four Pairs of Circles which pass through the Six Points common to Three Given Circles. Quart. J. IX. 358-361.

Die Gleichungen der drei Kreise in Cartesischen Coordinaten

seien:

$$S_1 = x^2 + y^2 - 2\alpha_1 x - 2\beta_1 y + \varrho^2 = 0,$$
$$S_2 = x^2 + y^2 - 2\alpha_2 x - 2\beta_2 y + \varrho^2 = 0,$$
$$S_3 = x^2 + y^2 - 2\alpha_3 x - 2\beta_3 y + \varrho^2 = 0.$$

Der Anfangspunkt der Coordinaten soll das Centrum der Jacobi'schen Curve sein, so ist die Gleichung letzterer:

$$J = x^2 + y^2 - \varrho^2 = 0$$

[Die Jacobische Curve ist der geometrische Ort aller Punkte P, deren Polaren in Bezug auf 3 Kegelschnitte (hier 3 Kreise) sich in einem Punkte treffen]. Die Gleichung eines Kreispaares, das der Aufgabe genügt, wird dann:

$$(1.)\quad AS_2S_3 + BS_3S_1 + CS_1S_2 = 0$$

wenn die Constanten A, B, C oder vielmehr ihre Verhältnisse so bestimmt werden, dass die durch vorstehende Gleichung ausgedrückte Curve vierten Grades 2 Knotenpunkte hat. Diese müssen aber auf der Jacobi'schen Curve liegen. Schreibt man nun (1.) in der Form:

$$\frac{A}{J - 2(\alpha_1 x + \beta_1 y - \varrho^2)} + \cdots = 0,$$

so sind A, B, C so zu bestimmen, dass der Kegelschnitt

$$A(\alpha_2 x + \beta_2 y - \varrho^2)(\alpha_3 x + \beta_3 y - \varrho^2) + \cdots = 0$$

mit J eine doppelte Berührung hat. Sind nun c_1, c_2, c_3 die Längen der gemeinschaftlichen Sehnen von resp.: S_2, S_3; S_3, S_1; S_1, S_2; — ferner δ_1, δ_2, δ_3 die Entfernungen der Centra dieser Kreise; — endlich k_1, k_2, k_3 die Längen, welche J auf je einer der 3 Geraden abschneidet, die durch je einen der Mittelpunkte dieser Kreise parallel mit der Verbindungslinie der jedesmaligen beiden andern Mittelpunkte geführt sind; — so sind die gesuchten Gleichungen:

$$(\delta_1^2 k_1^2 + (\delta_2 c_2 + \delta_3 c_3)^2) S_2 S_3 + (\delta_2^2 k_2^2 + (\delta_3 c_3 + \delta_1 c_1)^2) S_3 S_1$$
$$+ (\delta_3^2 k_3^2 + (\delta_1 c_1 + \delta_2 c_2)^2) S_1 S_2 = 0$$
$$(\delta_1^2 k_1^2 (\delta_2 c_2 - \delta_3 c_3)^2) S_2 S_3 + (\delta_2^2 k_2^2 (\delta_3 c_3 - \delta_1 c_1)^2) S_3 S_1$$
$$+ (\delta_3^2 k_3^2 + (\delta_1 c_1 - \delta_2 c_2)^2) S_1 S_2 = 0$$

und zwei ähnliche Gleichungen. Mz.

H. Herwig. Ueber Trajectorien zu den Tangenten ebener Curven. Diss. Göttingen 1868.

B. Algebraische Curven.

C. NEUMANN. Sul baricentro di curvatura delle curve algebraiche. Brioschi Ann. (2). I. 280-282.

Krümmungsschwerpunkt einer ebenen Curve heisst der Schwerpunkt der als materiell gedachten Curve, wo die Dichtigkeit jedes Elements seiner Krümmung proportional ist. Hier wird nun unter derjenigen Curve, deren Krümmungsschwerpunkt in Betracht kommt, das vollständige Liniensystem verstanden, welches einer algebraischen Gleichung zwischen 2 rechtwinkligen Coordinaten genügt. Punkte sollen unter sich gleiche Dichtigkeit haben. Es gelten dann, soweit der Begriff anwendbar ist, folgende 4 Sätze:

1) Der Krümmungsschwerpunkt einer Curve $u =$ const. fällt zusammen mit dem Schwerpunkt des Systems von Berührungspunkten aller Tangenten von gleicher Richtung; daher 2) mit dem Schwerpunkt der gemeinsamen Punkte der zwei Curven

$$\frac{\partial u}{\partial x} = 0; \quad \frac{\partial u}{\partial y} = 0.$$

3) Wenn für die const., oder 4) wenn für alle Terme der ganzen Function u mit Ausnahme der Terme von höchster und nächst niederer Dimensionszahl beliebige andere gesetzt werden, so bleibt der Krümmungsschwerpunkt ungeändert.

Der Beweis des ersten Satzes beruht darauf, dass das System der Berührungspunkte bei jeder Richtung der Tangenten denselben Schwerpunkt behält, was nach einem Satze von Chasles stattfindet. Dreht man nun das Tangentensystem und multiplicirt die das statische Moment darstellende Coordinatensumme der Berührungspunkte mit der Variation des Richtungswinkels, so erhält man das statische Moment der gleichgerichteten Bogenelemente, und nach Integration über die halbe Umdrehung das der ganzen Curve, welches im Verlauf der Drehung immer dem Drehungswinkel proportional bleibt.

Aus dem ersten Satze folgen leicht die übrigen nach Liouville J. VI. p. 364. H.

CAYLEY. A „Smiths Prize“ paper, Question 7. Messenger IV. 210. 211.

Eine Curve n^{ter} Ordnung hat höchstens $\frac{1}{2}(n-1)(n-2)$ Doppelpunkte. Die Coordinaten x, y, z lassen sich zu rationalen und ganzen Functionen eines Parameters machen. H.

A. CAYLEY. On the curves which satisfy given Conditions. Trans. of London. CLVIII. 75-172.

Die Abhandlung sucht die Frage nach der Zahl der Curven zu lösen, welche gegebenen Bedingungen genügen. Als Vorarbeiten auf diesem Gebiete und Anknüpfungspunkte werden die Werke von Zeuthen, Chasles und de Jonquières genannt. Die gegebenen Bedingungen können nach Vorgang von Salmon gewissermassen geometrisch dargestellt werden. Enthält die Gleichung der geforderten Curven ω Parameter, so wird jeder derselben als eine Coordinate in einem Raume von ω Dimensionen aufgefasst. Eine jede Bedingung liefert einen Ort im Raume. Sind mehrere Bedingungen gegeben, so liefern diese Orte Durchschnitte, welche dann den Bedingungen genügen. Es muss dabei besonders untersucht werden, ob die verschiedenen Bedingungen von einander abhängig sind, ob Special-Lösungen eintreten, u. s. w.

Es werden hierauf die Methoden und Resultate der Arbeiten von Chasles und Zeuthen ausführlich dargelegt. Dieselben beziehen sich hauptsächlich auf die Bedingungen, denen Kegelschnitte unterworfen werden. Hierauf knüpft Cayley an die Abhandlung von Jonquières an, welche sich auf die Berührungen einer Curve r^{ter} Ordnung mit einer gegebenen Curve bezieht. Unter der Voraussetzung „dass diese keine Spitzen haben“, ist von Jonquières eine Formel für die Anzahl der Curven r^{ter} Ordnung von vorgeschriebener Berührung gegeben; Cayley dehnt die Resultate auch auf den Fall aus, dass die Curve Spitzen hat.

In dem zweiten Memoir geht Cayley von dem Princip der Correspondenz aus. Es wurde von Chasles zuerst für gerade Linien, dann für Curven aufgestellt, die durch keinen Punkt mehrere Male hindurchgehen.

Entsprechen einem Punkte eines Systems auf der Curve α andere eines zweiten Systems, und einem Punkt des zweiten

Systems α' des ersten, d. h. haben 2 Punkte die Correspondenz (α, α'), so giebt es $\alpha + \alpha'$ Punkte, die sich selbst entsprechen. Dieses Theorem wird auf Curven mit Spitzen und Doppelpunkten ausgedehnt und mit Hülfe desselben die Aufgabe der Kegelschnitte, welche mit einer gegebenen Curve 5 Berührungsbedingungen haben, behandelt. No.

Cayley. On Polyzomal Curves, otherwise the Curves $\sqrt{U}+\sqrt{V}+\cdots=0$. Trans. of Edinb. XXV. 1-110. Proc. of Edinb. VI. 74.

Im ersten Theile wird die allgemeine Theorie der Curven von der Form $\sqrt{U}+\sqrt{V}+\cdots=0$ gegeben. Für die verschiedenen Combinationen der Vorzeichen $\pm$ erhält man $2^{\nu-1}$ verschiedene Curvenzweige, von denen manche freilich unmöglich sind, wie $\sqrt{U}+\sqrt{V}=0$, sobald beide Wurzeln positiv genommen sind. Es werden die gemeinsamen Punkte der verschiedenen Zweige untersucht. Betrachtet man $\sqrt{U}=0$, $\sqrt{V}+\cdots=0$, so erhält man Zome und Antizome; die Punkte, in denen beide sich schneiden, gehören der Polyzomalcurve an. In gleicher Art können andere Glieder $\sqrt{U}+\sqrt{V}=0$ u. s. w. von der ursprünglichen Gleichung abgesondert werden, und man erhält, wenn jede der beiden Theile mehrere Wurzelausdrücke umfasst, „complementäre Antizomen“. Es werden ferner die Bedingungen für die Zerlegung einer Tetrazomalcurve in zwei Trizomalcurven angegeben. Ist

$$\sqrt{l.U}+\sqrt{m.V}+\sqrt{n.W}=0$$

eine Trizomalcurve und $\frac{l}{a}+\frac{m}{b}+\frac{n}{c}=0$, ferner

$$aU+bV+cW+dT=0,$$

so ist die obige Trizomalcurve in der Form

$$a\sqrt{mU}-b\sqrt{lV}+\sqrt{\frac{abd}{c}nT}=0$$

darstellbar; T heisst dann die variable Zomalcurve der Trizomalcurve.

Im zweiten Theile folgen Untersuchungen über die im Unendlichen liegenden Circularpunkte, mit deren Hülfe die Begriffe von Winkel und Entfernung erweitert werden. Sind I und J diese Punkte und nennt man die Schneidepunkte von AI mit BJ

und AJ mit BI, wo A und B beliebig gegebene Punkte sind, A_1 und B_1, so heissen diese „Antipunkte" von A und B. Geht von 2 Kreisen der eine durch A und B, der andere durch A_1 und B_1, so schneiden sich beide rechtwinklig. Liegen 4 Punkte A, B, C, D auf einem Kreise und bildet man zu $(A, B)(C, D)$, zu $(A, C)(B, D)$, zu $(A, D)(B, C)$ jedesmal die 4 Antipunkte, so werden dieselben jedesmal wieder auf einem Kreise liegen. Cayley geht genauer auf die hierbei hervortretenden Verhältnisse ein.

Bei der im dritten Theile gegebenen Theorie der Brennpunkte geht der Verfasser von der Plücker'schen Erklärung aus; von I und J werden die Tangenten an die Curve n^{ter} Klasse gezogen, dann sind die n^2 Durchschnitte derselben die Brennpunkte der Curve. Sind I oder J Punkte der Curve, so werden die Verhältnisse etwas geändert, da dann die Zahl der von ihnen aus gezogenen Tangenten eine geringere wird. Von der allgemeinen Theorie werden Anwendungen auf Kegelschnitte und Formen dritten und vierten Grades gegeben. Der letzte Abschnitt beschäftigt sich mit Trizomal- und Tetrazomal-Curven, deren Zomalen Kreise sind. Die Tetrazomal-Curve

$$\sqrt{lA^0}+\sqrt{mB^0}+\sqrt{nC^0}+\sqrt{pD^0} = 0$$

($A^0=0$, $B^0=0, \ldots$ sind die Gleichungen der Kreise mit den Mittelpunkten $A, B, \ldots$), ist zerlegbar, wenn $aA^0+bB^0+cC^0+dD^0=0$ gesetzt werden kann, und $\frac{l}{a}+\frac{m}{b}+\frac{n}{c}+\frac{p}{d}=0$ ist. Ferner kann eine Verminderung der Ordnung der Curve eintreten, wenn dieselbe die unendlich ferne Linie enthält. Die Fälle, in denen dies statt findet, werden untersucht. No.

S. Roberts. On the order of the conditions that four curves may have two points in common. Quart. J. IX. 176-179.

S. Roberts. On the Centres of Mean Distances of certain Points of Intersection of Curves and Surfaces. Quart. J. IX. 63-71.

Der Verfasser giebt zunächst eine Methode an, folgende Gleichung:

$$(1.)\quad x^m f_m\left(\frac{y}{x}\right)+x^{m-1}f_{m-1}\left(\frac{y}{x}\right)+\cdots=0,$$

in welcher f_p eine ganze Function p^{ten} Grades, nach $\frac{y}{x}$ näherungsweise aufzulösen. Analog werden zwei solche Gleichungen, in denen aber die f ganze Functionen von $\frac{y}{x}$ und $\frac{z}{x}$ bezeichnen, nach $\frac{y}{x}$ und $\frac{z}{x}$ näherungsweise aufgelöst. Hierauf gestützt, entwickelt der Verfasser die beiden höchsten Glieder derjenigen Gleichung in x, die durch Elimination von $\frac{y}{x}$ aus (1.) und folgender Gleichung

$$(2.)\quad x^n \varphi_n\left(\frac{x}{y}\right)+x^{n-1}\varphi_{n-1}\left(\frac{x}{y}\right)+\cdots=0$$

(in der φ von ähnlicher Bedeutung wie f) hervorgeht. Dann folgt das Entsprechende für 3 Gleichungen in x, $\frac{y}{x}$, $\frac{z}{x}$. Es wird nun bewiesen: Bedeutet (1) eine Curve m^{ten} Grades, (2) eine solche $(m-1)^{\text{ten}}$ Grades, die mit der ersten Polare eines unendlich entfernten Punktes P in Bezug auf (1) die unendlich entfernten Punkte gemein hat, so denke man sich zunächst den Punkt mittlerer Entfernung für die Durchschnittspunkte dieser beiden Curven. Nimmt man nun alle möglichen Curven $(m-1)^{\text{ten}}$ Grades, die der angegebenen Bedingung genügen, so liegen die zugehörigen Punkte mittlerer Entfernung auf einer Geraden, die durch einen festen Punkt (Centrum) geht und nach dem unendlich entfernten Punkt P gerichtet ist. Der Verfasser giebt dann noch ein entsprechendes Theorem für den Raum. Mz.

E. Barbier. Réciproque d'une proposition sur les coniques homothétiques qui ont le même centre. C. R. LXVI. 907-910. — Nouv. Ann. (2). VII. 433-437.

In der vorliegenden Arbeit wird der Satz bewiesen, dass nur zwei ähnlich liegende Kegelschnitte (coniques homothétiques) die Eigenschaft haben, von einer jeden Sekante so geschnitten zu werden, dass die zwischen den Curven liegenden Segmente der Secante gleich sind. Dem Beweise des Satzes wird ein Hilfssatz vorausgeschickt, der aussagt, dass die Curve, durch deren zwei beliebige Punkte man einen Kegelschnitt legen kann, der mit der Curve in den beiden Punkten eine doppelte Osculation eingeht, ein Kegelschnitt sein muss, der mit jedem ihn doppelt osculirenden zusammenfällt. Benutzt werden dazu die Sätze, dass die Kegelschnitte die einzigen Curven sind, welche gerade Linien zu Durchmessern haben (ein Beweis dieses Satzes findet sich am Schluss angedeutet), und ferner dass keine Curve mit irgend einer Tangente eine Berührung eingehen kann, welche die erste Ordnung überschreitet. T.

Cayley. On the cubic curves inscribed in a given pencil of six lines. Quart. J. IX. 210-221.

Es ist ein Büschel von 6 Linien und eine Curve dritten Grades gegeben, welche die Linie berührt. Es bleiben also noch 3 willkürliche Parameter zurück. Wird bei homologer Transformation der Mittelpnukt des Büschels als Pol, eine der Linien als Axe benutzt, so bleibt das Büschel ungeändert; die neue Curve berührt ebenfalls die 6 Strahlen, und da 3 willkürliche Constanten durch die Transformation eingeführt sind, erhält man die allgemeine Lösung durch Ausführung der homologen Transformation einer besondern Lösung. Die hierbei eintretenden algebraischen Verhältnisse werden in der Arbeit behandelt und die Formeln explicit gegeben. No.

C. Kegelschnitte.

Prestel. Die Kegelschnitte in elementarer Darstellung für die Schule. Pr. G. Emden.

Gigon. Exercice sur l'emploi des coordonnées polaires. Nouv. Ann. (2). VII. 421.

Die Aufgabe ist folgende:

Ein Winkel dreht sich um den Brennpunkt eines Kegelschnitts. In den Schnittpunkten beider Schenkel mit dem letztern werden die Tangenten gezogen. Es soll der Ort des Schnittpunktes bestimmt werden.

Indem der Radiusvector vom Brennpunkte aus und die

Abscissenlinie in der grossen Axe genommen wird, führt der Verfasser dieselbe durch. Es ergiebt sich der fragliche Ort als homofocaler Kegelschnitt. Ist die gegebene Curve eine Hyperbel oder Parabel, so ist derselbe immer eine Hyperbel, ist die erstere aber eine Ellipse, so kann nach der Grösse des gegebenen Winkels jeder Kegelschnitt entstehen. No.

R. P. Note on Trilinear Coordinates. Messenger IV. 138.

Es sei *ABC* das Coordinatendreieck, α, β, γ die Lothe eines Punktes *P* auf die Seiten *BC*, *CA*, *AB* und somit seine Coordinaten; so soll die Bedingung gefunden werden, dass

$$u\alpha^2 + v\beta^2 + w\gamma^2 + 2u'\beta\gamma + 2v'\gamma\alpha + 2w'\alpha\beta = 0$$

einen Kreis ausdrückt. Der Verfasser bezieht die durch vorstehende Gleichung ausgedrückte Curve auf gewöhnliche Parallelcoordinaten, deren Axen *CA* und *CB* sind. Er setzt also:

$$\alpha = x\sin C, \quad \beta = y\sin C, \quad \gamma = \frac{2\Delta - a\alpha - b\beta}{c},$$

wo a, b, c, Δ die Seiten und der Inhalt des Dreiecks *ABC* sind. In der resultirenden Gleichung wird der Coefficient von x^2 dem von y^2 gleich gesetzt und auf diese Weise eine Bedingungsgleichung zwischen den Constanten u, v, w ... erhalten; die zweite ergiebt sich durch symmetrische Vertauschung derselben. Auf ähnliche Weise wird noch die Bedingung dafür entwickelt, dass die Curve Ellipse, Parabel oder Hyperbel ist. Mz.

E. D'Ovidio. Nuova esposizione della teoria generale delle curve di 2° ordine in coordinate trilineari. Battaglini G. VI. 46-66. 188-216. 259-283.

Die Arbeit enthält die elementaren Eigenschaften der Linien zweiten Grades in trilinearen Coordinaten nach einheitlicher Methode entwickelt. Die Anwendung dieser Coordinaten ist, wie der Verfasser sagt, bisher vorzugsweise und reichlich auf gerade Linien, dagegen nur unter Beschränkungen und mit ungleichem Verfahren auf Kegelschnitte geschehen von Ferrers, Chelini, Whitworth, abgesehen von einigen zerstreuten Artikeln in Quart. J., Messenger, Brioschi Ann. und Nouv. Ann. H.

H. M. Jeffery. On Conics, Plane and Spherical, referred to Three-Point Tangential Coordinates. Quart. J. IX. 1-15.

Sind α, β, γ die Dreieckscoordinaten eines Punktes in der Ebene (d. i. die Längen seiner Lothe auf die Seiten des Coordinatendreiecks), so ist $l\alpha + m\beta + n\gamma = 0$ die Gleichung einer Geraden; sind ferner p, q, r die Lothe von den Ecken des Coordinatendreiecks auf diese Gerade und a, b, c die Seiten des Coordinatendreiecks, so ist

$$\frac{ap}{l} = \frac{bq}{m} = \frac{cr}{n}.$$

Also wird die Gleichung obiger Geraden:

$$ap\alpha + bq\beta + cr\gamma = 0.$$

Ist nun der Punkt α, β, γ fest, während p, q, r variiren, so stellt diese letzte Gleichung einen Punkt dar; und p, q, r sind Liniencoordinaten. Ein Kegelschnitt wird dann durch eine Gleichung 2ten Grades in p, q, r ausgedrückt; es folgt dann eine kurze Behandlung der Kegelschnitte in diesem Coordinatensystem. Ganz Analoges findet nachher für die sphärischen Kegelschnitte statt. Ein sphärisches Dreieck ist Coordinatendreieck, und p, q, r bezeichnen die Sinus der Lothe aus den Ecken dieses Dreiecks auf einen grössten Kreisbogen, sie heissen dann seine Coordinaten; auch hier wird der Kegelschnitt durch eine Gleichung 2ten Grades in p, q, r ausgedrückt. Mz.

W. H. Laverty. Solution of the question 2267. Educ. Times. X. 78.

Ist $\Delta = \begin{vmatrix} a, & h, & g \\ h, & b, & f \\ g, & f, & c \end{vmatrix}$, und sind $a'b'c'f'g'h'$ die Coefficienten von a, b, c, f, g, h in der Entwicklung von Δ, dann sind die Coordinaten x, y der Brennpunkte von $(abcfg)(xy1)^2=0$ gegeben durch

$$2c'x - 2g' = \Delta^{\frac{1}{2}}\{(a-b+2hi)^{\frac{1}{2}} + (a-b-2hi)^{\frac{1}{2}}\},$$
$$2c'yi - 2f'i = \Delta^{\frac{1}{2}}\{(a-b+2hi)^{\frac{1}{2}} - (a-b-2hi)^{\frac{1}{2}}\},$$

wenn $i = \sqrt{-1}$ ist.

Salmon. Solution of the question 2261. Educ. Times. X. 19.

Sind fünf Kegelschnitte gegeben, so können die Constanten

a, b, c auf unendlich viele Weisen so bestimmt werden, dass $aU_1 + bU_2 + cU_3 + dU_4 + eU_5$ entweder $= L^2$ oder $= M. N.$ Im ersten Falle berühren alle L einen Kegelschnitt, im zweiten sind M und N in Bezug auf denselben conjugirt.

THOMSON. Solution of the question 2451. Educ. Times IX. 87.

Sind A, B, C, D die Schneidepunkte eines Kegelschnitts und eines Kreises, so liegen die Antipunkte von A, B und die von C, D auf einem confocalen Kegelschnitt. (Siehe Cayley, On Polyzomal Curves p. 165.)

MC. CAY, MERRIFIELD, TAYLOR and WALKER. Solution of the question 2554. Educ. Times IX. 79.

Von einem Punkte eines Kegelschnittes aus sind Strahlen in demselben gezogen. Die Abschnitte zwischen demselben und einer festen Tangente können als Segmente von gleicher Länge von einem Punkte des Kegelschnitts aus auf eine gegebene Linie projicirt werden.

NEUBERG. Solution de la question 548. Nouv. Ann. (2). VII. 224-227.

Ein durch die Punkte A_1, A_2, A_3 gehender Kegelschnitt berühre die Grade B. Bezeichnet man mit δ_1, δ_2, δ_3 die Entfernungen der Punkte von B, mit ϱ_1, ϱ_2, ϱ_3 die vom Brennpunkte F und mit a_1, a_2, a_3 ihre Entfernungen von einander, so ist

$$\delta_1^{\frac{1}{2}}[(\varrho_2-\varrho_3)^2-a_1^2]^{\frac{1}{2}}+\delta_2^{\frac{1}{2}}[(\varrho_3-\varrho_1)^2-a_2^2]^{\frac{1}{2}}+\delta_3^{\frac{1}{2}}[(\varrho_1-\varrho_2)^2-a_3^2]^{\frac{1}{2}}=0.$$

O. HERMES. Verallgemeinerung der Focaleigenschaften der Kegelschnitte. P. Cöln. R. G. Berlin.

Elliptischen Abstand zweier Punkte nennt der Verfasser deren Abstand, gemessen durch das Stück, welches eine um den einen Punkt als Centrum beschriebene Ellipse von bestimmter Grösse und Richtung der Axen darauf abgrenzt. Hiernach ist die Summe der elliptischen Abstände der nächsten Theilpunkte einer Geraden gleich dem ihrer Endpunkte. Die Quadratsumme zweier elliptischen Seiten eines Dreiecks von conjugirten Richtungen ist gleich dem Quadrat der elliptischen dritten Seite. Der Ort aller Punkte, deren Verbindungslinien mit 2 festen Punkten p_1, p_2 je 2 conjugirten Durchmessern parallel sind, ist eine Ellipse, der Fundamentalellipse ähnlich und gleichliegend, und p_1, p_2 ihr Durchmesser.

Auf diese 3 Grundeigenschaften werden nun folgende fernere Sätze basirt:

4) Concentrische Kegelschnitte von gleicher Axenrichtung und von constantem Verhältniss der Differenz der Quadrate der Halbaxen besitzen die Eigenschaft, dass die von einem beliebigen Punkte an sie gelegten Tangentenpaare in Involution stehen.

5) Legt man durch beliebige Punkte Tangentenpaare an 2 concentrische Kegelschnitte von gleicher Axenrichtung, so sind die Doppellinien der durch diese Tangenten bestimmten Involution selbst paarweise parallel conjugirten Strahlen eines bestimmten Involutionssystems, nämlich conjugirten Durchmessern desjenigen concentrischen Kegelschnitts von gleicher Axenrichtung, in welchem die Quadrate der Halbaxen sich verhalten, wie die Differenzen der Quadrate der Halbaxen der gegebenen Kegelschnitte.

6) Wenn der Fundamentalkegelschnitt

$$(F) \quad \frac{x^2}{a^2} + \frac{y^2}{b^2} = 1$$

eine Ellipse ist, so gehen durch jeden Punkt eine Ellipse und eine Hyperbel vom System

$$(K) \quad \frac{x^2}{m^2 + \lambda a^2} + \frac{y^2}{n^2 + \lambda b^2} = 1.$$

7) Ist er eine Hyperbel, so sind die Kegelschnitte des Systems einem bestimmten Rhombus eingeschrieben in der Weise, dass durch jeden Punkt innerhalb des Rhombus 2 Ellipsen, durch jeden äusseren Punkt zwischen den sich kreuzenden verlängerten Seiten 2 Hyperbeln gehen, während die 4 Parallelräume ausserhalb frei bleiben.

8) Die Tangenten in jedem gemeinsamen Punkte zweier Kegelschnitte des Systems (K) sind parallel zwei conjugirten Durchmessern von (F).

9) Die Doppellinien der Involution der durch die Tangentenpaare von einem beliebigen Punkte p an die Kegelschnitte

(K) sind selbst die Tangenten an diejenigen 2 Kegelschnitte (K), welche durch p gehen.

10) Je 2 conjugirte Punktepaare auf Kegelschnitten des Systems (K) haben wechselseitig gleiche elliptische Abstände mit Bezug auf den Fundamentalkegelschnitt (F).

11) Die Summe der elliptischen Abstände eines beliebigen Punktes einer Ellipse (K) von den durch

$$\lambda = -\frac{m^2}{b^2}, \quad \lambda = -\frac{n^2}{b^2}$$

bestimmten Grenzpunkten ist constant, nämlich gleich dem elliptischen Abstande der Scheitel der grossen Axe.

12) Das Analoge gilt von der Hyperbel.

13) Je 2 in gleichem Abstande vom Mittelpunkte liegende Punkte der grossen oder kleinen Axe einer Ellipse als Grenzpunkte haben die Eigenschaft, dass die Summe der elliptischen Abstände derselben von einem jeden Punkte der Ellipse, mit Bezug auf eine bestimmte, von der Lage der Grenzpunkte abhängige Fundamentalellipse constant ist, nämlich gleich dem elliptischen Abstande der zugehörigen Scheitel.

14) Bei der Hyperbel tritt die Differenz an die Stelle der Summe. Der Satz gilt dann nur von der reellen Axe.

15) Die elliptischen Abstände aller Punkte einer der Fundamentalellipse ähnlichen und gleichliegenden Ellipse vom Mittelpunkte sind einander gleich.

16) Die Summe der elliptischen Abstände der Eckpunkte eines umschriebenen Rhombus von jedem Punkte einer Ellipse mit Bezug auf eine von der Lage der Grenzpunkte abhängige Fundamentalhyperbel ist constant, nämlich gleich dem elliptischen Abstande der zugehörigen Scheitel.

17) Die Differenz der elliptischen Abstände je zweier Punkte der reellen Axe einer Hyperbel, in gleichem Abstande vom Mittelpunkte, von einem Punkte der Hyperbel mit Bezug auf eine von den Grenzpunkten abhängige Fundamentalhyperbel ist constant, nämlich gleich dem elliptischen Abstande der Scheitel der Hyperbel.

18) Die conjugirten Punkte je zweier Kegelschnitte des Systems (K) liegen auf je einem Kegelschnitte desselben Systems.

19) Je 2 Ellipsen und je 2 Hyperbeln eines elliptischen Systems

(K) begrenzen krummlinige Vierecke, deren Gegenecken gleiche elliptische Abstände von einander haben mit Bezug auf die Fundamentalellipse des Systems.

20) Je 4 Ellipsen, sowie je 4 Hyperbeln, die demselben Rhombus eingeschrieben sind, und zwar die Hyperbeln in entgegengesetzten Scheitelräumen, begrenzen krummlinige Vierecke, deren Gegenecken gleiche elliptische Abstände von einander haben mit Bezug auf eine Fundamentalhyperbel, deren Axen sich verhalten wie die Diagonalen des Rhombus.

21) Die Verbindungslinien eines beliebigen Punktes P der Ebene mit den Grenzpunkten, sowie je 2 von P an Kegelschnitte (K) gelegte Tangenten stehen in Involution.

22) Der zur Verbindungslinie eines Punktes P eines Kegelschnitts mit dessen Grenzpunkte conjugirte harmonische Strahl und die Tangente in P sind conjugirten Durchmessern parallel.

23) Durchläuft die Spitze eines von zwei Dreiecken bei fester Basis eine Gerade, und sind die anstossenden elliptischen Seiten in beiden beziehlich gleich, so durchläuft die Spitze des andern eine Parabel, deren Axe die erstere Basis, deren Sehne die letztere ist. H.

GRUNERT. Allgemeine analytische Auflösung der Aufgabe: Den Kegelschnitt von gegebener Charakteristik und gegebenem Brennpunkte zu bestimmen, welcher eine der Lage nach gegebene Grade in einem in derselben gegebenen Punkte berührt. Grunert Arch. XLIX. 135.

Charakteristik wird hier der Quotient der Excentricität durch die Haupthalbaxe genannt und mit n bezeichnet. Die Gleichungen des gesuchten Kegelschnitts und der gegebenen Tangente lauten in vereinfachter Weise geschrieben:

$$r = n(h + r\cos\varphi), \qquad r\cos(\varphi - \alpha) = c,$$

wo h den Abstand des gegebenen Brennpunkts von der Directrix, r, φ Polarcoordinaten, α, c Constanten bezeichnen. Für einen Punkt sind gegeben r und $\varphi - \alpha$, gesucht h und α. Beide Gleichungen müssen für denselben Punkt noch nach erster Derivation bestehen. Mit dem blossen Ansatze waren demnach die Unbekannten durch ein leicht auflösbares System von Gleichungen bestimmt, und es blieb nur übrig, die gewünschten Resultate daraus zu ziehen. Dieser einfache Zusammenhang wird durch die zur Lösung angewandte lange Rechnung zu sehr ins Dunkel gestellt. H.

A. RIBAUCOUR. Sur le rayon de courbure des coniques. Nouv. Ann. (2). VII. 171-176.

Die verschiedenen Constructionen des Krümmungsradius der Kegelschnitte werden aus dem Satze abgeleitet, dass das Stück der Normale eines Kegelschnittpunktes *A*, welches zwischen den Lothen liegt, die von einem Punkte *M* seiner Tangente auf die Polare von *M* und auf den durch *A* gezogenen Durchmesser gefällt werden, für alle Lagen des Punktes *M* auf der Tangente constant und zwar gleich dem Krümmungsradius in *A* ist. Nachdem der Beweis des Satzes geführt ist, werden speciellere Formeln und Constructionen für den Krümmungsradius dadurch abgeleitet, dass dem Punkte *M* besondere Lagen gegeben werden. T.

ST. WATSON. Solution of the question 2687. Educ. Times. X. 58.

Aufgabe, die Normalen eines Kegelschnitts betreffend.

G. SALMON. On the limiting cases of certain conics. Messenger IV. 129-131.

Ansichten des Verfassers über den Begriff von Tangenten im Doppelpunkte. H.

C. TAYLOR. On the limiting cases of certain conics. Messenger IV. 140-143.

Ansichten des Verfassers über eine Unbestimmtheit des analytischen Ausdrucks. H.

H. G. ZEUTHEN. Elementar-geometriske Beviser for Hovedsaethingerne om Kegelsnittenes Diametre. Tychsen Tidsskr. IV. 145-159.

Hultmann. Komplettering af Lösningen af Opgave 9. Tychsen Tidsskr. IV. 41 u. 42.

Diejenige Normale, welche von einem Kegelschnitt das kleinste Areal abschneidet, bildet mit der Axe einen halben rechten Winkel. H.

Laverty. Solution of the question 2704. Educ. Times X. 111.

Ortsaufgabe bei Kegelschnitten.

Burnside. Solution of the question 2630. Educ. Times X. 63.

Der Grad des Ortes der Brennpunkte eines Systems von Kegelschnitten, die 4 Bedingungen unterworfen sind, ist 3 mal so gross als der des Ortes der Mittelpunkte.

Mc. Cay. Solution of the question 2676. Educ. Times X. 34.

Aufgabe, ein Dreieck, ein- und umgeschriebene Kegelschnitte betreffend.

S. Hertzsprung. Lösning af Opgave 66. Tychsen Tidsskr. IV. 78.

Die Aufgabe ist: eine Parabel zu construiren, die 2 gegebene Kreise zweimal berührt. Die gesuchte Parabel ist derjenigen congruent, welche durch die 4 Endpunkte der transversalen Durchmesser geht, und ihr Brennpunkt ist deren Scheitel. H.

Lemaitre. Solution de la question 827. Nouv. Ann. (2) VII. 132-136.

Geometrische Bestimmung der orthogonalen Trajectorien 1) aller Parabeln, die denselben Brennpunkt und dieselbe Axe haben und deren Zweige in demselben Sinne gedreht sind; 2) aller Parabeln, die denselben Scheitel und dieselbe Axe haben.

H. G. Day. Investigation of the geometrical properties of the ellipse, from the definition by focus and directrix. Quart. J. IX. 246-249.

Mit Hülfe des Satzes: Das Quadrat der Tangente vom Durchschnitt zweier Kreise an einen dritten, der mit beiden 2 Tangenten gemein hat, ist gleich dem Rechteck aus den 2 Stücken der letztern, begrenzt durch die Berührungspunkte — werden folgende 3 Sätze bewiesen:

1) Eine Sehne *AB* einer Ellipse (deren Brennpunkt *F*) und ihre parallelen Tangenten schneiden die Directrix beziehungsweise in *D, C, E;* durch *D* gehen 2 Parallelen mit *FC* und *FE;* dann berühren diese die zwei um *A* und *B* durch *F* beschriebenen Kreise.

2) Zieht man durch einen äussern oder innern Punkt Secanten oder Sehnen an eine Ellipse, so sind die Rechtecke aus deren Abschnitten proportional den Quadraten ihrer parallelen Durchmesser.

3) Die Mitten paralleler Sehnen liegen auf demjenigen Durchmesser, welcher durch den Schnitt der Directrix mit einem Lothe vom Brennpunkte auf die Sehnen geht. H.

Laverty. Solution of the question 2465. Educ. Times. X. 66 u. 67.

Die Tangente einer Ellipse am einen Endpunkte der Polare ist gegeben; es wird die Gleichung der Tangente am anderen Endpunkte der Polare aufgestellt.

Greer. Solution of the question 2482. Educ. Times X. 65.

Beweis einiger Formeln bezüglich der Ellipse und eines umschriebenen Vierecks.

Savage, Watson and Bills. Solution of the question 2733. Educ. Times X. 92 u. 93.

Der mittlere Inhalt einer unendlichen Reihe von Dreiecken, die gleichmässig über die Oberfläche einer Ellipse so vertheilt sind, dass jedes eine Seite parallel einer gegebenen Linie hat, ist $\frac{256}{525\pi^2}$ des Ellipsen-Inhalts.

Watson and Wolstenholme. Solution of the question 2577. Educ. Times X. 84 u. 85.

Der mittlere Inhalt aller Ellipsen, welche einen Halbkreis und seinen Durchmesser berühren, ist $= \frac{2}{15}(2+\sqrt{2})$ des Halbkreises, wenn alle Lagen des Centrums der Ellipse als gleich wahrscheinlich, dagegen $=(2-\sqrt{2})$, wenn alle Entfernungen der Berührungssehne als gleich wahrscheinlich vorausgesetzt sind.

GRUNERT. Ueber einen Satz von der Ellipse. Grunert Arch. XLIX. 45-48.

Beweis des bekannten Satzes vom Flächeninhalt des umschriebenen Parallelogramms. H.

CHR. HANSEN. Lösning af Opgaverne 138. 38. 141. Tychsen Tidsskr. IV. 79-85.

Zwei auf einander senkrechte Sehnen eines einer Ellipse umschriebenen Kreises durch einen Brennpunkt gezogen haben die Längen conjugirter Durchmesser.

Der zweite Artikel behandelt die Aufgabe, das grösste Sehnendreieck einer Ellipse zu finden, dessen eine Seite durch einen Brennpunkt geht; der dritte beweist den Satz:

Die Krümmungsradien in zwei Punkten eines Kegelschnitts verhalten sich wie die Quadrate der einander begrenzenden Tangenten in denselben. H.

D. HOLDITSCH. The equation to the chord joining two points on an ellipse. Messenger IV. 166.

Bekannt: Siehe Salmon's Anal. Geometrie p. 205. Mz.

SCHLÖMILCH. Gelegentliche Bemerkung über die Ellipse. Schlömilch Z. XIII. 580.

Ist $E(1,x)$ die Länge des Quadranten einer aus den Halbaxen 1 und $x<1$ construirten Ellipse, so ist das arithmetische Mittel der Umfänge aller Ellipsen mit der gemeinschaftlichen grossen Halbaxe 1 und den kleinen Axen 0 bis 1:

$$M=\int_0^1 4E(1,x)\,dx = 4\int_0^1 dx\int_0^{\frac{\pi}{2}} \sqrt{\cos^2\varphi+x^2\sin^2\varphi}\,d\varphi.$$

Durch Anwendung der identischen Gleichung

$$\int_0^1 \sqrt{\alpha+\beta x^2}\,dx = \frac{\sqrt{\alpha+\beta}}{2}\left\{1+\int_0^1 \frac{\alpha\,du}{\alpha+\beta-\beta u^2}\right\}$$

auf M und Ausführung der Integrationen ergiebt sich:

$$M = \frac{1}{2}\pi^2.$$

Dies Mittel ist also gleich der Peripherie eines mit dem Radius $\frac{1}{2}\sqrt{\pi}$ beschriebenen Kreises. O.

W. ALLEN WHITWORTH. On the limiting cases of certain conics. Messenger IV. 148-151.

Ansichten des Verfassers über unendlich schmale Ellipsen und Hyperbeln. H.

DALE. Solution of the question 2364. Educ. Times X. 29-30.

Ueber den drei Seiten eines Dreiecks sind 3 Kreise so gezeichnet, dass die innerhalb desselben liegenden Segmente einander ähnlich sind. Der Potenzpunkt der 3 Kreise liegt dann auf einer gleichseitigen Hyperbel, welche durch die Ecken und den Schwerpunkt des Dreiecks geht.

BROAGER. Vinklens Tredeling og den indskrevne Firkant. Tychsen Tidsskr. IV. 113-122.

Ein Kreisbogen, vom Scheitel einer Hyperbel $x^2 - \frac{1}{3}y^2 = k^2$ nach dem Brennpunkt des andern Zweiges gezogen, wird von der Hyperbel im Verhältniss 2:1 getheilt. Ausser diesem Satze werden Relationen zwischen den Bestimmungsstücken eines Kreissehnenvierecks besprochen. H.

A. STEEN. En ny egenskab ved den ligesidede hyperbel anvendt til vinklens tredeling. Tychsen Tidsskr. IV. 1-6.

Winkel, deren Scheitel diametrale Punkte einer gleichseitigen Hyperbel sind, und deren Schenkel durch dieselben Punkte der Hyperbel gehen, sind einander gleich — wie beim Kreise für beliebige Scheitel in der Peripherie. Nach diesem Satze schneidet diejenige gleichseitige Hyperbel von einem Kreisbogen den dritten Theil ab, welche ein Punkt beschreibt, von dem aus eine Gerade mit der Sehne im Endpunkt, eine andere mit der Sagitte im Mittelpunkt gleiche Winkel bildet.

Hierauf beruht eine aus drehbaren Linealen zusammengesetzte Vorrichtung zur Construction der erforderlichen Hyperbel, welche demnächst beschrieben wird. H.

Dale. Solution of the question 2344. Educ. Times IX. 40.

Aufgabe, eine rechtwinklige Hyperbel betreffend.

D. Besondere Curven.

Enneper. Ueber die Bedingungen, dass vier Punkte auf einem Kreise und fünf Punkte auf einer Kugelfläche liegen. Schlömilch Z. XIII. 261 u. 262.

Die Elimination der variabeln Coordinaten und des Radius des Kreises aus den 4 Gleichungen, welche für vier Punkte, die auf einem Kreise liegen, gelten, führt nach verschiedenen Transformationen auf eine letzte Bedingungsgleichung, welche nur die Entfernungen der 4 gegebenen Punkte von einander enthält, aus welcher als einfaches geometrisches Resultat der Ptolemäische Lehrsatz folgt. Die analoge Behandlung der Bedingung, dass 5 Punkte auf einer Kugelfläche liegen, führt zu einer analogen Bedingungsgleichung, welche auch nur die Entfernungen der Punkte von einander enthält. T.

A. Cayley. Démonstration nouvelle du théorème de M. Casey par rapport aux cercles qui touchent à trois cercles donnés. Brioschi Ann. (2). I. 132-134.

Versteht man unter einer 0-Kugel eine Kugel mit dem Radius 0, deren Gleichung also: $(x-a)^2+(y-b)^2+(z-c)^2=0$ ist, dann ist die oben bezeichnete Aufgabe identisch mit der, eine 0-Kugel zu finden, welche durch drei gegebene Punkte geht. Aus der allgemeinen Bedingungsgleichung dafür, dass 5 Punkte auf einer Kugel liegen, wird die Bedingungsgleichung hergeleitet, die ausdrückt, dass 4 Punkte auf einer 0-Kugel liegen. Fasst man von den vier Punkten drei als gegeben, den vierten als variabel auf, so stellt diese Gleichung, nämlich: $\sqrt{l_1 S_1}+\sqrt{l_2 S_2}+\sqrt{l_3 S_3}=0$ (schon von Casey — Trans. of Dublin 1866 — angegeben) die gesuchte 0-Kugel und zugleich den Kreis dar, welcher die drei gegebenen berührt. Hierin bezeichnen S_1, S_2, S_3 die drei gegebenen Kreise, l_1, l_2, l_3 die Abstände der Berührungspunkte von einander. Die Formel enthält im Ganzen 4 Paar Kreise, welche der gestellten Bedingung genügen. Nennt man diejenigen beiden Punkte, welche senkrecht über und unter dem Mittelpunkte eines Kreises um den Radius von ihm entfernt liegen, Gegenpunkte (verte-foyens, antifoci) des Kreises, dann kann man mit Hülfe der Gegenpunkte sämmtliche 4 Paare von Kreisen, welche drei gegebene berühren, geometrisch construiren. T.

W. J. Macquorn Rankine. On curves fulfilling the equation $\frac{d^2\varphi}{dx^2}+\frac{d^2\varphi}{dy^2}=0$. Phil. Mag. 1868. 244. Mondes (2). XVI. 206.

Beweis des Satzes: Wenn eine Curve, welche der Bedingung $\frac{d^2\varphi}{dx^2}+\frac{d^2\varphi}{dy^2}=0$ genügt, sich in einem Doppelpunkt schneidet, so bilden die Zweige rechte Winkel mit einander, nebst einer von Stokes gegebenen Verallgemeinerung: Hat eine Curve der oben erwähnten Art einen n fachen Punkt, so bilden die Zweige untereinander Winkel von der Grösse $\frac{\pi}{n}$. O.

A. Cayley. On the Cubic Curves Divergent Parabolas. Quart J. IX. 185-189.

Der Verfasser bespricht die durch die Gleichung:

$$y^2 = x^3 - 3cx + 2d$$

ausgedrückten Curven. Je nachdem nun $c^3 \gtreqless d^2$ und je nachdem die Vorzeichen von c und d sind, giebt es 13 Arten. Von den 9 Inflexionspunkten einer Curve dritter Ordnung liegt in diesem Falle einer im Unendlichen, zwei sind reell, sechs imaginär. Die Tangenten an den reellen Inflexionspunkten treffen die Achse (x) in einem Punkte R. Von den 6 imaginären Inflexionspunkten giebt es aber 2 von der Beschaffenheit, dass die Tangenten in ihnen die Achse (x) in einem reellen Punkt J treffen. Der Verfasser zeigt nun, wie aus der jedesmaligen Lage von R und J die verschiedenen Arten der Eingangs bezeichneten Curve sich ergeben. Mz.

Fr. Rummer. Neue Sätze über eine krumme Linie. Heidelberg 1868.

S. Roberts. Note on the figure formed by sixteen cotangential chords of a curve of the third degree. Quart. J. IX. 232-234.

J. Booth. Sur la rectification de quelques courbes. Brioschi Ann. (2). II. 81-88.

Siehe Abschn. VI. Cap. 3. p. 100.

K. L. Bauer. Ueber einige, auf die parabolischen Wurflinien bezüglichen geometrischen Oerter und deren Gebrauch zur Bestimmung der Wurfweite und Wurfhöhe. Pogg. Ann. CXXXIV. 265. Carl Repert. IV. 15. Mondes (2). XVIII. 339.

Siehe Abschn. X. Cap. 3.

Gottfried Korneck. Eine mathematische Abhandlung über den geometrischen Ort der Mittelpunkte von Kegelschnitten, von denen 3 Tangenten oder 3 Punkte nebst der Fläche gegeben sind. Pr. G. Oels 1868.

Mit Benutzung der Mittelpunktsgleichung der Kegelschnitte werden allgemeine Formeln für den Inhalt derselben abgeleitet, je nachdem sie durch 3 Tangenten oder 3 Punkte gegeben sind; die verschiedenen Arten und Abarten der Kegelschnitte, abhängig von der Lage des Mittelpunktes gegen die gegebenen Tangenten oder Punkte, werden erörtert. Die eine der gefundenen Inhaltsformeln liefert dann zunächst das Resultat, dass die Mittelpunktscurve der Kegelschnitte, welche durch 3 Tangenten und den Flächeninhalt bestimmt sind, eine Curve dritten Grades ist, die definirt wird als geometrischer Ort derjenigen Punkte, für welche das Produkt der Entfernungen von drei festen Geraden, die für die Curve Asymptoten sind, constant ist. Wegen dieser und anderer den Hyperbeleigenschaften analogen Eigenschaften wird die Curve kubische Hyperbel genannt. Ihre Formen werden auf beigegebenen Tafeln zur Anschauung gebracht und ihre Eigenschaften untersucht. Die ganz analoge Untersuchung der Mittelpunktscurve der durch 3 Punkte und den Flächeninhalt gegebenen Kegelschnitte giebt eine Curve sechsten Grades; auch deren Gestalten werden auf beigegebenen Tafeln abgebildet und ihre Eigenschaften werden untersucht. T.

SIMON SPITZER. Merkwürdige Eigenschaft derjenigen Curve, welche vom Brennpunkte einer Ellipse beschrieben wird, wenn diese auf einer Geraden rollt. Grunert Arch. XLVIII. 235-238.

Wenn man die Gleichung der in Rede stehenden Curve entwickelt und zwar die Ordinate als eine Function der Bogenlänge, so giebt die unmittelbare Betrachtung der Gleichung das Resultat, dass der vom Brennpunkte beim einmaligen Abrollen der Ellipse durchlaufene Curvenbogen für alle Ellipsen von gleichen Hauptachsen, aber beliebigen Nebenachsen eine constante Länge hat.

T.

LAJUDIE et SALVY. Solution de la question 844. Nouv. Ann. (2). VII. 187 u. 188.

Zieht man von einem festen Punkt O auf der Peripherie eines Kreises 2 Sehnen OA, OB, deren Produkt constant ist, so ist die Enveloppe der Secante AB ein Kreis mit dem Mittelpunkte O und dem Radius $\frac{a^2}{2R}$, wo a^2 das constante Produkt und R der Radius des ursprünglichen Kreises ist.

J. GRIFFITHS. A short method of finding the equation to a certain envelope depending on a triangle inscribed in a circle. Quart. J. IX. 346 u. 347.

Fällt man von einem beliebigen Punkte P eines Kreises Lothe auf die Seiten eines dem Kreise eingezeichneten Dreiecks, so liegen bekanntlich die Fusspunkte dieser drei Lothe in einer Geraden. Der Verfasser behandelt nun die Aufgabe, die Gleichung der Einhüllenden aller dieser Geraden zu finden, während P den Kreis durchläuft. Ist ABC das Coordinatendreieck und gleichzeitig dasjenige, dem der Kreis umgeschrieben ist, so ist dessen Gleichung: $\frac{\sin A}{\alpha}+\frac{\sin B}{\beta}+\frac{\sin C}{\gamma}=0$, wo α, β, γ die Lothe eines Punktes des Kreises auf die Seiten des Dreiecks sind (d. i. die laufenden Coordinaten). Sind nun x, y, z die Coordinaten eines bestimmten Punktes des Kreises, so ist die Gleichung der in Rede stehenden Geraden:

$$x(y+z\cos A)(y\cos A+z)\frac{\alpha}{\sin A}+\cdots+\cdots=0.$$

Schreibt man hier statt $x, y, z: \frac{1}{x}, \frac{1}{y}, \frac{1}{z}$, so sind diese der Bedingung unterworfen:

$$x\sin A+y\sin B+z\sin C=0.$$

Da diese letzte Gleichung aber die der unendlich entfernten Geraden ist, so kann man

$$x=\lambda A_1+\frac{\mu}{A_1},\quad y=\lambda B_1+\frac{\mu}{B_1},\quad z=\lambda C_1+\frac{\mu}{C_1}$$

annehmen, — wo $(A_1 B_1 C_1)$ jeder der beiden (imaginären) Durchschnitte des Kreises mit dieser Geraden sein kann, — und erhält eine homogene Gleichung dritten Grades in λ und μ, deren Discriminante die Gleichung der gesuchten Curve ist. Mz.

Léon Dyrion. Note sur les courbes considérées comme enveloppes d'une droite. Nouv. Ann. (2). VII. 176-180.

Die Gleichung der umhüllten Geraden sei:

$$x\cos\alpha+y\sin\alpha-\varphi(\alpha)=0,$$

dann ist die Länge des Krümmungshalbmessers der Umhüllungscurve (C) dieser Geraden in einem jeden Punkte α durch: $\varphi(\alpha)+\varphi''(\alpha)$ auszudrücken. Die Entwickelung dieses Ausdrucks zeigt, dass $\varphi'(\alpha)+\varphi'''(\alpha)$ der Ausdruck für den Krümmungshalbmesser der abgewickelten Curve (C') der Curve (C) ist, dass man die Curve (C') rectificiren kann, und endlich, dass der Abstand irgend eines Punktes von einer Normale der Curve (C) die Ableitung (nach α) des Abstandes desselben Punktes von der zugehörigen Tangente ist. Durch Anwendung dieser Resultate werden dann sehr bekannte Eigenschaften der Kegelschnitte, der Cycloide und der Lemniscate auf einfache Weise hergeleitet. Durch passende Wahl der Function φ werden die Sätze dann auch noch auf die Evolventen eines Kreises und auf die logarithmische Spirale angewandt. T.

RIBAUCOUR. Sur les courbes enveloppes de cercles, et sur les surfaces enveloppes de sphères. C. R. LXVII. 1334. Inst. 1. sect. XXXVI. 86 u. 87.

Diese Note — die Fortsetzung einer im Jahre 1867 bekannt gemachten — enthält Sätze, die sich wesentlich in drei Gruppen zusammenstellen lassen. Die erste Gruppe umfasst Sätze, welche die Umhüllungscurven von Kreisen betreffen, und zwar erstens solche Sätze, welche die Auswerthung der Summe zweier entsprechenden Bogen und den Flächeninhalt anallagmatischer Curven behandeln. Anallagmatische Curven sind nach Moutard die Umhüllungscurven von Kreisen, die einen gegebenen festen Kreis rechtwinklig schneiden, während ihre Mittelpunkte auf einer gegebenen Curve liegen. Die übrigen Sätze betreffen vorzugsweise die Lage des Schwerpunkts der Umhüllungscurven einer Schaar Kreise, deren Mittelpunkte auf einer Curve liegen, und deren Radien durch die Relation $R' = kR$ von einander abhängig sind.

Die zweite Gruppe von Sätzen betrifft die Umhüllungsfläche einer Schaar Kugeln, deren Mittelpunkte auf einer Raumcurve (C) liegen und deren Radien durch die Lage der Kugelmittelpunkte auf (C) bedingt sind. Diese Umhüllungsfläche besitzt ein System Krümmungslinien, welche Kreise sind; die Normalen der Flächen längs einer dieser Krümmungslinien bilden einen Kreiskegel; die verschiedenen kreisförmigen Krümmungslinien haben eine aus zwei Zweigen bestehende Umhüllungscurve, die nach Monge Rückkehrkante der Umhüllungsfläche der Kugeln genannt wird. Die zur zweiten Gruppe gehörenden Sätze betreffen nun den Kreiskegel, die Tangentenfläche für die Normalen der Umhüllungsfläche, die Rückkehrkanten, den Flächeninhalt, das Volumen und die ebenen aber nicht kreisförmigen Krümmungslinien der Umhüllungsfläche, und endlich wird noch der specielle Fall behandelt, dass die Mittelpunktscurve (C) eben ist.

Die dritte Gruppe umfasst die Sätze, welche die Umhüllungsfläche einer Schaar Kugeln zum Gegenstande haben, deren Mittelpunkte auf einer Oberfläche (S) liegen, und deren Radien, wie im zweiten Falle, durch die Lage der Mittelpunkte auf der Oberfläche bedingt sind. Diese Umhüllungsfläche setzt sich aus zwei Schalen zusammen, einer auf (S) gezeichneten Linie entsprechen zwei Linien auf der Umhüllungsfläche, einer geschlossenen Curve auf (S) entsprechen zwei geschlossene Curven auf der Umhüllungsfläche. Eigenschaften dieser Curven behandeln einige der Sätze. Die übrigen Sätze betreffen dann die Umhüllungsfläche von Kugeln, deren Radien durch die Relation $R' = kR$ von einander abhängig sind. T.

F. E. ECKARDT. Ueber eine gewisse Classe von Curven dritten Grades. Schlömilch Z. XIII. 263-266.

Der Verfasser betrachtet alle diejenigen Curven dritten Grades, welche durch 7 Punkte, die aber nicht willkürlich gewählt sind, gelegt werden können. Von diesen 7 Punkten sind nämlich nur 4 willkürlich P, P_1, P_2, P_3. Die andern 3 sind die Schnittpunkte der Geraden PP_1 mit P_2P_3, ferner PP_2 mit P_3P_1 und PP_3 mit P_1P_2; sie mögen der Reihe nach A, B, C heissen. Mit Zugrundelegung des Dreiecks ABC als Coordinatendreieck ergiebt sich dann als Gleichung der Curve

$$A\alpha(c^2\beta^2 - b^2\gamma^2) + B\beta(a^2\gamma^2 - c^2\alpha^2) + C\gamma(b^2\alpha^2 - a^2\beta^2) = 0,$$

wo α, β, γ die laufenden Coordinaten des Curvenpunkts, d. h. seine senkrechten Abstände von resp. BC, CA, AB sind, ferner a, b, c die Constanten, welche in den Gleichungen der 6 Geraden AP, BP, CP, P_1P_2, P_2P_3, P_3P_1 vorkommen, und endlich A, B, C die zur Allgemeinheit erforderlichen Constanten.

Aus der Gleichung ergeben sich dann auf leichte Weise interessante Sätze über Tangenten, und berührende und osculirende Kegelschnitte in den 7 Grundpunkten.

Durch Betrachtung der dritten Durchschnittspunkte der Curve mit BC, CA, AB, — welche D, E, F sein mögen — wird nachgewiesen, dass bei Zugrundelegung des neuen Coordinatendreiecks DEF die Form der angegebenen Gleichung dieselbe bleibt, dass also eine Curve dritten Grades auf unzählig viele Arten durch eine solche Gleichung ausgedrückt werden kann, wenn dies einmal der Fall ist.

Zum Schluss wird noch der specielle Fall betrachtet, in welchem P der Höhenschnitt des Dreiecks $P_1P_2P_3$ ist.

Mz.

A. Sartiaux. Sur les points d'inflexion des courbes du troisième ordre. Lille, Danel.

H. Lemonnier. Mémoire sur les points d'inflexion et les points Steiner dans les lignes du troisième ordre. Paris, Thunot.

Thomson. Solution of the question 2675. Educ. Times X. 35.

Aufgabe, eine Curve dritten Grades betreffend.

Thomson. Solution of the question 2697. Educ. Times X. 53.

J sei ein Inflexionspunkt einer Curve dritter Ordnung. Die von ihm gezogenen Tangenten berühren in *P, Q, R,* die von *P* gezogenen in *A, B, C, D.* Dann werden die gegenüberliegenden Seiten des Vierecks *ABCD* sich in *J, Q, R* schneiden.

Stanley. Solution of the question 2740. Educ. Times X. 105.

Aufgabe, bezüglich einer Curve dritten Grades.

G. Sardi. Nota sopra una rete di biquadratiche. Battagl. G. VI. 217-239.

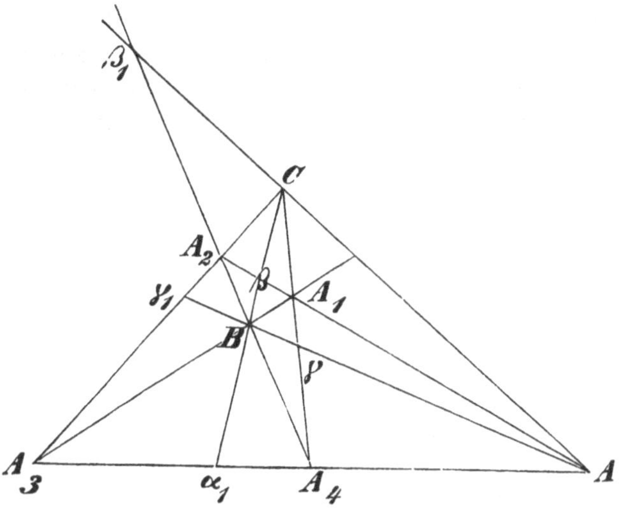

In beistehender Figur sei *ABC* das Coordinatendreieck;

x, y, z seien die Coordinaten eines beliebigen Punktes, a, b, c die Coordinaten von A_1 (oder diesen proportional, was in der Behandlung keinen Unterschied macht), so sind die Coordinaten von A_2: $-a, b, c$; von A_3: $a, -b, c$; von A_4: $a, b, -c$, wie aus den harmonischen Eigenschaften des Vierecks $A_1A_2A_3A_4$ leicht folgt. Die Coordinaten von $\alpha, \beta, \gamma, \alpha_1, \beta_1, \gamma_1$ sind dann einfach zu bestimmen. Die Punkte $\alpha_1\beta_1\gamma_1$ liegen bekanntlich in einer Geraden, ebenso: $\alpha_1\beta\gamma$, $\alpha\beta_1\gamma$, $\alpha\beta\gamma_1$, deren Gleichungen der Reihe nach:

$$\frac{x}{a}+\frac{y}{b}+\frac{z}{c}=0, \quad -\frac{x}{a}+\frac{y}{b}+\frac{z}{c}=0, \quad \frac{x}{a}-\frac{y}{b}+\frac{z}{c}=0,$$
$$\frac{x}{a}+\frac{y}{b}-\frac{z}{c}=0.$$

Eine beliebige Curve vierten Grades, die durch die Punkte $A, B, C, A_1, A_2, A_3, A_4, \alpha, \beta, \gamma, \alpha_1, \beta_1, \gamma_1$ geht, hat nun zur Gleichung:

$$Lyz\left(\frac{y^2}{b^2}-\frac{z^2}{c^2}\right)+Mzx\left(\frac{z^2}{c^2}-\frac{x^2}{a^2}\right)+Nxy\left(\frac{x^2}{a^2}-\frac{y^2}{b^2}\right)=0.$$

Die 3 willkürlichen Constanten gestatten noch 2 beliebige Punkte einzuführen; alle durch diese Gleichung ausgedrückten Curven bilden also ein geometrisches Netz. Sie werden im Folgenden genauer untersucht. Einiges hiervon möge angegeben werden.

Alle Curven des Netzes haben die Ecken des Coordinatendreiecks zu Inflexionspunkten und die Wendungstangenten treffen sich auf einem Punkte der Curve. Dieser Punkt heisst Centrum. Die ersten Polaren der Centra dieser Curven bilden ein neues Netz von Curven dritten Grades, die dem Viereck $A_1A_2A_3A_4$ und dem Coordinatendreieck umschrieben sind. In jeder der betrachteten Curven vierten Grades treffen sich die Tangenten an den Ecken des Vierecks und des Coordinatendreiecks in einem Punkte der Curve (dem Centrum). Mz.

A. F. Torry. On the Lemniscate. Messenger IV. 139. 140.

Es wird eine Lemniscate betrachtet, deren erzeugender Punkt auf dem Durchmesser des erzeugenden Punkts einer gleichseitigen Hyperbel und auf der Tangente derselben im symmetrisch liegenden Punkte liegt. Ihre Brennpunkte liegen auf der Hauptaxe in

Abständen, die sich zur Halbaxe der Hyperbel verhalten, wie diese zur Excentricität.

Das Produkt der Abstände eines Punktes der Lemniscate von ihren beiden Brennpunkten ist gleich dem Quadrat ihrer Excentricität. Die Differenz derselben Abstände verhält sich zum Radiusvector wie die Axe der Hyperbel zu deren Excentricität.

Ferner werden Tangente und Krümmungskreis bestimmt. Erstere bildet mit dem Radiusvector einen doppelt so grossen Winkel als die grosse Axe. Letzterer trifft die Lemniscate in einem Punkte, dessen Radiusvector der dritte Theil von dem des Berührungspunkts ist. Die Verbindungslinie beider Punkte berührt die Hyperbel. H.

Chr. Hansen. Lösning af Opgaverne 210. 211. 115. Tychsen Tidsskr. IV. 51-52. 47-48. 61-62.

Der geometrische Ort des Eckpunkts eines rechteckigen Blattes, von dem ein constantes Dreieck umgeklappt wird, ist eine Lemniscate.

In der zweiten Schrift wird der geometrische Ort eines Punkts auf einer Axe einer Ellipse, welche die Schenkel eines rechten Winkels berührt, untersucht.

Die dritte enthält ein Beispiel der Bestimmung einer ebenen Umhüllungscurve. H.

— — The catenary referred to the horizontal tangent and the catenary referred to an oblique tangent. Messenger IV. 238-247.

Entwicklung der Relationen zwischen Coordinaten, Bogen und Spannung der Kettenlinie, erst für rechtwinkliges, dann für schiefwinkliges System. H.

Külp. Ueber eine besondere Art von Conchoiden. Grunert Arch. XLVIII. 97-101.

Die hier betrachtete Curve hat die Gleichungen

$$x = r\cos\varphi; \quad y = r\,\mathrm{tg}\,\varphi.$$

Es werden Tangente, Normale, Subnormale, Flächeninhalt und Inhalt des Rotationskörpers berechnet. H.

L. Stoeckly. Bedeutung und Eigenschaften der aus $r = a\frac{\sin\varphi}{\varphi}$ entspringenden Curve. Grunert Arch. XLVIII. 109-115.

Die hier discutirte Curve ist der Ort des Schwerpunkts eines nach einer Seite hin wachsenden Kreisbogens. Es wird ferner die vom Durchschnitt der Tangente mit einem Lothe, auf dem Radiusvector im Mittelpunkt errichtet, erzeugte Curve untersucht und in Reihenform quadrirt. H.

G. A. Oskamp. De polairen der cycloide. Leiden 1868. Akademisch proefschrift.

Zwei Curven stehen in der gegenseitigen Beziehung, dass die eine die Polare der andern genannt wird, wenn der Radiusvector der einen auf der Tangente der andern senkrecht steht, und seinem durch diese Tangente begrenzten Stücke umgekehrt proportional ist, was auf die Relationen führt:

$$xx_1 + yy_1 = c^2; \quad x\partial x_1 + y\partial y_1 = 0.$$

Die Schrift beschäftigt sich ausführlich mit der Discussion der Polare der Cykloide für 3 besondere Lagen des Anfangspunkts, sämmtlich auf der Linie der Mittelpunkte des beschreibenden Kreises, sucht von ihrer Gestalt eine Vorstellung zu geben, und führt die Rectification und Quadratur mittelst Reihenentwickelung aus. H.

Fouret. Sur les épicycloides. Inst. 1. sect. XXXVI. 182 u. 183. 189-192.

In der vorbezeichneten Note giebt der Herr Verfasser Sätze über Epicycloiden, deren Beweise nur bisweilen durch wenige Worte angedeutet sind, da sie sich auf einfache geometrische Sätze zurückführen lassen. Eine beliebige Epicycloide wird erzeugt durch einen Punkt M, der einen Kreis durchläuft, während gleichzeitig der Mittelpunkt F dieses Kreises einen Kreis um einen festen Punkt 0 beschreibt, in der Art, dass die Winkel μ und φ, um welche einerseits Punkt M und andererseits Punkt F fortrückt, beständig proportinal sind. Epicycloiden, bei denen der Werth des Verhältnisses $\frac{\varphi}{\mu}$ der Grösse und dem Vorzeichen nach derselbe ist, werden Epicycloiden derselben Gattung genannt. Die angeführten Sätze, deren Inhalt meist durch die Sprache der Mechanik gegeben wird, und welche jede Art der Epicycloiden und ihre Grenzfälle betreffen, ergeben sich als Folgerungen aus zwei Fundamentalsätzen. Der erste derselben sagt aus, dass die Resultante (im Sinne der Mechanik) der Geraden, welche von einem Punkte der Ebene aus parallel und gleich den Leitstrahlen (OM) von Epicycloiden derselben Gattung gezogen werden, die von beliebig vielen Punkten der Ebene in der Art beschrieben werden, dass ihre Anomalien (Winkel φ) gleichzeitig um dieselbe Grösse wachsen, der Leitstrahl einer neuen Epicycloide derselben Gattung ist. Der zweite Fundamentalsatz (der auch aus dem ersten hergeleitet werden könnte) lehrt, dass der Punkt, welcher stets die Verbindungslinie zwischen zwei Punkten, die Epicycloiden derselben Gattung mit constant wachsenden Anomalien beschreiben, nach demselben Verhältnisse theilt, selbst eine Epicycloide derselben Gattung beschreibt; für alle drei liegen die Mittelpunkte der festen Kreise in einer Geraden, welche durch die Punkte nach dem obigen constanten Verhältnisse getheilt wird. Dasselbe gilt von den Mittelpunkten der beweglichen Kreise und von den Berührungspunkten. Aus diesem Fundamentalsatze ergeben sich Sätze über Lagen des Schwerpunktes von gewissen Punktsystemen. Am Schlusse finden sich dann noch einige Sätze, welche die gewöhnliche Epicycloide betreffen. T.

Burnside. Solution of the question 2732. Educ. Times X. 96.

Aufgabe, die Epi- und Hypo-Cycloiden betreffend.

Wolstenholme. Solution of the question 2579. Educ. Times X. 91.

Ein Problem, die Cissoide des Diocles betreffend.

Watson and Dale. Solution of the question 2415. Educ. Times IX. 77.

Die Gleichung der Evolute der Cissoide $x(x^2+y^2)=ay^2$ ist

$$27y^4+288a^2y^2+512a^2x=0.$$

E. Habich. Sur un système particulier de coordonnées. Application aux caustiques planes. Brioschi Ann. (2). II. 134-150.

Siehe Abschn. VIII. Cap. 1. p. 155.

Wilhelm Dahl. Beitrag zur Theorie der Epicykeln. Diss. Jena 1868.

C. Plagge. Untersuchungen über die Cardioide. Pr. G. Recklinghausen 1868.

Diese beiden Arbeiten behandeln denselben Gegenstand, nämlich die Cardioide und deren Formen. Bei der Discussion der Gleichung der Curve werden die meisten derjenigen Punkte, die gewöhnlich untersucht werden, in Betracht gezogen; in der zweiten Arbeit wird ausserdem noch die Cardioide als Katakaustik und als Fusspunktcurve der Tangenten, der Normalen und des Kreises behandelt. Die gewonnenen Resultate werden, wenn möglich, geometrisch gedeutet und construirt. T.

Gigon. Exercices sur les roulettes extérieurs et intérieurs dans les courbes planes. Nouv. Ann. (2). VII. 462-471.

Der Verfasser beweist zunächst den Satz:

Wenn man den gegebenen Bogen einer beweglichen Curve erst innerhalb und dann ausserhalb einer festen Curve rollen lässt, so sind von der Natur der letzteren unabhängig sowohl die Summen der Bogen, welche ein Punkt der beweglichen Curve in beiden Fällen beschreibt, als auch die Summen der Flächeninhalte, welche derjenige Radiusvector beschreibt, welcher in jedem Moment den die Curve erzeugenden Punkt mit dem augenblicklichen Rotationsmittelpunkt verbindet.

Beide Sätze sind von Henning in anderer Weise bereits 1865 in Crelle's Journal bewiesen. Einige Anwendungen, namentlich auf die Quadratur der Abrollungslinien, beschliessen die Abhandlung. Ni.

Capitel 3.

Geometrie des Raumes.

A. Allgemeines.

Karl Peterson. Ueber Curven und Flächen. (Deutsch bearbeitet vom Autor). Moskau, A. Langs Buchhandlung Leipzig, Franz Wagner.

Die vorliegende Schrift, hervorgegangen aus einer Reihe von Vorträgen über Geometrie, die im Sbornik erschienen sind, behandelt Eigenschaften der Raumcurven und der Oberflächen. Als Elemente der Raumcurven werden betrachtet: erstens das Bogenelement ds, welches die Entfernungen zweier betrachteten Curvenpunkte misst, zweitens die Krümmung $d\sigma$, welche den Richtungsunterschied zwischen zwei benachbarten Bogenelementen oder Tangenten angiebt, drittens die Wendung $d\sigma'$ (oder Torsion), welche den Winkel zwischen zwei benachbarten Ebenen der Curve bestimmt, wenn man unter Ebene der Curve (Osculations-, Schmiegungsebene) diejenige versteht, welche durch zwei benachbarte Tangenten (also durch drei benachbarte Punkte) geht. Dabei ist anzunehmen, dass die Coordinaten der Curvenpunkte, nämlich x, y, z und in Folge deren auch $\frac{ds}{dv}, \frac{d\sigma}{dv}, \frac{d\sigma'}{dv}$ Functionen einer beliebigen Veränderlichen v seien. Gehen eines oder mehrere dieser Elemente durch 0, dann erhält man, wenn der Uebergang nur in einzelnen Punkten erfolgt, singuläre Punkte der Curve, wenn er aber in allen Punkten stattfindet, ebene Curven (für $d\sigma' = 0$) und gerade Curven (für $d\sigma = 0$).

Die Beziehungen, in welchen eine Curve zu den Geraden steht, die durch sie hindurchgehen, führt zur Erörterung der Secanten, des Mantels, der Evoluten- und Evolventenflächen, des rectificirenden Mantels und der Radien der Raumcurven. Daran schliessen sich dann Untersuchungen über besondere Raumcurven (der sphärischen, schraubigen und Scheitel-Curven) und der Curven, die auf Flächen gelegen sind. Es sei gestattet, die Anwendbarkeit der Methode an der Herleitung der Sätze zu zeigen, welche die Krümmungslinien betreffen.

Eine gerade Linie, welche durch einen Punkt einer Raumcurve geht, heisst eine Secante derselben. Zwei benachbarte Secanten schneiden sich oder kreuzen einander. Im ersten Falle bilden sie an ihrem Knoten (Durchschnittpunkte) einen kleinen Winkel $d\mu$, die Abweichung genannt. Im andern Falle muss man erst die eine auf die durch die andere gelegte Tangentialebene projiciren, dann schneidet die Projection beide Secanten und bildet mit der in der Tangentialebene liegenden Secante einen kleinen Winkel $d\mu$, die Abweichung, und bildet ferner mit der aus der Tangentialebene heraustretenden einen kleinen Winkel $d\nu$, die Ausweichung genannt. Schneiden sich die Secanten, dann ist $d\nu = 0$.

Der Knoten (betreffenden Falls der Projectionsknoten) zweier benachbarten, die Curve senkrecht treffenden Secanten wird Centrum der Curve, und die Entfernung derselben von dem Curvenpunkte (auf der Secante gemessen) Radius der Curve genannt. In jeder Tangentialebene liegt ein Centrum; dasselbe ist stets von drei benachbarten Curvenpunkten gleich weit entfernt. Liegt die Curve auf einer Fläche und legt man durch die Tangente der Curve eine Tangentialebene zur Fläche (schlechthin Ebene der Fläche genannt) und auch eine Normalebene, so liegt in jeder ein Radius der Curve, die beziehentlich tangentialer und normaler Radius genannt werden. Die Ausweichung $d\nu$ zweier sich kreuzenden benachbarten Radien ist ebenso gross, wie der Winkel der beiden durch diese Radien gelegten Tangentialebenen. In dem Falle nun, dass diese beiden Tangentialebenen gegen die Ebenen der Curve dieselbe Neigung φ haben, ist der Winkel zwischen beiden Tangentialebenen gleich dem Winkel zwischen den beiden Ebenen der Curve, d. h. die Ausweichung der Radien ist gleich der Windung, $d\nu = d\sigma'$. Ist aber die Neigung der einen Tangentialebene gegen ihre Ebene der Curve um $d\varphi$ grösser als die der andern Tangentialebene gegen ihre Ebene der Curve, dann ist auch die Ausweichung der Radien um ebensoviel grösser als die Windung, d. h. $d\nu = d\sigma' + d\varphi$. Ist die Neigung der Tangentialebene der Fläche (Ebene der Fläche) gegen die Ebene der Curve φ, dann ist die Neigung der Normalebene in demselben Punkte gegen die Ebene der Curve $\varphi - 90^0$, folglich ist die Ausweichung zweier benachbarten tangentialen Radien gleich der Ausweichung der entsprechenden beiden benachbarten normalen Radien, nämlich in jedem Falle: $d\nu = d\sigma' + d\varphi$. Schneiden sich also die normalen benachbarten Radien, so müssen sich auch die tangentialen schneiden. Eine Curve, auf einer Fläche gelegen und so beschaffen, dass ihre normalen Radien sich schneiden, heisst Krümmungslinie der Fläche. Aus $d\nu = d\sigma' + d\varphi$ ergeben sich nun unmittelbar die bereits bekannten Sätze über die Krümmungslinien.

Einander unendlich nahe auf einer Fläche liegende Curven bilden ein Curvensystem, zwei Systeme sich kreuzender Curven bilden ein Curvennetz auf der Fläche. Schneiden sich aber die gegenüberliegenden Seiten der unendlich kleinen Vierecke, dann wird das Curvennetz ein conjugirtes genannt.

Stehen zwei Flächen in der Abhängigkeit von einander, dass einem jeden Punkte der einen Fläche ein bestimmter Punkt der andern entspricht, dann kann entweder nur die Art und Weise, wie die Punkte einander entsprechen, bestimmt sein, oder es kann auch noch eine Abhängigkeit der Form der Flächen in den entsprechenden Punkten hinzugefügt werden. Die erste Art der Abhängigkeit wird eine Beziehung, die zweite eine Verwandtschaft genannt. Analytisch wird die Beziehung durch zwei, die Verwandtschaft durch drei oder auch durch mehr Gleichungen zwischen den unabhängigen Veränderlichen der Flächen ausgedrückt. Findet zwischen zwei Flächen eine Beziehung oder Verwandtschaft statt, dann giebt es auf jeder dieser Flächen ein bestimmtes conjugirtes Curvennetz, welches einem conjugirten Curvennetze auf der andern entspricht; dieses wird die Basis der Beziehung oder Verwandtschaft genannt. Nur in einem Falle entsprechen sämmtlichen conjugirten Curvennetzen der einen Fläche conjugirte Curvennetze der andern; dann heissen die Flächen selbst conjugirt. Die verschiedenen Beziehungen und Verwandtschaften der Flächen lassen sich auch geometrisch definiren, und aus dieser Definition lassen sich dann auch die analytischen Bedingungsgleichungen für Beziehung und Verwandtschaft aufstellen. So werden im Verlaufe der Arbeit alle analytischen Bedingungsgleichungen für die Beziehungen (Parallelismus, Perspective, Conjunction, Conjugation, graphische Beziehung) und für die Verwandtschaften der Flächen (Biegung, graphische Perspective, Abwickelung, parallele Perspective, Verwandtschaft der entsprechenden Ebene) hergeleitet. In dem vorliegenden Hefte findet dann der Parallelismus und die Perspective der Flächen eine eingehende Erörterung. T.

F. Unferdinger. Ueber einige merkwürdige Formeln der sphärischen Trigonometrie. Wien. Ber. LVIII. 30-34.

Die Formeln für die Berechnung eines sphärischen Dreiecks aus den Seiten oder den Winkeln, und ihre Herleitung aus den Mollweide-Gauss'schen Formeln hat bereits C. A. Bretschneider (Crelles J. XIII. p. 155) gegeben. M.

F. Unferdinger. Ableitung der Complanationsformel in Polarcoordinaten aus der Figur. Grunert Arch. XLVIII. 107.

Unter der Ableitung aus der Figur hat man hier begleitenden Nachweis der Hülfsgrössen in der Figur zu verstehen. Die Rechnung ist dadurch nicht erspart, sondern verlängert worden.

H.

E. Beltrami. Sulle teoria generale dei parametri differentiali. Mem. di Bologna (2). VIII. 549-590.

Unter Differential-Parameter versteht man bekanntlich seit Saucé gewisse aus den partiellen Ableitungen eines oder mehrerer Functionen gebildete Ausdrücke, welche in Bezug auf eine Transformation der Variabeln ähnliche Eigenschaften besitzen, wie die Invarianten und Covarianten in der Algebra. Der Zweck der vorliegenden Abhandlung ist nun, die hierhergehörigen Sätze in einer solchen Form darzustellen, dass sie statt für den geometrischen Raum für ein Gebiet von beliebig vielen Dimensionen gelten. Wenn hiernach die entwickelten Formeln zunächst nur eine rein analytische Bedeutung besitzen, so beziehen sich doch gerade die interessantesten Folgerungen aus ihnen wesentlich auf die Sätze von der Verbiegung und Krümmung der Flächen, theilweise auch auf die Theoreme der Anziehung und Wärme.

Nach einem kurzen historischen Ueberblick über die vorangegangenen Leistungen von Saucé Jakobi, C. Neumannn etc., und nach Ableitung einiger Hülfssätze aus der Theorie der quadratischen Formen wird das allgemeine Bogenelement ds durch die Gleichung

$$ds^2 = \sum_{rs} a_{rs}\, dx_r\, dx_s \qquad (r, s = 1, 2, \ldots n)$$

definirt, wo die a beliebige Functionen der x sind, jedoch so beschaffen, dass ds^2 für reelle dx niemals negativ wird. Hieran schliesst sich die Definition des Winkels, welchen zwei solche allgemeine Bogenelemente mit einander bilden, sowie die Erklärung des dem Gebiete der x angehörigen unendlich kleinen Elementes. Diese Definitionen sind so gewählt, dass sie für $n=3$ mit den entsprechenden der Raumgeometrie zusammenfallen. Der Ausdruck

$$\Delta_1 U = \sum_{rs} A_{rs} \frac{\partial U}{\partial x_r} \frac{\partial U}{\partial x_s}$$

heisst dann der Differential-Parameter erster Ordnung; die A sind die Coëfficienten der zu ds^2 reciproken quadratischen Form. Substituirt man statt der x neue Variable y, so wird:

$$ds^2 = \Sigma b_{rs}\, dy_r\, dy_s \qquad \Delta_1 U = \Sigma B_{rs} \frac{\partial U}{\partial y_r} \frac{\partial U}{\partial y_s},$$

wo die b und B in derselben Beziehung stehen, wie die a und A. Der Ausdruck

$$\Delta_1 UV = \Sigma A_{rs} \frac{\partial U}{\partial x_r} \frac{\partial V}{\partial x_s}$$

heisst der Zwischenparameter von U und V, besitzt noch dieselbe Eigenschaft wie $\Delta_1 U$ und lässt sich auch in der Form

$$\Sigma \frac{\partial U}{\partial x_r} \frac{\partial V}{\partial x_s} \Delta_1 x_r x_s$$

schreiben, wo dann die x beliebige Functionen der unabhängigen Veränderlichen sein können. Ferner erweitert der Verfasser den Begriff eines Systems von Orthogonalflächen, sowie der geodätischen Linie für den Fall von n Dimensionen und zeigt, dass die Integrale der bei dem letzteren Problem auftretenden Differentialgleichungen sich in die Hamilton-Jakobi'sche kanonische Form bringen lassen.

Der Differentialparameter zweiter Ordnung hat die Form

$$\Delta_2 U = \frac{1}{\sqrt{a}} \sum_r \frac{\partial}{\partial x_r} (U_r \sqrt{a}), \quad \text{wo} \quad U_r = \tfrac{1}{2} \frac{\partial \Delta_1 U}{\partial \frac{\partial U}{\partial x_r}},$$

und a die aus den a_{rs} gebildete Determinante bedeutet.

Die Herleitung von $\Delta_2 U$ aus $\Delta_1 U$ geschieht durch denselben Kunstgriff, nämlich Variation eines bestimmten Integrals, durch welchen Jakobi das Gleiche für die Lamé'schen $\Delta_1 U$ und $\Delta_2 U$ geleistet hat. Der nächste Abschnitt behandelt einige Fälle einer n-fachen Integration und führt zu der Formel

$$0 = \int (U \Delta_2 V - V \Delta_2 U) ds_n + \int \left(U \frac{\partial V}{\partial n} - V \frac{\partial U}{\partial n}\right) dS_{n-1},$$

deren Analogon aus der Wärmelehre bekannt ist. ds_n ist das Element des Gebietes der $x_1, x_2 \ldots x_n$, dS_{n-1} das Element der Begrenzung dieses Gebietes, und du das Bogenelement, welches mit allen in S_{n-1} liegenden Bogenelementen einen rechten Winkel im weitern Sinne einschliesst. Als Anwendung hiervon wird endlich eine schon von C. Neumann behandelte Verallgemeinerung des Green'schen Theorems gegeben, allerdings mit der Einschränkung, dass $ds^2 = \Sigma dx_r^2$, nämlich die Formel:

$$C U_a = \int \left(U \frac{\partial V}{\partial n} - V \frac{\partial U}{\partial n}\right) dS_{n-1} - \int V \Delta_2 U . dS_n,$$

wo C eine numerische, von n abhängige Constante,

$$V = \left(\sum_r (x_r - a_r)^2\right)^{1-\frac{n}{2}}$$

und U_a den Werth des U für $x_r = a_r$ bedeutet. B.

Julius Plücker. Neue Geometrie des Raumes gegründet auf die Betrachtung der geraden Linie als Raumelement. Zwei Abtheilungen in einem Bande. I. Abth. 1868 mit einem Vorwort von A. Clebsch. II. Abth. 1869, herausgegeben von F. Klein. Leipzig, Teubner.

Eine Reihe früherer Arbeiten Plückers (cf. Trans. of London 1865. 725, übersetzt in Liouville J. (2). XI. — Proc. of London 1865. — Mondes 1867. 79. — Brioschi Ann. (2). I. 160) bilden die Grundlage dieses grösseren Werkes, das die Gesammtheit der Forschungen Plückers über die von ihm in die Geometrie eingeführten Liniengebilde der Oeffentlichkeit übergiebt. Ausser den bereits genannten Arbeiten enthält das vorliegende Werk zum grössten Theil Neues und bisher Ungedrucktes. Der Druck des Werkes begann noch bei Lebzeiten des grossen Geometers und der der ersten Abtheilung (der von einer Vorrede von A. Clebsch begleitet ist) wurde noch unter seiner Aufsicht vollendet. Die zweite Abtheilung, für welche nur geringes Material in dem Plücker'schen Manuscript vorhanden war, ist von Herrn F. Klein, der durch Plücker selbst mit dessen Absichten bekannt gemacht war, in Plückers Geist zu Ende geführt, und an einigen Stellen, soweit nöthig, ergänzt worden.

Die gerade Linie, welche in den vorliegenden Untersuchungen als das Element sämmtlicher räumlichen Gebilde betrachtet wird, kann erstens als geometrischer Ort von Punkten, als Strahl, und zweitens als geometrischer Ort der Durchschnitte von Ebenen, als Axe, aufgefasst werden. Im ersten Falle ist sie bestimmt durch ihre Projectionen auf die Coordinatenebenen, im zweiten durch ihre Durchschnittspunkte mit den Coordinatenebenen. Sind die Gleichungen der Projectionen der Geraden auf die xz- und auf die yz-Ebene beziehungsweise: $x = rz + \varrho$, $y = sz + \sigma$, also die auf die xy-Ebene: $ry - sx = r\sigma - s\varrho = \eta$, so wird ein gegebener Strahl durch die fünf Grössen r, s, ϱ, σ, η bestimmt, und desshalb werden diese fünf Grössen Strahlencoordinaten genannt, wobei freilich zu beachten ist, dass zwischen den Coordinaten die Relation: $r\sigma - s\varrho = \eta$ besteht. Repräsentirt

$$tx + uy + vz + 1 = 0$$

die Gleichung einer Ebene in Punkt-Coordinaten, so wird eine bestimmte Ebene von der Grösse der Constanten t, u, v abhängig sein, und man kann daher t, u, v die Coordinaten der Ebene oder Plancoordinaten nennen. Die Gleichungen: $t = pv + \pi$, $u = qv + \varkappa$ repräsentiren dann einzeln genommen Punkte, beziehungsweise in den xz- und yz-Ebenen, beide zugleich also die Gerade, welche die beiden Punkte verbindet. Eliminirt man v, so giebt

$$pu - qt = p\varkappa - q\pi = \omega$$

den Durchschnittspunkt der Geraden mit der xy-Ebene. Die Axe, in der sich die Ebenen $tx + uy + vz + 1 = 0$ schneiden, wird somit durch die fünf Grössen: p, q, π, $\varkappa$, ω dargestellt; diese Grössen heissen Axencoordinaten; zwischen ihnen besteht die Relation: $p\varkappa - q\pi = \omega$. Die Coordinatenbestimmung kann in jedem der beiden Fälle in Beziehung auf die Coordinatenaxen symmetrisch werden, wenn man den Strahl durch einen gegebenen Punkt (x', y', z') und die Axe durch eine gegebene Ebene (t', u', v') gehen lässt. Dann erhält man statt der fünf Coordinaten deren sechs, nämlich:

$$X = x - x', \quad Y = y - y', \quad Z = z - z', \quad L = yz' - y'z,$$
$$M = x'z - xz', \quad N = xy' - x'y$$

und:

$$\mathfrak{L} = uv' - u'v, \quad \mathfrak{M} = t'v - tv', \quad \mathfrak{N} = tu' - t'u, \quad \mathfrak{X} = t - t',$$
$$\mathfrak{Y} = u - u', \quad \mathfrak{Z} = v - v'.$$

Die Bedingungsgleichungen lauten dann beziehungsweise:

$$XL + YM + ZN = 0 \quad \text{und} \quad \mathfrak{X}\mathfrak{L} + \mathfrak{Y}\mathfrak{M} + \mathfrak{Z}\mathfrak{N} = 0.$$

Dividirt man fünf dieser Coordinaten durch die sechste, dann kommt man zu den zuerst angegebenen fünf Coordinaten zurück. Die Resultate behalten ihre Gültigkeit, wenn Strahl und Axe durch imaginäre Bestimmungsstücke gegeben sind.

Bildet man aus den Strahlen- oder Axencoordinaten ($x - x'$ etc.) eine homogene Gleichung n^{ten} Grades, so stellt diese Gleichung einen Liniencomplex n^{ten} Grades dar, d. h. die Gesammtheit der geraden Linien, deren Coordinaten die Gleichung befriedigen. Ein solcher Complex gestattet stets eine doppelte Darstellung, je nachdem man die Linien, die ihn bilden, als Strahlen oder als Axen auffasst. Die Linien eines Complexes n^{ten} Grades, welche durch einen Punkt des Raumes gehen, bilden eine Kegelfläche n^{ter} Ordnung, die Linien eines Complexes n^{ten} Grades, welche in einer Ebene liegen, hüllen eine Curve n^{ter} Klasse ein. Jeder dieser Sätze ist die Folge des andern, jeder kann auch als Definition eines Complexes n^{ten} Grades genommen werden.

Die zusammenfallenden Linien zweier Complexe bilden eine Congruenz. Ihre Coordinaten befriedigen gleichzeitig die Gleichungen beider Complexe. Ist deren Grad beziehungsweise m und n, dann gehen durch jeden Punkt des Raumes mn gerade Linien der Congruenz, die Durchschnittslinien zweier Kegel der m^{ten} und n^{ten} Ordnung, und in jeder Ebene liegen $m.n$ gerade Linien der Congruenz, die gemeinschaftlichen Tangenten zweier Cuiven der m^{ten} und n^{ten} Klasse. Bezeichnen $\Omega_m = 0$, $\Omega_n = 0$ die Gleichungen der beiden Complexe in Strahlen- und $\Phi_m = 0$, $\Phi_n = 0$

in Axencoordinaten, dann gehören die Linien der Congruenz unendlich vielen Complexen an, deren Gleichung in Strahlencoordinaten: $\Omega_m + \mu\Omega_n = 0$ und in Axencoordinaten: $\Phi_m + \mu\Phi_n = 0$ ist, wenn μ einen unbestimmten Coefficienten bezeichnet. Solche Complexe bilden eine zweigliedrige Gruppe von Complexen. Die zusammenfallenden Linien dreier Complexe, deren Coordinatenalso die drei Gleichungen der Complexe gleichzeitig befriedigen, bilden eine Strahlen- oder eine Axenfläche, die analog den früheren Bezeichnungen beziehungsweise durch: $\Omega_m + \mu\Omega_n + \mu'\Omega_g = 0$ und durch $\Phi_m + \mu\Phi_n + \mu'\Phi_g = 0$ bezeichnet werden. Vier Complexe haben nur eine endliche Anzahl von Linien gemein, denn durch die 4 Complexgleichungen und die Gleichung $\eta = r\sigma - s\varrho$ beziehungsweise $\omega = p\varkappa - q\pi$ werden die fünf Coordinaten in endlicher Weise bestimmt. Weitere Verallgemeinerungen sind aber doch noch angebahnt. Betrachtet man nämlich unter den sechs Strahlencoordinaten (nicht wie bisher vier) sondern fünf als unabhängig, so dass zwischen ihnen nur noch die Bedingungsgleichung

$$XL + YM + ZN = 0$$

besteht, dann sind die früheren sechs die Coordinaten einer Kraft, welche in der Richtung des Strahles, mit einer bestimmten Intensität (das ist die fünfte unabhängige Coordinate) wirkt. X, Y, Z sind dann die Projectionen der Kraft, dargestellt durch: $R = \sqrt{X^2 + Y^2 + Z^2}$, auf die Coordinatenaxen und L, M, N die doppelten Drehungsmomente dieser Kraft in Beziehung auf dieselben Axen. Nicht homogene Gleichungen zwischen den sechs Coordinaten einer Kraft führen zu Kräftecomplexen. Betrachtet man unter den sechs Axencoordinaten fünf als unabhängig, so dass also nur die Relation: $\mathfrak{X}\mathfrak{L} + \mathfrak{Y}\mathfrak{M} + \mathfrak{Z}\mathfrak{N} = 0$ bestehen bleibt, dann stellen sie eine andere Art von Kraft dar, die eine Rotation hervorbringt, so dass also die sechs Axencoordinaten die Coordinaten einer Rotation sind, wenn fünf von ihnen unabhängig sind. Nicht homogene Gleichungen zwischen diesen Coordinaten stellen Rotationscomplexe dar. Es bezeichne der Ausdruck Dyname die Ursache einer beliebigen Bewegung eines starren Systems. Da sich nun beliebig viele Kräfte und Rotationen, welche gleichzeitig wirken, immer auf zwei Kräfte und zwei Rotationen, und zwar auf unendlich viele Weisen zurückführen lassen, so kann eine Dyname doppelt dargestellt werden, ein Mal durch zwei Kräfte, ein anderes Mal durch zwei Rotationen. Es werden daher sowohl die sechs Strahlen- als auch die sechs Axencoordinaten, wenn sie sämmtlich unabhängig sind, eine Dyname bestimmen. In analoger Weise, wie ein Liniencomplex einer zweifachen Darstellung durch Strahlen- und Axencoordinaten fähig war, ist auch ein Dynamencomplex einer solchen doppelten Darstellung unterworfen; allgemeine Gleichungen zwischen den sechs unabhängigen Coordinaten geben einen Dynamencomplex.

In dem vorliegenden Bande sind die Complexe des ersten (lineare Complexe) und die zweiten Grades behandelt.

Durch jeden Punkt des Raumes gehen unendlich viel gerade Linien eines linearen Complexes, welche sämmtlich in einer durch den Punkt gehenden Ebene liegen, und umgekehrt, in jeder Ebene liegen unendlich viele Gerade des linearen Complexes, welche sich sämmtlich in einem Punkte der Ebene schneiden. Punkt und Ebene entsprechen einander. Die entsprechenden Ebenen zweier Punkte, P und P', schneiden einander in einer Geraden (pp'), die entsprechenden Ebenen zweier Punkte auf (pp') schneiden sich in der Geraden (PP'), die Beziehung der Geraden (pp') und (PP') ist also eine gegenseitige, die Geraden heissen conjugirte Polaren des Complexes. Hieraus folgt: Wird eine Gerade im Raume, als Strahl betrachtet, von einem Punkte durchlaufen, dann dreht sich die entsprechende Ebene um eine Axe, und umgekehrt. Jede Gerade, welche zwei conjugirte Polaren eines Complexes schneidet, ist eine Linie des Complexes. Ein linearer Complex ist durch fünf seiner Geraden bestimmt, oder auch durch zwei conjugirte Polaren und eine Linie des Complexes. Sind nun fünf gerade Linien zur Construction gegeben, so construire man diejenigen beiden Geraden, welche vier der gegebenen fünf gleichzeitig schneiden (reell oder imaginär). Diese beiden Geraden sind zwei conjugirte Polaren. Jede Grade, welche sie schneidet, ist eine Linie des Complexes. Wählt man dann immer andere vier der fünf gegebenen aus und verfährt analog, dann erhält man immer neue Linien des Complexes.

Verschiebt man eine Ebene im Raume parallel mit sich selbst, dann rückt ihr entsprechender Punkt auf einer Geraden fort, die unabhängig ist von der Richtung der Ebene; nennt man diese Linie Durchmesser, so folgt, dass sämmtliche Durchmesser eines linearen Complexes einander parallel sind. Derjenige Durchmesser, der auf einer zugehörenden Ebene senkrecht steht, heisst Axe, und die zugehörigen Ebenen heissen Hauptschnitte des Complexes. Ein linearer Complex bleibt ungeändert, wenn er parallel mit seiner Axe verschoben oder um dieselbe gedreht wird. Nimmt man die Axe des Complexes als eine Coordinatenaxe an, sind die beiden andern Coordinatenaxen also in einem Hauptschnitte gelegen, dann vereinfacht sich die Gleichung des Complexes und geht über in: $N+\varkappa Z=0$, worin $\varkappa$ eine Constante, den Parameter des Complexes, bezeichnet. Aus dieser Gleichungsform folgt unmittelbar, dass das Verhältniss der Projection einer Kraft (die in der Richtuug einer Complexlinie wirkt) auf die Axe des Complexes zum Moment dieser Kraft in Beziehung auf dieselbe Axe constant, gleich dem Parameter des Complexes ist.

Die Complexe ersten Grades zerfallen wesentlich in zwei Arten, je nach dem Vorzeichen des Parameters. Ein Complex ersten Grades lässt sich nämlich betrachten als die Gesammtheit der Tangenten von Schraubenlinien, welche auf Rotationscylindern beschrieben sind, deren Axen mit der Axe des Complexes zusammenfallen. Je nachdem nun $\varkappa$ positiv oder negativ ist, sind die Schraubenlinien rechts- oder linksgewunden, und weil nun für denselben Complex die Schraubenlinien gleichgewunden sind, können auch die Complexe in rechts- und linksgewundene unterschieden werden. Zwischen beiden liegt als Uebergangsfall der, in dem die Axe des Complexes von allen seinen Linien geschnitten wird.

Hieran schliessen sich die Untersuchungen über die Congruenzen zweier linearen Complexe, Linien-Congruenzen genannt. Durch jeden Punkt des Raumes geht nur eine Gerade, die in der Congruenz dem Punkte entspricht, und in jeder Ebene liegt nur eine Gerade, welche in der Congruenz der Ebene entspricht. Eine jede dieser beiden Relationen ist die nothwendige Folge der andern, jede kann als Definition einer Linien-Congruenz genommen werden. Unter den Complexen einer zweigliedrigen Gruppe giebt es stets zwei so beschaffene, dass ihre Linien eine feste Linie — Axe der Congruenz — schneiden. Die beiden Axen dieser Complexe heissen Directricen der Congruenz; sie sind für die Congruenz wichtig, weil alle Linien einer Congruenz die Directricen schneiden. Vier gegebene Gerade sind zur Bestimmung einer Congruenz nothwendig und hinreichend. Denn eine jede beliebig angenommene fünfte Gerade bestimmt einen Complex der Congruenz und somit die Congruenz selbst. Besondere Congruenzen erhält man durch besondere Lagen der Directricen.

Die Untersuchung der Congruenzen dreier Complexe führt zur Kenntniss der Flächen zweiter Ordnung und Klasse, also, wenn nur reelle Linien betrachtet werden, zur Kenntniss des einschaligen Hyperboloids und des hyperbolischen Paraboloids als Grenzfall. Diese beiden Flächen sind somit reelle Linienflächen. Durch Benutzung imaginärer Linien erhält man als imaginäre Linienflächen das zweischalige Hyperboloid und das Ellipsoid.

Die übrigen Untersuchungen sind den Complexen zweiten Grades gewidmet. Die allgemeine Complexgleichung stellt in Strahlencoordinaten, wenn man x', y', z' als Coordinaten eines festen Punktes ansieht, die Gleichung einer Kegelfläche zweiter Ordnung dar, — sie enthält die Linien des Complexes, die durch den Punkt gehen, — und in Axen-Coordinaten eine Curve zweiter Classe, wenn man t', u', v' auf eine feste Ebene bezieht; sie wird von den in der Ebene liegenden Linien des Complexes umhüllt. Diese Curven werden Complex-Curven genannt; bewegt sich die Ebene, in der die Complex-Curve liegt, dann beschreibt die Curve eine Fläche, Complexfläche genannt. Unter den Complexflächen sind besonders zu nennen die Aequatorialflächen und Meridianflächen. Sie entstehen, wenn die Ebene parallel mit sich selbst fortrückt, beziehungsweise sich um eine feste Axe dreht. Im ersteren Falle heissen die einzelnen Curven Breitecurven, im letzteren Meridiancurven. Meridian- und Aequatorialflächen sind von der vierten Ordnung. Sie können auch als von Complexkegeln umhüllt aufgefasst werden, und zwar die Meridianflächen von wirklichen Kegeln, die Aequatorialflächen von Cylindern. Dann zeigt es sich, dass Meridian- und Aequatorialflächen auch Flächen vierter Classe sind. Daran schliessen sich dann Untersuchungen über die Doppellinien, Doppelpunkte und Doppelebenen der Complexflächen.

In der nun folgenden zweiten Abtheilung des Werkes finden die Complexe zweiten Grades eine eingehende Erörterung. Zunächst wird die allgemeine Gleichung der Complexe des zweiten Grades discutirt, daran schliesst sich eine Classification der hierhergehörenden Flächen und eine besondere Untersuchung der Aequatorialflächen. Letztere sollen als Beispiel zeigen, wie fördernd die Theorie der Complexe zweiten Grades für die geometrische Anschauung ist, um die so vielgestaltigen Flächen der Complexe zweiten Grades zu bewältigen. T.

Julius Plücker. Théorie générale des surfaces réglées, leur classification et leur construction. Brioschi Ann. (2). I. 160-169.

Die vorliegende Arbeit ist eine von den speciellen Arbeiten Plückers, welche die Grundlage des eben besprochenen Werkes bilden. Sie betrifft die Classification und Construction der Linienflächen, und behandelt unter diesen ausführlicher diejenigen, welche durch einen Complex n^{ten} Grades und zwei lineare Complexe gebildet sind, wobei der specielle Werth $n = 2$ besonders berücksichtigt wird. T.

G. Battaglini. Intorno ai sistemi di rette di primo grado. Battagl. G. VI. 24-37.

G. Battaglini. Intorno ai sistemi di rette di secondo grado. Battagl. G. VI. 239-259.

G. Battaglini. Intorno ai sistemi di rette di grado qualunque. Rend. di Napoli VII. 174 u. 175.

P. Morin. Théorèmes relatifs à la théorie des surfaces. C. R. LXVI. 741-743.

Folgende Sätze werden ohne Beweis mitgetheilt:

Die Variation des Winkels V zwischen zwei sich schneidenden Flächen längs der Schnittlinie s ist die Summe der geodätischen

Torsionen $\partial\tau$, $\partial\tau'$, einzeln bezüglich auf die eine und andere Fläche. Da

$$\partial\tau = \tfrac{1}{2}\left(\frac{1}{R_1}-\frac{1}{R_2}\right)\sin 2\alpha\,\partial s,$$

wo R_1, R_2 die Hauptkrümmungsradien, α den Winkel zwischen ∂s und der Hauptkrümmungsrichtung bezeichnet, so hat man hiernach:

$$V = V_0 + \tfrac{1}{2}\int_0^s \left\{\left(\frac{1}{R_1}-\frac{1}{R_2}\right)\sin 2\alpha + \left(\frac{1}{R'_1}-\frac{1}{R'_2}\right)\sin 2\alpha'\right\}\partial s.$$

Ist V constant, so wird

$$\frac{\sin 2\alpha'}{\sin 2\alpha} = -\frac{\dfrac{1}{R_1}-\dfrac{1}{R_2}}{\dfrac{1}{R'_1}-\dfrac{1}{R'_2}}.$$

Hieraus folgt für $\alpha = 0$ oder $\frac{\pi}{2}$ der Joachimsthal'sche Satz über Flächen, die sich gegenseitig längs ihrer Krümmungslinie schneiden.

Die Polarfläche der Linie s, als Krümmungslinie eines Flächensystems gedacht, ist der Ort aller Hauptkrümmungsmittelpunkte. Jedem Punkte auf s entspricht eine erzeugende Linie der Polare. Jede ihrer geodätischen Linien oder jede Evolute von s ist der Ort der Hauptkrümmungsmittelpunkte für eine Fläche des Systems. Der Ort der Krümmungsmittelpunkte von s oder die Gratlinie der Polare ist der Ort der Hauptkrümmungsmittelpunkte der verschiedenen Flächen für eine jede in dem Punkte, wo die Krümmungslinie eine ihrer geodätischen Linien osculirt. Der Winkel, unter dem sich zwei der Flächen schneiden, ist die Differenz der Winkel zwischen einer Erzeugenden der Polare und den beiden ihnen entsprechenden geodätischen Linien.

Der Winkel zwischen einer Fläche und der Schmiegungsebene einer darauf befindlichen Curve variirt um

$$\partial V = \partial v + \tfrac{1}{2}\left(\frac{1}{R_1}-\frac{1}{R_2}\right)\sin 2\alpha\,\partial s,$$

wo ∂v die Torsion der Curve bezeichnet. Für geodätische Curven, wo $\partial V = 0$ ist, bestimmt sich hierdurch ∂v.

Die Torsion einer Krümmungslinie variirt wie der Winkel zwischen ihrer Schmiegungsebene und der Fläche.

Auf jedem ebenen Schnitt einer Fläche variirt die geodätische Torsion wie der Winkel zwischen Fläche und Ebene. Nach den Sätzen von Euler und Meusnier folgt hieraus, dass, wenn r der Krümmungsradius des ebenen Schnitts ist,

$$\left(\frac{\partial V}{\partial s}\right)^2=\left(\frac{1}{R_1}-\frac{\sin V}{r}\right)\left(\frac{\sin V}{r}-\frac{1}{R_2}\right).$$

Für den Schnitt einer beliebigen Fläche hat man nur $V-v$ statt V zu setzen.

Der Ueberschuss der Hauptkrümmung einer Tangentenfläche in einem Punkte der Gratlinie über deren Normalkrümmung ist eine dritte Proportionale zur geodätischen Torsion und zu ihrer Normalkrümmung. H.

E. Habich. Quelques remarques sur les lignes et sur les surfaces réciproques et caustiques. Inst. 1 sect. XXXVI. 407. 408.

Eine Linie (A) auf einer abwickelbaren Fläche schneidet die erzeugende Gerade in M unter einem Winkel v im Abstand r vom Coincidenzpunkt O. R_1 ist der Krümmungsradius des Normalschnitts, der (A) berührt, und $\frac{R_1}{\alpha}$ der von (A) nach Abwickelung der Fläche auf ihrer Tangentialebene. Dann ist

$$R_1=\frac{\alpha r}{\sin^2 v}.$$

Sind K_1 und K die Mittelpunkte beider Krümmungen, so ist KK_1 die Polare der Linie (A).

Verschiedene Linien (A), die nach einer oder nach entgegengesetzter Seite hin denselben Winkel v bilden, heissen beziehungsweise ähnlich oder reciprok. Die geodätischen Krümmungsmittelpunkte beider Systeme liegen auf einer Geraden, die durch O geht; daher liegen die geraden Polaren zweier ähnlichen oder reciproken Curven in Bezug auf die Gratlinie auf einer Ebene, die durch O geht.

Der Schnitt der Normalebene, welche zwei reciproke Linien (A), (A') in entsprechenden Punkten M, M' berühren, erzeugt eine Abwickelbare (D), deren Tangentialebene das Stück MM' in P unter rechten Winkeln halbirt. Nimmt man (A), (A') zu antikaustischen Linien der einfallenden und reflectirten Strahlen, so ist (D) die Dirimante, und die Polarflächen von (A) und (A') sind die kaustischen Flächen derselben.

Der Punkt P, dessen Poldistanz $OP = q$ sei, erzeugt eine Linie (P), aus der (A) und (A') mittelst der Relation

$$rr' = 2\int q\partial s + c = u^2,$$

wo ∂s das Element der Gratlinie bezeichnet, zu bestimmen sind.

Hier sei u der Radius einer um O beschriebenen Kugel (Inversionskugel); dann sind (A) und (A') bestimmt durch den Schnitt einer dazu normalen Kugel um einen Punkt der Erzeugenden von (D).

Geht die Gratlinie in einen Punkt über, so hat man:

$$rr' = a^2 = \text{const.}$$

(A) und (A') umhüllen eine Kugel, welche die Inversionskugel normal schneidet, und deren Mittelpunkt längs (D) fortrückt. Die Gleichung

$$r^2 - 2qr + a^2 = 0$$

bestimmt dann eine sich selbst reciproke Linie.

Um endlich aus der Dirimante (D) die allgemeine Gleichung ihrer antikaustischen reciproken Flächen abzuleiten, sei

$$q = f(\vartheta, \varphi)$$

die Gleichung ihrer Fusspunktsfläche (F) in Bezug auf den Pol O, wo ϑ und φ die Richtungswinkel von OP gegen die z-Axe und der Winkelebene von ϑ gegen die zx-Ebene bezeichnen. Dann ist

$$q' = q - OO'\{\cos\vartheta\cos\vartheta_0 + \sin\vartheta\sin\vartheta_0\cos(\varphi - \varphi_0)\},$$

wo sich ϑ_0, φ_0 auf einen festen Pol O' beziehen. H.

Cayley. A memoir on the theory of reciprocal surfaces. Proc. of London XVII. 220 u. 221.

Geiser. Sopra una quistione geometrica di massimo e suo estenzione ad uno spazio di n dimensione. Rend. d. Ist. Lomb. (2). I. 778.

E. Beltrami. Teoria fondamentale degli spazii di curvatura costante. Brioschi Ann. (2). II. 232-255.

Der Verfasser betrachtet einen Raum von n Dimensionen, in

welchem jeder Punkt durch ein Werthsystem der n Variabeln $x_1, x_2, \dots x_n$ definirt ist. Ist x eine neue Variable, und

$$x^2 + x_1^2 + x_2^2 + \cdots + x_n^2 = a^2,$$

so drückt $ds = R\dfrac{\sqrt{dx^2 + dx_1^2 + dx_2^2 + \cdots + dx_n^2}}{x}$, (wo R und a Constanten) das Linearelement oder die Entfernung zweier unendlich nahen Punkte dieses Raumes aus. Die geodätischen Linien dieses Raumes genügen der Gleichung:

$$\delta \int \frac{\sqrt{dx^2 + dx_1^2 + \cdots + dx_n^2}}{x} = 0$$

mit der Bedingung: $x\delta x + x_1 \delta x_1 + \cdots + x_n \delta x_n = 0$. Hieraus leitet der Verfasser her:

$$x_1 = b_1 x_n + b_1'; \quad x_2 = b_2 x_n + b_2'; \quad \dots \quad x_{n-1} = b_{n-1} x_n + b_{n-1}'.$$

Also werden die geodätischen Linien des betrachteten Raumes durch $(n-1)$ lineare Gleichungen unter den n Coordinaten $x_1, x_2, \dots x_n$ dargestellt. Es folgt dann der Ausdruck für die Länge eines geodätischen Bogens. Sind die Variabeln $x_1, x_2, \dots x_n$ und die Constanten R, a reell, so ist die Grenze dieses Raumes ein Raum von $(n-1)$ Dimensionen, der durch die Gleichung $x_1^2 + x_2^2 + \cdots + x_n^2 = a^2$ gegeben ist. Innerhalb dieser Grenze ist der erste Raum stetig und einfach zusammenhängend. Es folgen nun Betrachtungen über die Winkel solcher geodätischen Linien und über die Transformation der Coordinaten. Am Schlusse finden sich Vergleiche mit der gewöhnlichen Geometrie und derjenigen auf Flächen von constanter negativer Krümmung.

Mz.

E. Beltrami. Delle variabili complesse sopra una superficie qualunque. Brioschi Ann. (2). I. 329-366.

Man kann sich eine Oberfläche definirt denken durch ihr lineares Element ds, welches durch zwei unabhängige Variabeln u, v ausgedrückt sein mag, indem

$$ds^2 = E\,du^2 + 2F\,du\,dv + G\,dv^2$$

gesetzt wird. Die Coefficienten E, F, G sollen nun in dem betrachteten Theile der Oberfläche so bedingt sein, dass die Curven $u = \text{const.}$, $v = \text{const.}$ sich immer nur einmal schneiden. Ein solches Oberflächenstück mag regione ordinaria heissen; es wird von einem Curvennetz bedeckt, analog demjenigen der Parallelcoordinaten in der Ebene.

Zerlegen wir nun ds^2 in zwei conjugirte complexe Factoren von der Form $U du + V dv$, und charakterisiren durch d und δ zwei verschiedene Elemente, die mit einander den Winkel ε bilden, so ist

$$\frac{U\delta u + V\delta v}{U du + V dv} = \frac{\delta s}{ds} e^{i\varepsilon}.$$

Wenn also $\delta s = ds$ das um den Winkel ε gedrehte Element ds bedeutet, so entsteht $U\delta u + V\delta v$ aus $U du + V dv$ durch Multiplication mit $e^{i\varepsilon}$. Diese Eigenschaft entspricht der analogen des Binoms $x + iy$, welches einen Radiusvector in der Ebene vorstellt. Sie besteht auch noch, wenn $U du + V dv$ mit einer Function K der Variabeln u, v multiplicirt wird; und wenn

$$K(U du + V dv) = dw$$

ist, so gilt dasselbe von der durch Integration zu erhaltenden Variable w. Aus diesem Grunde müsste für die Anwendung der Theorie der complexen Variabeln auf das Studium der Oberflächen nicht das Binom $u + iv$, sondern vielmehr die Veränderliche w als die complexe Variable gewählt werden. Nun lässt sich zwar w im Allgemeinen nicht explicit darstellen, aber es lassen sich doch gewisse Eigenschaften der Functionen von w auch a priori angeben. Soll nämlich $f(u, v)$ eine Function von w, also ihre Ableitung nach w unabhängig von $\frac{du}{dv}$ sein, so muss die Bedingung

$$U\frac{\partial f}{\partial v} - V\frac{\partial f}{\partial u} = 0$$

erfüllt sein. Setzt man nun $f = \varphi + i\psi$, und führt diesen Ausdruck in die obige Gleichung ein, so erhält man zwei neue Relationen, aus denen hervorgeht, dass die Curven $\varphi =$ const. und $\psi =$ const. orthogonal und isometrisch sind, d. h. dass sie die Oberfläche in unendlich kleine Quadrate theilen. Die Functionen $f(w)$ werden Functionen des Binoms $u + iv$, wenn $E = G$ und $F = 0$ ist; dies sind aber die characteristischen Bedingungen für die isometrischen Coordinaten. Also nur für solche Coordinaten u, v gelten in Bezug auf eine beliebige Oberfläche die Eigenschaften, welche in Bezug auf die Ebene und die rechtwinkligen

Coordinaten x, y der Functionen der complexen Variable $x+iy$ zukommen.

Bezeichnen wir isometrische Coordinaten durch p, q, so erhält der Ausdruck für das Bogenelement die Form

$$ds^2 = \frac{dp^2 + dq^2}{k^2}.$$

Durch eine eigenthümliche Anwendung der Geometrie des Unendlichkleinen gelangt der Verfasser zu folgendem Theorem über diese Coordinaten: Setzt man das Binom $p+iq=$ einer beliebigen Function F von $u+ve^{i\lambda}$, wo u, v veränderliche Parameter und λ eine reelle Constante bedeuten, so erhält man zwei Systeme von Curven $u=\text{const.}$, $v=\text{const.}$, die sich unter dem Winkel λ schneiden. Der Fall $\lambda = \frac{\pi}{2}$ giebt einen bekannten Satz von Gauss. Die Curven $v = \text{const.}$ sind (für jede Function F) unabhängig von λ.

Nehmen wir an, die Coordinaten p, q einer Curve auf einer Oberfläche seien als Functionen eines Parameters u gegeben, und gehen wir auf dieser Curve vom Punkte p_0, q_0 zum Punkte p_n, q_n durch n Incremente $\varDelta u$, so gilt die symbolische Formel

$$p_n + iq_n = (1+\varDelta)^n (p_0 + iq_0).$$

Drehen wir aber jedes Bogenelement um den Winkel λ und verbinden dann die Endpunkte der Elemente zu einer neuen Curve, so haben wir für die Coordinaten p_1, q_1 dieser Curve

$$p_1 + iq_1 = (1 + e^{i\lambda}\varDelta)(p_0 + iq_0),$$

und wenn wir mit derselben Construction fortfahren, für die n^{te} Curve $p_n+iq_n = (1+e^{i\lambda}\varDelta)^n (p_0 + iq_0)$. Ist λ ein rechter Winkel, so ist $1+i\varDelta$ statt $1+e^{i\lambda}\varDelta$ zu schreiben. Man könnte daher $\varDelta$ als das Symbol der directen und reellen Differentiation, $i\varDelta$ als das Symbol der orthogonalen, imaginären, und $e^{i\lambda}\varDelta$ als dasjenige der schiefen, complexen Differentiation bezeichnen. Diese letzteren Differentiationen finden statt längs Systemen von Isothermen. Der Verfasser erläutert die Sätze über die isometrischen Curvensätze an einem Beispiel.

Bezeichnen wir nun mit φ, ψ zwei Functionen der Variabeln u, v, mit $\varDelta_2$ den Differentialparameter zweiter Ordnung (der hier noch von den Coefficienten E, F, G abhängt), mit $d\omega$ das Element eines Stücks der Oberfläche, mit ds das Element der Grenzlinie dieses Stücks, und mit δn das Element der inneren Normale der Grenzcurve, so beweist H. Beltrami die Gleichung

$$\iint (\varphi \Delta_2 \psi - \psi \Delta_2 \varphi)\, d\omega + \int \left(\varphi \frac{\delta \psi}{\delta n} - \psi \frac{\delta \varphi}{\delta n}\right) ds = 0,$$

deren Analogie mit einem bekannten Theorem der Geometrie des Raumes in die Augen springt. Wird ψ für einen Punkt im Innern des Flächenstücks unendlich, so kommt rechts $2\pi\varphi_0$ statt Null.

Sei wieder K der Factor, durch den das Binom $Udu + Vdv$ in ein vollständiges Differential verwandelt wird, so lässt sich $\Delta_2 \log K$ durch die Coefficienten E, F, G ausdrücken, und wenn wir mit k den Modul der Grösse K bezeichnen, so ist $\Delta_2 \log k$ einfach gleich dem Ausdruck, den Liouville für das Krümmungsmaas gegeben hat. Für die curvatura integra findet man alsdann den Ausdruck

$$\iint d\omega \,.\, \Delta_2 \log k = -\int ds \cdot \frac{\delta \log k}{\delta n} = 2\pi - T,$$

wo T die Summe der Contingenzwinkel, längs der Grenzcurve genommen, bedeutet. Der Verfasser giebt schliesslich noch andere Transformationen desselben Integrals. R.

D. Codazzi. Sulle coordinate curvilinee d'una superficie e dello spazio. Brioschi Ann. (2). I. 293-316. II. 101-119. 269-287.

Die Arbeit im ganzen ist eine Erweiterung der von Lamé in seinen „Leçons sur les coordonnées curvilignes et leurs diverses applications" gegebenen Theorie der orthogonalen krummlinigen Coordinaten durch Einführung von Coordinaten in gleichem Sinne, aber unter beliebigen Winkeln. Jeder Punkt wird auch hier durch den Schnitt dreier Flächen bestimmt, deren jede mit einem Parameter variirt, und die Parameter bilden die Coordinaten.

Im ersten Theil der ersten Abhandlung werden die partiellen Derivaten der Parameter und der Winkel zwischen den Tangenten der Flächenschnitte in Bezug auf rechtwinklige gradlinige Coordinaten zurückgeführt auf Derivaten nach den Parametern. Der zweite Theil enthält eine Anwendung auf ein Problem der Wärmeleitung.

Im ersten Theil der zweiten Abhandlung werden Relationen entwickelt zwischen den Richtungscosinus der drei Flächennormalen, der drei Tangenten, Hauptnormalen und Krümmungsaxen der Schnittlinien. Der zweite Theil betrachtet eine der Flächen besonders, und handelt von den Winkeln zwischen den genannten Geraden.

Der erste Theil der dritten Abhandlung führt die erhaltenen Formeln auf 3 Grössen, insbesondere die Hauptkrümmungen und den Winkel zwischen Schnittlinie und Hauptkrümmungsrichtung zurück, und beschränkt sich auf eine Fläche. Der zweite bringt diese Grössen für alle drei Flächen mit einander in Verbindung.

H.

F. Brioschi. Sulla teoria delle coordinate curvilinee. Brioschi Ann. (2). I. 1-22.

Der Verfasser bezeichnet die Schrift als Versuch einer Begründung der Flächentheorie unter Annahme zweier Parameter als Functionen irgend welcher Linien auf der Fläche ohne vorgängige Normirung von deren Bedeutung, indem er diese für die einzelnen Probleme offen lassen will. Da dieses Unternehmen keineswegs neu ist, so hätte man wohl eine Abgrenzung gegen das Bekannte, so wie nähere Bestimmungen über das Ziel seiner Einführungen und Transformationen erwarten können. Es mag nur erwähnt werden, dass sich als Anwendung der Theorie einige bekannte Sätze über Flächen von constanter Summe der Hauptkrümmungsradien und über kleinste Flächen ergeben, die hiermit auf einem etwas abweichenden Wege gewonnen werden.

H.

Aoust. Théorie des coordonnées curvilignes quelconques. Brioschi Ann. (2). I. 39-64.

f, f_1, f_2 seien drei gegebene Functionen der rechtwinkligen Coordinaten x, y, z, und $\varrho, \varrho_1, \varrho_2$ drei Parameter, dann stellen, wenn die Parameter variiren, die Gleichungen $f(x,y,z)=\varrho$, $f_1=\varrho_1$, $f_2=\varrho_2$ drei Familien krummer Flächen dar; der Durchschnitt von ff_1 liefere die Curvenschaar σ_2, ff_2 die Schaar σ_1, f_1f_2 die Schaar σ. Dies vorausgeschickt ist klar, dass jeder Punkt P des Raumes als Durchschnitt der drei Flächen ff_1f_2 betrachtet werden kann, wenn $\varrho, \varrho_1, \varrho_2$ passende Werthe erhalten, und dass man daher diese Werthe $\varrho, \varrho_1, \varrho_2$ krummlinige Coordinaten, die drei in P

zusammentreffenden Curven σ, σ_1, σ_2 krummlinige Coordinatenlinien des Punktes P nennen kann. Lamé hat nun in seiner „théorie des coordonnées curvilignes“ den für die Physik so wichtigen Fall behandelt, dass die drei Flächensysteme sich rechtwinklig schneiden; Aoust untersucht in einer früheren (cf. Brioschi Ann. (1). VI.) und in der vorliegenden Abhandlung den Fall, in welchem f, f_1, f_2 völlig willkürlich gegeben sind. Wir wollen im Folgenden die erste Arbeit kurz charakterisiren, weil es zur Einsicht in die reichen Resultate der zweiten unumgänglich nöthig scheint. Schreitet man vom Punkte P zu einem unendlich nahen Q, deren Coordinatenflächen die Parameter ϱ, ϱ_1, ϱ_2 und $\varrho + d\varrho$, $\varrho_1 + d\varrho_1$, $\varrho_2 + d\varrho_2$ haben mögen, so schliessen diese Coordinatenflächen einen parallelepipedischen, von sechs unendlich kleinen Vierecken begrenzten Körper ein, dessen Kanten Elemente der Curven σ, σ_1, σ_2 sind. Sind die in P zusammentreffenden Kanten $d\sigma$, $d\sigma_1$, $d\sigma_2$, so gehört $d\sigma_1$ zweien unendlich kleinen windschiefen Vierecken an; das eine liegt auf Fläche ϱ (enthält $d\sigma_2$ als Seite), das andere auf ϱ_2 (enthält Seite $d\sigma$). Den unendlich kleinen Winkel zwischen den an $d\sigma_1$ liegenden Gegenseiten des Vierecks auf ϱ nennt Aoust C o n t i n g e n z - W i n k e l d e r S e i t e n k r ü m m u n g v o n $d\sigma_1$ „nach $d\sigma_2$“ und bezeichnet ihn mit J_{21}; den Quotienten $\frac{J_{21}}{d\sigma_1}$ nennt er die Seitenkrümmung von $d\sigma_1$ nach $d\sigma_2$ $\left(= \frac{1}{L_{21}}\right)$. Man erhält den Winkel J_{21} der Grösse und Lage nach, indem man durch Punkt P der Seite $d\sigma_2$ eine Parallele zur Gegenseite zieht; die Richtung der Krümmung ergiebt sich, wenn man die Endpunkte der gleich gemachten Schenkel verbindet. Es ist zu bemerken, dass diese Krümmung von $d\sigma_1$ auf $d\sigma_2$ senkrecht steht, und dass die Ebene des Winkels J_{21} die Fläche ϱ im Allgemeinen n i c h t t a n g i r t. Fasst man das zweite windschiefe Viereck ins Auge, welchem $d\sigma_1$ angehört und welches 2 Elemente der Curven σ als Gegenseiten enthält, so findet sich analog die Seitenkrümmung von $d\sigma_1$ „nach $d\sigma$“ $\frac{J_{01}}{d\sigma_1} = \frac{1}{L_{01}}$. Ausser diesen Seitenkrümmungen, „courbures inclinées“, welche das wesentlich Neue in der Arbeit des Verf. bilden, zieht derselbe natürlich auch die eigentlichen Krümmungen in Betracht; ferner fasst er sämmtliche Graden, welche dieselben der Grösse und Richtung nach darstellen, (nach dem Vorgange von Lamé) als Darstellungslinien von Kräften auf und zerlegt sie nach den Richtungen $d\sigma$, $d\sigma_1$, $d\sigma_2$ in Componenten. Endlich projicirt Aoust Haupt- und Seitenkrümmungen, welche auf einem Elemente senkrecht stehen, auf die beiden Flächen ϱ, deren Durchschnitt jenes Element ist. Auf $d\sigma$ z. B. stehen folgende Krümmungen senkrecht: 1) die Hauptkrümmung von $d\sigma$ 2) die Seitenkrümmung von $d\sigma_1$ und $d\sigma_2$ nach $d\sigma$; dieselben werden also auf Fläche ϱ_1 und ϱ_2 projicirt. Danach erscheinen jedem Punkte P des Raumes 3 Haupt-, 6 Neben-Krümmungen mit ihren Componenten und 18 geodätische Krümmungen zugeordnet. Alle diese Quantitäten, die Winkel θ, unter denen sich die Flächen, die Winkel φ, unter welchen sich die Curven σ, σ_1, σ_2 im Punkte P schneiden, und ihre Variationen sind durch zahlreiche Relationen einfacher Form verbunden, deren Feststellung die erste Arbeit des Verfassers gewesen ist. Die jetzt zu besprechende Abhandlung giebt eine Anwendung dieser Gleichungen auf die Theorie der Curven auf einer beliebig gegebenen Fläche ϱ_i. Legt man durch die Endpunkte ϱ, ϱ_1 und $\varrho+d\varrho$, $\varrho_1+d\varrho_1$ des Elementes ds einer beliebigen Curve auf Fläche $\varrho_2 =$ const. die Coordinatenlinien σ und σ_1, so entsteht ein Viereck mit der Diagonale ds, den anstossenden Seiten $d\sigma$ und $d\sigma_1$; die Winkel zwischen ds und $d\sigma$, ds und $d\sigma_1$, $d\sigma$ und $d\sigma_1$ seien (1) α, β, φ. Aoust berechnet nun zunächst auf Grund der in Abtheilung 1° aufgestellten Formeln die Componenten der Haupkrümmung des Elementes ds; die Seitenkrümmungen der Coordinatenlinien σ und σ_1 spielen in den betreffenden Gleichungen eine wichtige Rolle und bedingen ihre verhältnissmässig grosse Einfachheit. Aus diesen Grundformeln ergiebt sich für Curve s mit Hülfe eines bekannten Satzes (die Projection der Resultante auf eine beliebige Grade ist gleich der Summe der Projectionen der Componenten) einmal die geodätische Krümmung, dann die Projection der Hauptkrümmung auf die Normale der Fläche ϱ_2 und endlich die zweite geodätische Krümmung, an deren Bedeutung unten erinnert werden wird. Wir theilen die Formeln, welche die beiden letzten Punkte betreffen, und einige ihrer Consequenzen mit.

Die Projectionen der eigentlichen Krümmungen von ds, $d\sigma$, $d\sigma_1$ auf die Normale von ϱ_2 seien $\frac{1}{\pi}$, $\frac{1}{r}$, $\frac{1}{r_1}$, die Projection der

Seitenkrümmung von $d\sigma$ nach $d\sigma_1 = \frac{1}{l}$ (die Seitenkrümmung von $d\sigma_1$ nach $d\sigma$ liefert dieselbe Projection), dann ist:

$$(2) \quad \frac{ds^2}{\pi} = \frac{d\sigma^2}{r} + \frac{d\sigma_1^2}{r_1} + \frac{2 d\sigma \, d\sigma_1}{l},$$

oder gleichbedeutend:

$$(2') \quad \frac{\sin\varphi^2}{\pi} = \frac{\sin\beta^2}{r} + \frac{\sin\alpha^2}{r'} + \frac{2\sin\alpha . \sin\beta}{l}.$$

Man sieht sofort, dass $\frac{1}{\pi}$, $\frac{1}{r}$, $\frac{1}{r'}$ die Krümmungen der ebenen Normalschnitte bedeuten, die im Punkte P der Fläche ϱ_2 durch ds, $d\sigma$, $d\sigma_1$ gelegt sind. Zur Bestimmung der Hauptkrümmungshalbmesser w_1 und w_2 der Fläche ϱ_2 ergeben sich aus (2′) die Formeln:

$$(3) \quad \frac{\sin\varphi^2}{w_1 w_2} = \frac{1}{r r_1} - \frac{1}{l^2}, \quad \left(\frac{1}{w_1} + \frac{1}{w_2}\right) \sin\varphi^2 = \frac{1}{r} - \frac{1}{r_1} - \frac{2\cos\varphi}{l},$$

deren zahlreiche Consequenzen Verfasser in seinem Mémoire sur la courbure des surfaces C. R. LVII entwickelt hat. Die Gleichungen (2) liefern ferner die Gleichung der Indicatrix des Punktes P auf ϱ_2 (cf. Salmon. Geom. d. R. p. 29), bezogen auf zwei beliebige Achsen; ihre Form unterscheidet sich aufs Vortheilhafteste von der gewöhnlichen, weil die Coefficienten der Variablen sämmtlich eine geometrische Bedeutung haben. Zu den bekannten Sätzen treten damit die folgenden neuen: „Fallen $d\sigma$ und $d\sigma_1$ in die Richtung zweier conjugirten Durchmesser der Indicatrix, dann ist die Normal-Projection der Seitenkrümmung des einen Elementes in Bezug auf das andre Null“, und „berühren die Elemente $d\sigma$ und $d\sigma_1$ die Hauptachsen der Indicatrix, so ist ihre zweite geodätische Krümmung Null“. Diese von O. Bonnet eingeführte zweite geodätische Krümmung ist nicht mit der in der Einleitung erwähnten zweiten geodätischen Seitenkrümmung zu verwechseln. Man erhält erstere auf folgende Weise. Von den Endpunkten des betrachteten Elementes ds werden die Normalen der Fläche ϱ_2 gezogen, durch ds und eine derselben wird eine Ebene gelegt. Der Winkel dieser Ebene mit der andern Normale, dividirt durch ds, giebt die zweite geodätische Krümmung (cf. Salmon. p. 157. 158). Zur Bestimmung der zweiten geodätischen Krümmung $\frac{1}{V}$ einer beliebigen auf das Coordinatensystem σ und σ_1 bezogenen Curve s ergiebt sich die Gleichung:

$$(5) \quad \frac{\sin\varphi^3}{V} = \sin\beta^2\left(\frac{1}{l} - \frac{\cos\varphi}{r}\right)$$

$$-\sin\alpha.\sin\beta\left(\frac{1}{r} - \frac{1}{r_1}\right) - \sin\alpha^2\left(\frac{1}{l} - \frac{\cos\varphi}{r_1}\right),$$

und hieraus folgt für die zweite geodätische Krümmung $\frac{1}{v}$ des Elementes $d\sigma$, indem $\alpha = 0$, $\beta = \varphi$ wird:

$$(5') \quad \frac{1}{l} = \frac{\cos\varphi}{r} + \frac{\sin\varphi}{v}.$$

Die Formeln (2) und (5) können dazu dienen, die Gleichungen $f(\varrho\varrho_1) = 0$ von Curven zu bestimmen, für welche irgend eine der erwähnten Krümmungen $\frac{1}{\pi}$ oder $\frac{1}{V}$ einem gegebenen Gesetze folgt. Da die Wahl des Coordinatensystems ϱ, ϱ_1 oder σ, σ_1 aber in keiner Weise beschränkt ist, so kann in jedem Falle das der Frage angemessenste gewählt werden. Die Einführung der Seitenkrümmung hat den grössten Einfluss auf die Einfachheit der Differentialgleichung, auf die man geführt wird, weil die Coefficienten derselben eine einfache, geometrisch deutbare Form erhalten, welche leicht erlaubt, sie in jedem einzelnen Falle als Functionen von ϱ und ϱ_1 auszudrücken. Wir führen aus der Fülle von Anwendungen, die Aoust im letzten Theile seiner Abhandlung macht, folgendes Beispiel an. Die Krümmungslinien einer beliebigen Fläche ϱ_2 sollen bestimmt werden. Da dieselben dadurch characterisirt sind, dass ihre zweite geodätische Krümmung $\frac{1}{V} = 0$ wird, so erhält man ihre Differentialgleichung aus (5); setzt man noch $\frac{\sin\beta}{\sin\alpha} = \frac{d\sigma}{d\sigma_1}$ (cf. 1), so ergiebt sich:

$$(6) \quad d\sigma_1^2\left(\frac{1}{l} - \frac{\cos\varphi}{r_1}\right) + d\sigma d\sigma_1\left(\frac{1}{r} - \frac{1}{r_1}\right) - \left(\frac{1}{l} - \frac{\cos\varphi}{r}\right)d\sigma^2 = 0.$$

In dieser Gleichung sind sämmtliche Variablen Functionen von ϱ, ϱ_1 und ihren Differentialen; sie möge hier auf das hyperbolische Paraboloid, dann auf das Hyperboloid mit einem Fach angewendet werden. In beiden Fällen soll die doppelte Schaar der gradlinigen Generatrices das Coordinatensystem bilden. Für diesen Fall ist offenbar $\frac{1}{r} = \frac{1}{r_1} = 0$, und Gleichung (6) wird:

$$(6') \quad d\sigma^2 - d\sigma_1^2 = 0.$$

Die Gleichung des Paraboloids sei $z = m.x.y$, die erzeugenden Graden sind bestimmt durch die Ebenensysteme $x = \varrho$, $y = \varrho_1$; das erste System liefert die Linienschaar σ_1, das zweite die Schaar σ, und man findet:

$$d\sigma = d\varrho \sqrt{1+m^2\varrho_1^2}, \quad d\sigma_1 = d\varrho_1 \sqrt{1+m^2\varrho^2},$$

$$\frac{d\varrho}{\sqrt{1+m^2\varrho^2}} = \pm \frac{d\varrho_1}{\sqrt{1+m^2\varrho_1^2}}.$$

Das Integral dieser Gleichung ist: $m\varrho - \sqrt{1+m^2\varrho^2} = C.(m\varrho_1 \pm \sqrt{1+m^2\varrho_1^2})$ wenn C eine beliebige Constante bedeutet.

Das einfächerige Hyperboloid hat die Gleichung $\frac{x^2}{a^2}+\frac{y^2}{b^2}-\frac{z^2}{c^2}=1$; die gradlinigen Erzeugenden sind bestimmt durch die Gleichungen:

$$\frac{y}{b}-\frac{z}{c} = \varrho\left(1+\frac{x}{a}\right), \quad \frac{y}{b}+\frac{z}{c} = \varrho_1\left(1+\frac{x}{a}\right);$$

hieraus folgt:

$$x = a\frac{1-\varrho\varrho_1}{1+\varrho\varrho_1}; \quad y = b\frac{\varrho+\varrho_1}{1+\varrho\varrho_1}; \quad z = c\frac{\varrho-\varrho_1}{1+\varrho\varrho_1}.$$

Versteht man unter K den Ausdruck $\frac{2a^2-b^2+c^2}{b^2+c^2}$, so wird Gleichung (6'):

$$\frac{d\varrho}{\sqrt{1+2K^2\varrho^2+\varrho^4}} = \pm \frac{d\varrho_1}{\sqrt{1+2K^2\varrho_1^2+\varrho_1^4}},$$

deren Integral nach Lagrange folgendes ist:

$$\sqrt{1+2K^2\varrho^2+\varrho^4}+\sqrt{1+2K^2\varrho_1^2+\varrho_1^4} = (\varrho_1-\varrho)\sqrt{A+(\varrho_1+\varrho)};$$

A ist die Integrations-Constante. K.

B. Riemann. Ueber die Fläche vom kleinsten Inhalt bei gegebener Begrenzung. Bearbeitet von K. Hattendorf. Gött. Abh. 1868.

Bekanntlich liegt die grosse Schwierigkeit in der Behandlung der vorliegenden Aufgabe nicht in der Integration der bezüglichen partiellen Differentialgleichung, welche von verschiedenen Mathematikern nach den verschiedensten Methoden bewirkt ist, sondern in der erforderlichen Specialisirung des allgemeinen Resultates für den Fall, dass die Begrenzung gegeben ist, eine im Allgemeinen noch unüberwundene Schwierigkeit, welche die Probleme, welche zu partiellen Differentialgleichungen führen, fast durchgängig trifft, und die eben nur bis zu einem gewissen Grade für die einfachsten Gleichungen dieser Art, z. B. für diejenige, welche die beiden Glieder der Functionen complexer Grössen definirt,

$$\frac{\partial^2 u}{\partial x^2} + \frac{\partial^2 u}{\partial y^2} = 0,$$

durch Riemann selbst gehoben ist, indem sie auf die Theorie der Abbildungen zurückgeführt wird. Einige der Mathematiker, welche sich mit dieser Aufgabe beschäftigt haben, geben durch Transformation der bezüglichen Gleichung in der That diese Gestalt, z. B. O. Bonnet, verlassen aber den sich daraus ergebenden Weg wieder, indem sie die Lösung vom Imaginären zu befreien suchen, und daher die Natur der Function, welche hier in Betracht kommt, wieder verdunkeln. Riemann schlägt in dieser Abhandlung den angedeuteten Weg consequent ein. Die fragliche Gleichung

$$(1+q^2)v - 2pqs + (1+p^2)t = 0,$$

für die Minimalfläche, wo:

$$\frac{\partial z}{\partial x} = p, \quad \frac{\partial z}{\partial y} = q, \quad \frac{\partial p}{\partial x} = r, \quad \frac{\partial p}{\partial y} = s, \quad \frac{\partial q}{\partial y} = t,$$

erleidet zunächst folgende Transformationen: sind r uud φ die Coordinaten der Abbildung der Fläche auf einer Kugel mit dem Radius 1, nämlich r die Polardistanz eines Punktes und φ der Winkel seines Meridians mit dem Anfangsmeridian, ferner

$$\eta = \operatorname{tg}\frac{r}{2}e^{\varphi i}, \quad \eta' = \operatorname{tg}\frac{r}{2}e^{-\varphi i}, \quad s = y + zi, \quad s' = y - zi,$$

$$2\chi = x + zi, \quad 2\chi' = x - zi,$$

wo z zu eliminiren ist, so wird die Aufgabe zurückgeführt auf die Gleichungen:

$$ds = \eta\, d\chi + \frac{1}{\eta'} d\chi',$$

$$ds' = \frac{1}{\eta} d\chi - \eta'\, d\chi',$$

wo χ eine willkürliche complexe Function von η allein, χ' eine solche von η' und zwar die χ entsprechende conjugirte ist. Es ergeben sich also s und s' durch Quadratur.

Die Specialisirung erfordert dann, dass die Abbildung der Begrenzung auf der Ebene η, d. h. der Ebene, worin die Coordinaten eines Punktes der reelle und imaginäre Theil von η sind, hergestellt wird, und Riemann löst dieses Problem zunächst für den Fall, wo die Begrenzung nur aus graden Linien besteht, die aber nicht vollständig einen Raum einzuschliessen brauchen.

Als Beispiele der allgemeinen Auflösung sind dann folgende Fälle durchgeführt.

1) Die Begrenzung besteht aus 2 sich nicht schneidenden Geraden, 2) aus 3 Geraden, von denen 2 sich schneiden, die dritte der Ebene der beiden ersten parallel ist, 3) aus 3 sich nicht schneidenden Graden, 4) aus 4 Graden, nämlich den Kanten eines Tetraeders, von denen man 2 sich nicht schneidende weglässt. Endlich sind noch 2 parallele Kreise als Begrenzung angenommen.

Ni.

E. Beltrami. Memoria sulla teoria generale dei superficie d'area minima. Rend. d. Bologna. 1868. 71.

D. Chelini. Della curvatura delle superficie, con metodo diretto ed intuitivo. Rend. di Bologna 1868. 119. — Mem. di Bologna (2). VIII. 27.

Man denke sich auf einer krummen Oberfläche eine beliebige Curve gezogen und in zwei benachbarten Punkten derselben die Tangenten, sowie die Berührungsebenen an die Fläche construirt. Die erste Tangente und ihre Projection auf die zweite Berührungsebene bestimmen mit der zweiten Tangente eine dreiseitige Ecke, oder auf einer um den Scheitel derselben beschriebenen Kugel ein sphärisches Dreieck, dessen Hypotenuse und eine Kathete die Krümmungen der gegebenen Curve und des sie berührenden Normalschnittes messen. Die andre Kathete wird dann als Maass einer dritten Krümmung, der tangentialen oder geodätischen, angesehen. Hiervon und von dem Ausdrucke für das Bogenelement $ds^2 = E du^2 + 2F du dv + G dv^2$ ausgehend, gelangt der Verfasser durch eine Reihe von Infinitesimalbetrachtungen auf einfache Weise dazu, die bekannten Sätze über die bei der Verbiegung einer Fläche unverändert bleibenden Eigenschaften abzuleiten, wobei die Formeln von vornherein in möglichst einfacher und zusammengezogener Gestalt erscheinen. Im letzten Abschnitte sind die bekannten Gesetze, nach denen sich die Krümmung einer

Fläche in der Umgebung eines Punktes ändert, entwickelt, jedoch ist die Behandlung mehr analytisch. Einige zum Schluss gegebene Anwendungen auf das Ellipsoid enthalten folgenden wohl neuen Satz, welcher sich den bekannten Sätzen von Joachimsthal anreiht: Es seien zwei concentrische, ähnliche und ähnlichliegende Ellipsoide gegeben, und man construire in zwei homologen Punkten die Berührungsebenen, dann ist das Produkt aus dem Abstande beider in den Inhalt der von einer Ebene ausgeschnittenen Ellipse constant. B.

D. Chelini. Teoria delle coordinate curvilinee nello spazio e nelle superficie. Mem. di Bologna (2). VIII. 483-533.

Siehe Abschn. VIII. Cap. 1.

Aoust. Sur la courbure des surfaces. C. R. LXVII. 759-771.

Die Arbeit enthält einige Verallgemeinerungen bekannter Sätze. In einem Punkte einer Fläche A schneiden sich zwei Normalebenen unter einem beliebigen Winkel φ. Im unendlich kleinen Abstande ∂s von A variirt ein Punkt A' auf der Fläche. Das Bogenelement ∂s bilde mit den Normalebenen die Winkel α, β. Die Normale in A' schneidet die Normalebenen in den Punkten P, P_1. Deren Abstände von der Tangentialebene seien δ, δ_1, die Abstände ihrer Projectionsebene ∂u, ∂u_1. Endlich sei p der Krümmungsradius des Normalschnitts ∂s, V der der zweiten geodätischen Krümmung, W das Verhältniss von ∂s zum Winkel zwischen den Normalen A und A'. Dann hat man:

$$\frac{\sin\varphi}{p} = \frac{\sin\alpha\cos\beta}{\delta} + \frac{\sin\beta\cos\alpha}{\delta_1},$$

$$\frac{\sin\varphi}{V} = \sin\alpha\sin\beta\left(\frac{1}{\delta} - \frac{1}{\delta_1}\right),$$

$$\frac{\sin^2\varphi}{W^2} = \frac{\sin^2\alpha}{\delta^2} + \frac{\sin^2\beta}{\delta_1^2} + \frac{2\sin\alpha\sin\beta\cos\varphi}{\delta\delta_1}.$$

Bezeichnen ferner r, r_1 die Krümmungsradien der Normalschnitte, v, v_1 die der zweiten geodätischen Krümmung für dieselben Bogenelemente, R, R_1 die Hauptkrümmungsradien, so ist

$$\frac{1}{\delta\delta_1} - \frac{1}{\delta}\left(\frac{1}{r} - \frac{\cot\varphi}{v}\right) - \frac{1}{\delta_1}\left(\frac{1}{r_1} + \frac{\cot\varphi}{v}\right) + \frac{1}{RR_1} = 0.$$

Sind die Normalschnitte conjugirt, so geht die Gleichung über in

$$\sin^2\varphi\left(\frac{1}{\delta\delta_1}+\frac{1}{RR_1}\right)=\frac{1}{\delta r}+\frac{1}{\delta_1 r_1}.$$

Für 3 Normalschnitte σ, σ_1, σ_2 im Punkte A hat man:

$$\frac{\sin(\partial s,\partial\sigma)\sin(\partial\sigma_1,\partial\sigma_2)}{\delta}+\frac{\sin(\partial s,\partial\sigma_1)\sin(\partial\sigma_2,\partial\sigma)}{\delta_1}$$
$$+\frac{\sin(\partial s,\partial\sigma_2)\sin(\partial\sigma,\partial\sigma_1)}{\delta_2}=0.$$

Hiernach verhalten sich δ, δ_1, δ_2 wie die Abstände eines Punktes eines gewissen Kegelschnitts von den Seiten eines eingeschriebenen Dreiecks.

Ausserdem hat man die Relation:

$$\frac{\partial u}{\delta}\sin\alpha=\frac{\partial u_1}{\delta_1}\sin\beta$$

und für die Hauptnormalschnitte:

$$\frac{1}{R_1}\frac{\partial u}{\partial s}=\cos\alpha\left(\frac{1}{R}-\frac{1}{R_1}\right);\quad \frac{1}{R}\frac{\partial u_1}{\partial s}=\sin\alpha\left(\frac{1}{R}-\frac{1}{R_1}\right)$$

und nach Elimination von α:

$$\left(\frac{\partial u}{R_1}\right)^2+\left(\frac{\partial u_1}{R}\right)^2=\partial s^2\left(\frac{1}{R}-\frac{1}{R_1}\right)^2.$$

Beschreibt also A' einen Kreis um A, und legt man von P und P_1 normale Ebenen zu den Hauptkrümmungstangenten, so beschreibt deren Durchschnittslinie einen elliptischen Cylinder.

H.

Aoust. De la courbure des surfaces. Inst. 1 sect. XXXVI. 3-5.

Aoust. Sur un principe de la théorie des surfaces. Inst. 1 sect. XXXVI. 69-51.

Ein Punkt einer Fläche wird als Durchschnitt zweier Linien σ_1, σ_2 betrachtet, welche er bei unabhängiger Variation der Parameter ϱ_1, ϱ_2 durchläuft, und die einen Winkel φ bilden; $\frac{1}{R_1}$, $\frac{1}{R_2}$ sind die Krümmungen von σ_1, σ_2; $\frac{1}{L_1}$, $\frac{1}{L_2}$ die Querkrümmungen, d. h. die Quotienten der Winkel J_1, J_2 zwischen den Tangenten von σ_2, σ_1 in den Endpunkten der Elemente $\partial\sigma_1$, $\partial\sigma_2$, dividirt durch diese Elemente. Die Projectionen von $\frac{1}{R}$, $\frac{1}{L}$, J

auf die Tangentialebenen sind bezeichnet durch $\frac{1}{\mathrm{R}}$, $\frac{1}{\mathrm{L}}$, I. Endlich ist $\frac{1}{K}$ die Krümmung der Fläche, und $\partial\omega$ das Flächenelement $\partial\sigma_1\,\partial\sigma_2\sin\varphi$.

Zwischen vorstehenden Grössen werden in der ersten Abhandlung folgende Relationen hergeleitet:

$$\partial_2 I_1 - \partial_1 I_2 = \frac{\partial\omega}{K} - \partial_1\partial_2\varphi,$$

$$\partial_1\partial_2\varphi = \partial_2 J_1 - \partial_2 I_1 = \partial_1 I_2 - \partial_1 J_2,$$

$$\partial_2 J_1 - \partial_1 J_2 = \frac{\partial\omega}{K} + \partial_1\partial_2\varphi,$$

$$\partial_2(I_1 + J_1) - \partial_1(I_2 + J_2) = \frac{2\partial\omega}{K},$$

$$\partial_2(J_1 - I_1) - \partial_1(J_2 - I_2) = 2\,\partial_1\partial_2\varphi,$$

$$\frac{\partial\omega}{K} = \partial_2 J_1 - \partial_1 I_2 = \partial_2 I_1 - \partial_1 J_2.$$

Bezeichnet n die Richtung der Flächennormale, so ist

$$\frac{\sin^2\varphi}{K} = \frac{\cos nR_1}{R_1}\,\frac{\cos nR_2}{R_2} - \frac{\cos nL_1}{L_1}\,\frac{\cos nL_2}{L_2}.$$

Setzt man zur Abkürzung

$$\frac{1}{H} = \frac{\cos R_1R_2}{R_1R_2} - \frac{\cos L_1L_2}{L_1L_2},$$

so hat man:

$$\partial_2(I_1\sin\varphi) - \partial_1(I_2\sin\varphi) = \frac{\partial\sigma_1\partial\sigma_2}{H} + \partial_1\partial_2\cos\varphi,$$

$$J_1 - I_1 = \partial_1\varphi, \qquad I_2 - J_2 = \partial_2\varphi,$$

$$\partial_2(J_1\sin\varphi) - \partial_1(J_2\sin\varphi) = \frac{\partial\sigma_1\partial\sigma_2}{H} - \partial_1\partial_2\cos\varphi,$$

$$\partial_1\partial_2\cos\varphi = \partial_1(J_2\sin\varphi) - \partial_1(I_2\sin\varphi) = \partial_2(I_1\sin\varphi) - \partial_2(J_1\sin\varphi),$$

$$\frac{\partial\sigma_1\partial\sigma_2}{H} = \partial_2(J_1\sin\varphi) - \partial_1(I_2\sin\varphi) = \partial_2(I_1\sin\varphi) - \partial_1(J_2\sin\varphi).$$

Hier bedeuten ∂_1, ∂_2 die Variationen in den Richtungen der σ_1, σ_2. Im Laufe der Abhandlung wird verwiesen auf folgende Schriften:

Aoust. C. R. 1850. 1862. 1863. LIV. p. 462. Borchardt J. LVIII. Tortolini Ann. (1). VI. Journ. des soc. savantes VI.

Gilbert. Inst. 1867. p. 399. § 3.
Liouville et Bonnet. C. R. 1851. Liouville J. XVI.

Im zweiten Artikel werden zunächst die Formeln hergeleitet:

$$\partial_2\{(I_1+J_1)\psi'\}-\partial_1\{(I_2+J_2)\psi'\}=2\frac{\partial\omega}{H(\psi)},$$

$$\partial_2\{(I_1-J_1)\psi'\}-\partial_1\{(I_2-J_2)\psi'\}=2\partial_1\partial_2\psi,$$

wo ψ eine beliebige Function von φ; ψ', ψ'' ihre Derivirten, ferner

$$\frac{1}{H(\psi)}=\frac{\psi'}{K_n}+\sin\varphi\frac{\psi''}{K_l},$$

$$\frac{\sin^2\varphi}{K_n}=\frac{1}{r_1 r_2}-\frac{1}{l_1 l_2};\quad \frac{\sin^2\varphi}{K_l}=\frac{1}{R_1 R_2}-\frac{1}{L_1 L_2}$$

ist, und r, l die Normalprojectionen von R, L bedeuten. Durch Elimination der ∂J, ∂I kann man Sätze von Gilbert und Cauchy (C. R. 1844.) erhalten.

Integrirt man zwischen zwei Werthen von ϱ_1 und zwei Werthen von ϱ_2, so dass $\partial\omega$ ein Bogenviereck erzeugt, dessen Winkel α, β, γ, δ sein mögen, so kommt:

$$\psi(\alpha)-\psi(\pi-\beta)+\psi(\gamma)-\psi(\pi-\delta)=-\int\psi'\frac{\partial\sigma}{R}-\iint\frac{\partial\omega}{H(\psi)},$$

$$\psi(\alpha)+\psi(\pi-\beta)+\psi(\gamma)-\psi(\pi-\delta)=\int\psi'\frac{\partial\sigma}{L}+\iint\frac{\partial\omega}{H(\psi)}.$$

Jenachdem ∂s längs verschiedenen Seiten des Vierecks variirt, bestimmen sich α, β, γ, δ verschieden. Die erste Gleichung ist einer Formel von Bonnet analog.

Zur speciellen Anwendung werden die Fälle $\psi(\varphi)=\varphi$, $\cos\varphi$, $\log\sin\varphi$, $\log\operatorname{tg}\frac{1}{2}\varphi$ empfohlen.

Zwei Abhandlungen des Verfassers, in welchen die Querkrümmung ohne die Quercontingenzwinkel J in Anwendung kommt, sollen noch erscheinen. H.

Aoust. Sur la théorie des surfaces. Inst. 1 sect. XXXVI. 380. 381.

Die in den vorigen Noten erklärte Bezeichnung wird beibehalten. $\Psi(\varphi)$ soll ferner eine beliebige Function sein. Dann lassen sich aus den erhaltenen Formeln leicht folgende zwei Gleichungen ableiten:

$$\frac{\partial\omega}{H(\Psi)} = \partial_1 \left\{ \frac{\Psi'\varphi}{\sin\varphi} \frac{\cos\varphi\,\partial_2\,\partial\sigma_1 - \partial_1\,\partial\sigma_2}{\partial\sigma_1} \right\}$$
$$+ \partial_2 \left\{ \frac{\Psi'\varphi}{\sin\varphi} \frac{\partial_1 (\cos\varphi\,\partial\sigma_2) - \partial_2\,\partial\sigma_1}{\partial\sigma_2} \right\},$$
$$\frac{\partial\omega}{H(\Psi)} + \partial_1\,\partial_2\,\Psi = \partial_1 \left\{ \frac{\Psi'\varphi}{\sin\varphi} \frac{\cos\varphi\,\partial_2\,\partial\sigma_1 - \partial_1\,\partial\varphi_2}{\partial\sigma_1} \right\}.$$

Ist eins der Liniensysteme, z. B. ϱ_2 geodätisch, so erhält man daraus:

$$\partial_1 \left\{ \Psi'(\varphi) \frac{\partial_1 (\sin\varphi\,\partial\sigma_2)}{\partial\sigma_1} \right\} + \frac{\sin\varphi\,\partial\sigma_2}{H(\Psi)} = 0,$$

und, falls beide es sind:

$$\frac{\partial_1\,\partial_2\,\Psi}{\partial\sigma_1\,\partial\sigma_2} + \frac{\sin\varphi}{H(\Psi)} = 0.$$

Einige besondere Resultate werden ferner daraus gezogen für den Fall, wo $\Psi'(\varphi)$ constant ist. H.

GILBERT. Sur la courbure des surfaces. Inst. 1 sect. XXXVI. 28. 29.

Der Verfasser constatirt zuerst, dass die von ihm déviation genannte Grösse bereits früher von Aoust unter dem Namen courbure inclinée eingeführt sei, und dass er von den betreffenden Entdeckungen desselben, obwohl von weit früherem Datum als die seinigen, erst später Kenntniss erhalten habe. Ferner äussert er in Betreff einer Formel (D) (Inst. n. 1771. p. 399.), dass er sie nicht als neu betrachtet, vielmehr nur ihrer rein geometrischen Ableitung Interesse beigelegt habe. H.

GILBERT. Sur quelques propriétés des trajectoires. Bull. de Belg. (2). XXV. 288-294. — Inst. 1 sect. XXXVI. 269.

Folgende 7 Sätze werden mitgetheilt:

1) In jedem Viereck zwischen je 2 Linien zweier Systeme auf einer Fläche, die sich unter constantem Winkel schneiden, ist die Summe der Flächenelemente, letztere multiplicirt mit der geodätischen Krümmung des ersten Systems, gleich dem Producte der Differenzen der Gegenseiten und des Cosinus des Durchschnittswinkels ϑ.

2) Ist das eine Liniensystem geodätisch, so ist die Differenz der geodätischen Seiten gleich der Differenz der andern mal $\cos\vartheta$.

3) Ein loxodromischer Bogen hat zur Länge die Differenz der Meridianbogen seiner Endpunkte dividirt durch $\cos\vartheta$.

4) Ist die geodätische Krümmung eines Seitenpaares constant, so ist der Flächeninhalt des Vierecks, multiplicirt mit dieser Krümmung, gleich der Differenz der Differenzen der Gegenseiten mal $\cos\vartheta$.

5) Multiplicirt man jedes Flächenelement im beliebigen Bogenviereck mit der Summe der geodätischen Krümmungen der zwei erzeugenden Linien, so ist deren Summe gleich dem doppelten Product des Umfangs und $\cos^2\vartheta$.

6) Ist ausser dem Durchschnittswinkel auch die Summe der geodätischen Krümmungen constant $=\frac{1}{k}$, so ist der Flächeninhalt gleich dem Umfang mal $2k\cos^2\frac{1}{2}\vartheta$.

7) Ist der Quotient der geodätischen Krümmungen beider Systeme $=\cos\vartheta$, so sind die Stücke des einen Liniensystems zwischen zwei festen Linien des andern unter sich gleich.

H.

Gilbert. Lignes tracées sur une surface quelconque. Inst. 1 sect. XXXVI. 245.

Einige zerstreute und unzureichende Mittheilungen aus einer in den Mém. de Belg. 1869 enthaltenen Schrift Gilberts: Théorie générale des lignes tracées sur une surface quelconque.

H.

Gilbert. Sur un mémoire concernant la théorie générale des lignes tracées sur une surface quelconque. Bull. de Belg. (2) XXV.

Catalan. Rapport sur: Gilbert, Mémoire sur la théorie générale des lignes tracées sur une surface quelconque. Bull. d. Belg. (2) XXV. 180-184.

Referat im folgenden Bande, da die Originalarbeit sich in: Mém. de Belg. 1869 findet.

Aoust. Remarques et réclamations faites relativement au mémoire de Mr. Gilbert. Bull. de Belg. (2) XXVI. 471-480.

Gilbert. Réponse à Mr. Aoust relative aux remarques et réclamation. Bull. de Belg. (2) XXVI. 480-494.

E. Roger. Note sur la courbure des surfaces. Ann. d. Mines. (6). XIV.

Enneper. Analytisch geometrische Untersuchungen. Gött. Nachr. 1868; 258-277 u. 421-443.

Die vorliegenden Arbeiten sind Fortsetzungen und Anwendungen einer früheren, die in den Gött. Nachr. 1867 veröffentlicht wurde. Enneper fasst die Coordinaten x, y, z eines Flächenpunktes als Funktionen zweier unabhängigen Variablen u und v auf und stellt, indem er sich an die von Gauss in ähnlichen Untersuchungen eingeführten Zeichen E, F, G etc. hält (cf. Salmon, Geom. d. Raum., übers. v. Fiedler. Abschn. V), ein System partieller, für alle Oberflächen gültiger Differentialgleichungen auf. Da diese Gleichungen die gegenseitige Abhängigkeit der Hauptkrümmungsradien r' und r'' der Fläche und der Funktionen E, F, G charakterisiren, so eignen sie sich zur Bestimmung von Flächen, deren Hauptkrümmungsradien gewisse Bedingungen erfüllen. Die hier zu besprechende Abhandlung sucht die Flächen constanter Krümmung ($r'r'' = m$) zu ermitteln. Diese Frage erscheint aber in ihrer Allgemeinheit nicht lösbar, weil sie auf eine partielle Differentialgleichung zweiter Ordnung führt, deren Integration dem Verfasser nicht gelingt. Er schränkt sie daher ein und ermittelt die Flächen constanter Krümmung, deren eine Schaar von Krümmungslinien *a)* eben oder *b)* sphärisch ist; ausgeschlossen sind von der Untersuchung die Rotationsflächen. Was nun zunächst die Flächen *a)* betrifft, so sei erinnert, dass der Winkel σ, unter welchem eine Fläche die Ebenen ihrer Krümmungslinien schneidet, nur von Ebene zu Ebene variirt, längs derselben Krümmungslinie aber constant bleibt. Ist nun die Krümmung der Fläche positiv und constant, dann sind die Rotationsflächen die einzigen, für welche σ überhaupt constant und zwar $= \frac{\pi}{2}$ wird. Im Falle negativer constanter Krümmung finden sich unzählig viele, nicht durch Umdrehung entstandene

Flächen, welche die Ebenen ihrer Krümmungslinien alle unter demselben Winkel σ schneiden, und σ ist nicht auf den Werth $\frac{\pi}{2}$ beschränkt. In beiden Fällen ergeben sich aber Flächen, für welche σ variabel ist. Ferner gilt allgemein der Satz: „Enthält eine Fläche von constanter Krümmung eine Schaar ebener Krümmungslinien, so schneiden sich die Ebenen derselben in einer Graden". Wählt man die Schnittlinie dieser Ebenen zur z-Achse, ist φ der Winkel zwischen einer Krümmungsebene und der y-Achse, und bedeuten u, v die unabhängigen, u_1, v_1 Hülfs-Variable, so findet Verfasser für die Flächen mit positiver Krümmung die Gleichungen:

$$\text{I)}\quad x\sin\varphi - y\cos\varphi = 0, \qquad \frac{du_1}{du} = A\cos 2u_1 - C,$$

$$\text{II)}\quad x\cos\varphi + y\sin\varphi = \mp\frac{g}{\sqrt{A^2-C^2}}\,\frac{1}{\sin\sigma\sin(u_1+v_1)},$$

$$g\cdot\frac{dv_1}{dv} = \sqrt{C-A\cos 2v_1},$$

$$\text{III)}\quad \mp z\sqrt{A^2-C^2} = \int(C-A\cos 2v_1)\,dv + g^2\operatorname{cotg}(u_1+v_1)\,\frac{dv_1}{dv},$$

$$\frac{1}{g}\,\frac{\cos\sigma}{\sin\sigma^3} = A\cos 2u_1 - C,$$

$$\frac{d\varphi}{du_1} = \pm\frac{\sqrt{A^2-C^2}}{g}\,\frac{1}{(A\cos 2u_1 - C)^2}.$$

Die nicht erklärten Buchstaben sind Constante und zwar $g^2 = r'r''$. Wenn das Krümmungsmaass negativ constant ($r'r'' = -g^2$) ist, und σ positiv, so ist die Gleichung der Fläche:

$$z = g\cos\sigma\operatorname{arc\,tg}\frac{y}{x}$$

$$+\sqrt{g^2\sin^2\sigma - x^2 - y^2} - \tfrac{1}{2}g.\sin\sigma\log\frac{g.\sin\sigma + \sqrt{g^2\sin\sigma^2 - x^2 - y^2}}{g.\sin\sigma - \sqrt{g^2\sin\sigma^2 - x^2 - y^2}}.$$

Erheblich grössere analytische Schwierigkeiten, wenigstens bei dem hier eingeschlagenen Wege, bietet die Aufsuchung der Flächen constanter Krümmung mit einer Schaar sphärischer Krümmungslinien. Die allgemeine Lösung ist auf eine, bis jetzt nicht ausführbare Integration simultaner Differentialgleichungen erster Ordnung zurückgeführt; nur für ganz specielle Fälle gelingt die Aufstellung der Flächengleichung insoweit, als nur noch zwei, anscheinend einfache Differentialgleichungen ungelöst bleiben. Wir beschränken uns daher auf die Mittheilung des interessanten Satzes: Schneidet eine Schaar von Kugeln eine Fläche von constanter positiver Krümmung in Krümmungslinien, so liegen ihre Mittelpunkte auf einer Graden. Leider fehlt den zahlreichen Gleichungen in beiden Abhandlungen noch die geometrische Interpretation. K.

ENNEPER. Ueber ein geometrisches Theorem. Gött. Nachr. 1868. 174-181.

Der Verfasser beweist auf rein analytischem Wege folgenden Satz: Einer Rotationsfläche sei längs einer beliebigen Curve Q eine developpable Fläche umschrieben; dieselbe schneide eine zur Rotationsachse senkrechte Ebene E in der Curve C. Umschreibt man ferner der durch Curve Q und durch die Rotationsachse bestimmten Conoidfläche eine developpable Fläche, die längs einer beliebigen Curve Q_1 berührt, so wird Ebene E von derselben in einer neuen Curve C_1 geschnitten. Curve C ist eine rechtwinklige Trajectorie zu den Tangenten der Curve C_1. K.

ENNEPER. Bemerkungen über den Durchschnitt der Flächen. Gött. Nachr. 1868, 181-190.

Ist eine Curve s Durchschnitt zweier Flächen P und Q, so lassen sich die auf ihre Krümmung bezüglichen Grössen durch folgende Quantitäten ausdrücken: 1) durch die Krümmungen der Normalschnitte von P und Q, die das in Betracht kommende Element der Curve s enthalten, 2) durch deren Winkel mit den drei Achsen und 3) durch die Variationen dieser Grössen nach s. Die einfachen Gleichungen, welche diese Abhängigkeit ausdrücken, führen den Verfasser zu folgenden Sätzen: „Verbindet man die Krümmungsmittelpunkte der Normalschnitte zweier Flächen, welche durch die Tangente eines Punktes P der Schnittcurve gehen, durch eine Grade, so ist das Perpendikel, gefällt vom Punkte P auf diese Grade, der Krümmungshalbmesser im Punkte P der Schnittcurve der beiden Flächen.“ Dieser Satz lässt sich übrigens leicht rein geometrisch erweisen. Ferner ergiebt sich folgender bekannte Satz: „Schneidet eine Fläche S_1 eine andre S unter einem constanten Winkel und in einer Krümmungslinie, so ist die Schnittcurve auch eine Krümmungslinie der Fläche S_1". (cf. Salmon, Geom. d. Raum. II. § 45). K.

S. Roberts. On the centres of Curves and Surfaces. Quart. J. IX. 25-31.

Cayley. On a Singularity of surfaces. Quart. J. IX. 332-338.

Laisant. Note sur le plan tangent en un point d'une surface. Nouv. Ann. (2). VII. 116-120.

Unter der Voraussetzung, dass die Oberfläche durch zwei Gleichungen zwischen ihren Coordinaten mit einem constanten Parameter dargestellt sei, entwickelt der Herr Verfasser eine Formel für die Tangentialebene in einem beliebigen Punkte der Oberfläche, ohne erst eine Elimination des constanten Parameters auszuführen. Die gefundene Formel wird zum Beweis des Satzes benutzt, dass die Oberfläche, welche der Ort von diametralen Kreisschnitten einer Schaar confocaler Ellipsoide ist, die Ellipsoide rechtwinklig durchschneidet. T.

Housel. Intersection d'une surface par un plan. Nouv. Ann. (2). VII. 277-284.

Die Aufgabe, welche gelöst wird, besteht darin, die Gleichung eines ebenen Schnittes einer Oberfläche in Coordinaten auszudrücken, welche auf ein Coordinatensystem bezogen sind, das in der schneidenden Ebene liegt. Von dem gefundenen Resultat wird eine allgemeine Anwendung auf die Oberflächen zweiten Grades gemacht, und dann speciell Summe und Produkt der Quadrate der reciproken Werthe der Halbachsen des in der schneidenden Ebene liegenden Kegelschnitts bestimmt. Die Kreisschnitte eines Ellipsoides werden dann der Betrachtung unterworfen. Am Schlusse der Abhandlung wird gezeigt, wie man die Resultate, die durch Coordinaten der schneidenden Ebene ausgedrückt sind, wieder durch räumliche Coordinaten darstellen kann.

T.

P. Morin. Note sur une classe des systèmes triples de surfaces orthogonales. C. R. LXVII. 785.

Ueber die betreffende Literatur finden sich ausführliche Notizen in der „Analytischen Geomtrie des Raumes von Salmon, übers. von Fiedler", Zusatz III. Morin berichtet über eine allgemeine Lösung der Frage nach drei Systemen orthogonaler Flächen, welche auf einander unendlich kleine Quadrate ausschneiden. Seine Lösung, welche die schon bekannte als speciellen Fall enthält, wird in der gedachten Notiz kurz characterisirt, die Gleichungen der Systeme selbst sind aber nicht angegeben, ebensowenig ist eine völlig verständliche Andeutung des Weges vorhanden, auf welchem es ihm gelungen ist, das zweite System der bekannten 6 partiellen Differentialgleichungen (cf. Lamé, théorie des coordonnées curvilignes XLIII. 8 und 9) unter der gegebenen Bedingung zu integriren. K.

G. Darboux. Sur les systèmes de surfaces orthogonales. C. R. LXVII. 1101.

Darboux gelangt durch eine Untersuchung der Lamé'schen Gleichungen (cf. d. vorhergeh. Referat) zu dem Schlusse, dass sich aus jedem gegebenen Orthogonal-System ein allgemeineres ableiten lässt, dessen Gleichungen drei willkürliche Functionen einer Variablen enthalten. Die Ableitung setzt die Integration dreier simultanen, linearen partiellen Differentialgleichungen 2ter Ordnung voraus, welche als Unbekannte eine einzige Function der drei Parameter enthalten. Als Beispiel wird eine solche Verallgemeinerung bei dem bekannten System dreier orthogonalen Kugelschaaren und bei dem System confocaler Flächen 2ten Grades durchgeführt. K.

K. Exner. Ueber die Maxima und Minima der Winkel, unter welchen Curven von Radien durchschnitten werden. Wien. Ber. LVII. 75-84.

Siehe Abschn. VIII. Cap. 2.

H. G. Zeuthen. Sur les singularités ordinaires des courbes géometriques a double courbure. C. R. LXVII. 225.

S. Roberts. On the Centres of Mean Distances of certain Points of Intersection of Curves and Surfaces. Quart. J. IX. 63-71.

Siehe Abschn. VIII. Cap. 2.

E. Catalan. Note sur les surfaces orthogonales. Bull. de Belg. (2). XXV. 180-185.

A. Enneper. Ueber die developpabele Fläche, welche zwei gegebenen Flächen umschrieben ist. Schlömilch. Z. XIII. 322-346.

Allégret. Mémoire sur la flexion des lignes géodésiques tracées sur une même surface quelconque. C. R. LXVI 342. Mondes (2). XVII. 271.

Siehe Abschn. XII. Cap. 1.

E. Schering. Erweiterung des Gauss'schen Fundamentalsatzes für Dreiecke in stetig gekrümmten Flächen. Gött. Nachr. 1867. 389-391.

Gauss hat in den „Disqu. gen. c. superf. curv." die Relationen zwischen Winkeln eines geodätischen Dreiecks und denen eines ebenen Dreiecks von gleich langen Seiten nur bis auf Grössen dritter Ordnung entwickelt. Herr Schering giebt die Erweiterung der Formel bis auf Grössen vierter Ordnung, wobei ausser den Maassen der Flächenkrümmung in den Ecken nur noch die in den Halbirungspunkten der Seiten auftreten. B.

Lüroth. Verallgemeinerung des Problems der kürzesten Linie. Schlömilch Z. XIV. 156-162.

Die bekannte Definition der kürzesten Linie wird projektivisch dahin verallgemeinert, dass auf einer gegebenen Fläche eine Curve gezogen werden soll, deren Schmiegungsebene den Pol der Berührungsebene der Oberfläche in Bezug auf eine beliebige Fläche zweiter Ordnung in sich enthält. Die hieraus hervorgehende Differentialgleichung zweiter Ordnung wird mit der Differentialgleichung der ebenfalls projektivisch verallgemeinerten Krümmungslinien multiplicirt, und das Produkt in einer Form dargestellt, welche sofort eine einmalige Integration gestattet, wenn die gegebene Fläche ebenfalls von der zweiten Ordnung ist. Durch Einführung der verallgemeinerten elliptischen Coordinaten wird die noch zu leistende Integration direct auf hyperelliptische Integrale erster Gattung zurückgeführt. Das confokale System wird dabei ersetzt durch ein System von Flächen zweiter Ordnung, welche ein und derselben abwickelbaren Fläche eingeschrieben sind.

B.

WOLSTENHOLME. Solution of the question 2503. Educ. Times X. 100.

Die Zahl der von einem Punkte eines Raumes von p Dimensionen möglichen Normalen an ein den Oberflächen entsprechendes Gebilde n^{ten} Grades ist $\frac{n}{n-2}\{(n-1)^p-1\}$.

THOMSON. Solution of the question 2461. Educ. Times X. 48-50.

Wird eine Curve n^{ten} Grades nach einer bestimmten Richtung verschoben, so liegt das Centrum der mittleren Entfernungen der Schnittpunkte der Curve in beiden Lagen auf einer festen Graden.

B. Algebraische Curven und Flächen.

J. BERTRAND. Études des surfaces algébriques. Nouv. Ann. (2). VII. 49-56.

Der Aufsatz enthält zuerst eine historische Musterung der Entdeckungen der geometrischen Eigenschaften der Fresnel'schen Wellenfläche und derjenigen allgemeineren Fläche vierten Grades, welche Cayley Tetraedroid genannt hat, und geht dann über zu den Gesichtspunkten, unter denen Kummer die Flächen vierten Grades auffasst und eintheilt; sodann zu den Untersuchungen über die, zwei Flächen zweiten Grades umschriebenen, abwickelbaren Flächen von Poncelet, Chasles, Cremona u. A.; erwähnt dann Chasles' Theorie der homofocalen Flächen zweiten Grades und die Quadrispinale von de la Gournerie.

H.

J. Bertrand. Étude des surfaces algébriques. Nouv. Ann. (2). VII. 5-16.

Allgemeine Betrachtungen über das Studium der Mathematik in Frankreich, dann insbesondere über das Studium der algebraischen Flächen. Voraus geht die Ankündigung der Schrift:

J. de la Gournerie. Recherches sur les surfaces tétraédrales symétriques. Paris 1867. H.

A. Clebsch. Note sur les surfaces algébriques. C. R. LXVII. 1238.

Analog wie man Curven in Geschlechter theilt (cf. Clebsch und Gordan, Theorie der Abel'schen Functionen, oder Cremona Preliminari di una teoria gem. delle superficie), kann man auch Flächen eintheilen. In dasselbe Geschlecht gehören zwei Oberflächen n^{ten} und m^{ten} Grades, wenn sich von ihren Gleichungen $f=0$, $\varphi=0$ die eine auf rationale, algebraische Weise in die andre transformiren lässt, so dass jedem Punkt der einen nur ein Punkt der andern entspricht. Verfasser giebt nun an, was man als Ordnungszahl dieser Geschlechter ansehen kann. Er nimmt der Einfachheit wegen nur Rücksicht auf Flächen mit regelmässigen Singularitäten, d. h. solchen, die sich entweder auf jeder Fläche selbst oder auf ihrer Reciproken finden. Dann ist Ordnungszahl des Geschlechtes die Zahl p der willkürlichen Constanten einer Fläche $n-4^{\text{ten}}$ Grades, welche durch die Doppel- oder Rückkehr-Curven (arêtes de rebroussement) auf der betrachteten Fläche n^{ten} Grades $f=0$ gelegt werden kann. Clebsch zeigt, dass diese Zahl für alle Flächen desselben Geschlechtes constant bleibt. K.

C. Neumann. Sul baricentro di curvatura delle superficie algebraiche. Brioschi Ann. I. 283. 284. (Vgl. p. 163.)

Der Begriff des Krümmungsschwerpunkts ebener Curven und der erste der vier in der Abhandlung desselben Verfassers darüber aufgestellten Sätze lassen sich leicht auf Flächen übertragen, indem man statt der Tangenten die Berührungsebenen, statt der Krümmung das Produkt der Hauptkrümmungen setzt, und im Beweise die Ebenen so variiren lässt, dass sie successive allen Berührungsebenen einer Halbkugel parallel werden. H.

E. de Jonquières. Propriétés des réseaux de courbes et de surfaces algébriques. C. R. LXVII. 1338-1340.

Steiner hat sich wohl zuerst mit den Eigenschaften der Curven- und Flächennetze beschäftigt (Borchardt J. XLVII, 4; Beweis von Clebsch ibid. LIX, 125; Beweise von Cremona in: „Introduction à la théorie des courbes 1862"; Beweis von Jonquières in einer ungedruckten Preisschrift, 1862). Steiner versteht unter einem Curven- resp. Flächennetze eine Schaar Curven resp. Flächen desselben Grades, welche die Eigenschaft haben, durch gemeinschaftliche Punkte zu gehen, deren Anzahl nur um 2 geringer ist als die Anzahl der Punkte, durch welche eine Curve resp. Fläche desselben Grades vollkommen bestimmt ist, so dass durch irgend zwei andere gegebene Punkte nur eine Curve oder Fläche des Netzes gehen kann. Gefolgt sind dann Chasles (Vorlesungen an der Sorbonne), Cremona (Introduzione ad una teoria geometrica delle curve piane; Bologna, 1862. — Preliminari di una teoria geometrica delle superficie; Bologna, 1866. — Mémoire de géométrie pure sur les surfaces du troisième ordre; Berlin, 1866-1868. — Borchardt J. LXVIII p. 1) und Cayley (Trans. of Camb. XI, 37). In der vorliegenden Note giebt der Herr Verfasser an, dass er als Anzahl der Curven eines Netzes n^{ter} Ordnung, deren jede zwei Doppelpunkte besitzt, ermittelt hat:

$$N = \tfrac{3}{2}(n-1)\{3(n-1)^3 - 14(n-1) + 11\};$$

aus dieser Formel ergiebt sich die Steiner'sche als ein specieller Fall. Die angewandte Methode (die aber nicht angegeben ist) würde, nach der Angabe des Herrn Verfassers auch geeignet sein, zur Ermittelung der Anzahl der Flächen eines Netzes zu führen, welche mit einer gegebenen Oberfläche eine doppelte Berührung eingehen; es müsste nur dazu die Anzahl derjenigen Flächen bekannt sein, welche mit dieser Oberfläche eine Berührung der zweiten Ordnung haben. Wenn das gegebene Netz ein μ-faches ist, d. h. wenn μ Curven oder Flächen durch zwei beliebig gegebene Punkte gehen, dann wird die gesuchte Anzahl μN.

T.

Clebsch. Intorno alla rappresentazione di superficie algebriche sopra un piano. Rend. d. Ist. Lomb. (2). I. 794.

Cayley. On a Certain Sextic Developpabel. Quart. J. IX. 129-142.

Cayley. On a Certain Sextic Surface. Quart. J. IX. 374-376.

Laguerre. Note sur quelques propriétés générales des courbes algébriques et sur leur application à la théorie des courbes et des surfaces anallagmatiqnes. Inst. XXXVI. 1 sect. 420.

C. Curven und Flächen zweiter Ordnung.

Dostor. Nouvelle étude algébrique des lignes et surfaces du second degré. Paris, Gauthier-Villars.

H. G. Zeuthen. Sur la détermination des caractéristiques des surfaces du second ordre. Nouv. Ann. (2). VII. 385.

Aoust. Recherches sur les surfaces du second ordre. Paris. Gauthier-Villars.

Gallenkamp. Ueber die Flächen zweiten Grades. Pr. Berlin.

In dieser Abhandlung giebt der Herr Verfasser im Wesentlichen den Gang, nach dem er die Flächen zweiten Grades in der Oberprima der Anstalt behandelt hat. T.

G. Stammer. Recherches sur les surfaces du second degré, qui se coupent suivant deux courbes planes ou qui sont enveloppées par deux cônes communs. Battagl. G. VI. 153-165.

Salmon beweist in seinen „Oberflächen zweiten Grades" No. 133, dass jede Oberfläche zweiten Grades $S'=0$, welche eine andere $S=0$ in zwei Punkten berührt, zur Gleichung hat $S'\equiv S+\lambda.L.M = 0$, wo L und M die Gleichungen zweier Ebenen sind. Er beweist ferner, dass solche Oberflächen von zwei gemeinsamen Tangentenkegeln eingehüllt werden. Der Beweis stützt sich aber auf die nicht immer zutreffende Annahme, dass beide Oberflächen ausser den Berührungspunkten noch andere reelle Punkte und ausser den Tangentenebenen in diesen Berührungspunkten noch andere Tangentenebenen gemein haben. Gestützt auf die allgemeine Gleichung der Oberflächen zweiten Grades in Cartes. Coordinaten zeigt nun der Verfasser, dass zwei solche Oberflächen $S = 0$ und $S' = 0$, welche sich in zwei Punkten berühren, in der That immer zwei ebene Schnittcurven gemein haben, deren Ebenen $L = 0$, $M = 0$ aber ebensowohl imaginär wie reell sein können. Die Gleichung $S' = 0$ kann daher auch immer umgeformt werden in $S + \lambda . L . M = 0$; es ist aber zu bemerken, dass L und M conjugirt complex sein können. Nachdem nun in die Gleichung $S' \equiv S + \lambda L . M = 0$ zur Ermittelung der für S und S' gemeinsamen Tangentenebenen die von Plücker eingeführten Plancoordinaten an Stelle der Cartesischen gesetzt sind, erkennt Verfasser, dass der von Salmon angeführte Satz genauer also lauten muss: „Zwei Oberflächen zweiten Grades, die sich in zwei Punkten berühren, haben zwei (ev. imaginäre) Umhüllungskegel mit reeller Spitze gemeinsam, 1° wenn beide Oberflächen zugleich gradlinig oder zugleich nicht gradlinig sind und wenn sie sich noch in andern Punkten schneiden, 2° wenn eine der Oberflächen gradlinig, die andere nicht gradlinig ist, und wenn die Berührungspunkte die einzigen gemeinsamen Punkte sind. Andernfalls haben die Oberflächen nur 2 gemeinsame Tangentenebenen."

K.

GEISER. Zur Theorie der Flächen zweiten und dritten Grades. Borchardt J. LXIX. 197-226.

Eine Rotationsfläche II. Ordnung ist durch einen Brennpunkt und vier Tangentialebenen eindeutig bestimmt, so dass einem Brennpunkt der zweite Brennpunkt eindeutig entspricht. Ist der Ort des einen Brennpunktes eine Ebene, so liegt der andere auf einer Fläche III. Ordnung, welche die sechs Kanten des Tetraeders als Gerade in sich enthält, also die vier Ecken desselben zu Doppelpunkten hat; durchläuft der eine eine Gerade, welche nicht durch die Ecken des Tetraeders geht, so bewegt sich der zweite auf einer Raumcurve III. Ordnung, welche die vier Tetraederecken enthält. Auch umgekehrt entspricht in der Zuordnung der Brennpunkte jeder Raumcurve III. Ordnung, welche durch die Ecken des Tetraeders geht, eine Gerade, und jeder Fläche III. Ordnung, welche die Kanten des Tetraeders enthält, eine Ebene. Nachdem der Verfasser obige Sätze entwickelt, geht er im Besondern ein auf die Fläche der Brennpunkte der Rotationsparaboloide, welche vier Ebenen berühren, und bestimmt den Charakter des Orts, auf dem die Brennpunkte der Rotationsflächen II. Ordnung liegen, welche fünf Ebenen und welche sechs Ebenen berühren.

Die Entwickelung obiger Sätze beruht wesentlich auf der Theorie der conjugirten harmonischen Pole in Bezug auf ein Flächenbündel II. Ordnung. Zu dieser Theorie liefert nunmehr der folgende Theil der Abhandlung einen Beitrag. Bekanntlich entspricht den Punkten einer Ebene als Ort der conjugirten harmonischen Pole eine Fläche III. Ordnung; es giebt aber sechs Punkte $s_1, s_2, \dots s_6$ in der Ebene, denen nicht ein Punkt, sondern eine Gerade der Fläche entspricht. Nach dem Character der Punkte $s_1, s_2, \dots s_6$ classificiren sich die Flächen III. Ordnung, von welchen es im Allgemeinen fünf Gattungen giebt, von denen aber bei reeller Annahme der bestimmenden Elemente durch die vorliegende Erzeugung nur vier gewonnen werden, leicht in folgende vier Gruppen:

I. Alle s sind reell.

II. Vier s reell, zwei conjugirt imaginär.

III. Zwei s reell und zweimal zwei conjugirt imaginär.

IV. Dreimal zwei s sind conjugirt imaginär.

Im ersten Falle enthält die Fläche 27 reelle Gerade, im zweiten 15 reelle und 12 imaginäre, im dritten 7 reelle, 16 imaginäre, 4 punktirte, im letzten endlich drei reelle, 12 imaginäre und 12 punktirte Gerade. Nach diesen Erörterungen bilden besondere Flächen III. Ordnung, welche durch Specialisiren der erzeugenden Elemente gewonnen werden, den Gegenstand weiterer Untersuchung. Zu diesen Flächen gehört auch die Fläche, auf welche der Verf. oben geführt worden ist. Sch.

J. Casey. Recherche des équations des couples de quadriques inscrites dans une quadrique donnée et tangentes à quatre quadriques inscrites aussi dans la même quadrique. Brioschi Ann. (2). II. 203-318.

Ist $S \equiv x^2 + y^2 + z^2 + w^2$, $A \equiv ax + a'y + a''z + a'''w$, $B \equiv$

$bx+b'y+b''z+b'''w$, so stellen $S^{\frac{1}{2}}-A=0$ und $S^{\frac{1}{2}}-B=0$ zwei Flächen zweiten Grades dar, welche der Fläche $S=0$ eingeschrieben sind, d. h. sie längs eines Kegelschnitts berühren. Die Gleichung $S^{\frac{1}{2}}-A+k(S^{\frac{1}{2}}-B)=0$ ist der Ausdruck für eine Fläche zweiten Grades, welche gleichfalls $S=0$ längs eines Kegelschnitts berührt und ausserdem einen Kegelschnitt des Durchschnitts von $S-A^2=0$ und $S-B^2=0$ enthält, nämlich denjenigen des gemeinsamen Durchschnitts jener beiden Flächen mit der Ebene $A-B=0$. Um die Kegel zu finden, welche durch jenen Durchschnittskegelschnitt gehen und die $S=0$ berühren, ist die Discriminante des Ausdrucks $S^{\frac{1}{2}}-A+k(S^{\frac{1}{2}}-B)$ gleich 0 zu setzen. Diese Bedingung führt auf die Gleichung

$$(1)\qquad (1-S'')k^2+2(1-L)k+1-S'=0,$$

worin S' und S'' die Resultate der Substitution der Coordinaten des Pols von A und B in S, und L das Substitutionsresultat des Pols von A in B ist. Hätte man statt $S^{\frac{1}{2}}-A$ und $S^{\frac{1}{2}}-B$ als Darstellungsformen $S^{\frac{1}{2}}+A$ und $S^{\frac{1}{2}}+B$ gewählt, so würde man zu denselben Resultaten gelangt sein; dagegen führt der Ausdruck $S^{\frac{1}{2}}-A$ und $S^{\frac{1}{2}}+B$, oder auch $S^{\frac{1}{2}}+A$ und $S^{\frac{1}{2}}-B$ zu folgender Gleichung:

$$(2)\qquad (1-S'')k^2+2(1+L)k+(1-S')=0.$$

Letztere giebt die Werthe für k an, welche den Kegeln entsprechen, die durch den gemeinsamen Durchschnitt von $S-A^2=0$, $S-B^2=0$, $A+B=0$ gehen und die Fläche $S=0$ berühren.

Die Gleichungen (1) und (2) zeigen, dass durch jeden Durchschnittskegelschnitt von $S-A^2=0$ und $S-B^2=0$ zwei Kegel gehen, welche $S=0$ berühren. Degenerirt einer dieser Kegelschnitte in zwei Gerade, so fallen die beiden ihn enthaltenden Kegel in einen zusammen; daher giebt obige Gleichung in diesem Fall zwei gleiche Wurzeln, was zu der Bedingung führt

$$(3)\qquad (1-S')(1-S'')-(1\pm L)^2=0.$$

Die beiden Flächen $S-A^2=0$ und $S-B^2=0$ berühren sich im Allgemeinen in zwei Punkten; degenerirt aber ein Durchschnittskegelschnitt in zwei Gerade, so berühren sie sich noch in einem dritten Punkt, nämlich in dem Doppelpunkt der beiden Geraden. Demnach lässt sich die Bedingung, dass diese Flächen sich noch in einem dritten Punkt berühren, durch Gleichung (3) zum Ausdruck bringen.

Setzt man

$$1-L = \sqrt{(1-S')(1-S'')}\cos\sigma,$$
$$1+L = \sqrt{(1-S')(1-S'')}\cos\varphi,$$

so stellt sich das Verhältniss der Wurzeln von Gleichung (1) dar durch $e^{2\sigma i}$ und das der Wurzeln von Gleichung (2) durch $e^{2\varphi i}$, und die Bedingung der Berührung wird auch gegeben durch die Gleichungen $\sigma = 0$ und $\varphi = 0$. Diese Winkel, welche, Invarianten ihrer Natur nach, für die Untersuchungen des Verfassers von grosser Bedeutung sind, erhalten den Namen, „anharmonische Winkel der beiden Flächen $S - A^2 = 0$ und $S - B^2 = 0$". Während die Bedingung, dass sich $S - A^2 = 0$ und $S - B^2 = 0$ in einem dritten Punkt berühren, durch die einfache Forderung zum Ausdruck gelangt, dass ein anharmonischer Winkel gleich Null sei, stellt die Eigenschaft, dass ein anharmonischer Winkel ein Rechter sei, die Flächen in andere bemerkenswerthe Beziehungen; für diese wählt er den Ausdruck „die Flächen schneiden sich orthogonal".

Es würde für diese Berichte zu weit führen, näher auf die interessanten Beziehungen einzugehen, welche zwischen „orthogonal" sich schneidenden Flächen statt haben; es genüge anzuführen, dass, wenn 4 Flächen zweiten Grades einer Fläche zweiten Grades eingeschrieben sind, es im Allgemeinen 8 Flächen zweiten Grades giebt, welche, gleichfalls dieser Fläche eingeschrieben, jene 4 „orthogonal" schneiden. Die Gleichungen derselben nehmen in vorliegender Abhandlung sehr elegante Formen an. Mit ihnen wieder im Zusammenhang stehen diejenigen Flächen, welche einer gegebenen Fläche eingezeichnet sind und 4 derselben Fläche eingeschriebene Flächen berühren. Die Gleichung eines solchen Paares erhält gleichfalls einen sehr eleganten Ausdruck; solcher Paare aber sind im Ganzen 64 vorhanden.

Sch.

G. Darboux. Sur les caractéristiques des systèmes de coniques et des surfaces du second ordre. C. R. LXVII. 1333 u. 1334.

In dieser Note deutet der Verfasser den Weg an, auf dem er die von Chasles gefundene Form: $\alpha\mu+\beta\nu$ für die Anzahl der Kegelschnitte mit einem willkürlichen Parameter, von denen μ durch einen Punkt gehen, ν eine Gerade berühren, und welche noch einer bestimmten Bedingung genügen, analytisch abgeleitet habe. Auch hat er auf analoge Weise die den Oberflächen zweiten Grades entsprechende Form gefunden. T.

H. M. Jeffery. On Conicoids, referred to Boothian Tangential Coordinates. Quart. J. IV. 309-332.

Die Booth'schen Tangentialcoordinaten bestimmen eine Ebene durch deren reciproke Abschnitte auf drei zu einander senkrechten Coordinatenaxen, jedesmal vom Anfangspunkt an gerechnet. Eine lineare Gleichung unter denselben bezeichnet einen Punkt, insofern sie alle Ebenen ausdrückt, welche durch diesen Punkt gehen; eine nicht lineare dagegen eine Fläche, insofern sie die Gleichung sämmtlicher Tangentialebenen dieser Fläche ist. Der Verfasser zeigt nun zuerst, wie man von Cartesischen Coordinaten zu den eben genannten übergehen kann, und wendet sich dann zur Betrachtung des Conicoids, d. i. einer Fläche, die er u. a. folgendermaassen definirt. Man denke sich einen Kegel zweiter Ordnung, dessen Spitze A, — und einen festen Punkt Q. Wenn nun ein variabler Punkt P so beschaffen ist, dass PQ die mittlere geometrische Proportionale (bis auf einen constanten Factor) zu 2 Abschnitten AR, AS auf der Kegelaxe ist, wo die Punkte R und S durch die Geraden PR und PS bestimmt werden, die parallel denjenigen Geraden des Kegels sind, welche mit der Axe und P in einer Ebene liegen, — so ist der Ort des Punktes P ein Conicoid. Die Gleichung einer solchen Fläche in gewöhnlichen Coordinaten ist:

$$(x-\alpha)^2+(y-\beta)^2+(z-\gamma)^2=\lambda\left(\frac{x^2}{a^2}+\frac{y^2}{b^2}-\frac{z^2}{c^2}\right).$$

Der Verfasser bestimmt dann, zu welchen Flächen zweiten Grades im Besondern ein Conicoid gehört und giebt zahlreiche Sätze hierüber. Mz.

L. Painvin. Discussion de l'intersection de deux surfaces du second ordre. Nouv. Ann. (2). VII. 481-501. 529-545.

Der Verfasser geht zuerst von der allgemeinen Gleichung zweiten Grades in $\frac{x}{t}, \frac{y}{t}, \frac{z}{t}$ aus. Sind $S=0$, $T=0$ solche Gleichungen, so stellen sie vereint den in Rede stehenden Durchschnitt dar. $S+\lambda T=0$ ist dann die Gleichung einer beliebigen Oberfläche zweiten Grades, die durch diesen Durchschnitt geht (λ eine willkürliche Constante). Soll nun $S+\lambda T=0$ Gleichung eines Kegels sein, so müssen die partiellen Ableitungen von $S+\lambda T$ nach x, y, z, t verschwinden. Hieraus ergiebt sich eine Gleichung vierten Grades für λ, deren Wurzeln $\lambda_1, \lambda_2, \lambda_3, \lambda_4$ 4 Kegeln entsprechen. Wählt man nun die Spitzen dieser Kegel zu Ecken eines Coordinatentetraeders, so vereinfachen sich die allgemeinen Gleichungen $S=0$, $T=0$ zu folgenden:

$$a_1 x^2+a_2 y^2+a_3 z^2+a_4 t^2 = 0,$$
$$b_1 x^2+b_2 y^2+b_3 z^2+b_4 t^2 = 0.$$

Der Verfasser behandelt nun folgende Fälle:

1) Die Gleichung in λ habe 4 reelle Wurzeln; dann sind die Scheitel der 4 Kegel reell. Sind die 4 Kegel reell, so ist die Durchschnittscurve der beiden Elächen reell; sind 2 Kegel imaginär, so ist diese Curve imaginär; alle 4 Kegel können nicht imaginär sein.

2) Die Gleichung in λ habe zwei reelle und zwei imaginäre Wurzeln; dann sind zwei Scheitel reell, die beiden andern conjugirt imaginär; die den reellen Scheiteln zugehörenden Kegel sind reell, die beiden andern imaginär. Die Durchschnittscurve ist stets reell. Die Gleichungen der beiden Oberflächen werden in diesem Fall auf die Form gebracht:

$$x^2+a\, y^2+b\,(z^2+t^2)+2d\, zt = 0,$$
$$x^2+a_1 y^2+b_1 (z^2+t^2)+2d_1 zt = 0.$$

3) Die Gleichung in λ habe 4 imaginäre Wurzeln; dann sind die 4 Kegel imaginär; die Durchschnittscurve ist reell. Die

Gleichungen der Oberflächen werden hier auf die Form gebracht:

$$a\,(x^2-y^2)+c\,(z^2-t^2)+2b\;xy+2d\;zt=0,$$
$$a_1\,(x^2-y^2)+c_1\,(z^2-t^2)+2b_1\,xy+2d_1\,zt=0.$$

4) Die Gleichung in λ habe 2 gleiche Wurzeln; wenn nun der Kegel, der der doppelten Wurzel entspricht, ein Kegel im eigentlichen Sinne ist, so berühren sich die beiden Flächen in einem einzigen Punkte; degenerirt dagegen dieser Kegel in zwei verschiedene Ebenen, so sind die Oberflächen doppelt berührend und schneiden sich in 2 ebenen Curven; die Gerade, welche die Berührungspunkte verbindet, (d. i. der Durchschnitt der beiden Ebenen) gehört nicht den Oberflächen an. Im Nachfolgenden wird dies nun genauer ausgeführt und bewiesen, wobei jedoch der Verfasser die Unterscheidung zwischen reellen und imaginären Wurzeln nicht weiter fortführt.

Eine Fortsetzung steht noch zu erwarten. Mz.

H. M. Jeffery. On Conics, Plane and Spherical, referred to Three-Point Tangential Coordinates. Quart. J. IX. 1-15.

Siehe Abschn. VIII. Cap. 2.

Houël. Quelques réflexions au sujet de la ligne de longueur minimum sur la sphère. Nouv. Ann. (2). VII. 573.

L. Sohnke. Oberfläche und Inhalt der Körper, welche durch Rotation eines regulären Polygons um einen beliebigen Durchmesser entstehen. Grunert Arch. XLVIII. 457-465.

Jede aus gleichen, im Berührungspunkte halbirten Tangenten eines Kreises bestehende Linie beschreibt bekanntlich bei Rotation um einen beliebigen, sie nicht kreuzenden Durchmesser eine Fläche, gleich der durch dieselben parallelen Ebenen begrenzten Kugelzone. Bei Anwendung auf ein umschriebenes reguläres Polygon ist dann im Allgemeinen an jedem Ende eine Kegelfläche zu ergänzen.

In Betreff des Körperinhalts wird der Satz bewiesen: Theilt man ein reguläres Polygon durch irgend einen Durchmesser in

2 Theile und lässt den einen von beiden um den Durchmesser rotiren, so ist der Inhalt des Rotationskörpers der dritte Theil des Productes der Rotationsfläche und des Radius. H.

Chr. Hansen. Lösning af Opgave 205. Tychsen Tidsskr. IV. 42. 43.

Drei Paraboloide in der Stellung

$$\frac{x^2}{a^2}+\frac{y^2}{b^2}=\frac{2z}{c}$$

für verschiedene Werthe von a, b, c haben eine gemeinsame Berührungsebene, wenn

$$\begin{vmatrix} a_1^2 & a_2^2 & a_3^2 \\ b_1^2 & b_2^2 & b_3^2 \\ c_1 & c_2 & c_3 \end{vmatrix} = 0$$

ist. H.

J. J. Walker. Notes on a paper, suprà, p. 25—31. Messenger IV. 187-190.

Reduction specieller Gleichungen von Flächen zweiten Grades auf conjugirte Durchmesser als Axen. H.

Gordan. Ueber eine das Hyperboloid betreffende Aufgabe. Schlömilch Z. XIII. 59-63.

Der Verfasser behandelt eine bereits von Plücker gelöste Aufgabe, (On a new geometry of space, in den Transactions of the Royal Society 2. Februar 1865), indem er zur Vereinfachung der Lösung Tetraedercoordinaten anwendet. Nach Plücker bilden alle Geraden, zwischen deren homogenen Coordinaten ($p_{ik}=x_i y_k - y_i x_k$) eine Gleichung n^{ter} Ordnung besteht, einen Complex n^{ter} Ordnung; bestehen zwei solcher Gleichungen, so bilden diese Linien eine Congruenz; finden deren 3 statt, eine windschiefe Fläche. Die Aufgabe, welche hier behandelt wird, ist neu: 1) Wenn eine Fläche zweiter Ordnung gegeben ist, diejenigen Complexe zu finden, auf denen die erste, und diejenigen, auf denen die zweite Schaar ihrer Erzeugenden liegt; 2) aus 3 linearen Complexen die Gleichung des Hyperboloids zu finden, dessen eine Schaar der Erzeugenden diesen Complexen gemeinsam ist. Ni.

Lüroth. Ueber Polartetraeder und die Schnittcurve zweier Flächen zweiter Ordnung. Schlömilch Z. XIII. 404-413.

Die Arbeit ist bestimmt eine Lücke auszufüllen, welche sich in den Werken von Hesse und Salmon über Raumgeometrie befindet. Bei der Untersuchung der Schnittcurve zweier Flächen zweiter Ordnung kommt es nämlich auf die geometrische Interpretation der Gleichungen an, welche das Verschwinden zweier simultanen Invarianten anzeigen, die sich zugleich auf eine eigentliche und eine uneigentliche Fläche zweiter Ordnung beziehen. In den bezeichneten Werken ist nun nur bewiesen, dass, wenn die fraglichen geometrischen Eigenschaften stattfinden, diese Invarianten in der That verschwinden. Der Verfasser ergänzt diese Betrachtung dahin, dass er zeigt, wie umgekehrt das Verschwinden der letzteren zugleich die entsprechenden geometrischen Eigenschaften bedingt. Ni.

Enneper. Ueber die Bedingungen, dass 4 Punkte auf einem Kreise und 5 Punkte auf einer Kugelfläche liegen. Schlömilch Z. XIII. 261 u. 262.

Siehe Abschn. VIII. Cap. 2.

Plaţton. Solution of the question 2521. Educ. Times X. 63.

Zwei Linien im Raume schneiden einen Kegelschnitt. Die gradlinige Fläche, deren Erzeugende durch Gerade und Kegelschnitt gehen, ist vom zweiten Grade.

Walcker. Solution of the question 2639. Educ. Times X. 62.

Die Gleichung eines Umdrehungskegels wird durch drei Erzeugende bestimmt.

Cayley. Solution of the question 2553. Educ. Times IX. 55.

Die Fläche $y^2z^2+z^2x^2+x^2y^2-2xyz=0$ schneidet $x^2+y^2+z^2=1$ in 4 Kreisen. Untersuchung der Schnittcurve derselben Fläche mit $x^2+y^2+z^2=r^2$.

Dale and Tomlinson. Solution of the question 2348. Educ. Times X. 28 u. 29.

Bei einer Schaar von Kegelschnitten, welche 2 gegebene Linien in gegebenen Punkten berühren, schneidet die Curve dritten Grades, auf der die Brennpunkte der Kegelschnitte liegen, einen jeden in solchen Punkten, dass die Normalen in denselben durch den Durchschnittspunkt der beiden Linien gehen.

Mc. Cay. Solution of the question 2559. Educ. Times IX. 62.

Von vier Oberflächen zweiten Grades geht jede durch drei von vier gegebenen beliebigen Linien. Die vier Pole einer Ebene in Bezug auf diese vier Oberflächen liegen in einer Ebene.

D. Besondere Curven und Flächen.

Cremona. Sopra una certa famiglia di superficie gobbe. Rend. d. Ist. Lomb. (2). I. 89. 103.

E. Beltrami. Sulla teoria delle cubiche gobbe. Rend. d. Ist. Lomb. (2). I. 130. 407.

G. Bruno. Intorno ad alcune proprietà dell' elicoide sghembo a piano direttore. Atti di Torino III. 194-200.

A. Ribaucour. Sur une propriété des surfaces enveloppes de sphères. C. R. LXVII. 1334.

Siehe Abschn. VIII. Cap. 2.

Painvin. Étude analytique de la développable circonscrite à deux surfaces du second ordre. C. R. LXVII. 816-820.

Chasles hatte 4 Arten derjenigen abwickelbaren Flächen aufgestellt, die durch eine Tangente an 2 Flächen zweiten Grades erzeugt werden (C. R. 1857. 1862). Der Verfasser hat die Eigenschaften der dritten und vierten Art untersucht und theilt hier einige Resultate mit.

Schneidet eine Ebene die Gratlinie einer Abwickelbaren dritter Art in 3 reellen Punkten, so schneidet sie in 2 reellen Punkten alle Kegelschnitte der Abwickelbaren, die von ihren Berührungsebenen gebildet werden, und die 2 von ihr berührten Kegelschnitte sind imaginär. Wird hingegen die Gratlinie nur in einem Punkte getroffen, so schneidet die Ebene jene Kegelschnitte in 2 reellen, alle übrigen in 2 imaginären Punkten; ausserdem berührt sie 2 reelle Kegelschnitte.

Berührt eine Fläche zweiten Grades 7 Tangentialebenen der Abwickelbaren, so ist sie in letztere ganz eingeschrieben.

Durch die gerade Durchschnittslinie zweier festen Tangentialebenen der Abwickelbaren lassen sich unendlich viele in dieselbe eingeschriebene Flächen zweiten Grades legen. In Betracht einer beliebigen dieser Flächen sind die zwei Tangentialebenen conjugirt.

In einer Abwickelbaren vierter Art giebt es 2 eingeschriebene Kegelschnitte, deren einer eine Doppellinie ist. Zwei Kegel zweiten Grades gehen durch ihre Gratlinie, deren einer *C* die Abwickelbare doppelt berührt. Liegt ein Punkt auf der Ebene des doppelten Kegelschnitts, dann, und nur in diesem Falle, liegen alle Berührungspunkte der Gratlinie mit den durch jenen Punkt an die Abwickelbare gelegten 4 Tangentialebenen in derselben Ebene, und letztere geht durch die Spitze des Kegels *C*.

Durch die Durchschnittslinie zweier Tangentialebenen der Abwickelbaren lässt sich eine und nur eine Fläche zweiten Grades legen, die in die Abwickelbare eingeschrieben ist; diese wird ausserdem durch den Schnitt der 2 conjugirten Tangentialebenen gehen. Sie berührt die Gratlinie in 3 Punkten, deren einer fest ist, während die beiden andern conjugirt sind, und die Berührung ist von der zweiten Ordnung. (Die Bedeutung des Wortes „conjugirt“ entspricht der Note von Cremona C. R. LIV. p. 604).

H.

Ch. Hansen. Lösning af Opgave 87. Tychsen Tidsskr. IV. 58.

Beispiel der Bestimmung einer von Geraden erzeugten Fläche nebst Cubatur. H.

J. J. Walker. Analogues in space to a property of the parallelogram. Messenger IV. 144-146.

Die algebraische Summe zweier Pyramiden von gemeinsamer Spitze über zwei anstossenden Seiten eines Parallelepipeds ist gleich der Pyramide von derselben Spitze über dem Diagonalparallelogramm mit der Durchschnittskante jener Seiten.

Die Summe von drei solchen Pyramiden ist die Pyramide über dem Parallelogramm aus den vom Schnittpunkt der drei Basen ausgehenden Diagonalen in zwei beliebigen von diesen Basen.

Liegt die Spitze der Pyramiden in einer der drei anstossenden Seiten, so erhält man das Theorem der Momente.

Die zwei Pyramiden von variabler gemeinsamer Spitze über denjenigen Dreiecken, welche die Endpunkte je dreier, von zwei Gegenecken des Parallelepipeds ausgehenden Kanten verbinden, haben eine constante Differenz. H.

Arthur Schondorff. Ueber die Minimalfläche, die von einem doppelt-gleichschenkligen räumlichen Viereck begrenzt wird. Göttingen, Kästner.

Die Abhandluug ist eine von der philosophischen Fakultät der Universität Göttingen gekrönte Preisschrift und behandelt die von derselben gestellte Aufgabe:

„Unter den Flächen, welche zwischen den vier Schenkeln zweier gleichschenkliger Dreiecke mit gemeinschaftlicher Basis ausgespannt werden können, soll die kleinste in der Weise bestimmt werden, dass die Coordinaten eines in ihr gelegenen Punkts durch zwei unabhängig veränderliche Grössen mit Hülfe von bestimmten Integralen oder einfach gebauten Reihen ausgedrückt werden.“

Die Arbeit gründet sich wesentlich auf die Entwickelungen, welche Riemann in der Abhandlung „Ueber die Fläche vom kleinsten Inhalt bei gegebener Begrenzung“ Bd. 13 der Abhandl. der Königl. Ges. d. Wissensch. zu Göttingen gegeben hat. Daselbst findet sich auch das Problem unter der besonderen Voraussetzung behandelt, dass die Begrenzung ein räumliches Vierseit ist; die

Erforschung der besonderen Formen, welche bei weiterer Specialisirung, nämlich bei der Bedingung, dass zwei Seitenpaare des räumlichen Vierseits gleich sind, die Entwickelungen annehmen, ist Gegenstand der vorliegenden Abhandlung. Sch.

LEMONNIER. Mémoire sur les surfaces dont les lignes de courbure sont planes ou sphériques. Paris, Thunot.

U. DINI. Sulle superficie che hanno le linee di curvatura piane. Brioschi Ann. (2). I. 146-154.

Die Abhandlung beschäftigt sich mit der Frage, welche windschiefen Flächen eine Schaar ebener Krümmungslinien aufweisen. Bonnet (J. de l'Ec. Pol. cah. 35) und Joachimsthal (Borchardt J. LIV) haben nun zwar die allgemeine Gleichung der Flächen mit ebenen Krümmungslinien gegeben; aber unter der Voraussetzung, dass zwei gegebene simultane Differentialgleichungen integrirt sind. Da aber die Form der Flächen wesentlich von der Beziehung der Integrationsconstanten abhängt, und da diese Integration im Allgemeinen nicht ausführbar ist, so hat die obige Frage ihre eigenthümlichen Schwierigkeiten. Verfasser überwindet dieselben nach einer von Wantzel, Bonnet und ihm selbst schon früher angewendeten Methode. Ist $z = f(x, y)$ die Gleichung einer Fläche mit ebenen Krümmungslinien und bedeutet, wie gewöhnlich $p \frac{\partial z}{\partial x}$, $q \frac{\partial z}{\partial y}$ etc., so hat dieselbe der partiellen Differentialgleichung Genüge zu leisten:

$$(1.)\quad pq\{m(1+q^2)-\sqrt{1+p^2+q^2}\}r$$
$$+\{m^2(1+q^2)\sqrt{1+p^2+q^2}-2m(1+p^2)(1+q^2)+(1+p^2)\sqrt{1+p^2+q^2}\}s$$
$$+p.q.m\{(1+p^2)-m\sqrt{1+p^2+q^2}\}t = 0,$$

in welcher m eine Constante bedeutet. Die verlangte windschiefe Fläche werde nun durch die Bewegung der Geraden

$$(2.)\quad y = ax + A, \qquad z = bx + B$$

erzeugt, in deren Gleichungen a, A, b, B als Functionen einer Variablen α aufgefasst werden; dann entsteht die Frage, wie müssen diese Functionen geformt sein, damit die Gleichung (1.) durch die Gleichungen (2.) identisch erfüllt werde. Die Lösung dieser Frage führt den Verfasser zu dem Satze: „Das einfächerige Rotations-Hyperboloid ist die einzige windschiefe Oberfläche mit einer Schaar ebener Krümmungslinien."

K.

A. Cayley. Note sur quelques torses sextiques. Brioschi Ann. (2). II. 99-100.

A. Cayley. Addition à la note sur quelques torses sextiques. Brioschi Ann. (2). II. 219-221.

Die Bemerkungen in obigen Arbeiten beziehen sich auf die abwickelbaren Flächen oder Raumcurven von der Form

$$(ae-4bd+3c^2)^3-27(ace-ad^2-b^2e+2bcd-c^3)^2=0,$$

worin (a, b, c, d, e), lineare Functionen der vier Coordinaten (x, y, z, t), durch die lineare Gleichung

$$Aa+4Bb+6Cc+4Dd+Ee=0$$

in Verbindung stehen. Die Eigenschaften der unter jener Form begriffenen Gebilde hängen von den invarianten Besonderheiten der Function $(A, B, C, D, E \between \tau, 1)^4$ ab.

Sch.

De la Gournerie. Sur les lignes spiriques. C. R. LXVI. 283-285. Mondes (2). XVI. 305.

Torusfläche (le tore) wird diejenige Oberfläche genannt, welche durch Rotation eines Kreises um eine in seiner Ebene gelegene Gerade entsteht; die Schnittcurven, welche eine Ebene mit dieser Oberfläche bildet, heissen spirische Linien (lignes spiriques). Ueber diese Linien finden sich Notizen von Quetelet (Correspondance mathématique II), von Chasles (Aperçu historique, note I) und von Bertrand (Journal des Savants, 1867). Der Verfasser giebt in der oben bezeichneten Note einige neue Sätze über die spirischen Linien, welche die Anzahl derjenigen Torusflächen behandeln, welche durch eine gegebene spirische Linie gelegt werden können. Als Ausgangspunkt haben sie den Satz, dass durch eine jede spirische Linie sechs Torusflächen gelegt werden können, welche paarweise zur Ebene der Curve symmetrisch sind.

Der Begriff der Torusfläche wird nun dadurch erweitert, dass angenommen wird, die Rotationsaxe habe eine beliebige räumliche Lage zur Ebene des erzeugenden Kreises. Eine solche Torusfläche wird senkrecht oder schief genannt, je nachdem die Rotationsaxe zur Ebene des erzeugenden Kreises parallel oder nicht parallel ist. Da nun aber eine jede Oberfläche, welche durch Umdrehung eines Kreises um eine Gerade entstanden ist, auch durch Umdrehung mehrerer anderen Kreise um dieselbe Axe entstehen kann (Mém. de Mannheim sur la cyclide. Nouv. Ann. 1860), so kann man jede Torusfläche als senkrecht betrachten, für welche die Ebene irgend eines erzeugenden Kreises parallel der Umdrehungsaxe ist. Die letzten Sätze der gegenwärtigen Note betreffen solche senkrechten oder schiefen Torusflächen. Unter anderen Sätzen finden wir: Jeder ebene Schnitt einer solchen Fläche ist eine spirische Linie. Rotirt eine spirische Linie um eine beliebige in der Hauptebene gelegene Gerade, dann erzeugt sie im Allgemeinen eine schiefe Torusfläche. Hauptebene ist diejenige Ebene genannt, welche die Symmetrie-Axe der spirischen Linie enthält und senkrecht zu deren Ebene steht. T.

De la Gournerie. Sur une involution spéciale du quatrième ordre et son application aux lignes spiriques. C. R. LXVI. 832.

J. Clerk Maxwell. On the Cyclide. Quart. J. IX. 111-126.

Die kürzeste Definition jener Fläche vierten Grades, welche Cyclide genannt wird, ist wohl die von Dupin gegebene, nämlich: Denkt man sich alle möglichen Kugeln, die irgend drei gegebene in einer stetigen Weise berühren, so ist die einhüllende Fläche aller dieser Kugeln eine Cyclide. Der Name Cyclide rührt davon her, dass beide Systeme von Krümmungslinien dieser Fläche Kreise sind. Der Verfasser giebt nach einigen einleitenden Worten zwei Methoden einer punktweisen Construction an, wovon die erste hier angedeutet sein möge. Eine Ellipse in der xy-Ebene habe die Gleichungen: $x = c.\cos\alpha$, $y = \sqrt{c^2 - b^2}\sin\alpha$, $z = 0$, wo α der excentrische, mit x und y variable, Winkel ist. Eine Hyperbel in der xz-Ebene habe die Gleichungen:

$$x = b\sec B, \quad y = 0, \quad z = \sqrt{c^2 - b^2}\tang B,$$

wo B von ähnlicher Bedeutung, wie α. Ist nun P ein Punkt der Ellipse, Q ein Punkt der Hyperbel, so ist

$$PQ = c\sec B - b\cos\alpha.$$

Nimmt man nun auf PQ einen Punkt R an, so dass:

$$PR = r - b\cos\alpha,$$

oder:

$$QR = r - c\sec B,$$

wo r eine Constante ist, so wird, während α und B variiren, R ein System von Punkten auf der Cyclide bilden.

Der Verfasser geht dann im weiteren Verlauf auf die Gestalt näher ein, definirt parabolische Cycliden, bei denen die genannten Kegelschnitte Parabeln sind, betrachtet ferner die Umdrehungsflächen, in die die Cyclide übergeht für $b = 0$ und $b = c$ (im letzteren Falle zwei sich berührende Kugeln). Durch Inversion, wobei von einem festen Punkte Strahlen zur Cyclide gezogen und die reciproken Stücke abgetragen werden, entsteht wieder eine Cyclide, deren Parameter mit denen der ersten durch folgende Relation verbunden sind:

$$\frac{r^2 - b^2}{r^2 - c^2} = \frac{r'^2 - b'^2}{r'^2 - c'^2}.$$

Es werden ferner die conjugirten isothermalen Functionen auf der Cyclide behandelt (siehe Lamé über die isothermalen Functionen). Confocale Cycliden sind diejenigen, bei welchen die Kegelschnitte dieselben bleiben, und nur r variirt. Weiterhin wird die Gleichung der Cyclide hergeleitet:

$$(x^2+y^2+z^2-r^2)^2 - 2(a^2+r^2)(b^2+c^2) - 2(y^2-z^2)(c^2-b^2) + 8bcrx + (c^2-b^2)^2 = 0.$$

Zum Schluss wird noch eine mechanische Construction angegeben

Mz.

O. Hermes. Ueber eine Gattung von gradlinigen Flächen vierten Grades. Berlin 1868. Festschrift.

Die Flächen, um welche es sich handelt, werden von einer Geraden erzeugt, welche auf einem Kegelschnitt und zwei Geraden hingleitet, die der Ebene des erstern parallel sind. Sie bilden eine von den Formen der Begrenzung eines unendlich dünnen Strahlenbüschels, auf welche Kummer in den Berliner Monatsber. 1860. p. 469 die Aufmerksamkeit gelenkt.

Die Flächen sind vom vierten Grade und werden von hyperbolischen Cylindern umschrieben, die transversal zur Axe des Strahlenbüschels gerichtet sind, und hier unter dem Namen Profilcylinder eine besondere Beachtung erfahren. In Betreff des Umstandes, dass sie von niederm Grade als die Fläche sind, wird vorgängig bewiesen, dass diese Eigenschaft auch bei Flächen beliebiger Grade für jede Richtung der Cylinderseite gilt, wenn die Bedingung für eine erfüllt ist, Flächen nämlich, deren geordnete Gleichungen nur aus homogenen Termen in Bezug auf x, y und einem von x, y freien Term bestehen.

Ist der Kegelschnitt ein Kreis

$$x^2 + y^2 = r^2, \qquad z = 0,$$

und sind

$$y = \pm mx, \qquad z = \pm a$$

die Gleichungen der geraden Leitlinien, so ist

$$m^2x^2(m^2z^2 + a^2) - 2xyma(1 + m^2) + y^2(z^2 + m^2a^2) = \frac{m^2r^2}{a^2}(z^2 - a^2)^2$$

die Gleichung der Fläche.

Mit ihr wird eine Fläche für imaginäre Leitlinien in Verbindung gebracht, die aus ihr durch Substitution von im, ia für m, a hervorgeht. Die Querschnitte $z =$ const. beider Flächen sind Ellipsen. Deren Flächeninhalt variirt nur in einem Factor, der eine quadratische Function ihres Abstandes ist.

Die Profilcylinder in den Richtungen der x und y haben für beide Flächen die Gleichungen:

$$\frac{y^2}{r^2} - \frac{m^2z^2}{a^2} = 1; \qquad \frac{x^2}{r^2} - \frac{z^2}{m^2a^2} = 1.$$

Ihre Berührungspunkte mit den Flächen liegen beziehungsweise auf den Paraboloiden

$$xy = \pm \frac{(1 \pm m^2)r^2z}{ma}.$$

Auf die Eigenschaften der Querschnitte und der Profilcylinder wird schliesslich die Definition der behandelten Flächen gegründet.

H.

Cremona. Sopra una certa curva gobbo di quart' ordine. Rend. d. Ist. Lomb. (2). I. 199.

C. Niven. On some Theorems connected with the Wave-Surface. Quart. J. IX. 22-24.

Ableitung einiger bekannten Eigenschaften der Wellenfläche.

O.

Eduard Hutt. Die Quadratur der parallelen Oberfläche der Elasticitätsoberfläche. Pr. R. Tilsit.

Die Berechnung der Formel für das Flächenelement der parallelen Oberfläche einer beliebigen Fläche zeigt, dass die Formel für die Quadratur der parallelen Oberfläche aus drei Theilen besteht, deren jeder beziehentlich der 0ten, 1ten und 2ten Potenz der Strecke λ proportional ist, um welche die parallele Oberfläche von der gegebenen entfernt ist. Der erste Theil ist die Oberfläche der gegebenen Fläche, der zweite kann als Potential der gegebenen Fläche auf einen um die Einheit entfernten Punkt angesehen werden, wenn die Dichtigkeit der Masse eine gegebene ist, der dritte ist die Oberfläche einer Kugel vom Radius 1. Diese Resultate werden nun auf die Elasticitätsoberfläche: $a^2x^2+b^2y^2+c^2z^2=(x^2+y^2+z^2)^2$ angewandt. Die Ausführung der Quadratur der Elasticitätsoberfläche geschicht nach Einführung von Polar-Coordinaten durch Anwendung von zwei neuen Hilfsveränderlichen, welche mit den Polarcoordinaten im Zusammenhange stehen, wie es Jacobi angegeben hat. Die Integration nach der einen Hilfsveränderlichen ist algebraisch ausführbar, die Integration nach der andern führt auf ein elliptisches Integral. Der Endwerth der Quadratur ist dann der auch schon von Jacobi angegebene (Crelle J. XXXIX). Die Ermittelung des zweiten Gliedes der Quadratur der parallelen Oberfläche führt nach vielen Reductionen und nach Einführung von Polarcoordinaten auf drei Integrale, die eine geometrische Deutung gestatten. Das erste derselben ist die vierfache Quadratur einer zweiten Elasticitätsoberfläche, deren Achsen beziehentlich die Quadratwurzeln der Achsen der gegebenen Elasticitätsoberfläche sind, das zweite ist das Potential eines gewissen Ellipsoides in Beziehung auf seinen Mittelpunkt, das dritte ist der Rauminhalt dieses Ellipsoides multiplicirt mit dem Factor: $3(a^2b^2+a^2c^2+b^2c^2)$. Der Werth der beiden ersten Integrale ergiebt sich aus den früheren Integrationen, der des dritten wird auf zwei Weisen ermittelt: einmal durch Hilfsveränderliche wie vorher, und dann auch auf dem einfachsten Wege durch Reductionen. Die gewonnenen Resultate hat man nun zu addiren, um die Quadratur der parallelen Oberfläche der Elasticitätsoberfläche zu erhalten. T.

R. Niemtschick. Directe Beleuchtungs-Constructionen für Flächen, deren zu einer Axe senkrechte Schnitte ähnliche Ellipsen sind. Wien. Ber. LVII. 678-692.

R. Hoppe. Surfaces également illuminées. N. Act. Ups. (3). VI. 2.

Alle Oberflächen, welche durch Lichtstrahlen, die von einem Punkte ausgehen, in ihrer ganzen Ausdehnung gleich stark beleuchtet werden, lassen sich unter gemeinsamer Form darstellen. Der Herr Verfasser drückt den Radius vector, den leuchtenden Punkt als Pol eines Polarcoordinatensystems betrachtet, durch zwei Gleichungen als Function der Winkel aus, welche zur Transformation der rechtwinkligen Coordinaten in Polarcoordinaten dienten; eine Hülfsveränderliche giebt den Zusammenhang zwischen den beiden Winkeln. In speciellen Fällen erhält man als gesuchte Fläche eine Rotationsfläche, deren erzeugende Curve eine Lemniscate ist, wenn der leuchtende Punkt sich in ihrem Knoten befindet.

T.

L. Burmester. Ueber Isophoten. (Linien gleicher Lichtintensität.) Schlömilch Z. XIV. 227.

Der Verfasser giebt als Vorläufer eines über diesen Gegenstand zu veröffentlichenden Werkes hier die allgemeinen Gleichungen der Isophoten, dann die Constructionsmethoden für die Projectionen dieser Linien für Rotationsflächen, Schraubenflächen und Conoidflächen, und entwickelt verschiedene Eigenschaften dieser Curven. Ni.

Dale. Solution of the question 2382. Educ. Times X. 67.

Auf einer Curve vierten Grades Q ist ein Punkt P gegeben. Die 10 von diesem aus an Q gezogenen Tangenten mögen Q in den Punkten (t) berühren, in den Punkten (r) schneiden. Dann liegen (t) auf einer Curve dritten Grades K; (r) auf einer Curve vierten Grades U, welche in P einen Osculationspunkt hat, und K in P und in noch 4 andern Punkten berührt.

Capitel 4.

Abbildung.

K. Von der Mühll. Ueber die Abbildung von Ebenen auf Ebenen. Borchardt J. LXIX. 264-285.

Die hier gelöste Aufgabe ist: Eine Ebene auf einer Ebene nach Aehnlichkeit der Elemente so abzubilden, dass ein System paralleler Geraden in ein System gegebener algebraischer Curven übergehe, unter der Voraussetzung, dass die Gleichung derselben linear in den Parametern des Systems sei. Unter diesen Parametern sind disponible Functionen eines Parameters zu verstehen, welche erst durch die Lösung ihre Bestimmung finden.

Sind t, u die rechtwinkligen Coordinaten im Original, T, U im Bilde, so sind die Beziehungen zwischen ihnen:

$$T+iU = f(t+iu),$$
$$T-iU = \varphi(t-iu).$$

Bild der Geraden $t=$ const. sei die Curve

$$F(T, U, C_1, C_2, \dots C_m) = 0,$$

linear in C_1, C_2, ... C_m, welche als Functionen von t zu betrachten sind. Nach Elimination der letztern resultirt stets eine Gleichung in der Form:

$$(F_1\Phi_2-F_2\Phi_1)+(F_3\Phi_4-F_4\Phi_3)+\cdots+(F_{2n-1}\Phi_{2n}-F_{2n}\Phi_{2n-1}) = 0,$$

wo die F Functionen von $t+iu$, die Φ von $t-iu$ sind. Dividirt man durch $F_2\Phi_2$ und differentiirt, so erhält man dieselbe Form wieder, reducirt auf ein Termpaar weniger, bis nur eins übrig bleibt, welches dann leicht zu integriren ist. Geht man von da aus zurück, so lassen sich die sämmtlichen Functionen nach einander durch eine sehr einfache Integration bestimmen, und man erhält zuletzt n lineare Relationen zwischen den F und ebensoviele zwischen den Φ, zusammen mit nn unabhängig willkürlichen constanten Coefficienten. Dabei ist Voraussetzung, dass keiner der Divisoren Null sei. Jeder entgegengesetzte Fall giebt eine besondere Lösung, die für sich zu untersuchen ist. Es folgen einige Anwendungen.

Die Aufgabe für den Kreis war von Lagrange schon gelöst. Für ein System confocaler Kegelschnitte

$$\frac{T^2}{1+\lambda} + \frac{U^2}{\lambda} = 1$$

ergiebt sich:

$$2T = \sin(t+iu) + \sin(t-iu),$$
$$2iU = \sin(t+iu) - \sin(t-iu).$$

Nach Vorwegnahme dieser zwei besondern Fälle wird nun die Gleichung zweiten Grades mit fünf disponibeln Coefficienten zu Grunde gelegt, und die Lösung in voller Allgemeinheit untersucht, was eine umfangreiche Discussion erfordert. Die besondern Lösungen, welche dem Verschwinden der vier Divisoren entsprechen, werden zuerst untersucht, und es wird alsdann bewiesen, dass ausser ihnen keine möglich sind. Die Resultate sind folgende. Der ersten Lösung

$$f(t+iu) = A\,\frac{1+e^{c(t+iu)+a}}{1-e^{c(t+iu)+a}} + A_1$$

entspricht ein System von Kreisen. In der zweiten

$$f(t+iu) = A\sqrt{1-e^{i\gamma(t+iu)+a}} + A_1$$

bilden die Curven $u =$ const. ein System confocaler Lemniscaten, welche von einem System gleichseitiger Hyperbeln, die durch den Brennpunkt der Lemniscaten gehen, orthogonal geschnitten werden. Die dritte

$$f(t+iu) = Ae^{c(t+iu)} + A_1 e^{-c(t+iu)} + A_2$$

stellt ein System confocaler Kegelschnitte dar, welche bei stetig verschwindendem c in Parabeln übergehen. Die vierte

$$f(t+iu) = Ae^{2i\gamma(t+iu)} + A_1 e^{i\gamma(t+iu)} + A_2$$

liefert für $A = A_1$, $A_2 = 0$ ein System von Parabeln, rechtwinklig geschnitten von Curven vierten Grades, für $A_1 = 0$ ein System concentrischer Kreise und der Radien.

Hier ergiebt sich immer φ aus f als conjugirter Werth, wobei die A und a als imaginär, die c und γ als reell zu betrachten sind. H.

A. Clebsch. Ueber die Flächen vierter Ordnung, welche eine Doppelcurve zweiten Grades besitzen. Borchardt J. LXIX 142-147. Berl. Monatsber. 1868.

Die Möglichkeit, eine Fläche dritter Ordnung auf einer Ebene eindeutig so abzubilden, dass die ebenen Schnitte sich als Curven dritter Ordnung darstellen, welche 6 Punkte, die Abbildungen von 6 sich nicht schneidenden Geraden, gemein haben, beruht auf dem Umstande, dass die Coordinaten eines beweglichen Punktes der Fläche sich als Functionen dritter Ordnung von drei homogen auftretenden Parametern darstellen lassen, welche für 6 Werthsysteme dieser Parameter gleichzeitig verschwinden.

Herr Clebsch geht nunmehr in vorliegender Abhandlung zur Untersuchung derjenigen Oberflächen über, deren Coordinaten sich ebenfalls durch Functionen dritter Ordnung darstellen:

$$\begin{aligned} \varrho x_1 &= f_1(\xi_1 \xi_2 \xi_3), \\ \varrho x_2 &= f_2(\xi_1 \xi_2 \xi_3), \\ \varrho x_3 &= f_3(\xi_1 \xi_2 \xi_3), \\ \varrho x_4 &= f_4(\xi_1 \xi_2 \xi_3), \end{aligned}$$

welche aber nur für 5 Werthesysteme der ξ gleichzeitig verschwinden. Dieselbe lässt sich, wie ersichtlich, gleichfalls auf einer Ebene eindeutig abbilden, ist aber von der vierten Ordnung und enthält eine Doppelcurve zweiten Grades. Aus der Abbildung geht hervor, dass die Fläche im Allgemeinen 16 Gerade, 10 Kegelschnittschaaren und viele andere Besonderheiten enthält, deren Entwickelung in der Arbeit erfolgt. Jene Abbildungsfähigkeit kommt aber jeder Fläche vierter Ordnung zu, welche einen Kegelschnitt als Doppelcurve enthält, so dass in der That die obigen Gleichungen, sowie alle die mannigfachen aus denselben entwickelten Eigenschaften denjenigen Flächen zukommen, mit denen Herr Kummer sich bereits früher beschäftigt hat.

Sch.

L. Cremona. Rappresentazione di una classe di superficie gobbe sopra un piano, e determinazione delle loro curve assintotiche. Brioschi Ann. (2). I. 248-259.

Der Verfasser zeigt zuerst, dass zur Darstellung einer krummen Oberfläche, Punkt für Punkt, auf einer Ebene es nothwendig und hinreichend sei, dass die Oberfläche von nullter Gattung ist (d. h. dass die Erzeugenden durch rationale Functionen eines variablen Parameters bestimmt werden). Er geht dann zur Betrachtung solcher krummen Oberflächen über, die zwei gerade Leitlinien M und N haben; die Multiplicitätsgrade dieser Leitlinien seien resp. m und n; die Fläche ist dann vom $(m+n)^{\text{ten}}$ Grade und, da sie nullter Gattung sein muss, besitzt sie $(m-1)(n-1)$ doppelte Erzeugende. Die Leitlinie M werde nun in einer Ebene (x, y, z seien die Dreieckscoordinaten) durch die Gerade $G(z=0)$ dargestellt; N durch die dem Punkte $O(x=y=0)$ unendlich nahen Punkte; die m Erzeugenden der Fläche, die von einem und demselben Punkte P von M ausgehen und mit N in derselben Ebene enthalten sind, entsprechen dann m Geraden des Strahlenbüschels O; diese treffen G in m Punkten, welche alle dem Punkte P entsprechen. Alle analogen Gruppen von m Punkten auf G bestimmen eine Involution m^{ten} Grades, die projectivisch derjenigen ist, welche die Gruppen von m Tangentenebenen in den verschiedenen Punkten von M bilden. Die $2(m-1)$ Doppelpunkte der Involution entsprechen den Cuspidalpunkten der Oberfläche in M, d. i. denjenigen Punkten von M, in denen zwei Erzeugende zusammenfallen. Längs dieser $2(m-1)$ singulären Erzeugenden wird die Oberfläche durch ebenso viele Ebenen, welche durch N gehen, berührt. Auf analoge Weise bilden die Geraden des Strahlbüschels O eine Involution n^{ten} Grades, indem nämlich eine Gruppe von n Geraden den n Erzeugenden der Fläche entspricht, die von einem Punkte Q auf N ausgehen und mit M in einer Ebene liegen. Diejenigen dem Punkte O unendlich nahen Punkte, die auf den Strahlen dieser Gruppe liegen, entsprechen alle zusammen dem Punkte Q. Ueber Doppelpunkte gilt Aehnliches, wie vorher. Der Verfasser geht dann zur Darstellung eines ebenen Schnittes der Fläche über, die nach den angegebenen

Principien erfolgt. Hierauf bestimmt er die asymptotischen Curven der Fläche, d. i. die Curven, deren Tangenten osculirende Gerade der Fläche sind, und kommt zu folgenden Resultaten:

1) Die asymptotischen Curven einer krummen Fläche $[m, n]$, welche zwei verschiedene gerade Leitlinien hat, sind algebraisch und von der Ordnung $2(m+n-1)$, — und treffen die Leitlinien in den bezüglichen Cuspidalpunkten.

2) Die asymptotischen Curven einer krummen Fläche $[m, n]$, welche zwei coincidirende Leitlinien hat, sind algebraisch, von nullter Gattung und von der Ordnung $2m+n-2$. Mz.

De Jonquières. Réponse à une observation présentée dans le Giornale di Matematiche. Nouv. Ann. (2). VII. 111.

Herr de Jonquières berichtigt zunächst ein früher von ihm benutztes Lemma und setzt an Stelle desselben folgenden Satz: Bei jeder Frage, welche sich auf die projectivischen Eigenschaften einer einfach unendlichen Schaar von ebenen Curven oder krummen Oberflächen vom Index μ bezieht, ist die Anzahl der Lösungen im Allgemeinen das μ-fache von der Anzahl der Lösungen für eine Schaar von demselben Grade, aber vom Index 1. (Der Index giebt die Zahl der Curven oder Flächen an, die durch einen Punkt gehen). B.

K. von der Mühll. Ueber ein Problem der Kartenprojection. Habilitationsschrift. Leipzig, Teubner 1868.

Eine Hauptaufgabe dieser Theorie ist: Die Theile einer Ebene so auf einer andern Ebene abzubilden, dass die Abbildung dem Abgebildeten in den kleinsten Theilen ähnlich sei, und dass ferner ein System paralleler Geraden in der abzubildenden Ebene durch ein System bestimmter Curven in der Bildebene abgebildet werde.

Der Verfasser nennt t, u die rechtwinkligen Coordinaten eines Punktes in der abzubildenden Ebene; T, U diejenigen des entsprechenden Punktes in der Bildebene. Dann müssen die Relationen bestehen:

$$T+iU=f(t+iu), \qquad T-iU=\varphi(t-iu),$$

wo $i=\sqrt{-1}$, ferner f und φ conjugirt imaginäre Functionen sind, damit T und U reell werden. Die allgemeine Gleichung der Curven, welche Bild der Geraden $t=$ const. sein sollen, sei:

$$(F)\quad F(T, U, C_1, C_2, \dots C_m) = 0,$$

wo $C_1, C_2, \dots C_m$, die Parameter der Curven, von t abhängen, da sie für $t=$const. constant werden. Man substituire nun in der Gleichung (F) für $T\ \frac{f(t+iu)+\varphi(t-iu)}{2}$ und für $U\ \frac{f(t+iu)-\varphi(t-iu)}{2i}$, so erhält man eine identische Gleichung in t und u, ferner durch m-malige Differentiation $m+1$ Gleichungen, aus denen $C_1, C_2, \dots C_m$ eliminirt werden können. Alsdann resultirt eine Differentialgleichung m^{ter} Ordnung zwischen f und φ. Der Verfasser behandelt diese noch weiter und dann als specielle Fälle diejenigen, wo Gleichung (F) Kreise, confocale Kegelschnitte und Kegelschnitte überhaupt ausdrückt. Mz.

Capitel 5.

Strahlensysteme.

Th. Reye. Lehrsätze über das Strahlensystem erster Ordnung und erster Classe und den linearen Strahlencomplex. Borchardt J. LXIX. 365-369.

Zusammenstellung einer grossen Anzahl formeller Resultate ohne Erklärung und Nachweis. H.

Neunter Abschnitt.

Synthetische Geometrie.

Capitel 1.

Allgemeines.

W. J. Macquorn Rankine. On the approximate drawing of circular arcs of given lenghts. Rep. Brit. Ass. 1868. Mondes. (2). XVI. 158. 163.

Auf sehr einfache Weise werden folgende Aufgaben gelöst:

1. Von einem gegebenen Punkte auf gegebenem Bogen einen Bogen von gegebener Länge angenähert abzuschneiden.

2. Einen Kreisbogen von gegebener Länge angenähert zu zeichnen, der eine Grade in einem gegebenen Punkte berührt, und dessen Sehne einem gegebenem Winkel entspricht.

3. Eine grade Linie zu ziehen, die annähernd einem gegebenen Kreisbogen gleich ist.

Die Fehler sind bei allen Lösungen sehr gering.

Die Arbeit findet sich auch Phil. Mag. XXXIV. 1867.

O.

H. Grassmann. Verschiedene mathematische Bemerkungen. Angenäherte Konstruktion von π. Grunert Arch. XLIX. 3.

Es wird geometrisch eine Linie von der Länge $3\frac{16}{113}$ construirt.

M.

Hirst. Parole sull' introduzione agli Elementi di Geometria del prof. Wright. Battagl. G. VI. 369-370.

E. Buchwald. Lösning af Opgave 172. Tychsen Tidsskr. IV. 159. 160.

A. Hoffmeyer. Lösning af Opgaverne 173. 180. Tychsen Tidsskr. IV. 15. 33-40.

W. Walton. A demonstration of a proposition in Euclid's elements. Quart. J. IX. 241. 242.

Aufgaben und Sätze über Dreiecke. H.

Cayley. A „Smith's Prize" paper, questions 11. 12. 13. Messenger IV. 217-220.

Der erste Artikel enthält das Theorem ad quatuor lineas, das Pascal'sche und das der anharmonischen Relation von vier Punkten in gegenseitiger Verknüpfung; — der zweite den Satz: Jede Gerade durch den Mittelpunkt eines von zwei orthotomischen Kreisen schneidet beide harmonisch — und dessen Zusammenhang mit einem allgemeinern Satze; der dritte einen Satz betreffend Transversalen für fünf Gerade. H.

A. W. Cunningham. Note on the history, methode and technological importance of descriptive geometry. Phil. Mag. (4). XXXVI. 301.

Bellavitis. Lezioni di geometria descrittiva. Padova.

Chelini. Compte rendu sur: Catalan, Eléments de géométrie. Boncompagni Bull. I. 54. — Nouv. Ann. (2). VII. 54.

Dietrich. Mathematische Abhandlung über einige geometrische Constructionen. Pr. Greiffenberg.

A. Hülsen. Die Elemente der harmonischen Theilung grader Linien. Pr. G. Naumburg a. S.

O. Schlömilch. Ein geometrisches Paradoxon. Schlömilch Z XIII. 162.

Ein Schachbrett kann man in vier, zu je zweien congruente Stücke zerlegen, die sich anscheinend zu einem Rechteck mit der Grundlinie 5 und der Höhe 13 zusammensetzen lassen. M.

Grunert. Erster und zweiter Nachtrag zu der Abhandlung: Betrachtungen über das ebene Dreieck in Arch. XLV. Grunert Arch. XLVIII. 465-471. 471-479.

In dem ersten Nachtrage werden Beziehungen aufgestellt zwischen drei von den Ecken ausgehenden Transversalen, die sich in einem Punkte schneiden; im zweiten werden trigonometrische Formeln über die Dreieckswinkel hergeleitet. No.

Grunert. Ueber zwei merkwürdige Punkte des Dreiecks. Grunert Arch. XLVIII. 37.

Fassbender. Les angles que les côtés du triangle forment avec leurs lignes de gravité respectives. Grunert Arch. XLIX. 115.

Trigonometrischer Beweis des Satzes: Sind α, β, γ die Winkel, welche die Seiten eines Dreiecks mit den Halbirungslinien der Gegenseiten machen, so ist:

$$\operatorname{cotg}\alpha + \operatorname{cotg}\beta + \operatorname{cotg}\gamma = 0$$

oder

$$\cos(\alpha+\beta+\gamma) = \cos\alpha . \cos\beta . \cos\gamma.$$

O.

P. Hackel. Zwei Beweise des von Herrn Professor Fassbender im Archiv Thl. XLIX S. 115 mitgetheilten Satzes. Grunert. Arch. XLIX. 346-351.

Die Arbeit enthält einen trigonometrischen und einen analytischen Beweis des bereits oben angeführten Satzes. O.

E. Sachse. Ueber den im Archiv XLII, 229 behandelten Lehrsatz. Grunert Arch. XLVIII. 358-361.

Der in dieser Notiz neu bewiesene und erweiterte Satz lautet: Wenn in einem Dreiecke der Winkel A doppelt so gross ist, als der Winkel B, so ist Seite a die mittlere Proportionale zwischen b und $b+c$. No.

E. Sachse. Ueber den Zusammenhang der Seiten des regelmässigen Fünf- und Zehnecks und des Radius. Grunert Arch. XLVIII. 354-357.

Diese Mittheilung enthält mehrere einfache Beweise des

Euklidischen Satzes, dass das aus den Seiten des regelmässigen Fünf-, Sechs- und Zehnecks gebildete Dreieck rechtwinklig sei.
No.

A. Hall. Gauss' proof that the middle-points of the three diagonals of a complete quadrilateral lie in a right line. Messenger IV. 137.

Im Ganzen kommen 9 Punkte in Betracht: die 6 Ecken des Vierseits und die 3 Mittelpunkte seiner Diagonalen. Von den 6 Ecken liegen 4 mal 3 in gerader Linie; dies giebt 4 Gleichungen zwischen den Coordinaten der 6 Ecken; durch Addition dieser 4 Gleichungen ergiebt sich eine fünfte, welche den Satz ausdrückt.
Mz.

Lionnet. Solution de la question 701. Nouv. Ann. (2). VII. 285-288.

Beweis einiger Sätze über Polygonwinkel (siehe auch p. 158).
O.

J. Badon Ghyben. Beschouwing von den regelmatigen 257-Hoek. Versl. en Mededeel. (2). II. 1-34.

Bourget et Barbier. Hexagramme de Pascal. (Question 842.) Nouv. Ann. (2). VII. 185-187.

G. Dostor. Propriétés nouvelles du quadrilatère en général avec application aux quadrilatères inscriptibles, circonscriptibles. Grunert Arch. XLVIII. 245.

In diesem ausführlichen Aufsatze findet man einige Lehrsäte über das Viereck, sowie eine bedeutende Menge von Formeln, die für practisches Rechnen von Nutzen sein können. Nur scheint die Eintheilung der Vierecke in convexe (convexe), solche mit einem einspringenden Winkel (à l'angle rentrant), und überschlagene Vierecke (étoilé) deshalb unthunlich, weil sehr viele Formeln eines geänderten Vorzeichens wegen wiederholt werden, während diese Abweichungen doch ohne Weiteres ersichtlich sind. Ob überhaupt das überschlagene Viereck den beiden anderen gleichgeordnet werden kann, ist wohl zweifelhaft. No.

HESSEL. Beweis des Satzes: Wenn n eine ganze Zahl ist, so ist $\cos\frac{1}{n}\,360^0$ nur dann rational, wenn die Zahl n bei gradem Werthe nicht grösser als 3 ist. Grunert Arch. XLVIII. 81-96.

Die Grundzüge des Beweises für ein gerades n sind folgende: Ist $\cos\frac{1}{n}360^0$ rational, so kann man, da mit $\cos\alpha$ auch $\cos m\alpha$ und $\sin m\alpha$ rational ist, die kleinste Zahl r bestimmen, welche $r\cos\frac{m}{n}360^0$ und $r\sin\frac{m}{n}360^0$ ganzzahlig macht. Zeichnet man nun in ein quadratisches Netz, in dem die Quadratseiten die Länge 1 haben, um einen Eckpunkt mit dem Radius r einen Kreis und theilt den Umfang in n Theile, so werden nach der obigen Bemerkung die Theilpunkte Ecken des Netzes sein. Diejenigen Punkte, welche die geometrische Summe des λ^{ten} und des $\left(\lambda+\frac{n}{2}-1\right)^{\text{ten}}$ Theilpunktes darstellen, werden also ebenfalls Ecken des Netzes sein und zugleich Eckpunkte eines regelmässigen n-Eckes vom grossen Radius $2r\sin\frac{1}{2n}360$. Es darf daher n nicht grösser als 6 sein, weil der Radius des zweiten n-Ecks gegen die Voraussetzung kleiner als r wäre. Der Beweis für ein ungerades n folgt hieraus unmittelbar.

Der Verfasser giebt den Beweis in ziemlicher Ausführlichkeit. Es scheint ihm dabei auf die Einführung einiger neuen Begriffe, wie holometrischer und logometrischer Punkte, anzukommen, d. h. solcher Punkte, welche in dem quadratischen Netze ganzzahlig-, bezüglich rational-angebbare Coordinaten haben.

No.

M. RANKINE. Sur les polygones réguliers isopérimètres. Mondes (2). XVI. 162.

Siehe auch Phil. Mag. (4). XXXIV. 365. 1867.

H. PÉRIGAL. Sections polygonales du cercle. Mondes (2). XVI. 200.

V. Niébylowski. Solution de la question 437. Nouv. Ann. (2). VII. 37-39.

In einem Kreise O ist über dem Radius ein zweiter Kreis O_1 beschrieben. Lässt man O um O_1 rollen, so ist der geometrische Ort irgend eines Punktes von O eine Pascal'sche Spirale, die Enveloppe einer Gerade, die unveränderlich mit O verbunden ist, ein Kreis.

F. Lucas. Deux théorèmes de géométrie. Mondes (2). XVIII. 476.

1) Es sei O der Mittelpunkt eines imaginären Kreises vom Radius $R\sqrt{-1}$ in der Ebene P. Errichtet man in O eine Normale zu P und macht sie nach beiden Seiten gleich R, OA, OA', so ist die Entfernung des Punktes A' bis zu irgend einem Punkte der imaginären Peripherie gleich null.

2) Es seien 2 imaginäre Punkte von der Entfernung $2R\sqrt{-1}$, deren Mitte in O auf der Geraden D liege. Legt man in O die zu D normale Ebene und beschreibt in ihr um O einen reellen Kreis vom Radius R, so ist die Entfernung jedes Punktes dieses Kreises bis zu einem der beiden imaginären Punkte identisch null. O.

G. Junghann. Ueber Transversalebenen des Tetraeders. Pr. d. R. Perleberg 1868.

V. Janni. Dimostrazione di un teorema di geometria elementare. Battagl. G. IV. 371 u. 372.

Beweis eines Satzes von Catalan über die Gleichheit von Pyramiden. O.

Heinze. Die halbregelmässigen Körper. Pr. Cöthen 1868.

Die halbregelmässigen Körper (begrenzt von regulären congruenten Figuren verschiedener Art, welche congruente Ecken bilden) werden ohne sphärische Trigonometrie in präciser und eleganter Sprache abgehandelt. Die Arbeit des Verfassers liefert einen schätzenswerthen Beitrag zur Schulliteratur.

K.

A. Bauer. Ueber den Obelisken und das Prismatoid. Schlömilch Z. XIII. 110.

Nach einer brieflichen Bemerkung an den Herausgeber kann das Prismatoid als ein specieller Fall des Obelisken angesehen werden. M.

J. B. Listing. Ueber einige Anwendungen des Census-theorems. Grunert Arch. XLVIII. 186.

Nachdem Euler seinen auf Polyeder bezüglichen Satz gefunden hatte, der aber nur für Körper gilt, die einer gewissen Beschränkung unterworfen sind, gaben Lhuilier und Cauchy fast gleichzeitig diesem Satz eine Erweiterung. Das Census-Theorem untersucht die Bestandtheile eines räumlichen Complexes. Ausser den Punkten, Linien, Flächen, Räumen, betrachtet es gewisse Attribute dieser Bestandtheile, die Cyclose oder den cyklischen Zusammenhang; die Periphaxis oder allseitige Umschliessung. Nach Hinzuziehung dieser Begriffe wird eine sehr einfache Gleichung für jeden räumlichen Complex aufgestellt, die die Euler'sche Formel nebst ihrer Erweiterung umfasst. Es wird eine Anwendung auf einen Linearcomplex im Raume, auf cyklische unter sich beliebig verschlungene und verknotete Linien gegeben. No.

Gigon. Bericht über: „Jacob Steiner's Vorlesungen über synthetische Geometrie, bearbeitet von Geiser und Schröter". Nouv. Ann. (2). VII. 232-234.

K. v. Ott. Grundzüge der neueren Geometrie oder Geometrie der Lage. Pr. Prag, 1868.

In dem Büchlein, von dem die zweite Auflage bereits erschienen, verfolgt der Verfasser den Zweck, durch populäre Entwickelung der Grundzüge der neueren Geometrie seine Schüler mit den Elementen dieser Wissenschaft vertraut zu machen und sie hierdurch zum Studium der dieselbe aufbauenden Originalwerke vorzubereiten. Wissenschaftlich Neues giebt das Büchlein nicht. Sch.

Th. Reye. Die Geometrie der Lage. 2 Bde. Hannover, Rümpler.

In dem umfangreichen Werk, welches zwei Bände umfasst, werden in Form von Vorträgen die Elemente der Geometrie der Lage in ihrem ganzen Umfange entwickelt und die reichhaltigen Ergebnisse neuerer Forschung in organische Verbindung gebracht. Indem sich der Verfasser in gewissem Grade dem Lehrgange des Werkes von v. Staudt „Geometrie der Lage" anschliesst, also die Erkenntnisse in dem Gebiete der Raumwelt• wesentlich auf geometrische Anschauung gründet und alle mehr oder minder complicirten Rechnungen in seinen Entwickelungen vermeidet, unterscheidet sich die Methode, die er verfolgt, wesentlich von derjenigen, die mit algebraischen Formen wie mit räumlichen Gebilden operirend auch das Imaginäre in den Kreis der Betrachtungen zieht. Dieses findet in dem Werke keine Stelle, wodurch freilich, wie es nicht anders sein kann, ein verbindendes Band zwischen den Gebilden verloren geht und der Charakter der Allgemeinheit den Sätzen zuweilen schwindet. Mit entschiedener Strenge hat der Verfasser die metrischen Relationen vermieden, und wo sie den Gebilden characteristisch und bedeutsam sind, sind sie als Anhänge oder in besonderen Capiteln beigefügt, ohne dass die weitere Entwickelung sich darauf stützt.

Nachdem in den ersten Vorträgen zunächst von den 6 Grundgebilden der neueren Geometrie (das gerade Gebilde, der Strahlenbüschel, der Ebenenbüschel, das ebene System, der Strahlenbündel, das räumliche System) im Allgemeinen gehandelt und von ihren Beziehungen auf einander gesprochen, wird das Gesetz der Reciprocität und Dualität erörtert, und harmonische Gebilde, sowie die darauf sich gründende Verwandtschaft zwischen einförmigen Grundgebilden (gerades Gebilde, Strahlenbüschel, Ebenenbüschel) untersucht. Daran schliessen sich in einer Reihe von Vorträgen die Erzeugnisse dieser Grundgebilde in der Ebene wie im Raum und die Erforschung ihrer Eigenschaften, die in reicher Fülle aus ihren genetischen Definitionen als unmittelbare Folge hervorgehen. Nachdem somit die Curven II. Ordnung, der Strahlen- und der Ebenenbüschel II. Ordnung, die Kegelfläche II. Ordnung und die Regelschaar betrachtet sind, wird in den folgenden Vorträgen die projectivische Verwandtschaft zwischen diesen und den drei einförmigen Grundgebilden, die der Verfasser mit v. Staudt unter dem Namen „Elementargebilde“ zusammenfasst, untersucht, und ihre involutorische Lage behandelt. Mit mannigfachen Aufgaben zweiten Grades, deren Behandlung sich auf die frühere Entwickelung gründet, schliesst der 14. Vortrag des ersten Bandes.

Die Vorträge des zweiten Theils verbreiten sich zunächst über die collineare und reciproke Verwandtschaft der Grundgebilde zweiter Stufe (ebenes System, Strahlenbündel), denen sich im 4. Vortrag auch sogleich die Betrachtung der collinearen und reciproken räumlichen Systeme anschliesst. Nach diesen Entwickelungen allgemeineren Charakters geht der Verfasser auf die Flächen zweiten Grades über, die er als Erzeugnisse zweier reciproker Strahlenbündel oder auch zweier reciproker ebener Systeme definirt, und untersucht in einer Reihe von Vorträgen die möglichen Gestalten dieser Flächen, sowie ihre wichtigsten Eigenschaften. Durch die Beziehung affiner Gebilde zu einander werden auch Inhaltsbestimmungen von Kegelschnitten und Flächen II. Ordnung gewonnen. Nachdem in den folgenden Vorträgen wesentlich die ebenen und räumlichen Polarsysteme behandelt und kurz der Charakter eines besonderen Systems, des sogenannten Nullsystems, erwähnt ist, erfahren die Raumcurven III. Ordnung, für welche die Seidewitz'sche Erzeugung aus collinearen Strahlenbündeln gewählt ist, sehr eingehende Behandlnng. Die Sätze, welche die Herrn Chasles, Cremona, Schröter u. a. über jene Curvengattung gegeben haben, werden aus der Definition auf einfache naturgemässe Weise entwickelt. Nach Erörterung der projectivischen Beziehung dieser Gebilde und einer ausführlichen Theorie der conjugirten Punkte, welche durch eine Raumcurve III. Ordnung einander zugewiesen sind, gelangt der Verfasser zu Flächenbüscheln zweiten Grades und durch sie zu den Kegelschnittbüscheln. Diese erfahren nähere Beleuchtung durch die geometrische Verwandtschaft zweiten Grades, auf die der Verfasser durch die Betrachtung der projectivischen Beziehung eines ebenen Systems zu dem Secantensystem der Raumcurven III. Ordnung geführt wird. Unter der geometrischen Verwandtschaft zweiten Grades ist eine Beziehung zwischen ebenen Gebilden verstanden, welche dadurch characterisirt ist, dass einem Punkte ein Punkt, einer Geraden aber ein Kegelschnitt entspricht. Nachdem der Verfasser nunmehr ineinander liegende collineare und involutorische Systeme untersucht hat, beschäftigt er sich mit dem Studium von Gebilden, welche für die folgenden Entwickelungen von besonderer Bedeutung sind; es sind das die Strahlencomplexe, worunter Herr Reye die Gesammtheit der Verbindungslinien zweier homologer Punkte und der Schnittlinien zweier homologer Ebenen in zwei collinearen räumlichen Systemen versteht. Diese Gebilde liefern ihm eine Begriffsbestimmung der Flächenbüschel II. Ordnung und deren projectivische Beziehungen, welche ohne Rücksicht auf algebraische Formen bisher schwer zugänglich waren. Im Anschluss an die Theorie der Strahlencomplexe zeigt er nunmehr, dass die Normalen einer Fläche II. Ordnung, sowie die Axen aller auf der Fläche liegenden Kegelschnitte einen solchen Strahlencomplex bilden, und studirt, auf die früheren Entwickelungen gestützt, eingehend die coaxialen und homothetischen, sowie die confocalen Flächen II. Ordnung. Die letzten Vorträge behandeln endlich die Flächen III. Ordnung. Indem Herr Reye von der Erzeugung derselben durch drei collineare Strahlenbündel ausgeht, gewinnt er leicht die Abbildung derselben auf einer Ebene, und durch diese gelangt er unmittelbar zu vielen wichtigen Eigenschaften der Fläche. Ein genaueres Studium der ebenen Curven III. Ordnung führt ihn alsdann zu weiteren Eigenschaften der Fläche, besonders zu der Gruppirung der 27 Geraden, welche die Fläche enthält, und der in ihr liegenden Kegelschnitte; auf die Untersuchung des Herrn Schläfli über die Realität der 27 Geraden ist nicht eingegangen.

In einem Anhange, der auch diesem Theil des Werkes beigefügt ist, werden ausser zahlreichen Constructionsaufgaben und Lehrsätzen, die sich an die Vorträge anschliessen, auch noch solche Fragen in Kürze behandelt, welche die Geometer in neuerer Zeit vielfach beschäftigt haben. Da findet sich zum Beispiel ein Kapitel über Strahlensysteme I. Ordnung und I. Classe, welche Herr Hermes kürzlich analytisch behandelt hat, eine Untersuchung über Flächenbündel und Flächengebüsche; diese führen wieder auf die Steinersche Fläche IV. Ordnung und III. Classe, über welche neuerdings die Herren Kummer, Weierstrass, Schröter, Cremona, Cayley Arbeiten publicirt haben. Die Abbildung dieser Fläche auf einer Ebene, welche kürzlich die Herren Clebsch und Cremona aus analytischen Formen hergeleitet haben, wird gleichfalls gegeben und auf diese die Theorie der Steinerschen Fläche gegründet. Endlich gelangt der Verfasser auch zu der windschiefen Fläche III. Ordnung und mehreren Flächen IV. Ordnung, welche Schaaren von Kegelschnitten enthalten, und welche von Herrn Kummer zuerst untersucht sind.

Die Literatur, welche dem Verfasser bei der Entstehung des Werkes gedient und fruchtbringende Anregung bei seinen Studien gegeben hat, ist in dem Vorwort angeführt; das Werk selbst trägt durchaus das Gepräge freier selbständiger Gedankenarbeit.

Sch.

H. Gretschel. Lehrbuch zur Einführung in die organische Geometrie. Leipzig.

Der Inhalt dieses Buches ist im Wesentlichen eine Theorie der Kegelschnitte, welche auf Erforschung gewisser Elementargebilde, nämlich: Punktreihe (einer Geraden), ebenes Strahlbüschel gegründet ist. Die Kegelschnitte werden aber ohne Zuhülfenahme stereometrischer Betrachtungen aus diesen Elementargebilden erzeugt; sie werden einmal als Curven zweiter Classe definirt, (d. h. solche, an die sich von jedem beliebigen Punkte aus höchstens zwei Tangenten ziehen lassen), und dann als Umhüllungslinien aller derjenigen Geraden dargestellt, die die entsprechenden Punkte irgend zweier collinearer (d. i. nach Steiner: projectivischer) Punktreihen verbinden; nachher findet sich das Entsprechende von ebenen Strahlenbüscheln; diese führen auf Curven zweiter Ordnung (d. h. solche, mit denen jede beliebige Gerade höchstens zwei Punkte gemein hat); durch Nachweis der Identität dieser Curven mit den vorher genannten ergiebt sich eine zweite Definition und Erzeugungsart der Kegelschnitte. Die drei verschiedenen Arten der Kegelschnitte werden durch Betrachtung der unendlich entfernten Geraden abgeleitet, woran sich die Untersuchung über den Zusammenhang des erzeugenden Elementargebildes mit der Art des erzeugten Kegelschnitts knüpft.

Hierauf folgen die bekanntesten Sätze von den Kegelschnitten, bis zu denjenigen Eigenschaften der Brennpunkte und Leitlinien hin, durch welche die Kegelschnitte gewöhnlich definirt werden. Weiterhin behandelt der Verfasser die Beziehungen zweier und mehrerer Kegelschnitte zu einander. Er betrachtet dann ebene Systeme und nennt diese collinear, wenn jedem Punkte des einen Systemes eindeutig ein Punkt des andern entspricht, und zwar dergestalt, dass wenn irgend drei Punkte des einen Systemes in gerader Linie liegen, ihre entsprechenden im andern Systeme gleichfalls in gerader Linie gelegen sind. Er zeigt ferner, wann ebene collineare Systeme auch collinear liegen (das Analoge der perspectivischen Lage bei Punktreihen und Strahlbüscheln), behandelt collineare Involution, dann die Affinität ebener Systeme, und weist endlich nach, dass zwei beliebige Curven zweiter Ordnung stets als collinear — und zwar auf unzählig viele Arten — betrachtet werden können. Nach einigen Betrachtungen gelangt der Verfasser zu folgendem Endergebniss: Zwei in derselben Ebene liegende Curven zweiter Ordnung können immer als collinear und in collinearer Lage befindlich betrachtet werden, und zwar im Allgemeinen entweder auf 4 oder auf 12 verschiedene Arten. — Nach diesem geht der Verfasser zur Reciprocität ebener Systeme über, und definirt: Jedem Punkte P des einen Systemes Σ möge eine einzige Gerade p' des anderen Systemes Σ' entsprechen, und umgekehrt möge jeder Geraden p' im Systeme Σ ein einziger Punkt P im Systeme Σ entsprechen. Die Systeme Σ und Σ' heissen dann reciprok. In Ansehung dieses Zusammenhanges von P und p' heisst P der Pol von p', und p' die Polare von P. Beschreibt P eine Curve, so umhüllt p' die reciproke Curve. Es werden dann durch Reciprocität einige Eigenschaften der Kegelschnitte hergeleitet.

Hierauf geht der Verfasser zu den Oberflächen zweiten Grades über, weist die Erzeugung der Regelflächen durch zwei collineare Punktreihen in verschiedenen Ebenen nach und ordnet diejenigen, die nicht Regelflächen sind, nach ihrer Beziehung zur unendlich entfernten Ebene. Es folgen dann die wichtigsten Sätze über diese Oberflächen.

Am Schlusse des Werkes findet sich eine kurze Behandlung

der Raumcurven dritter Ordnung. Sie stellen sich als geometrischer Ort der Schnittpunkte je dreier entsprechender Ebenen von drei collinearen Ebenenbüscheln dar und heissen dritter Ordnung, weil sie von einer beliebigen Ebene höchstens in drei Punkten geschnitten werden. Analog wird eine Raumcurve dritter Classe, (d. h. solche, an die sich durch einen beliebigen Punkt höchstens 3 Osculationsebenen legen lassen), durch drei collineare Punktreihen erzeugt.

Die Methode der Darstellung und Beweisführung ist durchweg rein geometrisch und frei von analytischen Hilfsmitteln. Eine Folge davon ist allerdings, dass Sätze, wie z. B. über die Anzahl der Durchschnittspunkte zweier Kegelschnitte, und ähnliche — einer umständlichen Auseinandersetzung bedürfen, während sie aus den aufgestellten Gleichungen unmittelbar abgelesen werden könnten. Hiermit steht auch im Zusammenhange, dass das Imaginäre — wonach beispielsweise eine Gerade stets zwei Punkte mit einem in gleicher Ebene befindlichen Kegelschnitt gemein hat — keine Stelle im vorliegenden Werke findet.

Die Zeichnungen (besonders bei Raumfiguren) sind deutlich und gut, so dass dem Leser das Verständniss nicht unwesentlich erleichtert wird. Mz.

Battaglini. Sur la géométrie imaginaire de Lobatchefsky. Nouv. Ann. (2). VII. 209 u. 265.

Uebersetzung aus Rend. di Napoli. 1867. B.

Darboux. Sur un mode de transformation des figures. Inst. XXXVI. 1 sect. 204.

Die geometrische Verwandtschaft, welche dadurch characterisirt ist, dass einem Punkt ein Punkt, einer Geraden ein Kegelschnitt entspricht, ist zuerst von Magnus (Crelle J. IV.) betrachtet worden. Eine geometrische Realisirung dieser Verwandtschaft in allgemeinster Form liegt in der Arbeit des Herrn Darboux vor; sie schliesst als speciellen Fall diejenige in sich, welche Herr Hirst eingehender untersucht hat.

Werden zwei Punkte O und O' auf einer Fläche zweiten Grades angenommen, so ordnet jeder Punkt M der Fläche einem

Strahl OM einen Strahl $O'M$ zu. Lässt man dem Punkte O eine Ebene P, dem Punkte O' eine Ebene P' entsprechen, so sind beide Ebenen durch die Strahlen OM und $O'M$ verwandtschaftlich auf einander bezogen in der Weise, dass einem Punkt ein Punkt, einer Geraden ein Kegelschnitt entspricht. Dieses Verwandtschaftsverhältniss erfährt nunmehr eingehendere Untersuchung.

Sch.

Darboux. Construction de la surface du deuxième ordre déterminée par neuf points. Inst. 1 sect. XXXVI. 205.

Aus den in der Arbeit: „Sur un mode de transformation des figures" gegebenen Entwickelungen gewinnt der Verfasser eine höchst durchsichtige Lösung der oben angezeigten Aufgabe.

Sch.

Beltrami. Saggio di interpretazione della Geometria non-euclidea. Battagl. G. VI. 285-315.

Das hauptsächliche Beweismittel der elementaren Geometrie ist die Möglichkeit, gleiche Figuren auf einander zu legen. Dieses Mittel ist aber nicht allein für die Ebene anwendbar, sondern überhaupt für alle Flächen, auf denen gleiche Figuren in verschiedenen Lagen sein können, d. h. von welchen irgend ein Theil mittels einfacher Biegung genau auf irgend einen andern Theil derselben Fläche gelegt werden kann. Nach einem berühmten Gauss'schen Satze haben diese Eigenschaft unbedingt alle jene Flächen, bei denen in jedem Punkte das Produkt der beiden Hauptkrümmungsradien constant ist. Es lassen sich daher viele Sätze der elementaren Planimetrie auf solche Flächen übertragen.

Was nun die Flächen mit constanter positiver Krümmung anbetrifft, so erleidet das Postulat der geodätischen Linie (Analogon der Geraden), durch zwei Punkte unzweideutig bestimmt zu sein, Ausnahmen; (wenn z. B. die beiden Punkte Endpunkte eines Kugeldurchmessers sind). Der Verfasser sucht nun zu zeigen, dass solche Ausnahmen auf Flächen von constanter negativer Krümmung, die er pseudosphärische nennt, nicht existiren. Die Geometrie dieser Flächen heisst „nicht-Euclidische", da sie von der Euclidischen in wesentlichen Punkten abweicht. So z. B. ist die Summe der Winkel eines geodätischen Dreiecks stets kleiner als zwei Rechte. Mz.

Bolyai. Sulla scienza dello spazio assolutamente vera. Versione dal latino di G. Battaglini. Battagl. G. VI. 97-116.

Der 11te Euclidische Grundsatz lautet:

Zwei gerade Linien, die von einer dritten so geschnitten werden, dass die beiden innern an einerlei Seite liegenden Winkel zusammen kleiner als zwei Rechte sind, treffen genugsam verlängert an eben der Seite zusammen.

Der Verfasser geht von elementaren geometrischen Sätzen aus, wobei er jedoch den eben erwähnten Grundsatz nicht anerkennt; und gelangt so zu einer eigenthümlichen nicht-Euclidischen Geometrie. Die Summe der Winkel eines Dreiecks ist hiernach kleiner als zwei Rechte. Gleiche Dreiecke haben gleiche Winkelsummen. Die Trigonometrie wird mit hyperbolischen Functionen behandelt. Mz.

J. Smith. Euclid at Fault. Letter to James Dalton Hooker demonstrating Euclid to be at Fault in the Theorem Prop. 8 Book 6, and Theorems 12 and 13 Book 2. London, Simpkin.

Poudra. Compléments de Géométrie, fondés sur la perspective, formant suite à tous les traités de géométrie élémentaire. Paris, J. Correard.

— Extrait par l'Auteur. Boncompagni Bull. I. 300-301. Compte Rendu par un Abonné. Nouv. Ann. (2). VII. 378.

Schlesinger. Darstellung der Collinear-Projectionen und projectivischen Grundgesetze in einer für die descriptive Geometrie geeigneten Form. Beitrag zur Gestaltung der darstellenden Geometrie im Sinne der neueren Geometrie. Wien. Ber. LVIII. 658-677.

Grelle. Lineare Construction des Punktepaares, welches zu 2 gegebenen Punktepaaren gleichzeitig harmonisch ist. Schlömilch Z. XIII 148.

Unrichtig. Mz.

Hertzer. Ueber den Aufsatz von Grelle: „Lineare Construction". Schlömilch Z. XIII. 352.

Cayley. On Pascals Theorem. Quart. J. IX. 348.

Woolhouse. Solution of the question 2288. Educ. Times IX. 47.

In ein gegebenes Viereck ein anderes vom kleinsten Umfange einzuschreiben.

Dale and Ogilvie. Solution of the question 2404. Educ. Times. IX. 41.

Aufgabe, die an- und eingeschriebenen Kreise eines Dreiecks betreffend.

Cotterill and Townsend. Solution of the question 2389. Educ. Times. IX. 62.

Zwei Gerade, welche die drei Diagonalen eines Vierseits harmonisch schneiden, treffen jeden in's Viereck eingeschriebenen Kegelschnitt in 4 harmonischen Punkten.

Wolstenholme. Solution of the question 2411. Educ. Times. IX. 72.

Aufgabe, ein einschreibbares Viereck betreffend.

Stanley and Tucker. Solution of the question 2507. Educ. Times. IX. 61.

Durch den Punkt P gehen 3 Kreise; A, B, C sind ihre zweiten Durchschnitte, PD, PE, PF ihre Durchmesser; dann sind EAF, FBD, DCE collinear.

Watson. Solution of the question 2569. Educ. Times. IX. 76.

Drei Linien durch einen Punkt parallel den Seiten eines

Dreiecks treffen dasselbe in 6 Punkten, die auf einem Kegelschnitte liegen.

MORGAN JENKINS. Solution of the question 2100. I. Educ. Times. X. 96 u. 97.

Zieht man von einem Punkte O der Peripherie eines Kreises 2 Sehnen OA und OB so, dass $OA.OB = k^2$ (constant), so ist AB Tangente eines Kreises mit dem Mittelpunkte O.

W. S. MC. CAY. Solution of the question 2234. I. u. II. Educ. Times. X. 98 u. 99.

I. Ein Dreieck soll gezeichnet werden, welches einem anderen ähnlich ist, und dessen Spitzen auf den Umfängen dreier concentrischen Kreise liegen. Die Lösung beruht darauf, in einem Dreieck einen Punkt zu finden, dessen Entfernungen von den 3 Ecken ein gegebenes Verhältniss haben. II. Sind α, β, γ die Radien der Kreise, $a:b:c$ das gegebene Verhältniss, so ist $a\alpha \pm b\beta \pm c\gamma = 0$, wenn nur eine Lösung der Aufgabe stattfindet.

T. DOBSON, R. TUCKER and W. H. LAVERTY. Solution of the question 2485. Educ. Times. X. 109.

In ein Dreieck über einer Seite das Rechteck mit kleinster Diagonale zu zeichnen.

R. TUCKER and BILLS. Solution of the question 2499. Educ. Times. X. 67 u. 68.

$ABCD$ ist ein Viereck; E, F, G, H die Mittelpunkte von AB, BC, CD, DA; m_1, m_2, ... m_8 die Mittelpunkte von AE, EB, BF, ... HA. Dann ist

$$\Sigma(m_\lambda m_\nu)^2 = 4(AC^2 + BD^2) + AB^2 + BC^2 + CD^2 + DA^2.$$

ST. WATSON. Solution of the question 2591. Educ. Times. X. 51.

AA_1, BB_1, CC_1 seien die in G_1 sich schneidenden Winkelhalbirungslinien, AA_2, BB_2, CC_2 die in G_2 sich schneidenden Höhen des Dreiecks ABC; B_1C_1, B_2C_2 treffen sich in P; C_1A_1, C_2A_2 in Q; A_1B_1, A_2B_2 in R. Dann stehen AP, BQ, CR senkrecht auf G_1G_2 und PQR ist ABC umschrieben. Sind A_i, B_i, C_i

die Fusspunkte der inneren, A_e, B_e, C_e die der äusseren Winkelhalbirungslinien, dann gehen PA_i, QB_i, RC_i, PA_e, QB_e, RC_e zu drei und drei durch 4 Punkte. Diese sind die Berührungspunkte des Neun-Punkte-Kreises mit den ein- und angeschriebenen Kreisen.

W. Hopps. Solution of the question 2607. Educ. Times. X. 63 u. 64.

Es soll einem Dreieck ein anderes von gegebenen Winkeln und kleinstem Inhalt eingeschrieben werden.

R. Townsend and J. J. Walker. Solution of the question 2626. Educ. Times. X. 23.

Durch einen gegebenen Punkt eine Linie zu ziehen, welche von einem gegebenen Kreise in einem bestimmten Verhältnisse geschnitten wird.

S. Bills. Solution of the question 2669. Educ. Times. X. 39 u. 40.

Werden die Diagonalen eines Vierseits in ihrem Schnittpunkte im Verhältnisse von $p:p'$ und $q:q'$ getheilt und ist θ der von ihnen eingeschlossene Winkel, so ist das Quadrat der dritten Diagonale

$$\frac{p^2p'^2(q^2-q'^2)^2d^2+q^2q'^2(p^2-p'^2)d'^2+2pp'qq'(p^2-p'^2)(q^2-q'^2)dd'\cos\theta}{(pq-p'q')^2(pq'-p'q)^2}$$

und die Linie, welche diese Diagonalen im Verhältnisse von $m:m'$ und $n:n'$ theilt, theilt die dritte im Verhältnisse

$$\frac{mnp'q'-m'n'pq}{p'q'-pq}:\frac{m'npq'-mn'p'q}{pq'-p'q}.$$

Prince de Polignac. Solution of the question 2682. Educ. Times. X. 101.

Ueber 2 entgegengesetzten Seiten eines Quadrats werden Kreise beschrieben. Geometrischer Nachweis, dass 1. die Polaren eines Punktes der Diagonale in Bezug auf die Kreise sich auf der anderen Diagonale treffen; 2. dass die 4 Tangenten von einem Diagonalpunkte aus ein harmonisches Büschel bilden.

S. Bills and J. Wilson. Solution of the question 2690. Educ. Times. X. 57.

Sind 4 Punkte der Ebene die Endpunkte der beiden Linien a, a' oder b, b' oder c, c' und bilden a, b, c ein Dreieck, so ist

$$(a^2a'^2+b^2b'^2+c^2c'^2)(a^2+a'^2+b^2+b'^2+c^2+c'^2)$$
$$=2(a^4a'^2+a'^4a^2+b^4b'^2+b'^4b^2+c^4c'^2+c'^4c^2)$$
$$+a^2b^2c^2+a^2b'^2c'^2+a'^2b^2c'^2+a'^2b'^2c^2.$$

Cayley. Solution of the question 2756. Educ. Times. X. 98.

Es giebt eine unendliche Zahl von Dreiecken, die denselben eingeschriebenen, denselben Neun-Punkt-Kreis und den Kreis gemein haben, in Beziehung auf den jedes Dreieck sich selbst conjugirt ist.

Burnside, Walker. Solutions of the questions 2718, 2737. Educ. Times. X. 108. 109.

Es soll der Ort eines Punktes der Ebene (des Raumes) gefunden werden, so dass die Winkel, die derselbe mit je 2 gegebenen festen Punkten bildet, gleich sind.

Lösungen geometrischer Aufgaben (822. 823. 843. 835. 61. 342. 840. 863. 866. 867. 843. 887) durch Pellet, Imbert, Macé, Battaglini, Bauquenne, Morges, Aubanel, Laisant, Willière, Arnaye

finden sich auch Nouv. Ann. (2). VII. 42. 331. 332. 367. 369. 440. 442. 443. 545. 548. 550. 552.

Capitel 2.

Besondere Curven.

L. V. Turquan. Remarques sur les solutions d'un problème de géométrie. Nouv. Ann. (2). VII. 437-440.

Carnot erwähnt in seiner „Geometrie der Lage" mehrere Einwände, welche d'Alembert gegen die Theorie der negativen Grössen erhoben hat und unterstützt diese Einwände durch folgende Aufgabe: Von einem Punkte K ausserhalb eines gegebenen Kreises eine Gerade Kmm' zu ziehen, so dass der im Kreise liegende Theil mm' dieser Geraden eine vorgeschriebene Länge habe. Zieht man KAB durch die Mitte des Kreises, wo dann AB der Durchmesser ist, und setzt $KA = a$, $KB = b$, $mm' = c$, $Km = x$, so wird $x = -\frac{1}{2}c \pm \sqrt{\frac{1}{4}c^2 + ab}$. Die beiden Werthe müssten nun nach Carnot den Längen Km, Km' angehören; da aber der eine Werth positiv, der andere negativ ist, so müssten sie von K aus auf verschiedenen Seiten der Linie Km abgetragen werden, was dem geometrischen Bilde widerspricht. Hierzu bemerkt der Verfasser: In der quadratischen Gleichung: $x^2 + cx - ab = 0$, zu der man geführt wird, ist $a.b$ nicht nur $(+a)(+b)$, sondern auch $(-a)(-b)$. Man muss daher noch einen zweiten, dem ersten gleichen Kreis, der aber symmetrisch zum ersten in Bezug auf K liegt, in Betracht ziehen, um den Widerspruch sehr einfach zu heben. Mz.

Bastian. Die Construction der wichtigsten geometrischen Oerter aus der elementaren Geometrie. Pr. G. Luckau.

Böckl. Theorie der Construction der Kreisgleichungen. Pr. G. Pilsen.

C. Turnbull. Loci of the Centres of the Escribed Circles of a Triangle whose Base and Vertical Angle are constant. Quart. J. IX. 62 u. 63.

Emil Weyr. Studien aus der höheren Geometrie. Wien. Ber. LVII. 449-466.

Zwei Kegelschnitte schneiden sich in 4 Punkten, den Ecken des gemeinschaftlich eingeschriebenen Vierecks, und haben 4 gemeinschaftliche Tangenten, die Seiten des gemeinschaftlich umgeschriebenen Vierseits. Die drei Gegenseitenpaare des ersteren bilden die drei Paare gemeinschaftlicher Sehnen, die drei Gegeneckenpaare des letzteren bilden die drei Paare der Homologiecentra. Beide Kegelschnitte lassen sich als collinear verwandte betrachten. Dabei spielt eins der Homologiecentra die Rolle des Collineationscentrums und eine der 6 gemeinsamen Sehnen jene der Collineationsaxe. Man kann jedoch nicht zu irgend einem Homologiecentrum als Collineationscentrum irgend eine gemeinschaftliche Sehne als Collineationsaxe nehmen, sondern es entspricht jedem Paar von Homologiecentris ein Paar gemeinsamer Sehnen, so dass zu jedem Homologiecentrum des ersteren als Collineationscentrum jede Sehne des letzteren als Collineationsaxe genommen werden kann. Solche Paare von Homologiecentren und von Sehnen nennt Herr Weyr zugeordnete, und zwar ist einem Homologiecentrapaare jenes Sehnenpaar zugeordnet, welches sich in der Ecke des gemeinsam conjugirten Dreiecks schneidet, welche der durch das erstere gehenden Seite desselben gegenüberliegt.

Liegt nunmehr eine Kegelschnittschaar vor, welche durch zwei feste Punkte geht und mit einem festen Kegelschnitt ein gemeinsames Homologiecentrum hat, so lässt sich nach der Lage der dem gemeinsamen Homologiecentrum zugeordneten Sehnenschaar fragen, und liegt andererseits eine Kegelschnittschaar vor, welche durch zwei Punkte geht und mit einem festen Kegelschnitt eine gemeinsame Sehne hat, so lässt sich die Frage nach dem Ort der der gemeinsamen Sehne zugeordneten Homologiecentrapaare aufwerfen. Jene Sehnenschaar der ersten Aufgabe geht, wie Herr Weyr zeigt, durch zwei feste Punkte, während die Homologiecentrapaare der zweiten Aufgabe sich auf einem bestimmten Kegelschnitt befinden. Ist in letzterem Falle die Schaar der Kegelschnitte eine Kreisschaar, so ist dieser Kegelschnitt mit dem festen Kegelschnitt homofocal. Eine Reihe von Bemerkungen, welche mit jenen Fragen in Beziehung stehen, bilden den weiteren Inhalt der Studien. Sch.

L. F. Pasalagua. Note sur le rayon de courbure de l'ellipse. Nouv. Ann. (2). VII. 518 u. 519.

Bekanntlich ist der Krümmungsradius der Ellipse: $\varrho = \frac{p}{\cos^3\varphi}$, wo $p = \frac{b^2}{a}$ und φ derjenige Winkel ist, den die Normale am betrachteten Punkte mit einem der beiden Radiusvectoren bildet, die von den Brennpunkten ausgehn. Dieser Ausdruck lässt sich schreiben:

$$\varrho = \frac{(a^2+b^2-x^2-y^2)^{\frac{3}{2}}}{ab} = \frac{(a^2+b^2-a'^2)^{\frac{3}{2}}}{ab} = \frac{b'^3}{ab} = \frac{b'^2}{a'\sin\psi},$$

wo a' die Länge des Halbmessers zu dem betrachteten Punkte, b' der conjugirte Halbmesser, ψ beider Winkel ist. Hierauf gründet der Verfasser eine sehr einfache Construction: Um den betrachteten Punkt A' als Mittelpunkt beschreibe man einen Kreis mit dem Radius b', ferner fälle man von A' auf den conjugirten Halbmesser OB' das Loth $A'P$, und von P ziehe man an jenen Kreis die Tangente PL. Dann trifft das Loth Lc auf $A'P$ diese Linie im Krümmungsmittelpunkte c. (Wird die Tangente imaginär, so erleidet die Construction eine leicht zu findende Veränderung; diesen Fall übergeht der Verfasser mit Stillschweigen.)

Mz.

Grelle. Ueber das grösste einer Ellipse eingeschriebene n-Eck. Schlömilch Z. XIII. 153-156.

Da die Ellipse als rechtwinklige Projection eines Kreises auf eine schiefe Ebene betrachtet werden kann, so wird das grösste einer Ellipse eingeschriebene n-Eck die Projection eines grössten dem Kreise eingeschriebenen n-Ecks sein. Man wird somit das erstere dadurch erhalten, dass man um die grosse Achse der Ellipse als Durchmesser einen Kreis beschreibt und in denselben ein beliebiges, regelmässiges n-Eck construirt; die Ordinaten der Eckpunkte dieses n-Ecks schneiden die Ellipsenperipherie in den gesuchten Eckpunkten eines grössten n-Ecks. Das grösste

Dreieck oder Viereck kann mit Hülfe eines Paares conjugirter Durchmesser (ohne Benutzung des Kreises) construirt werden.

T.

H. G. Day. Properties of Conic Sections, proved geometrically. London, Macmillan.

Cayley. Solution of the question 2493. Educ. Times. IX. 82.

1. Die Kegelschnitte $U=0$, $U+1=0$ sind gegeben; $U+l=0$ soll construirt werden.

2. $U=0$, $U+1=0$; $V=0$, $V+1=0$ sind gegeben; $\theta U+\theta^{-1}V+2k=0$ soll construirt werden.

l, θ, k sind gegebene Constanten.

Cotterill. Solution of the question 2358. Educ. Times. IX. 74.

Die Bedingung, dass ein Kegelschnitt die drei Diagonalen eines Viereckes harmonisch theilt, welches einem andern Kegelschnitte umschrieben ist, fällt mit der Bedingung zusammen, dass der erste Kegelschnitt einem Dreieck, conjugirt in Bezug auf den andern, umschrieben sei.

Ludwig Matthiessen. Ueber die mechanische Construction einiger Curven, welche sich zur Auflösung des Problems von der Duplication des Würfels verwenden lassen. Grunert Arch. XLVIII. 229-235.

Als Curven, welche zur Lösung des gestellten Problems dienen und eine mechanische Construction gestatten, werden behandelt: Erstens die Umhüllungscurve derjenigen Ellipsenquadranten, welche durch die Punkte einer geraden Linie von constanter Länge, die sich zwischen den Schenkeln eines rechten Winkels bewegt, beschrieben werden; zweitens die Cissoide des Diocles; drittens eine Curve, die sich aus der Cissoide dadurch ergiebt, dass die Länge der sich bewegenden Geraden veränderlich genommen wird; viertens die Neil'sche Parabel.

T.

E. Koutny. Construction der Kegelschnittlinien aus Punkten und Tangenten. Wien. Ber. LVII. 469-499.

Der Verfasser leitet die Construction für die verschiedenen Auflösungsfälle rein geometrisch ab und stützt sich auf den Satz, dass jeder Kegel zweiten Grades nach jeder beliebigen Curve zweiten Grades, also auch nach einem Kreise geschnitten werden kann, — und betrachtet daher die verlangte Kegelschnittslinie als Schnitt eines Kegels von kreisförmiger (oder sonst beliebig angenommener) Leitlinie mit der Papierfläche.

Er fixirt nun den Grundkreis auf der Zeichnungsfläche durch den Durchschnitt E_b seiner Ebene mit dieser, legt durch die Kegelspitze S (die der Gesichtspunkt ist) eine zum Grundkreise parallele Ebene, die die Zeichnungsfläche in einer Geraden E_v (parallel mit E_b) trifft, fällt von S auf E_v das Loth SA, und trägt dieses senkrecht zu E_v in der Papierfläche von A aus ab. Dies ist die Vorbereitung zu den Auflösungen.

Es werden nun folgende Fälle behandelt: Gegeben: 1) 5 Punkte, 2) 4 Punkte und eine Tangente, 3) 3 Punkte, eine Tangente und ihr Berührungspunkt, 4) 3 Punkte und 2 Tangenten, 5) 2 Punkte, 2 Tangenten und ein Berührungspunkt, 6) 1 Punkt, 2 Tangenten und deren Berührungspunkte, 7) 2 Punkte, 3 Tangenten, 8) 1 Punkt, 3 Tangenten und 1 Berührungspunkt, 9) 3 Tangenten, 2 Berührungspunkte, 10) 4 Tangenten und ein Punkt, 11) 4 Tangenten und ein Berührungspunkt, 12) 5 Tangenten.

Zur Veranschaulichung der Methode des Verfassers diene der erste Fall, in welchem 5 Punkte gegeben sind. Sie seien 1, 2, 3, 4, 5. Man verbinde 4 Punkte 2, 3, 4, 5 zu einem Viereck, dessen Gegenseiten (23) und (45) sich in v_1, ferner (34) und (25) in v treffen mögen. Die Gerade vv_1 wird nun als die Eingangs bezeichnete E_v angesehen, das Viereck (2345) als Projection eines dem Grundkreise eingezeichneten Rechtecks, mithin der Durchschnitt c der Diagonalen (24) und (35) als Perspective des Kreismittelpunktes. Durch parallele Verschiebung des Kreisschnittes im Kegel kann man auch c als Mittelpunkt des Grundkreises betrachten. Man sucht nun den in die Papierfläche um E_v gedrehten Gesichtspunkt S, der dann mit O bezeichnet wird.

Zieht man aber (12) und (14), verlängert diese Linien, bis sie E_v in v_3 und v_2 treffen, so schneiden sich die beiden über vv_1 und v_2v_3 als Durchmesser nach gleicher Seite beschriebenen Halbkreise im gesuchten Punkte O. Nun ist das Loth OA von O auf E_v die Augendistanz, A der Augenpunkt und in Ac muss der zu E_v conjugirte Durchmesser des zu suchenden Kegelschnitts liegen. Die Parallele zu E_v durch c ist der Durchschnitt des Grundkreises mit der Papierfläche und wird mit E_b bezeichnet. Der Grundkreis ist nun noch um E_b zu drehen, so dass er in die Papierfläche fällt. Schneiden aber (23) und (25) die Gerade E_b in m und n, so ziehe man durch m und n Parallelen zu resp. Ov_1 und Ov, die sich in einem Punkte p schneiden. Der um c mit dem Radius cp beschriebene Kreis K ist der um E_b in die Papierfläche umgelegte Grundkreis. Dessen Perspective hat man dann noch in irgend einer Weise zu construiren. Ist $AO > cp$, so erhält man eine Ellipse, $AO = cp$ giebt eine Parabel und $AO < cp$ eine Hyperbel. — Die andern Aufgaben werden in ähnlicher Weise behandelt. Mz.

Christian Fr. Lindmann. Problema geometricum. Grunert Arch. XLVIII. 238-240.

Das gestellte Problem verlangt, eine gerade Linie zu finden, welche ein parabolisches Segment halbirt, das durch eine zur Hauptachse senkrechte Sehne begrenzt ist. Die Untersuchung ergiebt zunächst die Existenz von unendlich vielen solcher Geraden. Betrachtet man diese Geraden als Sehnen der Parabel, dann bilden ihre Halbirungspunkte eine neue Parabel, die von der ersten nur durch die Lage des Scheitels verschieden ist; diejenigen Tangenten der neuen Parabel, welche die begrenzende Sehne nicht innerhalb der gegebenen Parabel schneiden, lösen die gestellte Aufgabe. T.

E. Weyr. Erweiterung des Satzes von Désargues nebst Anwendungen. Wien. Ber. LVIII. 223-230.

Der Satz von Désargues „Jede Gerade wird durch ein Kegelschnittbüschel in Involution geschnitten“ wird dahin erweitert:

„Jeder durch zwei Scheitel eines Linienbüschels zweiter Ordnung (d. i. eines Kegelschnittbüschels) gelegte Kegelschnitt wird von demselben in einer Punktinvolution geschnitten, deren Centrum auf der Verbindungslinie der beiden andern Scheitel liegt.“

In der That geht aus diesem Satz jener hervor, sobald der fixe Kegelschnitt in zwei Gerade degenerirt. Die eine geht durch zwei Scheitel des Büschels und braucht als unwesentlich nicht genannt zu werden, auf der andern bildet sich die Punktinvolution.

Die Anwendungen beziehen sich auf Aufgaben folgenden Charakters: „Durch zwei Punkte einen Kegelschnitt so zu legen, dass er einen andern Kegelschnitt in einem bestimmten Punkte osculirt“, „Durch einen Punkt einen Kegelschnitt zu legen, dass er mit einem andern in einem bestimmten Punkte eine vierpunktige Berührung hat“ und dergl. Die aus der Dualität entspringenden Sätze sind überall beigefügt. Sch.

H. J. Smith. Observatio Geometrica. Brioschi Ann. (2). II. 318-322.

Siebeck (cf. das folgende Referat) giebt mit Hülfe des „Chordaldreiecks“ eine Lösung der Aufgabe: „Den neunten Punkt zu finden, in welchem sich alle Curven dritter Ordnung schneiden, welche 8 Punkte gemeinsam haben, wenn diese Punkte als Schnitte der Kegelschnitte $\Sigma_1 \Sigma_2$ und $\Sigma_3 \Sigma_4$ gegeben sind, welche ihrerseits durch je fünf Punkte bestimmt sein mögen.“ Smith liefert für dieses Problem eine lineare Lösung, macht also die Anwendung des Chordaldreiecks für diesen Fall entbehrlich. K.

H. Siebeck. De triangulo, cujus latera continent polos respectu quatuor sectionum conicarum conjugatos. Brioschi Ann. (2). II. 69-81.

Litt. Salmon Kegelschnitte (§353); Cremona, Introduzione; Schröter, Kegelschnitte.

Vier nicht demselben Netze angehörige Kegelschnitte K_1, K_2, K_3, K_4 haben drei Paare conjugirter Pole $x\, y$, $x_1\, y_1$, $x_{11}\, y_{11}$ gemeinsam. Diese Punkte sind zugleich conjugirte Pole für jeden Kegelschnitt, der einem der vier Netze $K_1\, K_2\, K_3$, $K_1\, K_2\, K_4$ etc. angehört, und bilden die Ecken eines vollständigen Vierseits. Nach Siebeck findet man die Seiten desselben als gemeinsame Tangenten zweier Kegelschnitte, welche je fünf leicht construirbare Geraden berühren. Die Kegelschnitte der Büschel $K_1 K_2$ und $K_3 K_4$ schneiden auf jeder der Geraden xy, $x_1 y_1$, $x_{11} y_{11}$ dieselben Segmente ab; die Schnittpunkte der drei Geraden und die Basispunkte eines jeden Büschels liegen auf einem Kegelschnitt. Das durch xy, $x_1 y_1$, $x_{11} y_{11}$ bestimmte Dreieck nennt Siebeck „Chordaldreieck der Kegelschnitte $K_1 K_2 K_3 K_4$ oder der Büschel $K_1 K_2$ und $K_3 K_4$" und weist seine Wichtigkeit in einer Reihe von Problemen nach, in welchen es sich um Aufsuchung der Schnittpunkte von Kegelschnitten und Geraden oder Curven höheren Grades handelt. Als Beispiel sei folgende Aufgabe genannt: „Gegeben seien 10 Punkte $a\,b\,c\,d\,e$; $a'\,b'\,c'\,d'\,e'$, welche nicht auf einem gegebenen Kegelschnitt K liegen; ausserdem auf diesem Kegelschnitte selbst 4 Punkte $o\,p\,o'\,p'$. Man soll 2 Curven dritter Ordnung construiren, deren eine durch die 7 Punkte $a\,b\,c\,d\,e\,o\,p$, die andre durch die Punkte $a'\,b'\,c'\,d'\,e'\,o'\,p'$ so gelegt ist, dass vier von ihren Schnittpunkten auf dem Kegelschnitt K liegen." Die wichtigste und interessanteste Anwendung erfährt das Chordaldreieck im letzten Theil der Abhandlung. Siebeck gelangt durch dasselbe zu einer Construction von Curven dritten und vierten Grades, von welchen 9 resp. 16 Punkte gegeben sind, und zwar auch für den Fall, dass von diesen Punkten eine gerade, sonst beliebige Anzahl imaginär wird. (cf. den Artikel H. J. Smith.)

K.

Cayley. On a Certain Enveloppe depending on a triangle inscribed in a circle. Quart. J. IX. 31-41. 175 u. 176.

N. M. Ferrers. On the Enveloppe of the straight line, joining the feet of the perpendicular let fall of the sides of a triangle from a point in the circumference of the circumscribed circle. Quart. J. IX. 147-151.

Staudigl. Durchführung verschiedener die Curven zweiten Grades betreffender Constructionen mit Hülfe von Kegel- und Cylinderflächen. Wien. Ber. LVIII. 960.

Th. Reye. Curvenbündel dritter Ordnung. Schlömilch Z. XIII. 521-526.

Die Untersuchungen laufen darauf hinaus, Sätze, wie sie die Lehre von den Kegelschnittbüscheln giebt, in analoger Form für Curvenbündel III. Ordnung zu ermitteln. Ein Curvenbündel III. Ordnung wird definirt als die Gesammtheit aller Raumcurven III. Ordnung, welche durch fünf gegebene Punkte (Knotenpunkte) hindurchgehen. Die Untersuchungen werden auf die Sätze basirt, welche der Verfasser in seinem Werk „Geometrie der Lage" entwickelt hat; von ihren Resultaten genüge zur Kennzeichnung Folgendes:

„Von einer beliebigen Ebene, die durch keinen der fünf Knotenpunkte hindurchgeht, werden die Curven des Bündels III. Ordnung in Polardreiecken eines ebenen Polarsystems geschnitten. Die Punkte, in welchen die Curven des Bündels die Ebene berühren, bilden einen Kegelschnitt."

Die Polarebenen von P bezüglich aller Flächen zweiten Grades, welche sich durch eine Raumcurve k^3 legen lassen, schneiden sich in einem Punkte P_1. P und P_1 heissen nach dem Verfasser conjugirte Punkte rücksichtlich k^3. „Die sämmtlichen Punkte P_1, welche einem Punkte P conjugirt sind hinsichtlich der Curven k^3 des Bündels, liegen in einer Fläche F^3 dritter Ordnung."

Eine ganze Reihe von Relationen ähnlicher Art wird in der Arbeit gegeben. Sch.

E. Weyr. Zur Erzeugung der Curven dritter Ordnung. Wien. Ber. LVIII. 633-644.

An eine Curve C_3 laufen von einem Punkt p aus im Allgemeinen sechs Tangenten; liegt der Punkt p in der Curve selbst, so reducirt sich die Zahl derselben auf vier, natürlich diejenige nicht mitgezählt, welche in dem Punkte p selbst die Curve berührt, und in welcher zwei von jenen sechs vereinigt zu denken sind. Die vier Berührungspunkte derselben entsprechen dem Curvenpunkte p, der Verfasser nennt sie das dem Punkte p entsprechende Quadrupel. Die Beziehungen der Punktquadrupel und der durch sie bestimmten Kegelschnittschaaren zu der Curve C_3 bilden den Gegenstand der Untersuchungen. Aus ihnen geht hervor, dass, wenn von einer Curve dritter Ordnung ein Punktquadrupel gegeben ist, dies für sieben einfache Bedingungen zählt, weil die drei Diagonalecken des Quadrupelvierecks ebenfalls der Curve angehören, und auch umgekehrt bilden für alle Curven C_3, welche durch die vier Ecken und die drei Diagonalecken eines vollständigen Vierecks hindurchgehen, die vier Viereckspunkte ein Punktquadrupel. Somit drängt sich die Aufgabe auf, wenn eine Curve dritten Grades durch jene sieben einfachen Bedingungen (d. i. die Forderung, dass sie die vier Ecken und die drei Diagonalecken eines bestimmten vollständigen Vierecks enthalte) und zwei beliebig gewählte Punkte bestimmt ist, dieselbe zu construiren; die Aufgabe findet eine einfache Lösung. Hieran knüpft sich die Frage: Da durch jene sieben Bedingungen und einen Punkt s_1 eine Curvenschaar bestimmt ist, wie ist der der Curvenschaar angehörige neunte nothwendige Punkt zu finden?

Wenn das Viereck $p_1p_2p_3p_4$ festgesetzt ist, so kann man bekanntlich jedem Punkt s_1 der Ebene einen Punkt s_2 verwandtschaftlich in der Weise zuordnen, dass durch ihn die sämmtlichen Polaren des Punktes s_1 bezüglich des Kegelschnittbüschels $(p_1p_2p_3p_4)$ hindurchgehen. Durch dieses Verwandtschaftsverhältniss steht jener nothwendige neunte Punkt mit dem gegebenen Punkte s_1 in Verbindung. Es gilt nämlich der Satz:

„Alle Curven dritter Ordnung, welche durch die Ecken $p_1\, p_2\, p_3\, p_4$ eines Vierecks, durch die drei Diagonalecken desselben und einen Punkt s_1 gehen, schneiden sich in einem Punkt s_2, welcher durch das Viereck $p_1p_2p_3p_4$ in obiger Weise dem Punkte s_1 verwandtschaftlich zugeordnet ist.“ Sch.

Reye. Sopra le curve gobbe di quart' ordine e prima specie, e i loro punti d'intersezione con superficie di secondo grado. Brioschi (2). II. 129-134.

Durch eine Raumcurve vierter Ordnung und erster Art und durch einen beliebigen Punkt des Raumes lässt sich eine Oberfläche zweiten Grades legen. Ist die Raumcurve dagegen von der zweiten Art, so giebt es nur eine Oberfläche zweiten Grades, welche durch sie hindurchgeht. Der Verfasser behandelt nur diejenigen von der ersten Art und stützt sich hierbei auf die bekannten Sätze, dass eine solche Curve im Allgemeinen durch 8 Punkte bestimmt ist, dass ferner, wenn im Besonderen durch 8 Punkte sich zwei derartige Curven legen lassen, diese 8 Punkte mit einem beliebigen neunten zu einer solchen Curve verbunden werden können. In diesem Falle heissen die 8 Punkte zusammengehörig (punti associati). Sie sind nämlich dann Durchschnittspunkte dreier Oberflächen zweiten Grades. Unter Zugrundelegung der bekannten projectivischen Eigenschaften dieser Gebilde werden nun zum Theil sehr interessante Lehrsätze angegeben, die Beweise meist nur angedeutet. So z.B.: „Eine beliebige Gerade wird höchstens von 8 Tangenten einer solchen Raumcurve geschnitten.“ Ferner: „Construirt man in den vier Durchschnittspunkten einer Ebene mit einer solchen Raumcurve die Osculationsebenen, so schneiden diese die Curve in weiteren 4 Punkten, die in einer Ebene liegen.“ U. a. m. Mz.

P. Scholz. Die projectivischen Eigenschaften der gewöhnlichen und ausgezeichneten Elemente ausgezeichneter Curven. Schlömilch Z. XIII. 267-321. 355-403.

J. J. Sylvester. Note on successive involute to a circle. Phil. Mag. (4). XXXVI. 295-306. 459-467.

J. J. Walker. Solution of the question 2100. II. Educ. Times. X. 97 u. 98.

Auf der Sehne OA eines Kreises ist ein Punkt C so angenommen, dass $OA^2 \pm OC^2 = k^2$ (constant), dann ist, bei veränderlichem A, das in C auf OC errichtete Loth Tangente eines Kegelschnitts mit dem Mittelpunkt O.

J. Dale and W. H. Laverty. Solution of the question 2383. Educ. Times. X. 81.

A und B sind feste Punkte; von A zieht man eine Sekante an einen Kegelschnitt, die denselben in C und D schneidet. Die Linien BC und BD mögen in E und F die Polare von A treffen.

Dann werden *DE* und *CF* sich in einem festen Punkte der Linie *AB* treffen.

Planton. Solution of the question 2518. Educ. Times. X. 38.

Ist *P* ein Punkt einer ebenen Curve (*A*), *O* ein fester Punkt und *Q* der Scheitel derjenigen gleichseitigen Hyperbel, deren Mittelpunkt in *O* liegt und die (*A*) in *P* berührt, dann wird die in *P* an (*A*) gezogene Tangente mit *OP* denselben Winkel bilden, wie die in *Q* an den Ort von *Q* gezogene Tangente mit *OQ*. Nimmt man die inverse Curve (*B*) des Ortes von *Q*, so kann (*A*) aus (*B*) ebenso hergeleitet werden, als (*B*) aus (*A*). In dieser Weise ist ein auf den Mittelpunkt bezogener Kegelschnitt mit der Cassini'schen Ellipse verbunden.

Wolstenholme. Solution of the question 2535. Educ. Times. X. 32.

Verbindet man einen Ellipsenpunkt mit den beiden Brennpunkten, so sind die Winkel, welche diese Linien mit der grossen Axe bilden, gleich den zu den Endpunkten einer Focalsehne gehörigen excentrischen Winkeln.

Cayley. Solution of the question 2609. Educ. Times. X. 17-19.

Drei Kegelschnitte gehen durch dieselben 4 Punkte. Auf dem ersten ist ein Punkt *A*, auf dem zweiten *B*, auf dem dritten *C* gegeben. Drei andere Punkte *A'*, *B'*, *C'* auf den drei Kegelschnitten zu finden, so dass *A'B'* und *AC*, *A'C'* und *AB* sich auf dem ersten; *B'C'* und *BA*, *B'A'* und *BC* auf dem zweiten; *C'A'* und *CB*, *C'B'* und *CA* auf dem dritten schneiden.

Laverty. Solution of the question 2631. Educ. Times. X. 78.

Ein Kegelschnitt *F* hat doppelte Berührung mit einem Kegelschnitte einer Schaar, die mit einander doppelte Berührung haben. Die gemeinsamen Sehnen von *F* mit jedem Kegelschnitte der Schaar gehen dann durch einen Punkt auf der gemeinsamen Berührungssehne der Schaar.

JENKINS. Solution of the question 2486. Educ. Times. X. 78.

Die Normale einer Ellipse soll ein grösstes Segment abschneiden.

HIRST. Solution of the question 2441. Educ. Times. IX. 60.

Die Enveloppe eines Kegelschnittes zu finden, der einem Dreieck umschrieben ist, und in Bezug auf den zwei gegebene Linien einander conjugirt sind.

Capitel 3.

Besondere Flächen.

R. TOWNSEND. On homographic systems of points, direct and inverse, on skew surfaces of the second ordre. Quart. J. IX. 249-268. 296-309.

R. NIEMTSCHICK. Einfaches Verfahren, Normalen zu Flächen zweiter Ordnung durch ausserhalb liegende Punkte zu ziehen. Wien. Ber. LVIII. 831-836.

Ist F die gegebene Fläche, P der gegebene Punkt, und x der gesuchte Berührungspunkt, so beschreibe man um P mit dem Radius Px eine Kugel, welche F in x berühren muss. Legt man ferner durch x jene beiden Ebenen, die F in Kreisen schneiden, so treffen diese Ebenen die Kugel auch in zwei Kreisen und jedes in derselben Ebene liegende Kreispaar wird in x einen Berührungspunkt haben. Da nun die beiden Richtungen der Kreisschnitte von F gegeben sind, so hat man auch die Senkrechten dazu durch P. Alle möglichen senkrechten Ebenen zu diesen beiden Senkrechten bestimmen zwei Systeme von Berührungskreisen zu denen der Kreisschnitte und durch die Berührungspunkte zwei Berührungslinien der Fläche F mit Rotationsflächen, deren Axen jene beiden Senkrechten sind. Der Verfasser zeigt nun, dass jede dieser beiden Berührungslinien den Durchschnitt der Fläche F mit einem hyperbolischen Paraboloide bildet, welches als Leitlinien die Mittelpunktslinie der Kreisschnitte von F und die zu den Kreisschnitten durch P gezogene Senkrechte hat, und dessen Erzeugende mit jenen Kreisschnittebenen parallel sind. Der Punkt x ist der Durchschnitt der gemeinschaftlichen Linie beider Paraboloide mit F. Eine Anwendung wird auf den geraden elliptischen Kegel gemacht. Mz.

R. L. Ellis. Demonstration of two theorems in relation to a surface of the second ordre. Quart. J. IX. 344-346.

Erster Satz: Wenn eine jede von den 6 Kanten eines Tetraeders durch eine Oberfläche zweiten Grades in 2 Punkten geschnitten wird, und durch diese 12 Punkte — zu dreien gruppirt — 4 Ebenen (je eine einer Tetraederecke gegenüber) gelegt werden, und wenn endlich diese Ebenen zum Durchschnitt mit den Tetraederecken, welche gleichen Ecken gegenüberstehen, gebracht werden, — so sind diese 4 Durchschnittslinien Erzeugende eines einschaligen Hyperboloids und zwar gehören sie demselben System an.

Der Beweis ist rein synthetisch; in jeder Tetraederebene entsteht nämlich ein Pascal'sches Sechseck und es wird nachgewiesen, dass jede der 4 Pascal'schen Linien jede der im Satz erwähnten 4 Durchschnittslinien trifft.

Zweiter Satz: Man errichte auf jeder Tetraederebene als Basis eine dreiseitige Pyramide und verbinde die Spitze jeder solchen Pyramide mit der Gegenecke des Tetraeders. Berühren nun die 12 Seiten der 4 Pyramiden eine Oberfläche zweiten Grades, so sind jene 4 Verbindungslinien Erzeugende eines einschaligen Hyperboloids und gehören demselben System an.

Der Beweis ist dem vorigen analog und stützt sich auf den Brianchon'schen Satz von den Kegelschnitten.

Zum Schluss giebt der Verfasser noch einige Zusätze, wie etwa den zum ersten Satz, dass die Tetraederebenen das in Rede stehende Hyperboloid berühren u. a. m. Mz.

Staudigl. Anwendung der räumlichen Central- und Parallelprojection zur Lösung verschiedener die Flächen zweiter Ordnung betreffenden Probleme. Wien. Ber. LVIII. 811-831.

Darboux. Construction de la surface du deuxième ordre déterminée par neuf points. Inst. XXXVI. 1 sect. 205.

Siehe Abschn. IX. Cap. 1, p. 275.

F. Matzek. Beitrag zur Construction von Berührungsebenen an Rotationsflächen. Wien. Ber. LVIII. 44-48.

H. Picquet. Sur la construction des axes d'une surface du second degré. Nouv. Ann. (2). VII. 456-462.

Nach einigen einleitenden Worten betrachtet der Verfasser irgend einen Kreisschnitt eines Kegels vom zweiten Grade; alle Systeme conjugirter Durchmesser bestimmen in der Ebene dieses Schnittes eine ebene Involution, von welcher dieser Schnitt dreifacher Kreis ist; betrachtet man ausserdem in dieser Ebene diejenige ebene Involution, die durch die Schnittpunkte der Kanten aller möglichen rechtwinkligen Trieder, deren Spitze die Kegelspitze, gebildet wird, so sind die Schnittpunkte der Axen des Kegels die Ecken des Dreiecks, welches beiden Involutionen gemeinschaftlich ist. Da dieses Dreieck einen Punkt im Unendlichen hat, so ist eine Axe des Kegels den cyclischen Ebenen parallel.

Im Nachfolgenden deutet der Verfasser den Beweis dafür an, dass je drei conjugirte Durchmesser eines Kegels zweiten Grades auf einer Schnittebene ein Dreieck bestimmen, das der Schnittfigur conjugirt ist; er weist nämlich nach vorausgeschickter Definition von Flächen zweiten Grades und ihren Polarebenen etc. nach, dass je 3 conjugirte Durchmesser einer beliebigen Fläche zweiten Grades auf der unendlich entfernten Ebene ein der Schnittfigur conjugirtes Dreieck bestimmen, woraus dies für einen Kegel mittels der Perspective für jeden beliebigen ebenen Schnitt folgt.

Mz.

Th. Reye. Einfache lineare Construction der Flächen zweiter Ordnung aus neun und ihrer Durchdringungscurven aus acht Punkten. Schlömilch Z. XIII. 527-530.

Die gegebene Construction gewinnt der Verfasser wesentlich aus den in der Arbeit „über Curvenbündel III. Ordnung" (siehe p. 289) entwickelten Sätzen. Wie der Verfasser bemerkt, hat dieselbe Construction bereits v. Staudt angegeben, jedoch mit ganz anderer Begründung. Sch.

P. Serret. Sur la détermination graphique des axes principaux des courbes et des surfaces du second ordre. Nouv. Ann. (2). 352-363.

Nachdem eine geometrische Construction der Richtung der Hauptaxen eines Kegelschnitts gegeben ist, wenn derselbe 1) durch seinen Mittelpunkt und 3 Punkte der Peripherie, 2) durch den Mittelpunkt und ein ihm conjugirtes Tripel bestimmt ist, findet die Aufgabe eine Lösung: Aus drei conjugirten Halbmessern *oa*, *ob*, *oc* einer Fläche zweiten Grades die Richtungen der Hauptaxen zu construiren. Sch.

E. Weyr. Ueber Krümmungslinien der Flächen zweiten Grades und confocale Systeme solcher Flächen. Wien. Ber. LVIII. 60-83.

Eine Reihe von Beziehungen der Flächen zweiten Grades zu ihren Fokalkegelschnitten werden entwickelt, und aus diesen Bemerkungen über die Richtung der Krümmungslinien in den Punkten der Fläche hergeleitet. Aus der reichen Fülle von Sätzen, welche der Verfasser aufgestellt, möge Einiges zur Kennzeichnung dienen:

Durch jeden Punkt einer Fläche zweiten Grades lassen sich zwei Rotationskegel legen, welche die Fläche in jenem Punkte berühren. Beide Kegel schneiden sich, da sie derselben Fläche zweiten Grades umgeschrieben sind, in zwei Kegelschnitten, welche durch jenen Punkt gehen. Die Schnittrichtungen derselben sind die Hauptkrümmungsrichtungen der Fläche in jenem Punkt. Diese mit der Normale zusammen bilden ein rechtwinkliges Dreikant, welches die Hauptebene in einem bezüglich des Fokalkegelschnitts harmonischen Tripel schneidet, etc. etc.

Bevor der Verfasser zu den Krümmungslinien übergeht, entwickelt er eine Definition der Hauptkrümmungsrichtungen, welche in aller Kürze Platz finden möge.

Jede Kugel einer Schaar, welche eine Fläche in einem ihrer Punkte *m* berührt, schneidet die Fläche in einer Curve, für welche jener Punkt Doppelpunkt ist. Die Tangentenrichtungen der Schnittcurve in jenem Doppelpunkt bilden eine Involution, für welche die Doppelstrahlen die Axen der Indicatrix sind. Diesen Axen entsprechend giebt es zwei Kugeln, für deren Schnittcurven mit der Fläche jener Punkt Cuspidalpunkt ist, welche also mit der Fläche in *m* einen stationären Contact aufweisen. Längs der Contactelemente hat die Fläche mit jenen zwei Kugeln gleiche Krümmung, folglich gehen die Normalen in den Endpunkten dieser Elemente durch die respectiven Kugelmittelpunkte. Die Contactelemente liefern die Richtung der Krümmungslinien in jenem Punkt der Fläche. —

Mit einer Reihe von Sätzen über confocale Systeme von Flächen zweiten Grades schliesst die an interessanten Bemerkungen reiche Abhandlung. Sch.

J. M. Šolin. Ueber die Normalenfläche zum dreiaxigen Ellipsoide längs einer Ellipse eines Hauptsystems. Prag. Abh. (6). II.

Die oben bezeichnete Fläche erfährt wesentlich eine auf descriptiver Methode sich gründende Behandlung, zu der Entwickelungen aus analytischen Darstellungsformen ergänzend hinzutreten. Neben dem theoretischen Interesse, welches die Fläche bietet, kann sie namentlich, wie der Verfasser bemerkt, bei der Entwickelung eines Systems der descriptiven Geometrie als Beispiel einer windschiefen Fläche mit zwei Leitgeraden und einer Leitcurve, mit zwei Leitgeraden und einer Leitkegelfläche, mit einer Leitgeraden und zwei Leitcurven u. s. w. gebraucht werden. Bemerkungen über Benutzung der Fläche als Lagerfläche beim ellipsoidischen Kuppelgewölbe schliessen die Abhandlung. Sch.

A. F. Material Construction of the Ruled Quadrics. Messenger IV. 226-237.

Der Verfasser erinnert im Eingange daran, dass Studirende der Mathematik selten eine klare Anschauung der in Rede stehenden Flächen haben, und unternimmt, um diesem Mangel abzuhelfen, eine Construction, welche diese Flächen räumlich darstellt*).

1. Das einschalige Hyperboloid. Zwei rechteckige und gleiche Brettchen werden durch 4 gleiche an den Endpunkten angebrachte verticale Säulen in unveränderlichem Abstande gehalten. Auf jedes der Brettchen und zwar innerhalb ist ein Kreis gezeichnet. Beide Kreise haben gleiche Radien; die Verbindungslinie ihrer Mittelpunkte ist aber nicht senkrecht zu den Brettchen. Jeder Kreis ist in 24 gleiche Theile getheilt; die Theilpunkte sind durch Löcher markirt. Einem Loche in dem einen Kreise entspricht nun aber nicht dasjenige des anderen Kreises, bei welchem der zugehörige Radius dem des ersteren parallel ist, sondern ein um 8 Löcher von diesem entferntes. Die entsprechenden Löcher werden durch seidene Fäden verbunden. Man erhält zwei Systeme solcher Fäden, da man die constante Entfernung von 8 Löchern in zweierlei Sinn nehmen kann. Der Asymptotenkegel wird auf ähnliche Weise mit Hülfe zweier kleineren, den ersten concentrischen Kreise dargestellt.

2. Das hyperbolische Paraboloid. Zwei Hölzchen von der Gestalt des Buchstaben A werden so aneinander gesetzt, dass die Füsse sich berühren, während ihre Ebenen einen Winkel bilden. Diese Lage wird durch ein Querholz befestigt, welches die Mitten der beiden Querstriche der A's verbindet, also mit diesen ein H bildet. Die Seiten der A's werden nun in gleiche Theile getheilt und die entsprechenden Theilpunkte wie oben durch Fäden verbunden. Welche Punkte aber entsprechende sind, ergiebt sich aus Folgendem: Die Seiten der beiden A bilden ein windschiefes Viereck, dessen Ecken *a, b, c, d* sein mögen; dem Theilpunkte auf *ab*, der *a* zunächst liegt, entspricht dann derjenige auf *cd*, der *d* zunächst liegt; dem zweiten Theilpunkte auf

*) Diese Modelle hat Th. Olivier bereits 1830 anfertigen lassen. M.

ab (von *a* aus) entspricht dann der zweite Theilpunkt auf *cd* (von *d* aus), u. s. w.

Diese Constructionen werden analytisch begründet und zum Schlusse giebt der Verfasser eine Notiz über die Benutzung des Schattens, um die verschiedenen Schnitte dieser Flächen aufzufinden. Mz.

CAYLEY. Solution of the question 2590. Educ. Times. X. 101.

Der Beweis des Kummer'schen Satzes: „Wenn eine Oberfläche vierten Grades von jeder Ebene, die durch einen festen Punkt geht, in zwei Kegelschnitten geschnitten wird, so zerfällt dieselbe in zwei Oberflächen zweiten Grades (wenn sie nicht ein Kegel ist und der feste Punkt der Scheitel desselben)" wird auf das Lemma gestützt: „Wenn eine Oberfläche so beschaffen ist, dass jeder Schnitt durch eine feste Gerade einen Kegelschnitt enthält, so schneiden sämmtliche Kegelschnitte diese Gerade in zwei festen Punkten."

L. CREMONA. Sulle superficii gobbe di quarto grado. Rend. di Bologna 1868. 96. 97. Mem. dell' Ac. di Bologna. (2). VIII. 235-250.

REYE. Sugli assi delle coniche situate in una superficie del secondo ordine. Brioschi Ann. (2). II. 1-13.

GEISER. Sulle normali all' ellissoide. Brioschi Ann. (2). I. 317-328.

Synthetische Herleitung der Sätze über Normalen einer Fläche zweiten Grades, welche Steiner in seiner Abhandlung „Ueber algebraische Curven und Oberflächen" Crelle J. XLIX aufgestellt hat, nebst einer Reihe anderer Resultate. H.

G. BRUNO. Alcune proposizioni sulla superficie conoide avente per direttrici due rette. Mem. di Torino. (2). XXIV. 317-326.

G. BRUNO. Nota sulla superficie conoide, la direttrice curvi linea della quale è una linea piana di 2° grado ed interseca la direttrice rettilinea del conoide stesso. Mem. di Torino. (2). XXIV. 327-332.

R. Niemtschick. Studien über Flächen, deren zu einer Axe senkrechte Schnitte ähnliche Ellipsen sind. Wien. Ber. LVII. 246-273.

F. Matzek. Construction der Curven bestimmter Beleuchtungsintensität an Rotationsflächen mit Benutzung berührender Kugelflächen. Wien. Ber LVIII. 49-53.

Laguerre. Sur les courbes gauches résultant de l'intersection de deux surfaces du second ordre. Inst. XXXVI. 1 sect. 157-159.

Der Verfasser bemerkt zunächst, dass man durch eine solche Raumcurve 4 Kegel (2. Ordnung) legen kann, deren Spitzen ein allen Oberflächen (2. Ordnung) conjugirtes Tetraeder bilden, die durch die betrachtete Raumcurve gehen können. Schneidet eine Gerade 2 Gegenkanten dieses Tetraeders und trifft sie die Curve in einem Punkte *m*, so trifft sie dieselbe noch in einem zweiten Punkte *m'*, der der conjugirte von *m* heisst; alle solche Geraden bilden eine Regelfläche *R* vierten Grades, welche die betrachteten Gegenkanten zu Doppellinien hat; und da es 3 Paar solcher Gegenkanten giebt, so hat man 3 solche Regelflächen und daher zu jedem Punkte *m* der Raumcurve drei conjugirte. Hiervon ausgehend, theilt nun der Verfasser eine Reihe von Sätzen über conjugirte Punkte einer Raumcurve vierter Ordnung mit. Zum Schluss giebt der Verfasser noch folgenden Satz über die angeführten Regelflächen vierten Grades: „Sind *D* und *Δ* die beiden Doppellinien, so gehen durch jeden Punkt *a* von *D* 2 erzeugende Gerade, welche *Δ* in 2 Punkten *b* und *b'* treffen; diesen Punkten entsprechen wieder Punkte von *D*, von denen der Punkt *a* einer ist.“ Mz.

Laguerre. Sur quelques propriétés des surfaces anallagmatiques. Inst. XXXVI. 1 sect. 38 u. 39.

Der Verfasser erwähnt zunächst, dass Moutard folgende geometrische Definition der in Rede stehenden Flächen gegeben hat: Eine anallagmatische Fläche ist die Einhüllende aller derjenigen Kugeln, deren Mittelpunkt eine gegebene Fläche zweiten Grades durchläuft, und die eine gegebene Kugel rechtwinklig schneiden. Eine bestimmte solche Fläche kann auf 5 verschiedene Arten, nämlich durch 5 Oberflächen zweiten Grades und ebenso viel diesen entsprechende Kugeln erzeugt werden. Der Verfasser setzt dann aus einander, in welcher Beziehung diese Flächen zu einander stehen, entwickelt hieraus die Focallinien einer anallagmatischen Fläche und giebt mehrere Sätze hierüber. Mz.

LAGUERRE. Sections circulaires des surfaces anallagmatiques. Inst. XXXVI. 1 sect. 126 u. 127.

Nach Angabe einiger Lehn- und Hülfssätze theilt der Verfasser mit, dass auf einer anallagmatischen Fläche 10 Systeme von Kreisschnitten existiren, welche Moutard entdeckt hat. Diese Kreisschnitte haben eine Menge Eigenschaften analog den geraden Erzeugenden von Flächen zweiter Ordnung. So z. B.: Hat man 4 Kreise eines und desselben Systems und einen variablen C eines andern Systems, der die 4 ersten in a, b, c, d trifft; und legt man durch C Kugeln, welche die anallagmatische Fläche in a, b, c, d berühren, so ist das anharmonische Verhältniss dieser 4 Kugeln constant. — Ueber die Entstehung der Kreisschnitte folgt dann noch Näheres. Mz.

LAGUERRE. Sur les courbes cassiniennes planes et sphériques. Inst. XXXVI. 1 sect. 117-119.

Der Verfasser giebt zunächst folgende Definition: Eine sphärische Anallagmatique (ein deutsches Wort hierfür ist d. R. nicht bekannt) ist der geometrische Ort der Berührungspunkte aller Tangentialebenen an einen festen Kegelschnitt K und an eine Kugel. Es ist dies also eine eigenthümliche Curve auf der Kugeloberfläche, wenn man nämlich die Berührungspunkte auf dem Kegelschnitt nicht mitrechnet. Ist nun S der Kreis, in welchem die Ebene des Kegelschnitts die Kugel trifft, und kann man in den Kreis ein Viereck einzeichnen, das dem Kegelschnitt umgeschrieben ist, so heisst die Anallagmatique sphärische Cassini'sche Curve. Bezeichnet man mit α, β, γ, δ die auf einander folgenden Ecken eines solchen Vierecks und durch m einen beliebigen Punkt der sphärischen Cassini'schen Curve, so hat man die Gleichung:

$$\frac{m\alpha \,.\, m\gamma}{m\beta \,.\, m\delta} = \text{const.}$$

Man erkennt hierin schon eine gewisse Analogie mit der bekannten Fundamentaleigenschaft der Ellipse des Cassini. Es folgen nun noch andere Definitionen, die von der allgemeinen sphärischen Anallagmatique, welche eine Raumcurve vierten Grades ist, und von dem durch diese Curve gegebenen, der Kugel conjugirten, Tetraeder ausgehen, und eine Reihe von Sätzen. Mz.

Peschka und E. Koutny. Freie Perspective in ihrer Begründung und Anwendung. Hannover, Rümpler 1868.

Schlesinger. Die projectivischen Flächen. (Ein Beitrag zur Gestaltung der darstellenden Geometrie im Sinne der neueren Geometrie). Wien. Ber. LVIII. 435-442.

Der Verfasser geht von einer nach irgend einem Gesetz bewegten Ebene E aus, und bezieht jede Lage derselben auf die vorhergehende projectivisch (collinear), — so dass also auch irgend 2 Lagen projectivisch auf einander bezogen sind. Der Ort derjenigen Punkte, welche einem gegebenen Punkte in der Anfangslage der Ebene entsprechen, ist eine Curve σ, welche als Seitenlinie bezeichnet wird. — Wenn im Besondern je zwei auf einander folgende Lagen perspectivisch sind, so ist der Ort derjenigen Geraden, welche einer bestimmten Geraden in der Anfangslage entsprechen, eine abwickelbare Fläche; im allgemeinen Falle dagegen ist dieser Ort eine windschiefe Fläche.

Irgend einer Curve E_1 in der Anfangslage entspricht in jeder Lage eine Curve E, welche eine Formlinie genannt wird. Der geometrische Ort der Formlinie E ist eine Fläche, welche projectivische Fläche genannt wird. Irgend einer Tangente t_1 in der Anfangslage entspricht in jeder Lage eine Tangente der Formlinie E, und der Ort dieser Tangenten ist eine geradlinige Fläche, die im Besondern, wie oben erwähnt, abwickelbar sein kann. Die projectivischen Flächen sind Umhüllungsflächen jener geradlinigen Flächen, und die projectivischen Flächen heissen

„von der ersten Art", wenn je zwei Nachbarlagen perspectivisch sind; im andern Falle von der zweiten Art.

Jede Fläche der ersten Art wird längs einer Formlinie von einem Kegel berührt; der Ort der Scheitel dieser Kegel heisst die Scheitellinie der projectivischen Fläche.

Die projectivischen Flächen lassen sich nun nach der Art der zu Grunde gelegten Collineation noch weiter eintheilen, was hier übergangen wird. Von diesen Definitionen ausgehend gelangt der Verfasser zu folgenden Sätzen:

„Ist die Scheitellinie einer projectivischen Fläche erster Art (π Fl. I.) gerade, so sind die Seitenlinien ebene Curven;" die Umkehrung lautet:

„Sind irgend zwei Seitenlinien einer π Fl. I. ebene Curven, so sind es alle, und die Scheitellinie ist eine Gerade."

Diese Sätze finden eine weitere Anwendung auf den speciellen Fall der π Fl. I., deren Formebene E einen Ebenenbüschel beschreiben, so dass je zwei Formebenen perspectivisch liegen, welche deshalb perspectivische Flächen genannt sind, während die Axe des Ebenenbüschels Formaxe heisst. Die Resultate der hierauf bezüglichen Untersuchung können wir folgendermassen zusammenfassen:

„Hat eine perspectivische Fläche mit der Formaxe s eine gerade Schnittlinie S, so kann sie zugleich angesehen werden als perspectivische Fläche mit der Formaxe S und der Scheitellinie s."

Zum Schlusse der Arbeit giebt der Verfasser eine Eintheilung der verschiedenen perspectivischen Flächen nach der Lage der Formaxe und der Scheitellinie, wobei er u. a. erwähnt, dass die Flächen zweiten Grades als projectivische Flächen betrachtet werden können; er glaubt, dass diese Betrachtungsweise eine reiche Quelle für geometrische Untersuchungen werden könne und dass sie auch für die darstellende Geometrie von Nutzen sein werde. A.

G. Dostor. Théorème sur le cône et sur le tronc de cône. Nouv. Ann. (2). VII. 45.

G. B. Maffiotti. Solution de la question 814. Nouv. Ann. (2). VII. 183-185.

Denkt man sich eine Rotationsfläche zweiten Grades, deren einer Brennpunkt der Mittelpunkt einer Oberfläche *S* des zweiten Grades ist, und welche die 4 Seiten irgend eines der in Beziehung auf *S* conjugirten Tetraeder berührt, so ist die Länge der äquatorialen Axe der Rotationsfläche constant, welches Tetraeder man auch betrachtet.

J. Wolstenholm. Solution of the question 2413. Educ. Times. X. 37.

Drei zu einander rechtwinklige Tangentenebenen eines Ellipsoids mit dem Mittelpunkt *B*, schneiden sich in *A*; dann sind *AB* und die drei Normalen der Tangentenebenen Erzeugende eines Hyperboloids.

T. Doucet. Solution de la question 847. Nouv. Ann. (2). VII 417-419.

Durch eine Gerade, die irgend eine Oberfläche in *M* berührt, zieht man verschiedene Schnittebenen. Construirt man für jeden der Schnitte die mit *M* 4 Punkte gemeinsam habende Parabel, so ist der Ort der Brennpunkte dieser Parabeln ein Kreis.

Zehnter Abschnitt.

Mechanik.

Capitel 1.

Lehrbücher.

J. Rheinauer. Grundriss der Mechanik fester Körper. Pr. Freiburg i. B.

Ein kurzer Abriss der Anfänge der Mechanik, der für den ersten Unterricht in der Mechanik berechnet und empfehlenswerth ist. O.

Collignon. Cours élémentaire de mécanique. Paris, Hachette.

M. Ch. Delaunay. Lehrbuch der analytischen Mechanik. Nach der 4. Auflage des Originals deutsch bearbeitet von Dr. G. Krebs. Wiesbaden, Kreidel.

Das vorliegende Lehrbuch behandelt vorzugsweise die Cinematik und enthält das in den meisten Lehrbüchern Stehende. Der letzte Theil enthält Andeutungen einer Theorie der Bewegung der Maschinen. Die Uebersetzung scheint correct; das Original ist dem Referenten nicht zugänglich gewesen. O.

Moigno. Leçons de mécanique analytique. Paris, Gauthier-Villars.

W. Schell. Theorie der Bewegung und der Kräfte. Leipzig, Teubner. Lief. 1. 1868.

Das Referat folgt nach vollständigem Erscheinen des Werkes im nächsten Bande. O.

LIGOWSKI. Taschenbuch der Mechanik. Berlin, Ernst und Korn.

Das Buch ist im Wesentlichen eine Sammlung von Formeln, deutet indessen in kurzer und gedrängter Weise die Ableitungen derselben an. Es eignet sich vorzugsweise zum Nachschlagen für die praktischen Anwendungen. O.

DEGUIN. Précis de mécanique théorique et appliquée. Paris, Belin.

E. BOUR. Cours de Mécanique et Machines.
T. I. Cinématique.
T. II. Statique et Travail des forces dans les machines à l'état de mouvement uniforme.
Paris, Gauthier-Villars 1865-1868.

COMMINES DE MARSILLY. Recherches mathématiques sur les lois de la matière. Paris, Gauthier-Villars.

Capitel 2.

Cinematik.

GIGON. Exercices sur les roulettes extérieures ou intérieures dans les courbes planes. Nouv. Ann. (2). VII. 462-471.

Siehe Abschn. VIII. Cap. 2. D. p. 192.

C. JORDAN. Mémoire sur les groupes des mouvements. Brioschi Ann. (2). II. 168-215. 320-345.

Sowohl jede unendlich kleine, wie jede endliche Verrückung eines Körpers ist charakterisirt durch eine bestimmte Rotation um eine bestimmte Axe und durch eine bestimmte Gleitung längs derselben. Durch Wiederholung endlicher Verrückungen in bestimmter Folge lassen sich regelmässige Anordnungen einer unbegrenzten Menge von Molecülen ableiten. Die möglichen resultirenden Formen zu erschöpfen, scheint die Aufgabe der vorliegenden umfangreichen Arbeit zu sein, die indess wegen Unvollständigkeit der Bestimmungen und Mangel an Definitionen dermassen unverständlich ist, dass sich ihr Inhalt ohne Gefahr, die Meinung des Verfassers zu verfehlen, nicht wohl angeben lässt.

H.

A. Cayley. A „Smith's Prize" paper. Messenger IV. 223-226.

Der Artikel behandelt in No. 15 die Aufgabe der Transposition eines rechtwinkligen Axensystems bei festem Anfangspunkt in jede Lage durch eine Rotation. H.

Mannheim. Sur le déplacement d'une figure de forme invariable. Nouvelle méthode de normales. C. R. LXVI. 533. Inst. 1 sect. XXXVI. 134.

Die Arbeit, ihrem Inhalte nach mehr der Geometrie als der Cinematik angehörend, wird im zweiten Bande des Jahrbuches ausführlicher behandelt werden, da der vollständige Abdruck erst 1870 im J. de l'Ec. Pol. erschienen ist. O.

G. R. Dahlander. Om bestämningen af centralaxeln och den ögonblickliga rotationsaxeln vid en kropps rörelse. Öfv. af Förh. Stockh. Jahrg. 1867 (ersch. 1868). 601.

Der Aufsatz besteht aus drei Theilen, welche verschiedene Punkte betreffen. Der erste behandelt die Auffindung der Centralaxe, um welche ein Körper rotiren, und längs welcher er gleiten muss, um aus einer Lage in eine gegebene zweite zu kommen. Chasles führt die Aufgabe auf die Ermittelung des Centralpunkts in der Ebene zurück; Dahlander löst sie einfacher direct.

Drei Punkte des Körpers A, B, C sind nach A', B', C' gerückt. Man ziehe von einem festen Punkte O drei Gerade $O\alpha$, $O\beta$, $O\gamma$ gleich und parallel AA', BB', CC'. Dann steht die Centralaxe senkrecht auf der Ebene $\alpha\beta\gamma$ — eine Construction, die der Verfasser unverändert von Chasles aufnimmt. Jetzt sei δ die Projection von O auf diese Ebene. Die Centralaxe ist dann der Durchschnitt zweier Ebenen, welche zwei der Sehnen AA', BB',

CC' normal beziehungsweise zu $\alpha\delta$, $\beta\delta$, $\gamma\delta$ halbiren. $O\delta$ stellt die Grösse der Gleitung dar.

Das gleiche Verfahren wendet Poncelet zur Bestimmung der momentanen Rotationsaxe an, wo die genannten Sehnen in die Geschwindigkeiten der Punkte A, B, C übergehen, die also nach Richtung und Grösse bekannt sein müssen. Da aber die Grössenverhältnisse schon durch die Richtung bestimmt sind, so stellt der Verfasser im zweiten Theile folgende Construction derselben auf.

Man trage auf AB zwei gleiche Stücke Ap, Aq auf. Zwei durch p, q gehende, zu AB normale Ebenen schneiden die gegebenen Richtungslinien AA', BB' in A', B'. Eine Ebene durch A' normal zu AC schneide letzteres in r; man trage Ar auf AC von C aus ab und bestimme C' wie oben B'; dann sind A', B', C' gleichzeitig erreichte Punkte.

Drittens wird der Satz aufgestellt und bewiesen, dass die kürzeste Verbindung zweier homologen Punkte auf zwei beliebigen homologen Ebenen des Körpers in seinen zwei Lagen als unbegrenzte Gerade die Centralaxe, nach Grösse die Gleitung darstellt; anwendbar auch auf die momentane Bewegung.

H.

Chr. Wiener. Sul moto di una figura piana che, mantenendosi simile a sè stessa, scorre con tre delle sue rette sopra tre punti fissi. Brioschi Ann. (2). I. 139-145.

Bewegt sich ein Dreieck $A_1 B_1 C_1$, indem es beständig sich ähnlich bleibt, so, dass seine Seiten a_1, b_1, c_1 einzeln durch 3 feste Punkte A, B, C gehen, so beschreiben seine Ecken Kreise, bestimmt durch die betreffende Ecke und je 2 von 3 festen Punkten auf den Seiten, und diese Kreise schneiden sich in einem Punkte D.

Ein fester Punkt, durch den eine Gerade bei ihrer Bewegung beständig geht, heisse ihr Gleitungspunkt, und falls sie nicht daran gleitet, ihr Drehungspunkt. Dann gelten noch folgende Sätze.

Eine Gerade von einer Ecke A_1 ausgehend hat zum Gleitungspunkt ihren Durchschnitt mit dem von A_1 beschriebenen Kreise.

Ein Punkt auf a_1 beschreibt einen Kreis, der noch durch A und D geht.

Eine beliebige Gerade m_1 hat zum Gleitungspunkt ihren

zweiten Durchschnitt mit dem Kreise, welchen der Schnittpunkt von m_1 und a_1 beschreibt. Jede Gerade, die einmal durch D geht, geht immer durch D.

Ein Punkt M_1 beschreibt einen Kreis, der durch D und durch den zweiten Durchschnitt von $A_1 M_1$ mit dem von A_1 beschriebenen Kreise geht.

Ein beliebiger Punkt M ist der Gleitungspunkt einer Geraden, welche die Durchschnitte zweier an A und B gleitenden Geraden a_1 und b_1 mit den Kreisen MDA und MDB verbindet.

Ein Bündel von Geraden M_1 bewegt sich so, dass sein Mittelpunkt einen durch D gehenden Kreis beschreibt, während der Gleitungspunkt jeder Geraden des Bündels im Durchschnitt seiner anfänglichen Lage mit demselben Kreise liegt.

Eine punktirte Gerade kreist um ihren Gleitungspunkt M, während jeder ihrer Punkte einen Kreis beschreibt, der durch M und D geht.

Ein ebenes System, das, während es sich ähnlich bleibt, sich so bewegen soll, dass 3 seiner Geraden durch 3 feste Punkte gehen, ist bestimmt durch seinen Drehungspunkt, einen beliebigen Punkt A_1 und den von A_1 beschriebenen Kreis.

Einige noch aufgeführte Sätze sind leichte Folgerungen.

H.

E. Habich. Sur le centre instantané de rotation et ses applications. Mondes (2). XVIII. 709. 750.

Das Referat wird, da die Arbeit in diesem Jahre nur zum Theil erschienen ist, im folgenden Bande folgen. O.

— — The Hodograph in Newton's law. Messenger IV. 147.

Capitel 3.

Statik.

G. Saladini. Sul principio della velocità virtuali. Bologna.

M. W. Spottiswoode. Note sur l'équilibre des forces dans l'espace.. C. R. LXVI. 97-103.

Herr Cayley hat (C. R. LXI. 829) Ausdrücke gegeben für die Werthe von vier Kräften, welche sich im Gleichgewicht befinden. Diese Ausdrücke enthalten die Momente der Geraden, nach denen die Kräfte wirken; unter „Moment" zweier Geraden ist das Product aus dem senkrechten Abstand beider und dem Sinus des Neigungswinkels beider gegen einander verstanden. Herr Spottiswoode entwickelt nun mit Hülfe der von Cayley und Sylvester gegebenen Fundamentalformeln für das Gleichgewicht einen entsprechenden Ausdruck für eine beliebige Anzahl von Kräften. M.

Fassbender. Les angles, que les côtés du triangle forment avec leurs lignes de gravité respectives. Grunert Arch. XLIX. 115.

Siehe Abschn. IX. Cap. 1. p. 264.

P. Hackel. 2 Beweise zu dem Satze von H. Fassbender. Grunert Arch. XLIX. 346-351.

Siehe Abschn. IX. Cap. 1. p. 264.

A. H. C. Westphal. Ueber die Beweise für das Parallelogramm der Kräfte. Diss. Göttingen.

Eine kritische Zusammenstellung der bekanntesten Beweise vom Parallelogramm der Kräfte. Abth. 1 enthält die Beweise mittelst Zusammensetzung zweier Bewegungen nach Aristoteles und Kant. Abth. 2, Zusammensetzung zweier Kräfte aus der Zusammensetzung zweier Bewegungen, enthält die Beweise von Newton und Varignon. Abth. 3 Zusammensetzung zweier Kräfte aus mathematischen Principien. Nach einer Zusammenstellung der Voraussetzungen werden besprochen: 1) die geometrischen Beweise von Daniel Bernoulli, d'Alembert, Lambert, Eytelwein, Schlömilch, Scarella, Burg, Möbius, Duchayla, Matzka, Duhamel und Sturm; 2) die analytischen Beweise von Foncenex, Poisson, Schlömilch, Venini, d'Alembert, Laplace, Burg und Pontéculant. Die 4. Abth. enthält Beweise, die sich auf andere Sätze der Mechanik gründen. Der Beweis von Crelle beruht auf dem Gesetz des Hebels, der von Zernikow auf dem Princip der lebendigen Kräfte, der von Ritter auf dem Princip des kleinsten Zwanges. Zugleich ist überall die Quelle bezeichnet. O.

J. J. Walker. An Analytical Demonstration of the Rectangle of Forces. Quart. J. IX. 173 u. 174.

Ein Beweis, der sich eng an den Laplace'schen anschliesst, ohne der Frage eine neue Seite abzugewinnen. O.

J. J. Walker. On an easy construction of the centre of gravity of the trapezium. Quart. J. IX. 338 u. 339.

Die einfache Construction beruht auf folgendem Satze: Trägt man die kleineren Abschnitte der Diagonalen eines Vierecks von den gegenüberliegenden Ecken auf den respectiven Diagonalen ab, so ist der Schwerpunkt des von diesen Punkten und dem Durchschnittspunkte der Diagonalen gebildeten Dreiecks auch der des Vierecks. Dieser für jedes Viereck geltende Satz gestattet eine namentlich für das Trapez sehr einfache Construction des Schwerpunkts. O.

Walker. Solution of the question 1496. Educ. Times. IX. 71.

Der Schwerpunkt einer Pyramide *ABCD* ist derselbe wie der eines Parallelepiped, in dem die Kanten Seitendiagonalen sind.

Most. Ueber den Schwerpunkt der Doppelpyramide, des Pyramidalstumpfes und der schief abgeschnittenen Säule. Grunert Arch. XLIX. 351-355.

Die Auffindung des Schwerpunkts der Doppelpyramide durch Umkehrung der Verbindungslinie der Spitzen liegt auf der Hand. Der Pyramidalstumpf wird als Differenz zweier Pyramiden angesehen. In Betreff der schief abgeschnittenen Säule beweist der Verfasser folgenden Satz: Wählt man die gemeinsame Kante, in der sich die Ebenen der Endflächen und des Mittelschnitts einer schief abgeschnittenen Säule schneiden, zu der einen Hauptträgheitsaxe des Mittelschnitts, so ist der in der zweiten Hauptträgheitsaxe in Bezug auf die erste genommene Schwingungspunkt des Mittelschnitts der Schwerpunkt der Säule, — und knüpft daran Folgerungen über die Construction des Schwingungspunkts. H.

MOST. Ueber eine allgemeine Methode, geometrisch den Schwerpunkt beliebiger Polygone und Polyeder zu bestimmen. Grunert Arch. XLIX. 355-357.

Der gemeinsame Schwerpunkt zweier in zwei Punkten concentrirten Massen rückt parallel mit jedem einzelnen dieser Punkte fort. Verwandelt man also ein Polygon durch successive Verschiebung seiner Ecken in ein Dreieck, so ist es leicht, die successive Verschiebung des Schwerpunkts dieses Dreiecks zu construiren, wenn dieses durch rückgängige Verschiebung der Ecken seine alte Gestalt wieder annimmt. Dies Verfahren lässt sich auch analog auf Polyeder anwenden. H.

Schwerpunktsbestimmungen von Curvenstücken bei Annahme der Dichtigkeit als Function der Krümmungen. (Questions 816, 817, 818, 819)

durch TOUREN, QUITTERAY und GELSKI.
Siehe Nouv. Ann. (2). VII. 39. 128-131.

LAISANT. Sur le centre de gravité d'un certain système de poids. Question 711. Nouv. Ann. (2). VII. 443.

C. NEUMANN. Sul baricentro di curvatura delle curve algebriche. Brioschi Ann. (2). I. 280-282.

Siehe Abschn. VIII. Cap. 2. B. p. 163.

C. NEUMANN. Sul baricentro di curvatura delle superficie algebriche. Brioschi Ann. (2). I. 283 u. 284.

Siehe Abschn. VIII. Cap. 3. B. p. 234.

W. Krumme. Mittheilungen aus: „Thomson and Tait, Treatise on natural philosophy, Oxford 1867". Schlömilch Z. XIII. 347 u. 348.

Beweis des Satzes: Die Anziehung einer homogenen Kugelschale auf einen ausserhalb gelegenen Punkt ist dieselbe, als ob die Masse der Schale im Mittelpunkt derselben concentrirt wäre.

O.

W. Krumme. Zweite Mittheilung aus: „Thomson and Tait, Treatise on natural philosophy." Schlömilch Z. XIII. 445-450.

1) Anziehung einer homogenen dünnen Kugelschale auf ein Element der Schale selbst.

2) Anziehung einer dünnen Kugelschale auf einen Punkt, wenn die Dichtigkeit eines jeden Punktes der Schale der dritten Potenz seiner Entfernung von einem nicht mit dem Mittelpunkte zusammenfallenden Punkte umgekehrt proportional ist, nebst Anwendung auf die Elektricitätslehre. O.

F. Grube. Anziehung eines homogenen Ellipsoids. Borchardt J. LXIX. 359-364.

In Betreff der Literatur vergleiche man die ziemlich vollständige Uebersicht in: Jullien, Problèmes de mécanique rationelle. Bd. II, p. 310.

Verfasser zerlegt das Ellipsoid durch Ebenen, welche auf einer Hauptaxe senkrecht stehen, in unendlich dünne elliptische Platten und formt ihre Potentiale in einfache Integrale um. Zu dieser Transformation verhilft der Satz, dass

$$\int_0^{2\pi} \frac{d\psi}{\sqrt{(A\cos\psi - a)^2 + (B\sin\psi - b)^2 + c^2}}$$

identisch ist mit dem reellen Theile von:

$$2\int_0^{\infty} \frac{dx}{\sqrt{x(A^2+x)(B^2+x) - c^2(A^2+x)(B^2+x) - a^2x(B^2+x) - b^2x(A^2+x)}}.$$

Hierauf ergeben sich ohne weitere Schwierigkeit die Componenten der Anziehung des Ellipsoids selbst in der bekannten Form. Schliesslich macht der Verfasser darauf aufmerksam, dass sein Entwickelungsgang eine Verallgemeinerung des Problems zulässt.

Man könne auf dieselbe Weise die Anziehungs-Componenten eines jeden Körpers von elliptischem Querschnitt in Form eines einfachen Integrals darstellen, welcher von irgend einer Oberfläche zweiten Grades und zwei mit dem elliptischen Querschnitt parallelen Ebenen begrenzt wird. K.

F. Mertens. Bestimmung des Potentials eines homogenen Polyeders. Borchardt J. LXIX. 286-288.

Die Abhandlung leitet das Potential eines homogenen Polyeders, welches zuerst von Mehler Borchardt J. LXVI, 375-381 gegeben wurde, auf einfache Weise aus einem Satz von Gauss ab, welcher die Umformung gewisser über das Volumen eines beliebigen Körpers V erstreckter Integrale in Doppelintegrale betrifft. K.

Dale. Solution of the question 2400. Educ. Times. IX. 23.

Drei schwere, gleich lange Stäbe in der Stellung der Seitenkanten einer umgekehrten Pyramide sind im Gleichgewicht, wenn ihre oberen Enden durch gleich lange Fäden verbunden und ihre unteren Enden um einen festen Punkt frei beweglich sind. Die Spannung der Fäden wächst mit ihrer Länge, wie $\operatorname{cosec}^3\theta$, wenn θ die Neigung der Stäbe gegen eine Ebene ist.

Walker. Solution of the question 2605. Educ. Times. X. 60.

Ein horizontaler Balken AB wird an beiden Enden unterstützt. Eine Last W, die gleichmässig auf einer constanten Länge PQ vertheilt ist, bewegt sich auf dem Balken. Dann ist das Krümmungsmoment eines Punktes X am grössten, wenn $PX:QX = AX:BX$, und sein Werth ist $M=\frac{W}{AB^2}\cdot AX\cdot BX(AB-\frac{1}{2}PQ)$.

F. Minding. Démonstration d'un theorème de statique. Bull. de St. Pét. XII. 233-239.

Der Verfasser hatte in früherer Zeit (Crelle J. XIV, 289-315) eine Arbeit über den Mittelpunkt nicht paralleler Kräfte veröffentlicht, an die sich kurze Zeit darauf (Crelle J. XV, 27-38) eine Fortsetzung: „Ueber den Ort der Resultanten eines Systems von Kräften, die einer Drehung unterworfen werden", anschloss. Das

Resultat dieser Arbeiten war folgender Satz: „Wenn die Kräfte eines beliebigen Systems, die, an einen Punkt ihrer Richtung übertragen, sich nicht aufheben, ohne Aenderung ihrer gegenseitigen Neigungen um ihre Angriffspunkte gedreht, und, was immer auf unzählige Arten möglich ist, in eine solche Stellung gebracht werden, dass sie sich durch eine einzige ersetzen lassen, so trifft die Richtung dieser Resultante eine Ellipse und eine Hyperbel, welche den Centralpunkt zum gemeinschaftlichen Mittelpunkt haben, und in zwei aufeinander und auf der Centralebene senkrechten Ebenen so mit einander verbunden liegen, dass die Scheitel der einen mit den Brennpunkten der andern zusammenfallen." Den Beweis dieses Satzes reproducirt der Verfasser in einer kürzeren Fassung und ohne Berücksichtigung der Details, die in den oben citirten Arbeiten in Folge der allgemeineren Fassung sich angelehnt hatten. O.

H. Eggers. Auflösung einer statischen Aufgabe. Wolf J. XIII.

Es sind 3 feste Punkte *A, B, C* gegeben. Um *A* dreht sich eine feste Stange *r*, an deren Ende sich eine Rolle *P* befindet. In *B* ist ein Seil befestigt, welches über *P* geht und vermittelst einer in *C* angebrachten Rolle durch ein Gewicht gespannt ist. Man soll den Punkt des um *A* beschriebenen Kreises finden, in welchem Gleichgewicht für das System stattfindet.

Da die Halbirung des Winkels *CPB* Bedingung für das Gleichgewicht ist, wird durch die Halbirungslinien auf *BC* ein involutorisches Punktsystem mit den Doppelpunkten *B* und *C* gebildet, also ein Strahlensystem mit dem Mittelpunkt *A* und den Doppelstrahlen *AB* und *AC*. Dies inducirt ein Büschel von Kreisen, deren Durchmesser die Entfernung je zweier conjugirten Punkte, und deren Potenzlinie das im Halbirungspunkte von *BC* errichtete Loth ist. Jedem conjugirten Strahlenpaare entspricht nun ein Kreis des Büschels. Die Gesammtheit der Punktepaare, die durch den Schnitt der Kreise mit den correspondirenden Strahlenpaaren entstehen, giebt den gesuchten Ort für *P*. Es ergiebt sich für den Fall der schiefen Lage des Curvenbüschels gegen das Strahlensystem *A* eine Curve vierter Ordnung, die sich aber, da *BC* einen

Theil des Punktesystems bildet, auf eine Curve dritter Ordnung reducirt. Von diesen Punkten geben reelle Lösungen 4, die aus den Schnittpunkten des Auges der Schleife und der unendlichen Zweige der Curve bestehen. 2 Lösungen, die von dem Schnitt der Geraden *BC* herrühren, gelten, wenn *BP* oder *CP* ein Maximum oder Minimum sein soll.

Von der Gleichung der Strahlenbüschel und der Kreisbüschel ausgehend, gelangt der H. Verfasser auch zu einer analytischen Lösung der Aufgabe. Die Gleichung der Curve wird

$$0 = \begin{vmatrix} (x-c)^2+y^2, & (x+c)^2+y^2 \\ [\beta x+(c-\alpha)y-c\beta]^2, & [\beta x-(c+\alpha)y+c\beta]^2 \end{vmatrix}$$

wo $BC = 2c$, α und β die Coordinaten von A sind. O.

Grunert. Vollständige analytische Entwickelung der Bedingungen, welche erfüllt sein müssen, wenn ein System von Punkten, an dem Kräfte wirken, astatisch sein soll. Grunert Arch. XLIX. 369-459.

Damit ein System von Kräften bei allen Verrückungen des Systems der Angriffspunkte im Gleichgewicht bleibe, ist ausreichende Bedingung, dass die 3 Summen der Componenten und die 9 Summen der statischen Momente der Kräfte für 3 rechtwinklige Axen und Ebenen Null seien. Nach Herleitung dieser Bedingungen behandelt die Schrift die Herstellung des astatischen Zustandes durch Hinzufügung einer Kraft, dann einer Kraft und eines Kräftepaars, dann einer Kraft und zweier Kräftepaare, dann für den Fall, wo die 3 Summen der Componenten Null sind, durch Hinzufüguug dreier Kräftepaare, dann den Fall einer festen Drehaxe, endlich den eines festen Drehpunkts. H.

Grunert. Allgemeine analytische Entwickelung der Theorie der Kräftepaare. Grunert Arch. XLVIII. 412-456.

Der Gegenstand kann eine weit einfachere Darlegung beanspruchen, die umsomehr geboten war, als der Verfasser auf die Vorzüge des analytischen Verfahrens Gewicht legt. H.

Chr. Hansen. Lösning af Opgaverne 151. 152. 153. Tychsen Tidsskr. IV. 79. 85-87.

Beispiele aus der Statik. H.

J. BADON GHYBEN. Over eene bijzondere Eigenschap van evenwijdige krachten, wier som neel is. Versl. en Mededeel. (2). II. 327-330.

W. WALTON. On the equilibrium of an aggregation of spherules. Quart. J. IX. 76-82.

Der Verfasser denkt sich in einem Gefässe Kugeln von gleichem Radius schichtweise übereinander gelegt, so dass eine jede auf vieren der nächstfolgenden Schicht ruht. Er bestimmt den vertikalen und horizontalen Druck, den die einzelnen Kugeln erleiden. Daran knüpfen sich Reflexionen über die Berechtigung, eine Flüssigkeit theoretisch als aus discreten Molekülen bestehend zu betrachten. O.

A. HILL CURTIS. On the equilibrium of a heavy body bounded by a surface of revolution, and resting on a rough surface also of revolution. Quart. J. IX. 41-47.

Wenn ein schwerer Körper auf einer rauhen Oberfläche ruht, so findet stabiles, unstabiles oder neutrales Gleichgewicht statt, je nachdem $\frac{1}{a} \gtreqless \frac{1}{r}+\frac{1}{R}$ ist, wo a die Entfernung des Schwerpunkts des Körpers vom gemeinsamen Berührungspunkte, r und R die Krümmungsradien der Oberfläche in diesem Punkte sind. Herr Hill Curtis behandelt in der vorliegenden Arbeit den Fall des neutralen Gleichgewichts $\left(\frac{1}{a}=\frac{1}{r}+\frac{1}{R}\right)$ für den Fall, dass beide Oberflächen Revolutionsflächen sind, indem er die Ungleichheit $\delta\left(\frac{1}{r}\right)+\delta\left(\frac{1}{R}\right) \gtrless 0$, von der die Entscheidung, ob stabiles oder labiles Gleichgewicht eintritt, abhängt, für die einzelnen Fälle untersucht. O.

E. HILL. On the Metacentre in a Fluid of Varying Density. Messenger IV. 164 u. 165.

Ableitung der Formel $\frac{\iint \varrho x^2 dx\, dy}{m}$ für das Metacentrum eines Körpers, der in einer Flüssigkeit schwimmt, deren Dichtigkeit mit der Tiefe variirt. ϱ ist die Function der Dichtigkeit, m die Masse der verdrängten Flüssigkeit. O.

C. Jordan. Mémoire sur la stabilité de l'équilibre des corps flottants. Brioschi Ann. (2). I. 170-221.

In sehr ausführlicher Weise behandelt der Verfasser das Problem von der Stabilität des Gleichgewichts schwimmender Körper mittelst einer Methode, die nicht wesentlich neu ist. Die Bedingung, dass dasselbe ein stabiles sei, wird darauf zurückgeführt, dass die Wurzeln einer kubischen Gleichung, die sich bei Bestimmung der Constanten ergiebt, alle negativ sind, eine Bedingung, die sich, wie der Verfasser zeigt, auf die bekannte Bedingung $aV+\varepsilon>0$ zurückführen lässt. Vernachlässigt sind dabei alle Glieder, die von höherer als der ersten Potenz sind. Zum Schluss wird dann noch untersucht, ob die vernachlässigten Glieder mit der Zeit einen Einfluss auf die Stabilität des Gleichgewichts ausüben können, was nicht der Fall ist. O.

L. Boltzmann. Studien über das Gleichgewicht der lebendigen Kraft zwischen bewegten materiellen Punkten. Wien. Ber. LVIII. 517—560.

Siehe Abschn. IV, p. 78.

Capitel 4.

Dynamik.

Cayley. A „Smith's Prize" paper. Messenger IV. 211-217. 221-223.

Folgende aus der Reihe der verschiedenen Artikel betreffen Gegenstände der Dynamik:

N. 8. Drei Punkte, die sich nach dem Gravitationsgesetz auf einer Geraden bewegen, können in proportionalem Abstande verharren: das Verhältniss hängt von den Massen ab.

N. 9. Explication der Gleichung der Planetenbewegung.

N. 10. Differentialgleichung für die Bewegung einer materiellen Geraden, die bei gegebenen Kräften längs einer Regelfläche fortrückt.

N. 14. Ueber Poisson's und Lagrange's Theorien in Betreff der Variation der Constanten in mechanischen Problemen.

H.

Folie. Mémoire sur une théorie nouvelle du mouvement d'un corps libre et d'un corps géné. Bull. d. Belg. (2). XXVI. Inst. 1 sect. XXXVI. 95.

In dem ersten bereits früher erschienenen Theile dieser Arbeit hatte der Verfasser die Anfangsbewegung untersucht, die ein freier Körper annimmt, der von einem System von Kräften angegriffen wird. Im zweiten Theile dehnt er seine Untersuchung auf jeden Moment der Bewegung aus, indem er einerseits die äussern Kräfte, die auf ihn wirken, betrachtet, andererseits die, die nothwendig sind, um ihm seine augenblickliche Bewegung zu ertheilen. Durch diese beiden Kräfte wird die Bewegung des Körpers in jedem beliebigen Augenblick auf den im ersten Theil untersuchten Fall zurückgeführt. Im dritten Theil wird endlich der Fall eines durch eine feste Gerade oder einen festen Punkt behinderten Körpers untersucht. Ohne Anwendung von Kräftepaaren wird auch hier die Bewegung auf den im ersten Theil betrachteten Fall zurückgeführt.

O.

C. M. Guldberg. Bidrag til Legemernes Molekylartheori. Christiana 1868. Separatabdruck aus den Verhandlungen der Gesellschaft der Wissenschaften 1867.

F. Lucas. Recherches concernant la mécanique des atomes. C. R. LXVII. 163-165, 688-692, 990-993, 1025-1028, 1222-1225. Mondes (2). XVII. 496, XVIII. 231, 422, 544, 668.

Der Verfasser behandelt zuerst das Gleichgewicht und die Bewegung eines materiellen Punktes, auf welchen ein System von festen Punkten einwirkt, die alle mit dem beweglichen Punkt in einer Ebene liegen. Die Wirkung wird proportional den Massen und umgekehrt proportional der Entfernung angenommen. Es wird gezeigt, dass es in der Regel nur eine Richtung giebt, in welcher der bewegliche Punkt regelmässig wiederkehrende Vibrationen ausführen kann. Ist demselben irgend eine anders gerichtete Anfangsgeschwindigkeit ertheilt, so entfernt er sich immer mehr von seiner ursprünglichen Stelle. — Sodann werden die Bedingungen untersucht, unter denen mehrere Richtungen von der oben angegebenen Beschaffenheit existiren (der Verfasser nennt sie Stabilitätsrichtungen). Je mehr solcher Richtungen existiren, desto mehr nähert sich das Gleichgewicht des beweglichen Punktes dem indifferenten Gleichgewicht. — Ferner nimmt der Verfasser statt einer endlichen Zahl fester Punkte ihre Zahl unendlich gross und denkt dieselben regelmässig vertheilt in den Durchschnittspunkten zweier Systeme von parallelen äquidistanten Fäden, so dass die Fäden des einen Systems senkrecht zu den Fäden des andern Systems sind. Eine bestimmte Wirkung auf den beweglichen Punkt erhält man dann nur, wenn die Anzahl der Fäden eines Systems eine endliche ist; ist das System der festen Punkte nach zwei Richtungen hin unbegrenzt, so ist die Wirkung völlig unbestimmt; das System, sich selbst überlassen, würde sich weder bewegen, noch in Ruhe bleiben können.

Kehrt man wieder zu einem System zurück, das aus einer endlichen Anzahl von Punkten besteht, und nimmt nun die Wirkung einer beliebigen Function der Entfernung proportional, so kann man die Form jener Function bestimmen durch die Bedingung, dass der angezogene bewegliche Punkt eine oscillatorische Bewegung annehmen soll. Diese Bedingung wird nur erfüllt, wenn die Anziehung der Entfernung proportional ist. Soll dagegen die Bedingung erfüllt werden, dass der angezogene Punkt unter Einwirkung des Systems im Gleichgewicht sei, so muss die Anziehung der Entfernung umgekehrt proportional sein.

Zum Schluss betrachtet der Verfasser ein System von festen materiellen Punkten, die nicht mehr in einer Ebene liegen, sondern beliebig im Raume vertheilt sind. Für die Wirkung eines solchen Systems auf einen freien Punkt werden folgende Sätze aufgestellt. Das Gleichgewicht des Punktes ist immer stabil, wenn die Wirkung zwischen den Atomen eine Anziehung proportional einer positiven Potenz der Entfernung ist. Das Gleichgewicht ist dagegen labil, wenn eine Abstossung proportional einer positiven Potenz der Entfernung stattfindet, oder eine Abstossung umgekehrt proportional einer negativen Potenz der Entfernung, falls der Potenzexponent gleich oder kleiner als 2 ist, oder wenn eine

Anziehung stattfindet umgekehrt proportional einer positiven Potenz der Entfernung, falls der Potenzexponent gleich oder grösser als 2 ist. Wn.

R. Radau. 1) Sur un théorème de Mécanique. C. R. LXVI. 1262-1265. Mondes (2). XVII. 319.

R. Radau. 2) Remarques sur le problème des trois corps. C. R. LXVII. 171-175. Mondes (2). XVII. 492.

R. Radau. 3) Sur une transformation orthogonale applicable aux équations de la dynamique. C. R. LXVII. 316-319. Mondes (2). XVII. 579.

R. Radau. 4) Sur l'élimination directe du nœud dans le problème des trois corps. C. R. LXVII. 841-843. Mondes (2). XVIII. 367.

R. Radau. 5) Sur une transformation des équations différentielles de la dynamique. Ann. de l'Éc. Norm. V. 311-375.

1) Beweis des Satzes: In einem freien System von $n+1$ Körpern, welche allein ihrer gegenseitigen Anziehung unterliegen, giebt es $n+1$ „kanonische" Punkte, deren jeder für die Bewegung von je n Körpern des Systems dieselbe Eigenschaft besitzt, wie der Schwerpunkt aller für das ganze System, dass nämlich bezogen auf einen solchen Punkt als Anfangspunkt die Bewegungsgleichungen die kanonische Form $\frac{d^2x}{dt^2} = \frac{\partial U}{\partial x}$, etc. beibehalten. Die invariablen Ebenen der einzelnen Partialsysteme sind alle der entsprechenden Ebene des Gesammtsystems parallel; zu gleicher Zeit nehmen die ersten Ableitungen von den veränderlichen Elementen der einzelnen Bahnellipsen eine einfache Gestalt an.

2) Wenn man bei der Jakobi'schen Substitution zur Reduction des Dreikörper-Problems über die Coefficienten in geeigneter Weise verfügt, so kann man die Bewegung des Systems Sonne-Erde-Mond zurückführen auf die Bewegung einer fingirten Sonne und des Systems Erde-Mond um den Schwerpunkt der beiden letzteren. Den Bewegungsgleichungen lässt sich dann die Hamilton'sche Form geben, wenn man folgende Veränderliche

statt der Coordinaten einführt: die Radiusvectoren und ihre Abstände vom Knoten, die Flächengeschwindigkeiten und die Projectionen der Lineargeschwindigkeiten auf den zugehörigen Radiusvector. Aus den acht auf diese Weise entwickelten Gleichungen ist dann die invariable Ebene völlig verschwunden. — Die sechs Coefficienten der Jakobi'schen Substitution sind, wenn man die fingirten Massen als gegeben ansieht, fünf Bedingungsgleichungen unterworfen; Herr R. giebt ihre Ausdrücke in expliciter Form als Functionen eines willkürlichen Parameters, welcher hier als Hülfswinkel auftritt.

3) Die kanonische Form der Bewegungsgleichungen eines freien Systems von $n+1$ Körpern (m_i, $x_i y_i z_i$) bleibt erhalten, wenn man durch eine orthogonale Substitution $(n+1)^{\text{ter}}$ Ordnung von den Grössen $x_i\sqrt{m_i}$, $y_i\sqrt{m_i}$, $z_i\sqrt{m_i}$ übergeht zu $\xi_i\sqrt{\mu_i}$, $\eta_i\sqrt{\mu_i}$, $\zeta_i\sqrt{\mu_i}$. Nimmt man für $\mu_0(\xi_0\eta_0\zeta_0)$ die Masse und den Schwerpunkt des ursprünglichen Systems, so erhält man ein System von nur n Körpern. Die hier noch auszuführende orthogonale Substitution lässt sich zusammensetzen aus einer speciellen und einer allgemeinen Substitution n^{ter} Ordnung. Von solchen speciellen Umformungen werden zwei interessante Beispiele angeführt; das eine beruht auf der successiven Kombination des ersten Körpers mit dem zweiten, des Schwerpunktes beider mit dem dritten etc., das andere auf dem Satze von den kanonischen Punkten. Zum Schluss wird dann aus dem in 2) aufgestellten System kanonischer Veränderlichen durch eine einfache Betrachtung dasjenige abgeleitet, welches Edmond Bour gefunden hat und bei dem man nur die Bewegung der drei Körper in ihrer gemeinschaftlichen Ebene zu untersuchen hat.

4) Sylvester hat schon angegeben, dass man aus dem Problem der drei Körper den Knoten ihrer gemeinsamen Ebene in Bezug auf die invariable Ebene eliminiren könne, ohne die Jakobische Substitution zu benutzen, jedoch die Methode dafür nicht angegeben. Das hier gelehrte Verfahren beruht auf Folgendem. Man nehme die den drei Körpern gemeinsame Ebene als xy-Ebene, den Knoten derselben als Abscissenaxe, dann kommt in dem Ausdrucke für die lebendige Kraft die Knotenlänge selbst nicht vor,

sondern nur ihre erste Ableitung, welche sich durch die von den drei Körpern und ihrem Schwerpunkte gebildeten Dreiecksflächen ausdrücken lässt. Ferner verschwindet die partielle Ableitung der lebendigen Kraft genommen nach der Neigung. Wenn man dann mit Hülfe der Gleichungen für den Schwerpunkt die eine Masse eliminirt, so erhält man acht kanonische Differentialgleichungen, aus denen der Knoten verschwunden ist. Die Länge desselben findet sich nachher durch eine Quadratur.

5) Die in den C. R. enthaltenen Artikel 1) bis 4) enthalten fast gar keine Entwickelungen, sondern nur kurze Mittheilungen der Resultate. Die Abhandlung 5) dagegen giebt eine zusammenhängende und sehr ausführliche Entwickelung des Inhalts von 1) bis 4). B.

F. Brioschi. Sur une transformation des équations différentielles du problème des trois corps. C. R. LXVI. 710-714.

Die Transformation beruht auf Folgendem. Zunächst werden die drei Massen durch zwei fingirte ersetzt mit Hülfe des Verfahrens, welches Jakobi in der bekannten Abhandlung über die Elimination des Knotens auseinander gesetzt hat, so dass man sechs Gleichungen von der Form $\frac{d^2x}{dt^2} = \frac{\partial U}{\partial x}$ erhält. Dann wird ein bewegliches Axensystem (XYZ) eingeführt, dessen XY-Ebene mit der Ebene der drei Körper zusammenfällt, während die X-Axe den Winkel ω halbirt, welchen die Radiusvectoren r und r_1 der beiden Massen μ und μ_1 einschliessen. Für die xyz, $x_1y_1z_1$ werden dann folgende Veränderliche substituirt: erstens r, r_1, ω, ferner die Neigung der XY-Ebene gegen die xy-Ebene, welche in die invariable Ebene des Massensystems gelegt ist, und die Winkel, welche der Durchschnitt jener beiden Ebenen mit der x- resp. X-Axe einschliesst. Durch die von Hamilton angegebene Methode werden dann neun Differentialgleichungen erster Ordnung gebildet, von denen eine, welche die Länge des Knotens bestimmt, durch eine blosse Quadratur gelöst wird, sobald die andern acht, welche den Knoten nicht enthalten, integrirt sind. Durch eine kleine Modification der Veränderlichen nehmen jene acht Gleichungen unmittelbar die Form an, welche schon

Edmond Bour im 36. Heft des Journal de l'École Polytechnique durch ein ziemlich complicirtes Verfahren abgeleitet hat. In diesem Falle haben alle acht Gleichungen genau die Hamilton'sche kanonische Form. B.

KÜLP. Beitrag zu der Lehre vom Stoss der Körper. Grunert Arch. XLVIII. 102-104.

Trifft ein Körper M schief auf eine Anzahl anderer in Ruhe befindlicher Körper $M', M'', \ldots$, so erhält man für die Geschwindigkeit von M nach dem Stosse

$$x = \frac{Mv}{\cos z(M+M'\cos^2\alpha+M''\cos^2\beta+M'''\cos^2\gamma)-\sin z(M'\sin\alpha\cos\alpha-M''\sin\beta\cos\beta-M'''\sin\gamma\cos\gamma)}$$

wo v die ursprüngliche Geschwindigkeit von M, α, β, γ die Winkel der Centralen mit der ursprünglichen Richtung, z endlich der Winkel zwischen der Geschwindigkeitsrichtung vor und nach dem Stosse sind. Dieser Winkel z bestimmt sich aus:

$$\sin z = \frac{M'\sin\alpha\cos\alpha - M''\sin\beta\cos\beta - M'''\sin\gamma\cos\gamma}{\sqrt{[(M+M'\sin^2\alpha+M''\sin^2\beta+M'''\sin^2\gamma)^2+(M'\sin\alpha\cos\alpha-M''\sin\beta\cos\beta-M'''\sin\gamma\cos\gamma)^2]}}$$

oder

$$\cos z = \frac{M+M'\sin^2\alpha+M''\sin^2\beta+M'''\sin^2\gamma}{\sqrt{[(M+M'\sin^2\alpha+M''\sin^2\beta+M'''\sin^2\gamma)^2+(M'\sin\alpha\cos\alpha-M''\sin\beta\cos\beta-M'''\sin\gamma\cos\gamma)^2]}}$$

Sind es nur 2 und zwar gleich harte Körper, so sind ihre Geschwindigkeiten

$$x = \frac{Mv}{M+2M'\cos^2\alpha}, \quad y = \frac{Mv\cos\alpha}{M+2M'\cos^2\alpha}.$$

O.

C. J. MATTHES. Elementarer Beweis des vollständigen Ausdrucks für die Dauer der Pendelschwingungen. Grunert Arch. XLIX. 358-364.

Der Beweis gründet sich auf die Reihe:

$$\frac{1.3.5\ldots(2n-1)}{2.4.6\ldots 2n}\cdot\tfrac{1}{2}\pi = \frac{1}{2n+1}+\frac{1}{2n+3}\cdot\frac{1}{2}+\frac{1}{2n+5}\cdot\frac{1.3}{2.4}+\cdots.$$

O.

L. Schläfli. Sul moto di un pendolo, quando la retta passante pel punto di sospensione e pel centro di gravità è, per questo punto, il solo asse principale d'inerzia che sia diterminato di posizione. Brioschi Ann. (2). I. 105-131.

Die Abhandlung bezieht sich auf den sogenannten Lagrangeschen Fall der Drehung eines Körper um einen festen Punkt, wofür bekanntlich bis jetzt die vollständige Integration der Bewegungsgleichungen erst hat durchgeführt werden können. In § 1 werden mehrere Formeln aus der Theorie der elliptischen Functionen entwickelt, und die Curven untersucht, welche das Argument x einer Theta-Reihe durchlaufen muss, damit in $\log\theta(x)$ entweder der reelle oder der imaginäre Theil constant bleiben. In § 2 werden die Bewegungsgleichungen für den allgemeinen Fall, sowie das Integral der lebendigen Kraft und das eine Flächenintegral aufgestellt; § 3 liefert dann die Differentialgleichungen für den hier zu behandelnden speciellen Fall und ausserdem für den Cosinus λ des Winkels zwischen der gegebenen Hauptträgheitsaxe und der Richtung der Schwere die Bedingung

$$C\left(\frac{d\lambda}{dt}\right)^2 = (a-\lambda)(\lambda-b)(\lambda+c),$$

auf Grund deren in § 4 die Realität der Bewegungen untersucht wird, welche den verschiedenen Werthen der Integrationsconstanten entsprechen. § 5 und § 6 enthalten die Integration der Gleichung für λ, und eine Reihe von Transformationen der Integrationsconstanten in andere Grössen. Die Hauptschwierigkeit des Problems, nämlich die einfache Bestimmung der neuen Richtungscosinus λ, μ, ν, λ' etc., welche die Hauptträgheitsaxen mit drei im Raum festen Axen bilden, wird auf folgende Weise in § 7 und 8 erledigt. Durch die Gleichungen

$$\frac{1-\lambda}{a+c} = -xx', \quad \frac{1+\lambda}{a+c} = yy', \quad \frac{\mu-i\nu}{a+c} = ixy, \quad \frac{\lambda'-i\lambda''}{a+c} = ixy'$$

werden vier complexe Grössen x, x', y, y' eingeführt, durch welche sich jene Richtungscosinus rational ausdrücken lassen, während die xy $x'y'$ selbst gleich Theta-Quotienten werden, deren Argumente linear von der Zeit abhängen. § 9 giebt dann zum Schluss die Bestimmung der momentanen Drehungsaxen.

B.

E. PAGE. Mouvements relatifs à la surface de la terre. Nouv. Ann. (2). VII. 337.

Die Arbeit behandelt das konische Pendel mit Berücksichtigung der Rotation der Erde. B.

A. HAILLECOURT. Sur la déviation dans la chute des graves. Ann de l'Éc. Norm. V. 112-127.

Der Verfasser behandelt in vorliegender Arbeit den Fall schwerer Körper, indem er von der Abplattung des Sphäroids, seiner Translationsbewegung und dem Widerstand der Luft abstrahirt. Die Kugel wird als homogen oder wenigstens als aus homogenen Schichten bestehend gedacht. Das Anziehungsgesetz ist das Newton'sche. Nachdem der Verfasser zunächst die Bahn der absoluten Bewegung des Körpers (eine Ellipse) abgeleitet hat, bestimmt er die Ablenkung, die derselbe beim Fall im Sinne des Meridians und parallel dem Aequator erfährt. Er gelangt dabei zu folgenden beiden Sätzen: Der fallende Punkt hält sich beständig nach Norden in Beziehung auf die durch seinen Ausgangspunkt gelegte Vertikale (auf der nördlichen Halbkugel) und beständig nach Osten in Beziehung auf den Meridian, von dem er ausgegangen. O.

E. SEGNITZ. Ueber die Gewichtsveränderung, welche ein Körper an der Oberfläche der Erde durch die Anziehung des Mondes und der Sonne erfährt. Grunert Arch. XLVIII. 210-216.

G. LESPIAULT. Démonstration élémentaire des lois de Newton. C. R. LXVII. 38-40. Mondes (2). XVII. 427.

H. RESAL. Observation relative à la démonstration élémentaire des lois de Newton, de M. G. Lespiault. C. R. LXVII. 170.

Die Newton'schen Gesetze werden elementar mit Hülfe des Satzes abgeleitet, dass die Geschwindigkeit eines Planeten in jedem Punkte der Ellipse umgekehrt proportional ist dem Lothe vom Brennpunkt auf die Richtung derselben; ein Satz, der bei allen Bewegungen, für welche das Princip der Flächen gilt, statt hat.

Diese von H. Lespiault als neu gegebene Ableitung ist jedoch dem Princip nach mit derjenigen identisch, die H. Résal in „Eléments de Mécanique 1852“ p. 179 und „Traité de Cinématique pure 1862“ p. 33 gegeben hat. O.

HATON DE LA GOUPILLIÈRE. Théorème sur le tautochronisme des épicycloides quand on a égard au frottement. C. R. LXVI. 533-537. Inst. (1). XXXVI. 149. Liouville J. (2). XIII.

Anschliessend an den seit Newton bekannten Tautochronismus der Epicycloiden für den Fall, dass der Mittelpunkt des festen Kreises auf den sich bewegenden Punkt anziehende oder abstossende Kräfte äussere, die dem Abstande proportional sind, beweist der Verfasser, dass der Tautochronismus auch noch bestehen bleibt, wenn die Reibung mit in Rechnung gezogen und auch noch die Annahme gemacht wird, dass dem sich bewegenden Punkte ein Widerstand geleistet werde, der der Geschwindigkeit proportional ist. Der Punkt des Isochronismus ist der Punkt, in dem der Radiusvector mit der Normale den Reibungswinkel bildet. Die gewonnenen Resultate behalten auch dann noch ihre Gültigkeit, wenn die Bewegung im entgegengesetzten Sinne mit einer Anfangsgeschwindigkeit von dem Punkt des Isochronismus aus erfolgt. T.

CHR. HANSEN. Lösning af Opgaverne 209. 213. 214. Tychsen Tidsskr. IV. 49-51. 52-54.

Auf horizontaler Ebene soll sich ein materieller Punkt in constantem Abstande von einem gleichmässig längs einer Geraden geführten Punkte bewegen. Die Lösung ist umständlicher als nöthig, da sich aus der constanten relativen Flächengeschwindigkeit sogleich die gleichmässige relative Kreisbewegung ergiebt.

Zwei gleiche Massen, die sich unter gegenseitiger Anziehung auf den Schenkeln eines rechten Winkels bewegen, erreichen gleichzeitig den Scheitel (vorausgesetzt, dass die Bewegung gleichzeitig beginnt.)

Die dritte Aufgabe ist die Berechnung der Bewegung eines Punkts auf logarithmischer Spirale, angezogen vom Pole.

H.

F. Binder. Centralbewegung mit geradlinig fortschreitendem, im einfachen directen Verhältniss der Entfernung anziehendem Centrum. Diss. Jena.

Unrichtig. H.

S. A. Sexe. En Notits angaaende Formlen for Faldrummet. Nyt. Mag. XV. 180.

Am Ende. Die Centrifugalkraft und ein Problem aus der höhern Mechanik. Pr. H. B. Sprottau.

Die Centrifugalkraft wird zuerst als Erscheinung aufgefasst von Anaxagoras, durch Beharrung der Bewegung erklärt von Galilei und Descartes, vollständig bestimmt von Huyghens. Den kleinen noch übrigen Schritt, die Reduction dieses Gesetzes auf die allgemeinen Hypothesen der Mechanik, konnte die auf jene historischen Notizen folgende sachliche Darlegung leicht in Ausführung bringen. Doch sie wiederholt nur vulgäre Unklarheiten, macht Richtiges durch Unrichtiges, Einfaches durch Complicirtes plausibel. Es folgen einige technische Anwendungen der Centrifugalkraft, die sich leicht vermehren liessen.

Der zweite Theil der Abhandlung berechnet die Bewegung eines Punkts unter dem Einfluss der Schwere längs einer Geraden, die um eine feste Axe gezwungen rotirt. Von den zwei aufgeführten Methoden kann man die erstere als in jeder Beziehung zurückstehend fallen lassen. Das d'Alembert'sche Princip führt, für gleichmässige Rotation, sogleich auf eine lineare Differentialgleichung mit constanten Coefficienten. Eine überflüssige Specialisirung ist es, dass die Rotationsaxe vertical angenommen wird, wodurch die periodische Function der Zeit wegfällt, das Resultat also, ohne wesentliche Vereinfachung, sehr an Reichhaltigkeit einbüsst. H.

H. Viehoff. Ueber ein mechanisches Problem Joh. Bernoulli's. Pr. R. Düsseldorf.

Bernoulli berechnet in Band IV, p. 248 der gesammelten Werke die Bewegung eines Körpers in einer Röhre, die horizontal um eine zu der ihrigen normale Axe mit constanter Geschwindigkeit rotirt, mithin ohne Einfluss der Schwere. Viehoff bemerkt darin beiläufig einen Fehler, durch Auslassung einer Integrationsconstante entstanden. Sodann verallgemeinert er die Aufgabe dahin, dass die Röhre, in welcher der Körper (oder die Gerade, längs welcher ein Punkt) hingleitet, in geneigter Stellung um die Verticale rotirt, mithin eine gerade Kegelfläche beschreibt. Der Gegenstand ist demnach derselbe wie in der soeben besprochenen Arbeit von Am Ende, nur dass in jeder von beiden Behandlungen eine andere unnöthige Beschränkung eingeführt ist. Die Methode der gegenwärtigen Arbeit ist übermässig schwerfällig, und gewährt keinen rechten Einblick. Auch die Form der Resultate könnte weit einfacher sein. Warum die Bewegung nach der Kegelspitze hin von der Betrachtung ausgeschlossen wird, ist nicht einzusehen. H.

A. Cayley. Reproduction of Euler's Memoir of 1758 on the Rotation of a Solid Body. Quart. J. IX. 361-373.

Die von Herrn Cayley reproducirte Arbeit Euler's heisst: „Du mouvement de rotation des corps solides autour d'un axe variable“ und findet sich in den Mém. de Berlin 1758, p. 154—193. Wesentliches ist nicht hinzugefügt. O.

H. am Ende. Ueber die Bewegung eines materiellen Punktes auf einer rotirenden Geraden. Grunert Arch. XLIX. 121-135.

Rotirt eine gerade Linie in constanter Entfernung h um die Z-Axe, so ist die Beschleunigung eines materiellen Punktes auf dieser Geraden (ohne Reibung)

$$\frac{d^2 r}{dt^2} = r.\cos^2\alpha\left(\frac{d\omega}{dt}\right)^2 + h\cos\alpha\frac{d^2\omega}{dt^2},$$

wenn α den constanten Winkel, den die Rotirende mit der Xy-Ebene bildet, r die Entfernung des Punktes auf derselben vom Durchschnittspunkt an gerechnet, ω endlich den Drehungswinkel bezeichnet. Um zu dieser Formel zu gelangen, ist der Herr Verfasser von dem bekannten Satze

$$\cos o.\cos o_1 + \cos p.\cos p_1 + \cos q.\cos q_1 = 0$$

ausgegangen, wo $o, o_1, \dots$ die Winkel zweier aufeinander rechtwinkliger Geraden mit den Coordinatenaxen sind.

Wirkt auch die Schwere auf den Punkt, so ergiebt sich mit Hülfe des d'Alembert'schen Princips:

$$\frac{d^2r}{dt^2} = r\cos^2\alpha\left(\frac{d\omega}{dt}\right)^2 + h.\cos\alpha\cdot\frac{d^2\omega}{dt^2} - g\sin\alpha.$$

Die Gleichung der Trajectorie wird im Allgemeinen

$$r = C_1.e^{\omega.\cos\alpha} + C_2.e^{-\omega\cos\alpha} + \frac{g\sin\alpha}{a^2\cos^2\alpha},$$

wo C_1 und C_2 Constanten bezeichnen, die abhängig sind von r_0, h, α, g, a; nämlich für den Fall einer constanten Rotation, wo

$$\frac{d\omega}{dt} = a.$$

Für den Fall der Rotation um eine horizontale Axe wird ein bewegliches Hülfscoordinatensystem eingeführt. Man erhält wieder bei constanter Drehung:

$$\frac{d^2r}{dt^2} = a^2.\cos^2\alpha.r - g\cos\alpha\sin\omega$$

$$r = C_1.e^{\omega\cos\alpha} - C_2.e^{-\omega\cos\alpha} - \frac{g\cos\alpha.\sin\omega}{a^2(1+\cos^2\alpha)}.$$ O.

Vollhering. Betrachtung der Bewegung eines der Schwere unterworfenen Punktes, der genöthigt ist, sich ohne Reibung auf einer Geraden zu bewegen, die mit gegebener Winkelgeschwindigkeit sich um eine feste horizontale Axe dreht. Pr. G. Cöslin, auch Jena.

Die Kräfte, welche auf den Punkt wirken, werden nach den 3 Axen, deren X-Axe die horizontale Rotationsaxe ist, zerlegt und addirt. Aus diesen 3 entstandenen Gleichungen wird die Bewegungsgleichung

$$\frac{d^2r}{dt^2} = \mp g.\sin\alpha\sin\vartheta - r\sin^2\alpha\left(\frac{d\vartheta}{dt}\right)^2 \mp a\sin\alpha\cdot\frac{d^2\vartheta}{dt^2}$$

abgeleitet, wo α den Winkel der bewegten Geraden mit der X-Axe, ϑ den Winkel zwischen dem kürzesten Abstande a der bewegten Geraden und der positiven Z-Axe, r den Abstand des bewegten Punktes vom Schnittpunkt des kürzesten Abstandes bezeichnet. Da die bewegte Gerade ein einmanteliges Rotations-hyperboloid beschreibt, so lässt sich die Bewegungsgleichung auch aus der Gleichung dieses herleiten.

Zum Schluss wird noch der Einfluss der Reibung auf die Bewegung besprochen und einige Lehrsätze über die bei derartiger Bewegung entstehenden parallelen Hyperboloide und Spiralen angeführt. O.

H. AM ENDE. Bemerkung zu einer Aufgabe in „M. E. Bary's neuen physikalischen Problemen". Grunert Arch. XLIX. 110-114.

In einer Aufgabe, p. 84, wo die Bahn des Mittelpunktes einer Kugel, die auf dem horizontalen Arm eines Centrifugalapparats angebracht ist, bei gleichmässiger Rotation bestimmt werden soll, wenn die Kugel auf dem Arm gleiten kann, war irrthümlicherweise die Centrifugalbeschleunigung mit der durch die Centrifugalkraft erzeugten Geschwindigkeit identificirt worden. Die Gleichung der Bahn wird daher nicht

$$m\theta = ln\frac{r}{r_0},$$

wie dort angegeben war, sondern

$$r = \tfrac{1}{2}r_0.(e^{\vartheta}+e^{-\vartheta}).$$ O.

E. JACQUIER. Note sur le mouvement d'un point matériel dans les sections coniques, conformément au principe des aires. C. R. LXVII. 289-292.

Nimmt man an, dass sich ein Punkt unter Centralanziehung in der Ebene mit constanter Flächengeschwindigkeit bewegt, so folgt daraus, dass die Componenten der Anziehung den Coordinaten proportional sind, dass die Bahn ein Kegelschnitt, und dass die Anziehung dem Quadrat der Flächengeschwindigkeit dividirt durch das Quadrat des Abstandes proportional ist. In Anwendung auf den Fall der Kreisbewegung ergiebt sich ferner, dass die Abscisse des bewegten Punkts und die Geschwindigkeit seiner Projection auf die Abscissenaxe dargestellt werden durch die Coordinaten einer Ellipse, deren Halbaxen der Radius und die Geschwindigkeit längs der Peripherie sind. H.

K. L. BAUER. Ueber einige, auf die parabolischen Wurflinien bezügliche, geometrische Oerter und deren Gebrauch zur Bestimmung der Wurfhöhe und Wurfweite. Pogg. Ann. CXXXIV. 265-284. Carl Repert. IV. 15-32. Mondes (2). XVIII. 339.

Bezeichnet man $\frac{c^2}{2g}$ mit a, wo c die ertheilte Anfangsgeschwindigkeit ist, so sind die Coordinaten des Brennpunkts der Trajectorie des geworfenen Körpers

$$x = a.\sin 2\alpha, \qquad y = -a.\cos 2\alpha,$$

die des Scheitels

$$x = a.\sin 2\alpha, \qquad y = a.\sin^2\alpha.$$

Betrachtet man hierin α als constant, c als variabel, so erhält man durch Elimination von c die Gleichungen der geometrischen Oerter der Brennpunkte und Scheitel aller Parabeln, die von Körpern herrühren, welche unter constantem Winkel mit variabeler Intensität geworfen werden. Es sind dies

$$y = -\frac{1}{\operatorname{tg} 2\alpha}\cdot x = \operatorname{tg}\left(2\alpha - \frac{\pi}{2}\right)\cdot x,$$

$$y = \tfrac{1}{2}\operatorname{tg}\alpha . x.$$

Beide geometrische Oerter sind also Gerade, welche von einem gemeinschaftlichen Punkte, dem Coordinatenanfangspunkte, ausgehen.

Die Brennpunktsgerade steht normal auf der mit der positiven Richtung der x den Winkel 2α einschliessenden Geraden. Für $\alpha = 0^0$ fällt sie mit der negativen Y-Axe zusammen. Zwischen 0^0 und 180^0 dreht sie sich der Drehung der Wurfrichtung entsprechend vollständig im Kreise herum. Was die Scheitelgerade betrifft, so bilden die X-Axe, die Scheitelgerade, die Wurfrichtung und die Y-Axe ein harmonisches Strahlenbüschel. Während jedoch die gleichförmige Drehung der Wurfrichtung eine gleichsinnig und doppelt so schnelle Drehung der Brennpunktsgeraden hervorbringt, steht die Drehung der Scheitelgeraden nicht in einem so einfachen Verhältniss zu der der Wurfrichtung. Hier tritt von 0^0 bis 90^0 eine zwar gleichsinnige, aber ungleichförmig beschleunigte, über 90^0 hinaus eine ungleichförmig verzögerte Drehung ein.

Ist c constant und α variabel, so wird die Gleichung des Orts der Brennpunkte

$$x^2 + y^2 = a^2.$$

Man findet also einen Kreis mit dem Radius a um den Anfangspunkt des Coordinatensystems. Die Gleichung des Orts der Scheitel dagegen wird:

$$\frac{x^2}{a^2} + \frac{\left(y - \frac{a}{2}\right)^2}{\left(\frac{a}{2}\right)^2} = 1.$$

Hier findet sich also eine Ellipse, deren Mittelpunkt in der Entfernung $\frac{a}{2}$ vom Anfangspunkt in der Y-Axe liegt und deren Halbaxen $\frac{a}{2}$ und a sind, ein Resultat, welches sich bereits in Duhamel's Mechanik findet.

Kennt man die Anfangsgeschwindigkeit c und den Wurfwinkel α, so ist der Brennpunkt der Trajectorie der Schnittpunkt des durch c bestimmten Brennpunktkreises mit der für α bestimmten Brennpunktsgeraden, und der Scheitel der Bahn der Schnittpunkt der durch c bestimmten Scheitelellipse mit der durch α bestimmten Scheitelgeraden. Aus diesem Satze ergiebt sich eine einfache Construction der Wurfweite und Wurfhöhe bei gegebenem c für ein beliebiges α.

Zieht man durch die Durchschnittspunkte des Brennpunktkreises mit der grossen Axe der Scheitelellipse, d. h. durch die Brennpunkte der letzteren, Vertikale, so werden die von der X-Axe und der Directrix begrenzten Stücke a derselben in 4 gleiche Theile zerlegt. Die zu den Brennpunkten der Ellipse und den oberhalb liegenden Scheiteln gehörigen Wurflinien haben den Parameter a und entsprechen den Wurfwinkeln 60°, $\pi - 60^\circ$; die zu den unterhalb liegenden Scheiteln und Brennpunkten gehörigen dagegen $3a$, 30°, $\pi - 30^\circ$; dem Parameter $2a$ entspricht der Wurfwinkel 45°, $\pi - 45^\circ$; $4a$ dem horizontalen, 0 dem vertikalen Wurfe. Der Parameter $4a$ entspricht auch der Umhüllenden aller diesem a und beliebigem α entsprechenden Wurflinien.

O.

Ph. Breton. Similitude mécanique. Mondes (2). XVIII. 728-731.

Der Verfasser fordert die Mathematiker auf, das von Bertrand im J. de l'Éc. Pol. aufgestellte Gesetz von der Erhaltung der mechanischen Aehnlichkeit aus der Anschauung nach Art der geometrischen Aehnlichkeit zu beweisen. O.

M. de Brettes. Application de la théorie de la similitude des trajectoires à la vérification de la loi de la résistance de l'air contre les projectiles de l'artillerie. C. R. LXVI. 657. Mondes (2). XVII. 167.

M. de Brettes. Note sur la similitude des trajectoires décrites par les projectiles initialement semblables et variables, même divisibles pendant leur trajet. C. R. LXVII. 896. Mondes (2). XVI. 603.

Sätze über die Anwendung des Gesetzes der mechanischen Aehnlichkeit auf Geschosse, die ohne Beweise mitgetheilt werden. O.

M. de Brettes. Phénomène singulier dans le tir des projectiles oblongs par les canons réglés. C. R. LXVI. 804-808. Mondes (2). XVI. 729.

Radau. Remarques sur le tir des projectiles oblongs. C. R. LXVI. 1032-1034.

Herr M. de Brettes hatte beobachtet, dass beim Schiessen unter kleinen Winkeln in der Luft stets kleinere Winkel nöthig waren, um eine gegebene Tragweite zu erreichen, als im leeren Raume und hatte diese Erscheinung einer vertikalen Componente des Luftwiderstandes zugeschrieben, die den Fall verzögere. Setzt man nun voraus, dass sich längliche Geschosse leicht von vorn nach hinten gegen ihre Bahn neigen, so ergiebt sich ein Widerstand $g\varepsilon v^2$ im Sinne der Normalen. Die horizontale Componente desselben $g\varepsilon v^2 \sin\alpha$ kann für kleine Winkel vernachlässigt werden. In der Gleichung der vertikalen Kräfte tritt dagegen diese Wirkung hervor. Sie wird

$$2k V^2 . \cos^2\varphi (\operatorname{tg}\alpha - \operatorname{tg}\varphi - \varepsilon g x) = 1 - \varepsilon^{2gkx},$$

wo V die Anfangsgeschwindigkeit, φ den Schusswinkel, α die Neigung der Bahn im Punkte xy bezeichnet und $\operatorname{tg}\alpha = \frac{dy}{dx}$ ist. Entwickelt man nach x und integrirt zwischen $y=0$, $x=0$ und $y=0$, $x=X$, so ergiebt sich

$$V.\sin 2\varphi = g(1-\varepsilon V^2)X + \tfrac{2}{3}kg^2X^2 + \tfrac{1}{3}k^2g^3X^3 + \cdots,$$

eine Formel, die X aus φ und umgekehrt ergiebt für kleine φ.

O.

P. Gautier. Mouvement d'un projectile dans l'air. Ann. de l'Éc. Norm. V. 7-65.

Das Problem, die Bewegung eines Geschosses in der Luft mit Berücksichtigung des Widerstandes derselben zu bestimmen, hat schon früh die Augen der Mathematiker auf sich gezogen. Bereits Newton hat im Jahre 1687 dies Problem gleichzeitig mit Wallis bearbeitet. 2 Jahre später publicirte Leibnitz eine Abhandlung über denselben Gegenstand. Ihnen folgte eine Reihe anderer Mathematiker, unter denen man die Namen Bernoulli, Legendre und Euler vertreten findet. Alle Bearbeiter aber betrachteten das Geschoss als einen materiellen Punkt und den Widerstand der Luft als eine Kraft, die in der Richtung der Tangente der Bewegung entgegenwirkt. Erst Poisson (J. de l'Éc. Pol. 1838 u. 1839) nahm auf die Form des Geschosses Rücksicht, freilich mit der Beschränkung, dass sich dieselbe nur wenig von einer Kugel unterscheide, und setzte den Widerstand proportional dem Quadrate der Geschwindigkeit. (Diejenigen Leser, die sich für die Literatur dieses Gegenstandes interessiren, verweisen wir auf: Jullien, Problèmes de mécanique rationelle, Paris, 1855, t. I, p. 301).

Herr Gautier sucht nun in der vorliegenden Arbeit das Problem für jeden Rotationskörper, namentlich in Bezug auf die bei gezogenen Geschützen auftretende Derivation, zu lösen und geht dabei von folgender Betrachtung aus.

Wenn ein Körper seine augenblickliche Lage verlässt, so wirken seine Oberflächenelemente nicht auf gleiche Weise gegen die umgebende Luft und lassen sich in Beziehung darauf in 2 Theile sondern. Der eine Theil geht aus der augenblicklichen

Lage heraus. Er comprimirt daher die Luft und erleidet in Folge dessen einen Widerstand, der normal von Aussen nach Innen gerichtet ist; der andere Theil geht in den besetzten Raum hinein; er verursacht eine Verdünnung der umgebenden Luft und erleidet daher einen Druck, der geringer ist, als der atmosphärische. Dies ergiebt eine von Innen nach Aussen gerichtete Kraft, deren Grösse von der Dilatation der Luft abhängig ist. Diese Kräfte sind nun nicht überall gleich, sondern hängen von der normalen Geschwindigkeit der einzelnen Oberflächenelemente ab. Der Widerstand der Luft findet daher der normalen Geschwindigkeit der einzelnen Flächenelemente entgegen statt.

Im ersten Theil wird der Widerstand der ersten Potenz der Geschwindigkeit proportional angenommen. Die Bewegungsgleichungen (15 mit 15 Unbekannten, die sich jedoch in Folge der Annahme eines Rotationskörpers auf 14 reduciren) sind in geschlossner Form nicht integrirbar. Der Verfasser wendet daher zur Auswerthung ein Näherungsverfahren an, das von keinem wesentlichen Interesse ist. Als erste Näherungswerthe nimmt er diejenigen, die der Bewegung im leeren Raume entsprechen würden. Die Resultate, welche sich dabei ergeben, sind folgende: Die Gleichungen, durch welche die Bewegung des Geschosses um den Schwerpunkt bestimmt wird, enthalten periodische und unperiodische Glieder. Die letzteren repräsentiren eine Gerade, die mittlere Axe des Projectils, welche sich um die durch den Schwerpunkt gelegte Vertikale mit gleichförmiger Veränderung dreht — eine Bewegung, die der Präcession analog ist; — diese Axe hat zugleich noch eine zweite Bewegung, vermittelst deren sie sich der Axe nähert oder von ihr entfernt — eine Bewegung, welche der säculären Variation der Schiefe der Ekliptik analog ist. — Die wahre Axe beschreibt um diese mittlere einen Kegel in demselben Sinne, in dem die Rotation des Geschosses um die Axe erfolgt — eine Bewegung, die der Nutation entspricht. — Aus den Gleichungen für die Bewegung des Schwerpunkts ergiebt sich eine Derivation des Geschosses als Folge der Rotation der Axe um die durch den Schwerpunkt gelegte Vertikale. Diese Derivation ist unabhängig von der Ladung. Angewendet wird diese Theorie 1) auf Vollgeschosse, die homogen sind und einen Mittelpunkt haben, 2) auf homogene, hohle Kugeln, 3) auf einen homogenen Cylinder, auf den eine Halbkugel von gleichem Durchmesser aufgesetzt ist.

Im zweiten Theil der Arbeit wird der Widerstand, gemäss der in den Jahren 1856 und 1857 in Metz gemachten Erfahrung, der dritten Potenz der Geschwindigkeit proportional gesetzt. Die Rechnung wird in derselben Weise wie im ersten Theile durchgeführt. Die Bewegung des wahren Pols um den mittleren erfolgt mit constanter Geschwindigkeit. Die Nutationsbewegung ist dieselbe, wie bei der ersten Potenz, nur der Radius hat sich geändert. Auch hier ergiebt sich eine Derivation als Folge der Rotation um die durch den Schwerpunkt gehende Vertikale, die ihren Sinn mit der Rotation des Körpers ändert. Grösse und Sinn derselben hängen bei gegebener Geschwindigkeit von der Form, der Grösse und dem Gewicht des Geschosses ab. Aus der Form der gebräuchlichen Geschosse und der Richtung der Züge in den Geschützen lässt sich bestimmen, dass die Derivation nach rechts von der Schussebene erfolgt. (Der etwaige Einfluss der Erdbewegung ist nicht berücksichtigt). Diese Theorie wird auf Projectile von cylindrischer Form angewandt und ergiebt Resultate, die mit den in der Praxis gefundenen stimmen, wenn man in Rücksicht zieht, dass die Form cylindrisch, nicht conisch angenommen ist. O.

C. Maxwell. On Governors. Proc. of Lond. XVI. 270-283. Phil. Mag. (4). XXXV. 385-395.

Die Arbeit enthält eine mathematische Theorie verschiedener Regulatoren zur Herstellung gleichförmiger Geschwindigkeit an Maschinen, z. B. derer von Jenkins, Thomson, Foucault, Siemens. O.

L. Natani. Ueber Zahnräder. Carl Repert. IV. 209-215.

Die Arbeit beschäftigt sich mit der analytischen Lösung der Aufgabe: Wenn eine beliebige ebene Curve A durch ihre Gleichung gegeben ist, die Gleichung der ihr entsprechenden Zahncurve B zu finden, d. h. wenn man sich auf einem Rade von beliebigem Durchmesser Zähne von der durch A gegebenen Gestalt denkt, diejenigen Zahnformen zu ermitteln, welche auf einem zweiten

Rade mit ebenfalls gegebenem Durchmesser vorhanden sein müssen, damit die Räder in einander greifen. Die Lösung wird in jedem Falle auf Quadraturen zurückgeführt. Es gelingt dies, indem nicht direct die Coordinatengleichungen, sondern die Beziehungen, welche in beiden Curven zwischen der Bogenlänge und dem Tangentenwinkel stattfinden, in Erwägung gezogen werden.

Ni.

E. Folie. Note sur la théorie de la roue Poncelet. Bull. de Belg. (2). XXVI. 453-468.

Rapports sur ce mémoire par Liagre et Catalan ibid. 431 u. 432.

Die Arbeit enthält eine Theorie des Poncelet'schen Wasserrades, namentlich zur Bestimmung des Maximumnutzeffects, die sich nicht wesentlich von andern bereits bekannten unterscheidet, deren Resultate sogar den Referenten zu wichtigen Bedenken Grund geben.

O.

C. J. Matthes. Ueber eine Construction, durch welche man sich die Bewegungszustände einer Reihe von Punkten bei interferirender longitudinaler Wellenbewegung veranschaulichen kann. Grunert Arch. XLIX. 486-488.

Um für jeden Punkt eines bewegten Mediums zu jeder Zeit die Phase zu finden, beschreibt der Verfasser mit der Amplitude als Radius einen Kreis, dessen Peripherie dann die Zeitdauer T einer ganzen Oscillation vorstellt, während die Ordinaten den Geschwindigkeiten und die Abscissen den Verschiebungen aus der Gleichgewichtslage proportional sind. Theilt man nun die Peripherie in ebenso viel Theile, als Punkte zu betrachten sind, so hat man für die verschiedenen Punkte nur von einem andern Theilungspunkte aus die Zeit zu zählen. Mit dieser Construction findet man leicht die Bewegung einer stehenden Welle, die aus einer fortschreitenden und einer reflectirten entsteht. Ferner lässt sich daraus ohne trigonometrische Transformation die Grundformel für die Fortpflanzungsgeschwindigkeit ableiten

$$c = \sqrt{\frac{e}{d}},$$

wo d die Dichtigkeit, e das Maass der Elasticität ist.

Wn.

MACQUORN RANKINE. On Waves in Liquids. Proc. of Lond. XVI. 344-347.

Erweiterung des Satzes über die Geschwindigkeit des Fortschreitens einer Welle in Folge eines horizontalen Impulses auf den Fall eines beliebigen. O.

SAINT-VENANT. Problème du remous, ou des gonflements produits jusqu'à de grandes distances dans les cours d'eau par les barrages qu'on y élève. Inst. 1 sect. XXXVI. 43-45.

Aufstellung empirischer Formeln für die Bewegung des Wassers, die von rein technischem Interesse sind. Wn.

STOKES. On the communication of vibration from a vibrating body to a surrounding gas. Trans. of Lond. CLXVIII. 447-463.

Leslie hat beobachtet, dass ein Gemisch von atmosphärischer Luft und Wasserstoffgas einen Ton ungemein dämpft. Diese Beobachtung erklärt Herr Stokes dadurch, dass, je schneller die Fortpflanzung der Verdichtungen und Verdünnungen in einem Gase erfolgt, das Gas sich um so schneller dem Zustand einer incompressiblen Flüssigkeit nähere, und dass dadurch die Verrückungen an der Oberfläche des in dem Gase schwingenden Körpers mehr und mehr local würden. Diese Erklärung sucht Herrr St. dann durch Rechnung zu begründen. Er betrachtet eine Kugel, die in der Art einer Glocke mit kleinen Amplituden innerhalb eines Gases schwingt. Für diesen Fall existirt für die Bewegung der Gastheilchen ein Geschwindigkeitspotential, das bekanntlich der Gleichung genügt:

$$\frac{\partial^2 \varphi}{\partial t^2} = a^2\left(\frac{\partial^2 \varphi}{\partial x^2} + \frac{\partial^2 \varphi}{\partial y^2} + \frac{\partial^2 \varphi}{\partial z^2}\right).$$

Diese Gleichung wird nun auf Polarcoordinaten transformirt, und unter der Bedingung, dass sich die ganze Kugelfläche periodisch bewegt, genügt derselben das folgende Integral

$$r\varphi = e^{im(at-r)}\Sigma U_n f_n(r) + e^{im(at+r)}\Sigma U_n' F_n(r),$$

wo U_n und U_n' Kugelfunctionen der n^{ten} Ordnung, f_n und F_n Functionen von r sind, die sich nach fallenden Potenzen von r entwickeln lassen und die in gehöriger Entfernung von der Kugel $= 1$ werden. Hieraus wird nun unter einer bestimmten Annahme über m (das von der Wellenlänge des Tons abhängt) die Geschwindigkeit in der Richtung r und daraus die Intensität des Tones in zwei verschiedenen Entfernungen von der Kugel berechnet. Es ergiebt sich, dass unter gewissen einfachen Annahmen die Intensität des Tones proportional $D^{\frac{5}{2}}$ ist (unter D die Dichtigkeit bei demselben Druck verstanden). Da nun für Wasserstoff $D = 0{,}07$ ungefähr ($D = 1$ für Luft), so ist damit die Dämpfung des Tones erklärt. Die hauptsächlichste Annahme, die zu diesem einfachen Resultate führt, ist die, dass sich die Schwingung der Kugel durch eine Kugelfunction zweiter Ordnung ausdrücken lässt; ferner muss der Radius der Kugel hinlänglich klein sein.

Dann wird dasselbe Problem für einen schwingenden Cylinder von sehr grosser Länge (z. B. eine schwingende Seite) gelöst unter der Annahme, dass die Bewegung nur von zwei Dimensionen abhängt. In diesem Falle finden verschiedene gleichzeitige Vibrationen von verschiedener Vibrationsdauer statt. Wn.

Touche. Sur la théorie du mouvement des liquides. C. R. LXVII. 1219-1222.

Aus der Gleichung für die Erhaltung der lebendigen Kraft wird die folgende Formel für die Bewegung einer Wassermasse abgeleitet:

$$\log\frac{v}{v'} + \log\frac{\sigma}{\sigma'} = \frac{1}{\varrho}\int_{\sigma'}^{\sigma}\frac{d\int_{s_0}^{s}F.\,ds}{v^2} + \int_{\sigma'}^{\sigma}\frac{v_0}{v}\,\frac{dv_0}{v}.$$

Hier bedeutet F die Resultante der Reibung für die Masseneinheit, s_0 und s sind die Bogen der Curve, welche ein Wassertheilchen beschreibt, von irgend einem Punkte an gerechnet.

Construirt man ferner zu jenen Bahnen s der Wassertheilchen diejenigen orthogonalen Curven, deren Elemente in den Osculationsebenen der ersten Curven liegen, so bezeichnet σ ein Element der Bahn, welches zwischen zwei aufeinanderfolgenden orthogonalen Curven liegt, v die Geschwindigkeit an der Stelle σ; σ' und v' haben dieselbe Bedeutung für einen andern Punkt auf derselben orthogonalen Curve, so dass die Integration nach σ längs einer solchen orthogonalen Curve auszuführen ist; ϱ ist die Dichtigkeit, v_0 die Geschwindigkeit am Anfang der Bahn.

Wn.

C. W. Merrifield. Example of the Application of a Graphical Method to the Problem of Rectilinear Motion in a Homogeneous Resisting Medium. Phil. Mag. (4) XXXV. 420-423.

W. Thomson. On vortex motion. Trans. of Edinb. XXV. 217.

Der Zweck der Arbeit ist es, die Hypothese zu erläutern, dass der ganze Raum continuirlich von einer incompressiblen Flüssigkeit ohne Reibung erfüllt ist, auf welche keine Kräfte wirken, und dass alle Naturerscheinungen (z. B. die Gravitation) nur durch Bewegung dieser incompressiblen Flüssigkeit entstehen. Zu diesem Zweke behandelt der Verfasser die Bewegung einer endlichen Masse einer incompressiblen Flüssigkeit, die in einem Gefäss mit festen Wänden enthalten ist, und auf welche keine äussern Kräfte wirken.

Wn.

Helmholtz. Ueber discontinuirliche Flüssigkeitsbewegungen. Berl. Monatsber. 1868. 215-228. Phil. Mag. (4). XXXVI. 337-346.

In dieser Arbeit wird zum ersten Male die Gestalt eines freien Flüssigkeitsstrahles für einen speciellen Fall theoretisch bestimmt. Die zu Grunde gelegten Voraussetzungen sind, dass die Flüssigkeit incompressibel ist, dass keine äusseren Kräfte auf sie wirken, dass ein Geschwindigkeitspotential existirt, dass die Strömungen stationäre sind, und die Bewegung überall nur von zwei rechtwinkligen Coordinaten abhängt, also einer festen Ebene parallel ist. Für diesen Fall sind die hydrodynamischen Gleichungen bekanntlich

$$\frac{p}{\varrho} = C - \tfrac{1}{2}\left[\left(\frac{\partial\varphi}{\partial x}\right)^2 + \left(\frac{\partial\varphi}{\partial y}\right)^2\right],$$

$$\frac{\partial^2\varphi}{\partial x^2} + \frac{\partial^2\varphi}{\partial y^2} = 0,$$

worin φ das Geschwindigkeitspotential bezeichnet, p den Druck, ϱ die Dichtigkeit, C eine Constante. Soll nun die strömende Flüssigkeit eine freie Grenze haben, so muss 1) die senkrecht zu dieser Grenze stehende Geschwindigkeitscomponente auf beiden Seiten der Grenze denselben Werth haben, es muss daher jene Grenze selbst senkrecht stehen zu den Linien $\varphi = \text{Const.}$; 2) muss der Druck zu beiden Seiten der Grenze ein constanter sein. Diese physikalischen Bedingungen werden nun auf folgende Weise in die Rechnung eingeführt: Die Differentialgleichung

$$\frac{\partial^2\varphi}{\partial x^2} + \frac{\partial^2\varphi}{\partial y^2} = 0$$

kann man ersetzen durch das System:

$$(1.)\qquad \begin{cases} \dfrac{\partial\varphi}{\partial x} = \dfrac{\partial\psi}{\partial y}, \\[2ex] \dfrac{\partial\varphi}{\partial y} = -\dfrac{\partial\psi}{\partial x}. \end{cases}$$

Dann sind die Linien $\psi = \text{Const.}$ senkrecht zu den Linien $\varphi = \text{Const.}$ Kann man nun ein Integral des Systems so bestimmen, dass für $\psi = \text{Const.}$ der Druck p constant wird, so hat man eine Linie gefunden, welche den Bedingungen einer freien Grenze entspricht.

Die allgemeine Lösung der obigen Differentialgleichungen ist nun bekanntlich

$$\varphi + i\psi = F(x + iy),$$

wo F eine willkürliche Function, $i = \sqrt{-1}$ ist. Es muss daher auch

$$x + iy = F_1(\varphi + i\psi)$$

sein, und es ist nun die willkürliche Function F_1 so zu bestimmen, dass für einen gewissen constanten Werth von ψ auch p constant wird, oder bei gehöriger Bestimmung der letzten Constanten

$$(2)\quad \left(\frac{\partial\varphi}{\partial x}\right)^2+\left(\frac{\partial\varphi}{\partial y}\right)^2=\frac{1}{\left(\frac{\partial x}{\partial\varphi}\right)^2+\left(\frac{\partial y}{\partial\varphi}\right)^2}=1.$$

Herr Helmholtz stellt nun eine der möglichen Formen der Function F_1 auf, und zwar

$$(3)\quad x+iy=$$

$$A\{\varphi+i\psi+e^{\varphi+i\psi}\}+Ai\left\{\sqrt{-2e^{\varphi+i\psi}-e^{2\varphi+2i\psi}}+2\arcsin\left[\frac{i}{\sqrt{2}}e^{\frac{1}{2}(\varphi+i\psi)}\right]\right\}.$$

Da x dem reellen, y dem imaginären Theile der rechten Seite gleich sein muss, so sind damit x und y als Functionen von φ und ψ bestimmt. Durch Discussion der so erhaltenen Ausdrücke werden dann die physikalischen Bedingungen gefunden, denen die Lösung entspricht, sowie die Gestalt der freien Grenze selbst. Die Gleichung (3) entspricht der Ausströmung aus einem unbegrenzten Becken in einen durch zwei Ebenen begrenzten Canal, dessen Breite $4A\pi$ ist, dessen Wände von $x=-\infty$ bis $x=-A(2-\log 2)$ reichen.

Die hier aufgestellte Methode ist von Herrn Kirchhoff in Borchardt's Journal Bd. 70 in Bezug auf die Bestimmung der Function F_1 erweitert (siehe den nächsten Jahresbericht); doch bleibt auch dabei die Einschränkung nöthig, dass alle Bewegung einer festen Ebene parallel ist. Wn.

BERTRAND. Théorème relatif au mouvement le plus général d'un fluide. C. R. LXVI. 1227-1230. Mondes (2). XVII. 318 u. 319.

HELMHOLTZ. Sur le mouvement le plus général d'un fluide. C. R. LXVII. 221-225. Mondes (2). XVII. 531, 577 u. 578.

BERTRAND. Note relative à la théorie des fluides. C. R. LXVII. 267-269. Mondes (2). XVII. 620-623.

BERTRAND. Observations nouvelles sur un mémoire de M. Helmholtz. C. R. LXVII. 469-473. Mondes (2). XVII. 709 u. 710.

HELMHOLTZ. Sur le mouvement des fluides. C. R. LXVII. 754-757. Mondes (2). XVIII. 276, 316 u. 317.

Bertrand. Réponse à la note de M. Helmholtz. C. R. LXVII. 773-775.

Helmholtz. Réponse à la note de M. J. Bertrand du 19 octobre. C. R. LXVII. 1034 u. 1035.

Herr Helmholtz führt in seiner epochemachenden Arbeit „Ueber die Integrale der hydrodynamischen Gleichungen, welche den Wirbelbewegungen entsprechen“ (Borchardt J. LV) jede Bewegung einer Flüssigkeit auf drei Fundamentalbewegungen zurück, die irgend ein unendlich kleines Wasservolum in dem Zeittheilchen *dt* erleidet: 1) eine Fortführung des Wassertheilchens durch den Raum hin (Translationsbewegung), 2) eine Ausdehnung oder Zusammenziehung (Dilatation) des Theilchens nach drei Hauptdilatationsrichtungen, wobei ein jedes aus Wasser gebildete rechtwinklige Parallelepipedon, dessen Seiten den Hauptdilatationsrichtungen parallel sind, rechtwinklig bleibt, während seine Seiten zwar ihre Länge ändern, aber ihren früheren Richtungen parallel bleiben, 3) eine Drehung um eine beliebig gerichtete temporäre Rotationsaxe. — Von den Resultaten der Untersuchung sei hier nur das eine erwähnt, welches die Wichtigkeit jener Zerlegung der Bewegung darthut, dass nämlich in allen Fällen, wo ein Geschwindigkeitspotential existirt, die kleinsten Wassertheilchen keine Rotationsbewegung haben; wohl aber ist wenigstens ein Theil der Wassertheilchen in Rotation begriffen in solchen Fällen, wo kein Geschwindigkeitspotential existirt. —

In seiner ersten Arbeit behandelt Herr Bertrand die Bewegung der Flüssigkeiten von einem anderen Standpunkt aus; er bestimmt die Lage desjenigen ebenen Elements, dessen Molecüle nach der Zeit *dt* sämmtlich in ein anderes, dem ersten paralleles Element übergegangen sind. Die Lage eines solchen Elements wird bestimmt durch eine cubische Gleichung, so dass es also in jedem Augenblicke und für jeden Punkt der Wassermasse ein oder drei solche Elemente giebt; im letzteren Falle brauchen die drei Elemente nicht orthogonal zu sein. Diese Behandlung der Flüssigkeitsbewegung kommt darauf hinaus, dass die Bewegung in zwei Fundamentalbewegungen zerlegt wird, in eine Translation und eine schiefe Dilatation. — Am Schlusse seiner Arbeit wendet sich nun H. Bertrand gegen die oben erwähnte Abhandlung von H. Helmholtz und erklärt dessen Resultate für falsch. In seiner ersten Entgegnung macht Letzterer darauf aufmerksam, dass seine Formeln von derselben Allgemeinheit sind, wie die von H. Bertrand aufgestellten. Die schiefen Dilatationen, die H. Bertrand untersucht, sind in den orthogonalen Dilatationen von Helmholtz enthalten, wenn man zu letzteren noch eine Rotationsbewegung hinzufügt. — Der weitere Streit dreht sich grösstentheils nur um Missverständnisse von Seiten Bertrands, der schliesslich zugiebt, die Helmholtz'schen Theoreme seien im Allgemeinen richtig und nur nicht präcise ausgesprochen. Wn.

J. Boussinesq. Mémoire sur l'influence des frottements dans les mouvements réguliers des fluides. Liouville J. (2). XIII. 377-424.

Der Verfasser definirt die Reibung als den Widerstand, den die Flüssigkeit einer Deformation entgegensetzt; da nun dieser Widerstand um so grösser ist, je grösser die Zahl der verschiedenen Molecularzustände ist, durch welche die Flüssigkeit geht, so hängt er nur von der relativen Geschwindigkeit der dem betrachteten Punkt benachbarten Molecüle ab. Der mathematische Ausdruck für die Componenten jenes Widerstandes (die tangentialen Componenten sind die Componenten der Reibung) wird auf genau dieselbe Weise abgeleitet, wie in der Elasticitätslehre die Componenten der Druckkräfte; nur sind hier überall die Geschwindigkeiten der Theilchen an Stelle der elastischen Verrückungen zu setzen. Es ergeben sich dann für die Bewegung von Flüssigkeiten dieselben Differentialgleichungen, die schon von Navier aufgestellt sind, nur dass die Grenzbedingungen hier andere sind, als bei Navier.

Diese Behandlung der Flüssigkeitsbewegungen ist indess nicht neu. Die Annahme, dass die Reibung, welche zwischen zwei benachbarten Flüssigkeitsschichten, oder zwischen einer Flüssigkeitsschicht und der sie berührenden Gefässwand stattfindet, der Differenz ihrer Geschwindigkeiten proportional sei, ist schon von Newton gemacht. Unter Zugrundelegung dieser Annahme hat schon F. Neumann das Poiseuille'sche Gesetz über die

Bewegung des Wassers in Capillarröhren theoretisch begründet. (Aus Neumanns Vorlesungen mitgetheilt von Jacobson in Reichert und du Bois, Archiv für Anatomie und Physiologie 1860). Ferner hat schon Stefan unter der obigen Annahme die Reibung in die allgemeinen hydrodynamischen Gleichungen eingeführt und sie auf mehrere specielle Fälle angewandt (Sitzungsberichte der Wiener Akademie 1862). Der Haupttheil der Arbeit von Boussinesq kann daher nicht als etwas wesentlich Neues angesehen werden; doch scheinen dem Verfasser jene Vorarbeiten unbekannt gewesen zu sein.

Die allgemeinen Gleichungen wendet der Verfasser auf den Fall an, dass sich alle Theilchen der Flüssigkeit in geradlinigen parallelen Bahnen bewegen und leitet daraus das Poiseuille'sche Gesetz ab, welches sich auf das Durchströmen von Flüssigkeiten durch längere Röhren unter constantem Druck bezieht; nach diesem Gesetz ist die Ausflussmenge in der Zeiteinheit proportional der Druckdifferenz an beiden Röhrenenden, umgekehrt proportional der Länge der Röhre und proportional der vierten Potenz des Durchmessers. — Speciell behandelt werden die Fälle, wo der Röhrenquerschnitt eine Ellipse und ein Rechteck ist.

Eine weitere Anwendung macht der Verfasser auf die Graham'schen Versuche über den Ausfluss von Gasen durch Capillarröhren und über die Diffusion eines Gases durch eine poröse Wand. Zum Schluss bestimmt Herr B. die permanente Bewegung von Flüssigkeiten in horizontalen Röhren oder Kanälen mit kreisförmiger Axe.

Wn.

R. Moon. On the theory of pressure in fluids. Phil. Mag. (4). XXXVI. 116-125.

Für die Bewegung der Luft in einer cylindrischen Röhre wird, wenn die Bewegung der Axe parallel ist, folgende Gleichung abgeleitet:

$$p = -\frac{\alpha^2}{\varrho} + \varphi\left(v + \frac{\alpha}{\varrho}\right);$$

hier bedeutet p den Druck, ϱ die Dichtigkeit, v die Geschwindigkeit, α eine Constante, φ eine willkürliche Function.

Wn.

H. Tresca. Mémoire sur l'écoulement des corps solides. Mém. prés. de Paris. XVIII. 733-799.

H. Tresca. Sur l'application des formules générales du mouvement permanent des liquides à l'écoulement des corps solides. Note complémentaire. C. R. LXVI. 1027-1032. 1244-1246.

de Saint-Venant. Calcul du mouvement des divers points d'un bloc ductile de forme cylindrique, pendant qu'il s'écoule sous une forte pression par un orifice circulaire. C. R. LXVI. 1311-1325.

de Saint-Venant. Solution du problème des mouvements que peuvent prendre les divers points d'un solide ductile ou liquide contenu dans un vase pendant son écoulement par un orifice inférieur. Suite et Note complémentaire. C. R. LXVII. 131-137. 203-211. 278-282.

H. Tresca veröffentlicht im ersten Theile seiner ersten Arbeit experimentelle Untersuchungen über den Ausfluss fester Körper in Folge starken Druckes. Der zweite Theil dieser Arbeit mit den beiden Noten giebt eine mathematische Theorie der dabei eingetretenen Erscheinungen, auf die Referent nicht näher eingeht, da H. de Saint-Venant dieselben in übersichtlicher Form dargestellt hat. Beide gehen von derselben Hypothese aus und gelangen zu im Wesentlichen gleichen Resultaten. Die Hypothese, die beide Herren ihren theoretischen Untersuchungen zu Grunde legen, ist einerseits die Constanz der Volumina, andrerseits die Erhaltung der Horizontalität und Vertikalität der materiellen Geraden. Der Körper wird in 3 Theile zerlegt: 1) den centralen Theil über der Ausflussöffnung, 2) den diesen umgebenden Theil des ausfliessenden Körpers und 3) den ausgeflossenen Theil, den Tropfen. Es werden dann die Vorgänge in diesen 3 Theilen gesondert betrachtet. Aus der Combination je zweier der dabei erhaltenen Gleichungen ergeben sich die Gleichungen der Transformirten, d. h. der Linien, in welche die materiellen Horizontalen und Vertikalen beim Uebergang aus einem Theil in einen andern übergehen. Dabei wird der Ausfluss sowohl bei constantem als variablem Niveau untersucht. Die Resultate sind denen analog, die bei Flüssigkeiten erhalten werden. Die ferneren Arbeiten Herrn de Saint-Venant's enthalten Erweiterungen dieser Untersuchungen. Während ursprünglich nur eine kreisförmige dem ausfliessenden Cylinder concentrische Oeffnung angenommen wurde, wird in den beiden folgenden der Fall eines Parallelepipeds mit rechteckiger Oeffnung betrachtet. Die letzte Note endlich enthält allgemeine Untersuchungen über die der Theorie zu Grunde gelegte Hypothese. O.

L. Boltzmann. Lösung eines mechanischen Problems. Wien. Ber. LVIII. 1035-1044.

Siehe Abschn. IV. p. 78.

Elfter Abschnitt.

Mathematische Physik.

Capitel 1.

Elasticität und Akustik.

D. Cipoletti. Intorno ad alcune definizioni della forza di restituzione dei corpi solidi corrispondenti ai due metodi analitico e sintetico coi quali è stata studiata la teoria dell' elasticità. Boncompagni Bull. I. 43-47.

Die Arbeit enthält nur historische Daten über die Ansichten bekannter Mathematiker hinsichtlich der Elasticität mit genauer Quellenangabe der bezüglichen Literatur. O.

Briot. Sur les vibrations intérieures des molécules. Liouville J. (2). XII.

Wittwer. Beiträge zur Molecularphysik. Schlömilch Z. XIII. 211-226.

Aus dem Fehlen der Dispersion im freien Aether hat Cauchy bekanntlich das Wirkungsgesetz zwischen zwei Aetheratomen als eine Abstossung umgekehrt proportional der vierten Potenz der Entfernung bestimmt (Cauchy: Mémoire sur la dispersion de la lumière, Prag 1836). Daraus folgt, dass die Kraft, welche ein aus seiner Gleichgewichtslage verschobenes Aethertheilchen in diese Lage zurückzuführen sucht, positiv, umgekehrt proportional der fünften Potenz der Entfernung und direct proportional der Verschiebung ist. Der Verfasser geht nun von den Cauchy'schen Grundgleichungen für die Bewegung des Aethers aus, nimmt aber die Abstossung der Aethertheilchen als umgekehrt proportional der zweiten Potenz der Entfernung an. Durch eine weitere Annahme über eine regelmässige Anordnung der Aethermolecüle wird daraus für die beschleunigende Kraft, welche ein Aethertheilchen in seine Gleichgewichtslage zurückzuführen strebt, ein Ausdruck abgeleitet, der sich von dem Cauchy'schen dadurch unterscheidet, dass jene Kraft der dritten Potenz der Verschiebung proportional ist; aus diesem Ausdruck folgt ferner nicht unmittelbar, dass die Kraft immer positiv ist. Bei der Ableitung sind auch die höhern Potenzen der Verschiebungen berücksichtigt, während Cauchy bei den ersten Potenzen stehen bleibt. Es ist somit gezeigt, dass den Cauchy'schen Bedingungen auch genügt werden kann durch eine Abstossung umgekehrt proportional der zweiten Potenz der Entfernung.

Im Uebrigen enthält die Arbeit Raisonnements über die Art der Einwirkung zwischen Massentheilchen und Aethertheilchen, die der Verfasser als eine Anziehung annimmt, sowie über die Anordnung der Aethermolecüle um die Massentheilchen herum. Die hier von dem Verfasser entwickelten Ansichten sind nicht durchweg unanfechtbar. Wn.

E. Winkler. Die Lehre von der Elasticität und Festigkeit mit besonderer Rücksicht auf ihre Anwendung in der Technik. I. Theil. Prag.

Das vorliegende Werk, als Lehrbuch für Techniker bestimmt, entwickelt zunächst die allgemeinen Gleichungen für das Gleichgewicht der elastischen Kräfte und wendet dieselben dann auf die Bestimmung der Normalelasticität, Schubelasticität (d. h. der tangentialen Componenten der Elasticitätskräfte) und Biegungselasticität gerader und gekrümmter Stäbe an. Ueberall wird auf die technische Anwendung hingewiesen. An mathematischen Vorkenntnissen werden nur Differentialrechnung und die ersten Elemente der Integralrechnung vorausgesetzt. Wn.

Peschka. Ueber die Formveränderung prismatischer Stäbe durch Biegung. Schlömilch Z. XIII. 38-58.

Wie der Verfasser von vornherein hervorhebt, machen die Resultate der vorliegenden Abhandlung keinen Anspruch auf Neuheit. Diese Resultate beziehen sich auf die Biegung eines Stabes, der an dem einen Ende festgehalten und an dem andern belastet wird; sie werden, ohne auf die allgemeinen Elasticitätsgleichungen zurückzugehen, direct aus den zu Grunde gelegten Vorstellungen über die Art der Biegung abgeleitet. Ein Hauptvorzug der Darstellung ist es, dass die zur Behandlung des Problems nöthigen Voraussetzungen im Anfang übersichtlich zusammengestellt werden. Wn.

M. Okatow. Anwendung der allgemeinen Theorie der Bewegung eines elastischen Stabes auf die Ableitung der Differentialgleichungen für die St. Petersburger Experimente über den Elasticitätsmodul der Metalle. Pogg. Ann. CXXXV. 260-285.

Für die von Kupfer über die Schwingungen elastischer Stäbe angestellten Experimente sind bereits die Differentialgleichungen von Zöppritz aufgestellt (Pogg. Ann. CXXVIII u. CXXIX) durch directe Betrachtung der Bedingungen des speciellen Problems. Diese Differentialgleichungen leitet nun Herr Okatow aus der allgemeinen Theorie ab, die von Kirchhoff in seiner Abhandlung „Ueber das Gleichgewicht und die Bewegung eines unendlich dünnen elastischen Stabes" (Borchardt J. LVI) gegeben ist. Aus der von Kirchhoff aufgestellten symbolischen Formel, welche die lebendige Kraft und die innere Kräftefunction des elastisch bewegten Stabes enthält, werden die allgemeinen Differentialgleichungen der Bewegung des Stabes in der Form entwickelt, welche man unmittelbar auf physikalische Aufgaben anwenden kann. Für die Geschwindigkeiten eines Atoms erhält der Verfasser dabei sehr complicirte Formeln, aus denen sich die Beschränkungen ergeben, denen man die Bewegung des Stabes unterwerfen muss. Diese Beschränkungen beziehen sich darauf, dass die zweiten Ableitungen der Geschwindigkeiten nicht unendlich gross von einer gewissen Ordnung werden dürfen im Vergleich mit den ersten Ableitungen, diese letzteren im Vergleich zu den Geschwindigkeiten selbst. Diesen Beschränkungen, welche die Theorie verlangt, genügen die von Kupfer beobachteten Transversalschwingungen zwar nicht genau, aber doch sehr nahe, so dass der Verfasser berechtigt ist, im zweiten Theile seiner Arbeit die allgemeinen Differentialgleichungen auf jene Beobachtungen anzuwenden. Wn.

A. Walter. Ueber die Anwendung der Methode Hamilton's auf die Grundgleichungen der mathematischen Theorie der Elasticität. Berlin.

Aus der Zahl der Differentialgleichungen und der Grenzbedingungen in der Elasticitätslehre ergiebt sich die Nothwendigkeit, die Componenten der elastischen Druckkräfte (bekanntlich neun, die sich auf sechs reduciren) auf nur drei Functionen, die Projectionen der molecularen Verrückung, zurückzuführen. Während man nun bisher in der Elasticitätslehre die Kraftcomponenten als lineäre Functionen der neun Differentialquotienten der drei Verrückungen annahm, setzt der Verfasser jene Kraftcomponenten gleich den partiellen Differentialquotienten einer Function der neun Differentialquotienten der Verrückung. Sind also u, v, w die Componenten der Verrückung, ist ferner V eine Function der 9 Grössen $\frac{du}{dx}, \frac{du}{dy}, \frac{du}{dz}, \frac{dv}{dx}, \frac{dv}{dy}, \frac{dv}{dz}, \frac{dw}{dx}, \frac{dw}{dy}, \frac{dw}{dz}$, so ist die Annahme des Verfassers:

$$X_x = \frac{dV}{d\frac{du}{dx}}, \qquad X_y = \frac{dV}{d\frac{du}{dy}}, \qquad X_z = \frac{dV}{d\frac{du}{dz}},$$

und ähnlich für die andern 6 Componenten der elastischen Druckkräfte. Die allgemeinen Elasticitätsgleichungen nehmen dann folgende Form an:

$$\varrho\frac{dU}{du} + \frac{d}{dx}\left(\frac{dV}{d\frac{du}{dx}}\right) + \frac{d}{dy}\left(\frac{dV}{d\frac{du}{dy}}\right) + \frac{d}{dz}\left(\frac{dV}{d\frac{du}{dz}}\right) - \varrho\frac{d^2u}{dt^2} = 0,$$

zu welcher Gleichung noch zwei andere von derselben Form hinzukommen. ϱ bedeutet darin die Dichtigkeit, U das Potential der äusseren Kräfte. — Diesen Gleichungen wird für alle Punkte des betrachteten Körpers und für die ganze in Betracht kommende Zeit genügt, wenn das folgende vierfache Integral $S = 0$ wird:

$$S = \int\int\int\int \left[\delta u \left\{ \varrho \frac{dU}{du} + \frac{d}{dx}\left(\frac{dV}{d\frac{du}{dx}}\right) + \frac{d}{dy}\left(\frac{dV}{d\frac{du}{dy}}\right) \right.\right.$$

$$\left.\left. + \frac{d}{dz}\left(\frac{dV}{d\frac{du}{dz}}\right) - \varrho \frac{d^2u}{dt^2} \right\} + \delta v(\ldots) + \delta w(\ldots) \right] dt\, dz\, dy\, dx.$$

Hier ist δ das in der Variationsrechnung gebräuchliche Zeichen; die Factoren von δv und δw, die ähnlich gebildet sind, wie der Factor von δu, sind der Kürze wegen in der obigen Gleichung nur angedeutet. Die Hauptuntersuchung bezieht sich nun auf die Transformation des vierfachen Integrals S durch partielle Integration. Dabei wird die Voraussetzung gemacht, dass die Dichtigkeit ϱ constant bleibt; die Resultate gelten also nur für Transversalschwingungen eines elastischen Mediums. Durch Transformation von S wird die Betrachtung auf folgendes einfachere Integral zurückgeführt:

$$Q = \int\int\int\int_{t_0}^{t} (\varrho U - V + \varrho R)\, dt\, dz\, dy\, dx,$$

worin $R = \frac{1}{2}\left(\left(\frac{du}{dt}\right)^2 + \left(\frac{dv}{dt}\right)^2 + \left(\frac{dw}{dt}\right)^2\right)$ ist, ϱ, U, V die oben definirten Grössen. Die Differentialgleichungen werden erfüllt, wenn

$$\delta Q = 0$$

ist. Der Ausdruck für δQ besteht aus drei Theilen, einem vierfachen Integral und zwei dreifachen Integralen, deren eines über die Oberfläche des betrachteten Körpers und die Zeit, das andere über einen gewissen Hohlraum zu erstrecken ist. Das Verschwinden des vierfachen Integrals in δQ formulirt die nothwendigen und hinreichenden Bedingungen dafür, dass das auf Raum und Zeit ausgedehnte Integral Q in ein anderes nur durch den Raum zu erstreckendes Integral übergeht. Das erste dreifache Integral in δQ giebt die Grenzbedingungen, während das zweite dreifache Integral die Integralgleichungen des Problems liefert. — Es sind somit, ähnlich wie in der Hamilton'schen Methode in der Mechanik, die Integralgleichungen der Vibrationstheorie der Form nach aufgestellt. Wn.

Kirsch. Die Fundamentalgleichungen der Theorie der Elasticität fester Körper, hergeleitet aus der Betrachtung eines Systems von Punkten, welche durch elastische Streben verbunden sind. Z. dtsch. Ing. XII. 481-488. 553-570. 631-638.

Der Verfasser beweist zunächst folgenden Satz: „Wenn ein System unendlich naher Punkte, welche nach drei zu einander normalen Richtungen äquidistant im Raume vertheilt sind, derartig durch sieben gleichartige, elastische und prismatische Streben verbunden ist, dass drei Schaaren von Streben mit jenen Richtungen zusammenfallen, während die andern vier die ersteren vollständig symmetrisch kreuzen, und sich die Querschnitte der diesen beiden Gruppen angehörenden Streben wie $1:(\frac{1}{2}\sqrt{3})^3$ verhalten, dann erhält man ein elastisches System, welches die Eigenschaften eines isotropen Mediums besitzt". Es wird dann die specifische Längenänderung bei gegebener Grösse und Richtung der wirkenden Kraft bestimmt. Daran schliessen sich Bemerkungen über den Vorgang im Innern eines Körpers, wenn äusserlich discontinuirliche Formveränderungen wahrgenommen werden, und der Beweis, dass das angenommene Molecülsystem nicht nur für eine einfache Kraft, sondern auch noch für ein beliebiges System von Kräften isotrop ist. O.

E. Mathieu. Mémoire sur le mouvement vibratoire d'une membrane de forme elliptique. Liouville J. (2). XIII. 137-203. C. R. LXVI. 530-532. Mondes (2). XVII. 129 u. 130.

Die gegenwärtige Abhandlung erweitert die von Bourget 1866 in Ann. de l'Éc. Norm. III, p. 55 gegebene Berechnung der Vibration einer kreisförmig begrenzten, homogenen und gleichmässig gespannten Membran auf elliptische Begrenzung, knüpft an dieselbe an, und begnügt sich mehrentheils mit der Anwendbarkeit auf kleine Excentricitäten. In Betreff der Untersuchungsmethode mögen einige Andeutungen genügen, da die Menge der verschiedenartigen Bestandtheile nicht gestattet, durch Zusammenfassung einen genügenden Einblick zu geben.

Ein Punkt der Ebene der Membran wird als Durchschnitt

einer Ellipse und einer Hyperbel, beide confocal mit der Begrenzung, dargestellt durch die Substitution

$$x = c\frac{e^{\beta} + e^{-\beta}}{2}\cos\alpha, \qquad y = c\frac{e^{\beta} - e^{-\beta}}{2}\sin\alpha,$$

und für die Amplitude ein Product einer Function P des hyperbolischen Parameters α und einer Function Q des elliptischen β eingeführt. Dann zerfällt die Differentialgleichung

$$\frac{\partial^2 u}{\partial x^2} + \frac{\partial^2 u}{\partial y^2} = -4\lambda^2 u,$$

welche die Amplitude der einfach periodischen Transversalverschiebung

$$w = u\sin 2\lambda mt$$

bestimmt, in die zwei folgenden:

$$\frac{\partial^2 P}{\partial \alpha^2} + (N - 2h^2\cos 2\alpha)P = 0,$$

$$\frac{\partial^2 Q}{\partial \beta^2} - (N - h^2(e^{2\beta} + e^{-2\beta}))Q = 0,$$

wo $h = \lambda c$, und N eine Constante ist. Die Functionen P, Q werden wieder zerlegt in $P = P_1 + P_2$, $Q = Q_1 + Q_2$ derart, dass P_1 bei $\alpha = 0$, Q_1 bei $\beta = 0$ verschwindet, während gleichzeitig P_2 ein Maximum, Q_2 ein Minimum wird, und jeder der Theile nach Potenzen von h^2 entwickelt, deren Coefficienten sich aus der Differentialgleichung leicht successive bestimmen lassen. Gleichzeitig bestimmt sich hierbei die Reihe, welche N darstellt, nachdem deren Anfangsglied, das, dem Falle der Kreismembran $h = 0$ entsprechend, das Quadrat einer ganzen Zahl g^2 sein muss, voraus bekannt ist. Obwohl sich, nach Versuch in zweierlei Form, ein independentes Resultat nicht ergiebt, so wird der Beweis geführt, dass P für ebenso viele Werthe von α verschwindet, als wenn $h = 0$ ist, dass also g hyperbolische Knotenlinien existiren. Die Anzahl der elliptischen erhält man durch Auflösung der Gleichung $Q(B, \lambda) = 0$ nach λ, wo $\beta = B$ der elliptische Parameter des festen Umfangs ist. Bezeichnet man die Wurzeln in aufsteigender Folge der Grösse durch λ_1, λ_2, ..., so entsprechen der zu λ_i gehörigen Tonhöhe immer $i-1$ elliptische Knotenlinien. Der Beweis stützt sich auf die Voraussetzung $\frac{\partial N}{\partial h} - 4h < 0$, deren

Gegentheil nicht leicht vorkommen kann. Schliesslich wird die anfängliche Zerlegung der Functionen dadurch gerechtfertigt, dass durch ein System von Verschiebungen der angenommenen Form jeder beliebig gegebene Anfangszustand hergestellt werden kann.

Die akustischen Resultate, auf welche der Verfasser Gewicht legt, sind in den C. R. zusammengestellt. Eine elliptisch begrenzte Membran bildet bei einfacher Vibration ein System von elliptischen, ein anderes von hyperbolischen Knotenlinien, beide mit gemeinsamen Brennpunkten. Alle Vibrationen theilen sich in zwei Classen, welche besondere Formeln erfordern. In der einen bleibt die grosse Axe fest, und zu beiden Seiten ist die Bewegung entgegengesetzt. In der andern bilden die Axenstücke zwischen Brennpunkt und Scheitel Bäuche, das Stück zwischen den Brennpunkten Minima der Vibration, so dass die Amplitude eines Punktes auf letzterm Stück immer kleiner ist, als die eines benachbarten, normal davon abliegenden Punktes. Zu beiden Seiten der Axe geschieht die Vibration symmetrisch und in gleichem Sinne.

Die hyperbolischen Linien sind als die zwei Arme von gemeinsamer Asymptote umfassend zu verstehen; die Axe ist als eine einzige zu rechnen. Die Formeln hängen von zwei Constanten ab: die eine ist der Tonhöhe proportional, die andere eine ganze Zahl g, die Anzahl der hyperbolischen Knotenlinien. Die Bewegungen gruppiren sich paarweise folgendermassen: Zu jeder Zahl f elliptischer, und jeder Zahl g hyperbolischer Linien gehören Vibrationszustände beider Art, die bei der Kreismembran zu einem Tone verschmelzen, bei der elliptischen Membran von geringer Excentricität wenig von einander abweichen.

Die genannten Resultate lassen sich auch auf eine ringförmige Membran zwischen zwei confocalen Ellipsen anwenden.

H.

de Saint-Venant. Formules de l'élasticité des corps amorphes que des compressions permanentes et inégales ont rendus hétérotropes. Liouville J. (2). XIII. 242-254.

Die Grundformeln der Elasticität amorpher Körper, der Metalle, Steine, Hölzer, hat de Saint-Venant in einer früheren Abhandlung, Liouville J. (2) VII, 257-430, aus der Hypothese der Wirkung zwischen den nächsten Molecülen als Function ihrer Entfernung abgeleitet. Da diese, von den Erfindern der Mechanik elastischer Körper angewandte Methode jetzt von mehreren Gelehrten, obwohl ohne Grund, verworfen wird, so findet er sich veranlasst, in der gegenwärtigen Abhandlung die gleichen Resultate mit Umgehung der Molecularwirkung auf die durch die Stetigkeit bedingte Symmetrie der Contextur innerhalb unendlich kleiner Theile zu stützen. Auf gleicher Betrachtung beruht das bekannte Resultat, dass jede Deformation eines Körperelements auf einfache Compression oder Dehnung nach drei orthogonalen Hauptrichtungen reducirbar ist. Nimmt man diese zu Axen der x, y, z, bezeichnet durch δ_x, δ_y, δ_z die erlittenen Dehnungen dreier ursprünglich nach diesen Axen gerichteten Linien, durch g_{yz}, g_{zx}, g_{xy} die gleichzeitigen Gleitungen oder die Cosinus der Winkel zwischen diesen Linien, so können in linearer Form die 6 Componenten der Spannung nur folgendermassen ausgedrückt sein:

$$(2.)\quad \begin{cases} p_{xx} = a\delta_x + f'\delta_y + e''\delta_z; & p_{yz} = dg_{yz}, \\ p_{yy} = f''\delta_x + b\delta_y + d'\delta_z; & p_{zx} = eg_{zx}, \\ p_{zz} = e'\delta_x + d''\delta_y + c\delta_z; & p_{xy} = fg_{xy}, \end{cases}$$

weil bei Hinzufügung fernerer Glieder die Ausdrucksform nach Vertauschung zweier Axenarme sich ändern würde.

Denkt man jetzt die 12 Coefficienten linear in den 3 normalen Pressungen ε, ε', ε'' dargestellt, durch welche das ursprünglich isotrope Körperelement in das amorphe übergegangen ist, so müssen die Ausdrücke der Bedingung genügen, dass, so oft zwei derselben, etwa nach den y und z, einander gleich werden, die Elasticität symmetrisch um die dritte Axe vertheilt ist, und man findet:

$$b = c;\quad e = f;\quad e' = f'';\quad e'' = f';\quad d' = d'';\quad b = 2d + d'.$$

Dies giebt zunächst zwischen den Coefficienten der ε, ε', ε'' eine Anzahl Gleichungen, und nach Einführung mit Anwendung der Analogie die folgenden Relationen:

$$(7.)\quad \begin{cases} b + c = 4d + d' + d''', \\ c + a = 4e + e' + e''', \\ a + b = 4f + f' + f'''. \end{cases}$$

Das gleiche Resultat lässt sich auch gewinnen, wenn keine linearen Beziehungen stattfinden, und statt dessen die Differenzen der ε, ε', ε'' klein genug sind, dass ihre Quadrate vernachlässigt werden können.

Hierzu treten ferner die Gleichungen

$$d' = d''; \quad e' = e''; \quad f' = f''$$

als Bedingungen dafür, dass die auf Deformation verwandte Arbeit beim Rückgange auf jedem Wege wiedergewonnen wird.

Endlich wird noch

$$d = d'; \quad e = e'; \quad f = f',$$

sobald man annimmt, dass die Molecularanziehung Function der Entfernung ist.

Die Gleichungen (2.) werden jetzt nach Einführung der Verschiebungscomponenten u, v, w:

$$p_{xx} = 3(e+f-d)\frac{\partial u}{\partial x} + f\frac{\partial v}{\partial y} + e\frac{\partial w}{\partial z}; \quad p_{yz} = d\left(\frac{\partial v}{\partial z} + \frac{\partial w}{\partial y}\right)$$

nebst zwei analogen, und gehen für $d = e = f$ in die bekannten Gleichungen für Isotropie zu einem Coefficienten über.

Der Verfasser verwirft die Gleichungen Green's zu 2 Coefficienten als im Widerspruch mit dem Moleculargesetz, nur aufgestellt, um die genaue Transversalität der Lichtschwingungen bis ins Innere der Krystalle mit der Theorie der Elasticität in Einklang zu bringen und einige Versuche von Wertheim zu interpretiren.

Bei Anwendung auf den Lichtäther in durchsichtigen Körpern sind noch Terme entsprechend der ursprünglichen Spannung vor der Deformation

$$p^0_{xx}\left(1 + \frac{\partial u}{\partial x} - \frac{\partial v}{\partial y} - \frac{\partial w}{\partial z}\right) \quad \text{und} \quad p^0_{zz}\frac{\partial v}{\partial z} + p^0_{yy}\frac{\partial w}{\partial y}$$

hinzuzufügen.

Die Vertheilung der Elasticität um einen Punkt herum wird durch ein Ellipsoid dargestellt, dessen Radiusvector die $(-\frac{1}{2})^{\text{te}}$ Potenz der Elasticität ist. Im Fall a, b, c wenig verschieden sind, ist nahezu

$$b + c = \sqrt{bc}; \quad c + a = \sqrt{ca}; \quad a + b = \sqrt{ab}.$$

Nach Substitution in (7.) tritt an die Stelle der $(-\frac{1}{2})^{\text{ten}}$ die $(-\frac{1}{4})^{\text{te}}$ Potenz, beides in Uebereinstimmung mit den auf anderem Wege gewonnenen Resultaten in der citirten früheren Abhandlung. H.

J. Warren. Theorem with regard to the three axes of invariable direction in a strained elastic body. Quart. J. IX. 171 u. 172.

Der Verfasser hat, wie er am Schluss bemerkt, vor einigen Jahren im Quart. J. zuerst die Aufmerksamkeit auf die drei unveränderten Richtungen gelenkt, welche sich in jedem deformirten Körperelement finden, und beweist gegenwärtig in Betreff derselben folgenden Satz:

Die Halbirungslinien der Winkel zwischen den Axen der unveränderten Richtung halbiren auch die rechten Winkel zwischen den Hauptaxen der Spannungsellipsen, welche durch die Schnitte der Ebenen der unveränderten Richtung auf dem Spannungsellipsoid gebildet werden. H.

de Saint-Venant. Choc longitudinal de deux barres élastiques, dont l'une est extrêmement courte ou extrêmement roide par rapport à l'autre. C. R. LXVI. 650-653.

de Saint-Venant. Solution, en termes finis, du problème du choc longitudinal de deux barres élastiques en forme de tronc de cône ou de pyramide. C. R. LXVI. 877-881.

Der Verfasser hatte in einer grössern Arbeit (Sur le choc longitudinal de deux barres élastiques de grosseurs et de matières semblables ou différentes, et sur la proportion de leur force vive qui est perdue pour la translation ultérieure; . . . Liouville J. (2). XII. 247-377) alle Lösungen in geschlossenen Ausdrücken gegeben, ausgenommen die beiden obigen Fälle, die nur in Form trigonometrischer Reihen gelöst waren. In den beiden vorliegenden Arbeiten bringt er nun auch noch diese Fälle in die Form geschlossner Ausdrücke. O.

Phillipps. Calcul de l'influence de l'élasticité de l'anneau bimétallique du balancier compensateur des chronomètres, sur l'isochronisme, indépendamment des variations de température. C. R. LXVI. 526.

PHILLIPPS. Mémoire sur le spiral réglant des chronomètres et des montres. Mém. prés. de Paris. XVIII. 129-231.

W. WALTON. On the debility of large animals and trees. Quart. J. IX. 179-184.

Der Verfasser bemüht sich, nach einigen einleitenden Bemerkungen über die verhältnissmässig geringe Kraft grosser Thiere im Vergleich mit der kleiner, dies auf mechanischem Wege zu erklären. Von mathematischem Interesse sind die Resultate nicht. Die Arbeit kann nur als Versuch betrachtet werden, die Methoden der Mechanik auch auf organische Körper anzuwenden. O.

Capitel 2.

Optik.

E. KOUTNY. Theorie der Beleuchtung krummer Flächen vom zweiten Grade bei parallelen Lichtstrahlen. Brünn. Verh. V.

F. MATZEK. Construction der Curven bestimmter Beleuchtungsintensität an Rotationsflächen mit Benutzung berührender Kugelflächen. Wien. Ber. LVIII. 49-53.

M. HOCK. Détermination de la vitesse avec laquelle est entrainée une onde lumineuse traversant un milieu en mouvement. Versl. en Mededeel. (2). II. 189-194.

W. KLINKERFUES. Ueber Anwendung der Differentialgleichung $\frac{d^2y}{dt^2} = \alpha^2 \frac{d^2y}{dx^2}$ auf Akustik und Optik bei Variation der Grenzbedingungen. Gött. Nachr. 1868. 469-478.

Der Verfasser weist auf den Fall hin, wo die Lichtquelle selbst Aenderungen ausgesetzt ist, und die obige Differentialgleichung daher bei ebenen Wellen nicht erfüllt ist. Als Beispiel behandelt er den Fall, wo die Lichtquelle einer Bewegung unterliegt, indem er, von dem allgemeinen Integral obiger Gleichung ausgehend, den darin enthaltenen constanten Factor der Zeit als variabel betrachtet. Ni.

J. FINGER. Studien aus der Physik. Pr. R. Ellbogen.

Als Fortsetzung der im Programm 1867 gegebenen elementaren Ableitungen giebt der Herr Verfasser hier eine elementare Ableitung der Formeln

$$c = \sqrt{\frac{e}{d}} \quad \text{und} \quad c^2 = \frac{\lg Q}{p}$$

für die Fortpflanzungsgeschwindigkeit longitudinaler und transversaler Impulse längs einer gespannten Saite mittelst einfacher Grenzübergänge. O.

BOUSSINESQ. Mémoire sur les ondes dans les milieux isotropes déformés. Liouville J. (2). XIII. 209-241.

Der Verfasser betrachtet einen anfänglich isotropen Körper, auf den in verschiedener Richtung ungleiche Zug- oder Druckkräfte wirken; in Folge dieser Wirkung bleibt der betrachtete Körper homogen, aber nicht mehr isotrop. Unter der Annahme, dass die durch jene äussern Kräfte hervorgebrachten Verrückungen nur sehr klein sind, werden die Ausdrücke für die elastischen Druckkräfte eines solchen Mediums abgeleitet, wobei die weitere Voraussetzung eintritt, dass jene elastischen Kräfte lineare Functionen der partiellen Ableitungen der Verrückungen sind. Die Ausdrücke, die sich für die elastischen Druckkräfte ergeben, sind ganz ähnliche, wie die von Saint-Venant in seiner Abhandlung: Mémoire sur la distribution des élasticités autour de chaque point d'un corps solide ou d'un milieu de contexture quelconque, particulièrement lorsqu'il est amorphe sans être isotrope (Liouville J. (2). VIII. 1863) aufgestellten. Darauf geht der Verfasser zu den Bewegungsgleichungen eines solchen Mediums, dessen neue Constitution permanent geworden, über und findet, dass zwei Arten von Schwingungen entstehen können, eine nahezu longitudinale, eine nahezu transversale. Damit die Schwingungen genau longitudinal resp. transversal werden, müssen gewisse Bedingungen erfüllt werden, die nur für isotrope Medien gelten. — Für die quasi-transversalen Wellen werden dann Gesetze abgeleitet, ähnlich den Fresnel'schen Gesetzen der doppelten Strahlenbrechung, aber von allgemeinerer Form. In jeder Richtung können sich demnach zwei quasi-transversale Wellen mit ungleicher Geschwindigkeit fortpflanzen, die Schwingungsrichtung beider ist senkrecht zu einander. Die Wellenfläche nimmt eine etwas andre Form an, als bei Fresnel. Man erhält die allgemeine Wellenfläche aus der Fresnel'schen, indem man jeden Radius der letzteren um eine gewisse (von den Coordinaten abhängige) Grösse vermehrt. Die allgemeinere Wellenfläche enthält die Fresnel'sche als speciellen Fall in sich; für gewisse Annahmen über die ursprünglich auf das Medium ausgeübten Druckkräfte ist die Wellenfläche genau die Fresnel'sche und die Schwingungen haben die von Fresnel angegebene Richtung, d. h. sie sind parallel der Projection des Strahls auf die Tangentialebene. Dies ist auch der von Briot (essais sur la théorie mathématique de la lumière) behandelte Fall. Für eine andere Annahme über die ursprünglichen Druckkräfte nimmt die Wellenfläche ebenfalls die Fresnel'sche Form an, die Schwingungsrichtungen sind aber senkrecht zur Projection des Strahls. Dies ergiebt die von Neumann und Mac-Cullagh aufgestellten Gesetze der Doppelbrechung.

Für die longitudinalen Wellen wird zum Schluss bewiesen, dass, wenn das Medium nur einem constanten äussern Drucke unterworfen ist und nur genau transversale und genau longitudinale Schwingungen fortpflanzen kann, diese letzteren für alle Richtungen eine constante Fortpflanzungsgeschwindigkeit besitzen müssen. Da diese Eigenschaft aber nur den physikalisch isotropen Medien zukommen kann, so scheint es, dass nur in diesen die Schwingungen genau parallel oder senkrecht zu den Wellen sein können. Wn.

BOUSSINESQ. Théorie nouvelle des ondes lumineuses. Liouville J. (2). XIII. 313-339.

Die der Theorie zu Grunde liegenden Vorstellungen sind folgende: der freie Aether wird als ein isotropes Medium betrachtet, das transversale Wellen von äusserst kleiner Amplitude fortpflanzen kann, und dessen Atome in die Zwischenräume der ponderablen Körperatome eindringen. Während der Bewegung üben die beiden Arten von Atomen gegenseitig eine Einwirkung auf einander aus, aber nur auf sehr kleine Entfernungen. Diese Wirkungen, obwohl sehr gross gegenüber der Kleinheit der Bewegungen beim Licht, können doch an sich nur einen äusserst kleinen Werth haben, da sonst endliche Bewegungen der ponderablen Molecüle (z. B. beim Schall) einen merklichen Widerstand durch den Aether erfahren müssten. Man muss daher annehmen, dass die Elasticität des Aethers eine ausserordentlich grosse ist für Schwingungen mit sehr kleiner Amplitude (da die Fortpflanzungsgeschwindigkeit sehr gross ist), dass aber die elastischen Kräfte aufhören, den Ausschlägen proportional zu sein, sobald diese eine messbare Grösse annehmen. Für den Aether innerhalb der ponderablen Körper wird die Annahme gemacht, dass sein Zustand identisch sei mit dem des freien Aethers, ähnlich wie zwei Gase, die sich ohne chemische Wirkung mischen, dieselbe Elasticität und Dichtigkeit behalten, als wäre jedes Gas allein. Wäre im Ruhezustande eine Wirkung zwischen Aether und ponderablen Theilchen vorhanden, so müsste sich diese Wirkung im Innern der Körper aufheben, weil die Wirkung nach allen Richtungen dieselbe ist. Nur an der Grenze könnte eine Aenderung im molecularen Zustande des Aethers stattfinden, wogegen aber die bei der Reflexion und Brechung stattfindende Continuität der Schwingungen spricht; dies rechtfertigt die obige Annahme.

Trifft nun eine Lichtwelle auf einen durchsichtigen Körper, so können zwei Fälle eintreten; entweder bleiben die ponderablen Molecüle unbeweglich, während die zwischen ihnen enthaltenen Aethertheilchen schwingen, und absorbiren keinen Theil der Bewegung; oder die ponderable Materie vollführt Schwingungen, die mit den Aetherschwingungen übereinstimmen. Herr B. entscheidet sich für die letztere Annahme. Unvollkommen durchsichtige Körper sind dann diejenigen, die nicht mit dem Aether übereinstimmend schwingen können. Trifft eine Lichtwelle auf einen solchen Körper, so findet eine Vertheilung derselben statt;

im Innern des Körpers entstehen Vibrationen von anderer Wellenlänge, deren Wirkung die Erwärmung des Körpers ist, die wir aber nicht mehr als Licht empfinden.

Die Uebereinstimmung der Schwingungen des Aethers und der ponderablen Theilchen definirt Herr B. so, dass die Lage der ponderablen Molecüle in jedem Augenblick von der Lage der umgebenden Aethertheilchen, und nur von dieser allein abhängt. Sind u, v, w die Verrückungen eines Aethertheilchens, dessen Coordinaten im Ruhestande x, y, z sind, so ist in einem kleinen Raume die Lage der Aethertheilchen bestimmt durch u, v, w und die partiellen Differentialquotienten dieser Grössen nach x, y, z. Die Verrückungen u_1, v_1, w_1 der ponderablen Theilchen müssen daher von denselben Grössen abhängen und sich, da u, v, w sehr klein sind, als lineare Functionen derselben entwickeln lassen. Bei dieser Entwickelung berücksichtigt Herr B. noch die ersten und zweiten Differentialquotienten der u, v, w. Es lassen sich nun die elastischen Gleichungen für die Aetherbewegung auf die bekannte Art aufstellen (cf. Lamé, leçons sur l'élasticité des corps solides), nur dass zu den Gleichungen für u, v, w noch ein Glied hinzukommt, das von u_1, v_1, w_1 abhängt. Die Gleichungen nehmen dann folgende Form an

$$(\lambda+\mu)\frac{d\theta}{dx}+\mu\Delta_2 u-\varrho_1\frac{d^2u_1}{dt^2}=\varrho\frac{d^2u}{dt^2},$$

wozu noch zwei ähnlich gebildete Gleichungen für v und w kommen. Hier bedeutet, wie bei Lamé, Δ_2 das Symbol

$$\Delta_2 u=\frac{d^2u}{dx^2}+\frac{d^2u}{dy^2}+\frac{d^2u}{dz^2},$$

θ die räumliche Dilatation

$$\theta=\frac{du}{dx}+\frac{dv}{dy}+\frac{dw}{dz},$$

λ und μ sind constant. ϱ ist die Dichtigkeit des Aethers, ϱ_1 die der ponderablen Materie.

Es handelt sich nun darum, für u_1, v_1, w_1 die Werthe zu ermitteln, welche in die obigen Gleichungen einzusetzen sind. Hierbei werden die verschiedenen Medien folgendermassen unterschieden: Isotrop heisst ein Medium, dessen Bewegungsgleichungen sich nicht ändern, wenn man das orthogonale Coordinatensystem mit einem beliebigen andern vertauscht. — **Symmetrisch** heisst jedes Medium, bei dem man die Richtung einer beliebigen Axe in die entgegengesetzte umwandeln kann, jedes andere heisst **unsymmetrisch**. Die gewöhnlich isotrop genannten Medien sind nach dieser Bezeichnung **isotrop-symmetrisch**, die Flüssigkeiten, welche die Polarisationsebene drehen, **isotrop-unsymmetrisch**. Alle Krystalle gehören zu den **fast isotropen** und **fast symmetrischen Medien**.

Für **isotrope** Medien werden nun aus der Betrachtung der Bedingungen der Isotropie die folgenden Ausdrücke für u_1, v_1, w_1 abgeleitet:

$$u_1 = Au + B\left(\frac{dv}{dz} - \frac{dw}{dy}\right) + C\frac{d\theta}{dx} + D\Delta_2 u,$$

$$v_1 = Av + B\left(\frac{dw}{dx} - \frac{du}{dz}\right) + C\frac{d\theta}{dy} + D\Delta_2 v,$$

$$w_1 = Aw + B\left(\frac{du}{dy} - \frac{dv}{dx}\right) + C\frac{d\theta}{dz} + D\Delta_2 w.$$

Soll das Medium gleichzeitig symmetrisch sein, so ist $B = 0$.

Setzt man diese Ausdrücke in die obigen Gleichungen ein, so ergeben sich für $B \gtreqless 0$ zwei transversale circularpolarisirte Wellensysteme; beide Systeme, in denen die Schwingungsrichtung eine entgegengesetzte ist, setzen sich an jeder Stelle zu einer linear polarisirten Schwingung zusammen, für welche als erste Annäherung das Biot'sche Drehungsgesetz gilt.

Um die Dispersion abzuleiten, muss man in der Entwickelung von u_1, v_1, w_1 auch die höheren Differentialquotienten betrachten. Durch Einführung der particulären Integrale, welche den Lichtschwingungen entsprechen, lassen sich die höheren Differentialquotienten durch die vorher betrachteten ausdrücken, und man erhält dann für u_1, v_1, w_1 Ausdrücke von derselben Form wie vorher, nur dass die Coefficienten B, C, D nicht constant sind, sondern sehr schnell convergirende Reihen bilden, die nach negativen Potenzen der Wellenlänge fortschreiten. Es ergiebt sich daraus das Cauchy'sche Dispersionsgesetz (das jetzt aber nur für den Aether innerhalb der Körper gilt), und ein allgemeineres Gesetz über die Drehung der Polarisationsebene.

Für krystallinische Medien gelten die obigen Werthe für u_1, v_1,

w_1 nicht mehr; solche Medien betrachtet Herr B. als fast isotrop und fast symmetrisch, da sich die Bewegungsgleichungen bei Vertauschung eines rechtwinkligen Coordinatensystems mit einem andern nur wenig ändern. Als erste Annäherung ergeben sich für solche Medien die folgenden Ausdrücke von u_1 v_1 w_1:

$$u_1 = A(1+\alpha)u + B\left(\frac{dv}{dz} - \frac{dw}{dy}\right) + C\frac{d\theta}{dx} + D\Delta_2 u,$$

$$v_1 = A(1+\beta)v + B\left(\frac{dw}{dx} - \frac{du}{dz}\right) + C\frac{d\theta}{dy} + D\Delta_2 v,$$

$$w_1 = A(1+\gamma)w + B\left(\frac{du}{dy} - \frac{dv}{dx}\right) + C\frac{d\theta}{dz} + D\Delta_2 w,$$

wo α, β, γ, B sehr kleine Grössen sind. Daraus ergiebt sich, wenn man $B = 0$ setzt, die Fresnel'sche Theorie der doppelten Strahlenbrechung, nur dass die Schwingungen nicht genau, sondern nur nahezu transversal sind. Bei weiterer Annäherung würde man auch für solche Medien das Dispersionsgesetz, sowie die Dispersion der optischen Axen finden. Nimmt man aber B nicht $= 0$, sondern nur sehr klein an, so ergiebt sich, dass ein unsymmetrischer Krystall in jeder Richtung 1) eine nahezu longitudinale Welle fortpflanzen kann, deren Geschwindigkeit dieselbe ist, als wäre das Medium symmetrisch, 2) zwei nahezu transversale (quasi-transversale) Wellen mit verschiedener Fortpflanzungsgeschwindigkeit. Die Schwingungen in diesen beiden Wellen sind elliptisch; beide Ellipsen haben dasselbe Axenverhältniss, ihre grossen Axen stehen aufeinander senkrecht, und die Schwingungen beider sind entgegengesetzt gerichtet. Die grossen Axen beider Ellipsen haben dieselbe Richtung wie die geradlinigen Schwingungen in dem correspondirenden symmetrischen Medium. Das Axenverhältniss variirt mit der Farbe und den Winkeln, welche die Wellennormale mit den optischen Axen bildet. — Eine Vergleichung der aus des Verfassers Formeln folgenden Werthe der Verzögerung des ordentlichen und ausserordentlichen Strahles im Quarz zeigt eine gute Uebereinstimmung mit den Beobachtungen von Jamin.

Zum Schluss rechtfertigt Herr B. seine Annahme, dass die Elasticität des Aethers innerhalb und ausserhalb der ponderablen Körper dieselbe ist. Cauchy hat gezeigt, dass man bei der Reflexion und Brechung nur dann den Erscheinungen entsprechende Gesetze erhält, wenn man die Continuitätsbedingungen annimmt, d. h., wenn man annimmt, dass die Verrückungen u, v, w und ihre ersten Differentialquotienten in jedem Punkte zu beiden Seiten der Trennungsfläche denselben Werth haben; dies kann aber nur stattfinden, wenn die Elasticitätsconstanten λ, μ für beide Medien dieselben sind. Wn.

Boussinesq. Étude sur les vibrations rectilignes et sur la diffraction, dans les milieux isotropes et dans l'éther des cristaux. Liouville J. (2). XIII. 340-371.

Der Zweck der vorliegenden Arbeit ist, die Gesetze zu ermitteln, nach denen sich die Amplituden linearer Lichtschwingungen bei ihrer Verbreitung ändern.

Für isotrope Medien betrachtet Herr B., ausgehend von den bekannten Elasticitätsgleichungen isotroper Medien, die geradlinigen Schwingungen derselben, die entweder longitudinal oder transversal sind, d. h. entweder senkrecht oder parallel zur Wellenfläche. Die auf einander folgenden Wellen haben in beiden Fällen gemeinsame Normalen; für alle Molecüle, die auf einer dieser Normalen liegen, ist die Schwingungsrichtung dieselbe, und die lebendige Kraft geht von einem dieser Molecüle zu dem benachbarten mit der Fortpflanzungsgeschwindigkeit der Wellen über. Für longitudinale Schwingungen ist ferner die Amplitude in allen Punkten derselben Welle constant; für transversale Wellen variirt die Amplitude in den verschiedenen Punkten einer Schwingungslinie im umgekehrten Verhältniss des Abstands dieser Linie von der benachbarten Schwingungslinie. Schwingungslinie heisst dabei jede Linie, deren Tangente die Schwingungsrichtung eines auf der Linie gelegenen Molecüls ist. Die Amplituden sind danach constant, wenn die Schwingungslinien parallel sind. Diese Gesetze sind nur mit einigen ganz bestimmten Formen der Wellenfläche vereinbar, mit parallelen Ebenen, concentrischen Kreiscylindern und concentrischen Kugeln. Diese drei Flächen sind also in isotropen Medien die einzig möglichen Formen der Wellenfläche.

Für doppelbrechende Medien legt Herr B. die Gleichungen zu Grunde, die er in der vorhergehenden Abhandlung (cf. p. 362) abgeleitet hat. Er betrachtet hier vorzugsweise die nahezu transversalen Wellen, die sich vom Anfangspunkte aus fortpflanzen. Diese Wellen befolgen das Fresnel'sche Gesetz, die Schwingungen sind parallel der Projection des Strahls auf die Tangentialebene der Welle in dem betreffenden Punkte. Die Schwingungslinien sind hier nahezu sphärische Ellipsen, deren Brennpunkte auf den optischen Axen liegen; ihre orthogonalen Trajectorien sind sphärische Curven derselben Art. Die Amplitude variirt 1) auf demselben Strahle im umgekehrten Verhältniss des Abstands vom Anfangspunkte, ferner auf derselben Welle, 2) längs derselben Schwingungslinie im umgekehrten Verhältniss des Abstands dieser Linie von der benachbarten, 3) längs einer orthogonalen Trajectorie im umgekehrten Verhältniss des Abstands dieser Trajectorie von der nächsten. Ist r die Länge des Strahls, vom Anfangspunkte aus gerechnet, sind U und U' die Winkel, die derselbe mit den optischen Axen bildet, so ist nach dem Obigen das Quadrat der Amplitude eine Constante, dividirt durch $r^2 \sin U \sin U'$, eine Formel, die schon von Lamé auf anderem Wege und aus anderen Grundgleichungen abgeleitet ist (leçons sur l'élasticité § 126).

Herr B. wendet seine Resultate dann auf die Theorie der Diffraction an und zeigt, dass die von Fresnel aufgestellte Intensitätsformel für transversale Schwingungen genau ist, während sie für longitudinale Wellen nicht mehr gilt. Der Ausdruck für die Phase muss jedoch um $\frac{\pi}{2}$ vermindert werden. Wn.

R. Radau. Ueber das Minimum der prismatischen Ablenkung. Carl Repert. IV. 184-187.

Ist i der Incidenz-, e der Emergenzwinkel, a der brechende Winkel des Prismas, d die Ablenkung, so ist für $i = e$, d ein Minimum; es muss aber $n \sin \frac{a}{2} < 1$, d. h. a kleiner sein als der doppelte Winkel der totalen Reflexion. Wenn $\sin(i-e)$ von 0 an wächst, so ist d Anfangs reell und positiv, wird aber imaginär, so lange $n \sin\frac{a}{2} > \cos\frac{e-i}{2}$ und $\sin\frac{e-i}{2} < n\cos\frac{a}{2}$. Für $n\sin\frac{a}{2} = \cos\frac{e-i}{2}$ wird $a+d = 180^0$, für $\sin\frac{e-i}{2} = n\cos\frac{a}{2}$ wird $a+d=0$.

Ferner giebt der Verfasser drei eimfache geometrische Constructionen für das Minimum, von denen wir folgende hier anführen:

Man beschreibe zwei concentrische Kreise mit den Radien 1 und n, construire in einem Punkte des äusseren Kreises einen Peripheriewinkel $= a$, dann schneiden die Schenkel desselben aus dem innern Kreise einen Bogen $= al$; der zugehörige Centriwinkel ist also die Ablenkung. Die Winkel zwischen den Schenkeln von a und d sind i und e. Dreht man den Winkel a um seinen Scheitel, bis er zum Mittelpunkt symmetrisch liegt, so ist d das Minimum. Wn.

P. M. Clark. Refraction through a prism. Messenger IV. 167.

Elementare Ableitung der bekannten Formel für das Minimum der Ablenkung. O.

Külp. Zur Theorie der nicht interferirenden polarisirten Lichtstrahlen. Grunert Arch. XLVIII. 78-80.

Der Verfasser leitet aus den allgemeinsten Ausdrücken für die Vibrationen zweier Strahlen die Gesetze der Schwingungen eines polarisirten Lichtstrahls auf etwas ausführlichere Weise ab, als Fresnel. Wn.

C. Niven. On rotatory polarisation in isotropic media. Quart. J. IX. 235-241.

Der Verfasser untersucht, was für Glieder man zu den allgemeinen Elasticitätsgleichungen isotroper Medien hinzufügen müsse, um die Drehung der Polarisationsebene, die beim Durchgang des Lichtes durch gewisse Medien stattfindet, zu erklären. Er findet dieselben Glieder, die schon Mac Cullagh angegeben hat. Während aber Mac Cullagh's Verfahren mehr den Charakter einer Interpolation hat, sucht der Verfasser die neu hinzukommenden

Glieder folgendermassen physikalisch zu erklären. Er betrachtet das isotrope Medium als bestehend aus kleinen Würfeln, die ausser den Bewegungen der Schwerpunkte noch eine Rotation besitzen. Die Rotationsgeschwindigkeiten um die drei rechtwinkligen Axen sind dabei, wenn $\frac{du}{dt}, \frac{dv}{dt}, \frac{dw}{dt}$ die Geschwindigkeiten des Schwerpunktes sind, $\frac{1}{2}\frac{d}{dt}\left\{\frac{dv}{dz}-\frac{dw}{dy}\right\}$ etc. Diese Annahme über die Rotationsgeschwindigkeit stützt sich auf einen Satz von Stokes, welcher bewiesen hat, dass, wenn ein bewegtes Medium in einem Augenblick die Geschwindigkeiten U, V, W besitzt, und darin plötzlich eine kleine Masse von Würfelform fest wird, dieser Würfel sich so bewegt, dass sein Schwerpunkt die Geschwindigkeiten U, V, W behält, während gleichzeitig eine Rotation um die Würfelaxen stattfindet mit den Rotationsgeschwindigkeiten $\frac{1}{2}\left(\frac{dV}{dz}-\frac{dW}{dy}\right)$ etc. Die ganze Betrachtung des Verfassers bezieht sich nur auf isotrope Medien.

Referent kann bei dieser Gelegenheit nicht unerwähnt lassen, dass die Drehung der Polarisationsebene von Herrn C. Neumann (Ueber die magnetische Drehung der Polarisationsebene, Halle 1863) durch die Annahme erklärt wird, dass zwischen den Molecülen Kräfte von der Art wirksam sind, wie sie ein Element eines elektrischen Stromes auf einen Magnetpol ausübt.

Wn.

J. Scott. On the burning mirrors of Archimedes, with some propositions relating to the concentration of light produced by reflectors of different forms. Trans. of Edinb. XXV. 123-149.

Der Zweck der Arbeit ist, mathematisch die Möglichkeit der vielfach bezweifelten Berichte nachzuweisen, nach denen Archimedes durch Reflexion des Sonnenlichtes an Hohlspiegeln römische Schiffe in Brand gesteckt habe.

Der Verfasser berechnet dazu die Intensität des von ebenen, elliptischen und parabolischen Spiegeln reflectirten Lichtes und zeigt, dass man stets zwei Spiegel, von denen der eine convex, der andere concav ist, so combiniren kann, dass ein auffallendes

Bündel paralleler Strahlen nach der Reflexion an beiden Spiegeln wieder aus parallelen Strahlen besteht, die eine gegebene Richtung haben.

Durch eine grössere Anzahl solcher Systeme kann man in den reflectirten Strahlen einen beliebig hohen Wärmegrad erzeugen. Wn.

Capitel 3.

Elektricität.

C. Neumann. Die Principien der Elektrodynamik. Eine mathematische Untersuchung. Tübingen.
(Gratulationsschrift zur fünfzigjährigen Jubelfeier der Bonner Universität.)

C. Neumann. Resultate einer Untersuchung über die Principien der Elektrodynamik. Gött. Nachr. 1868. 223-235.

C. Neumann. Theoria nova phaenomenis electricis applicanda. Brioschi Ann. (2). II. 120-129.

W. Scheibner. Ueber Neumann's Principien der Elektrodynamik. Schlömilch Z. XIII. 37-47.

Clausius. Ueber die von Gauss angeregte neue Auffassung der elektrodynamischen Erscheinungen. Pogg. Ann. CXXXV. 606-621.

C. Neumann. Notizen zu einer kürzlich erschienenen Schrift über die Principien der Elektrodynamik. Clebsch Ann. I. 317-324. 1869.

Die zweite und dritte der angeführten Abhandlungen sind nur Auszüge aus der ausführlicheren zuerst angeführten, die aber nicht im Buchhandel erschienen ist. Die letzte Arbeit giebt zu der ersten einige nähere Erläuterungen; wiewohl dieselbe erst

1869 erschienen ist, glaubt Referent sie doch an dieser Stelle berücksichtigen zu müssen.

Herr Neumann geht von dem Hamilton'schen Princip aus:

$$\delta\int(T-U)dt=0,$$

wo T die lebendige Kraft, U das Potential bedeutet; letzteres so definirt, dass seine negativen Differentialquotienten die Componenten der wirkenden Kräfte sind. δ bezeichnet eine Variation, die nur das Innere des Zeitraums betrifft, an den Grenzen aber verschwindet. Herr Neumann stellt sich die Frage: welche Form muss man der Function U geben, damit aus dem Hamilton'schen Princip das Weber'sche Grundgesetz der Elektrodynamik folgt, und welche Form nimmt in diesem Falle der Satz von der Erhaltung der lebendigen Kraft an?

Ist: $$W=\frac{mm_1}{r}\left[1+\frac{1}{c^2}\left(\frac{dr}{dt}\right)^2\right]=mm_1\left[\frac{1}{r}+\frac{4}{c^2}\left(\frac{d\sqrt{r}}{dt}\right)^2\right],$$

$$W_1=mm_1\left[\frac{\log r-1}{c}-\frac{1}{2c^2}\frac{dr}{dt}\right],$$

wo m und m_1 die Massen zweier sich anziehenden Punkte bedeuten, r ihre gegenseitige Entfernung zur Zeit t, c die im Weber'schen Gesetze enthaltene Constante; dann ist das Potential für die Wirkung der beiden Punkte aufeinander

$$U=W+\frac{dW_1}{dt}.$$

Da die Variationen an den Grenzen verschwinden, so kommt W_1 bei dem Hamilton'schen Princip nicht in Betracht; dieser Theil von U heisst das ineffective Potential, während W den Namen effectives Potential führt. Substituirt man den Werth von W in die Hamilton'sche Gleichung und führt die Variationen wirklich aus, so ergeben sich die zur Bestimmung der Bewegung nothwendigen sechs Differentialgleichungen. Aus diesen Differentialgleichungen folgt

1) zwischen den beiden Punkten ist während ihrer Bewegung eine Kraft K thätig, die stets mit der Verbindungslinie r zusammenfällt.

2) Diese Kraft R ist gleich dem negativen Variationscoefficienten von W nach r. Die sich so ergebende Kraft R

ist **identisch** mit dem **Weber'schen Gesetz**; es ist also

$$R = m m_1 \left[\frac{1}{r^2} + \frac{4}{c^2} \frac{1}{\sqrt{r}} \frac{d^2 \sqrt{r}}{dt^2}\right].$$

3) Ist P die Componente jener Kraft nach einer beliebigen Richtung p, so ist P gleich dem negativen Variationscoefficienten von W nach p.

Für den Fall zweier Stromelemente ds, $d\sigma$, welche die folgenden Quantitäten elektrischer Fluida enthalten, das erstere $+eds$ und $-eds$, das zweite $+\eta d\sigma$ und $-\eta d\sigma$, lässt sich W noch auf folgende andere Form transformiren:

$$W = \left(\frac{2n}{c}\right)^2 \frac{ds . d\sigma\, e s' \eta \sigma'}{2r} \frac{\partial r}{\partial s} \frac{\partial r}{\partial \sigma},$$

worin $s' = \frac{\partial s}{\partial t}$, $\sigma' = \frac{\partial \sigma}{\partial t}$, $n = 1$ oder $= 2$ ist.

Der negative Variationscoefficient dieses Ausdrucks W nach r ist die zwischen beiden Elementen wirksame repulsive Kraft, und zwar ergiebt sich für dieselbe genau der Ampère'sche Ausdruck.

Der negative Variationscoefficient von W nach s ist die von $d\sigma$ auf ds in der Richtung s ausgeübte elektromotorische Kraft, falls $d\sigma$ und ds geschlossenen Strömen angehören; der Ausdruck dieser Kraft ist genau der von F. Neumann für die Inductionswirkung gefundene.

Die Gleichung von der Erhaltung der lebendigen Kraft nimmt für die Bewegung zweier Punkte folgende Form an:

$$T + \frac{m m_1}{r}\left[1 - \frac{1}{c^2}\left(\frac{dr}{dt}\right)^2\right] = \text{Const.}$$

Für die Bewegung eines beliebigen Punktsystems sei das effective Potential $W = W_2 + W_3$, wo W_2 die von c unabhängigen, W_3 die übrigen Glieder enthält; dann ist die Gleichung der lebendigen Kraft die folgende:

$$T + W_2 - W_3 = \text{Const.}$$

Die für die Stromelemente aufgestellten Sätze werden ohne Beweis mitgetheilt, die übrigen entwickelt. Wir bemerken noch, dass in der Entwickelung neben der oben für W aufgestellten Formel noch eine andre allgemeinere in Betracht gezogen wird, die man erhält, wenn man statt $\frac{1}{r}$ die beliebige Function $\varphi(r)$

setzt. Dann ist

$$W = m\,m_1\left[\varphi(r) - \frac{r}{c^2}\frac{d\varphi(r)}{dr}\left(\frac{dr}{dt}\right)^2\right];$$

auch für diesen allgemeineren Ausdruck gelten die sämmtlichen angeführten Sätze. —

Die Arbeit von Scheibner giebt eine ausführliche Darstellung des einfachsten von Neumann behandelten Falles, der Bewegung zweier materieller Punkte.

Ausser den bisher besprochenen Resultaten, die Herr Neumann selbst als den wichtigsten Theil seiner Arbeit bezeichnet, versucht derselbe noch, in Verfolgung einer zuerst von Gauss gemachten kurzen Bemerkung, den zweiten Theil des Ausdrucks von W, der von c abhängig ist, daraus herzuleiten, dass die Wirkung zweier Massentheilchen auf einander nicht als augenblickliche, sondern als eine sich in der Zeit fortpflanzende betrachtet wird. Der Gedankengang ist dabei folgender: Das Potential, welches der Punkt m_1 zur Zeit t aussendet, ist $\frac{m m_1}{r}$. Dies Potential (das emissive genannt) bedarf einiger Zeit, um bis zum Punkte m zu gelangen. Das zur Zeit t in m ankommende Potential (das receptive) ist schon zur Zeit $t - \Delta t$ von m_1 ausgesandt; bezeichnet daher $r - \Delta r$ die Entfernung der Theilchen zur Zeit $t - \Delta t$, so ist das receptive Potential

$$U = \frac{m m_1}{r - \Delta r}.$$

Entwickelt man $r - \Delta r$ in eine nach Δt fortschreitende Reihe, setzt ferner $\Delta t = \frac{r}{c}$, was gestattet ist, da die Fortpflanzungsgeschwindigkeit c eine sehr grosse ist, entwickelt dann U in eine Reihe und vernachlässigt die Glieder, welche eine höhere Potenz als c^2 im Nenner haben, so ergiebt sich

$$U = W + \frac{dW_1}{dt},$$

wo W und W_1 die oben angegebene Bedeutung haben. Gegen diese Ableitung erhebt Herr Clausius den Einwand, dass, wenn sich die Wirkung in der Weise bekannter Wellenbewegungen fortpflanzen soll, man als Nenner des Bruches weder den Abstand der Theilchen zur Zeit t, noch den zur Zeit $t - \Delta t$ anwenden darf, sondern den Abstand in Rechnung bringen muss zwischen der Stelle, wo sich m_1 zur Zeit $t-\Delta t$, und der Stelle, wo sich m zur Zeit t befindet. In diesem Falle fällt aber in dem Ausdruck von W das Glied, welches $\left(\frac{dr}{dt}\right)^2$ enthält, fort, so dass also das Weber'sche Grundgesetz nicht aus der Annahme abzuleiten ist, dass die Wirkung zweier Theilchen auf einander zur Fortpflanzung durch den Raum Zeit gebrauche.

Herr Neumann macht dagegen geltend, dass er die Fortpflanzung des Potentials durchaus nicht als eine der Fortpflanzung des Lichtes analoge betrachte. Das von einem anziehenden Körper emittirte Potential sei abhängig von der Lage des angezogenen Körpers und durchlaufe seinen Weg ohne Abänderung seines ursprünglichen Werthes. Die mit c bezeichnete Geschwindigkeit beziehe sich also auf eine relative Bewegung. — Damit fällt allerdings die Analogie mit der Fortpflanzung des Lichts fort; es ist aber, wie Herr Neumann selbst bemerkt, nur eine fremdartige Formel durch eine nicht minder fremdartige Vorstellung ersetzt.

Herr Clausius bespricht in seiner Abhandlung noch zwei andere Arbeiten, die ebenfalls den Zweck haben, das in dem Weber'schen Gesetze zu dem Newton'schen Gesetze hinzugefügte Glied aus der Zeit zu erklären, die die Anziehung zu ihrer Fortpflanzung gebrauche; die eine von diesen Arbeiten ist von Riemann (Pogg. Ann. CXXXV, p. 237), die andere von Betti (Nuovo Cimento XXVII). An der Arbeit Riemann's hält Herr Cl. die Art, wie die Integrationen vertauscht werden, für unrichtig, während Betti bei einer Entwickelung Glieder vernachlässigt, die in dem Endresultat einen merklichen Werth haben.

Wn.

J. Loschmidt. Ableitung des Potentials bewegter elektrischer Massen aus dem Potential für den Ruhezustand. Wien. Ber. LVIII. 7-14. Inst. 1. sect. XXXVI. 375.

Der Verfasser versucht, das Glied, um welches sich die anziehende Kraft zweier elektrischer Massen im Ruhezustand und in der Bewegung unterscheidet, durch folgende Hypothese abzuleiten:

„Ein elektrisches Theilchen sendet fortwährend nach allen Richtungen periodische Impulse aus, welche sich mit constanter Geschwindigkeit im Raume fortpflanzen. Treffen dieselben bei ihrer Verbreitung auf ein anderes elektrisches Theilchen, so bewirken sie eine Anziehung oder Abstossung zwischen beiden elektrischen Theilchen im Sinne des Coulomb'schen Gesetzes. Die Intensität der Spannung aber, mit welcher das erstere Theilchen auf das letztere wirkt, hängt nicht nur von der Stärke der einzelnen Impulse, sondern auch von der Anzahl derselben, die während der Zeiteinheit bei letzterem ankommen, ab, und zwar derart, dass sie dieser Anzahl proportional sind.“ Sind also die beiden elektrischen Theilchen in Bewegung, so ist die Anzahl der Impulse eine andere, als im Ruhezustande. — Unter der weiteren Annahme nun, dass die Geschwindigkeiten, womit sich die elektrischen Massen im Strome bewegen, immer sehr klein bleiben gegen die Fortpflanzungsgeschwindigkeit der elektrischen Spannung, ergiebt sich aus der obigen Hypothese folgender Potentialausdruck für die Wirkung zweier Stromelemente

$$P = \frac{4eue'u'\,ds\,ds'}{\alpha^2 r} \cdot \frac{dr}{ds} \cdot \frac{dr}{ds'},$$

wo u und u' die Geschwindigkeiten der elektrischen Massen, α die constante Fortpflanzungsgeschwindigkeit, die der Verfasser gleich der Fortpflanzungsgeschwindigkeit des Lichtes angiebt. — Aus dieser Formel wird dann die bewegende Kraft abgeleitet, die zwischen zwei geschlossenen Strömen thätig ist; dieselbe ist gleich dem negativen Differentialquotienten des Potentials beider Ströme nach r. Der Ausdruck dieser Kraft ist identisch mit dem Ampère'schen. Wn.

E. Weyr. Ueber magnetische Fernwirkung elektrischer Ströme und Stromringe. Schlömilch Z. XIII. 413-440.

Aus dem Biot-Savart'schen Gesetz leitet der Verfasser zunächst die bekannten Ausdrücke für die Wirkungscomponenten eines geschlossenen Stromes auf ein Magnettheilchen ab und wendet die so erhaltenen Ausdrücke dann auf die Bestimmung der Wirkung eines Elementarstromes an. Die Definition des letzteren wird dahin erweitert, dass er nicht eben zu sein braucht, sondern eine geschlossene Linie von verschwindender Länge auf irgend einer Fläche bildet. Die Componenten der Wirkung eines solchen Elementarstroms auf ein Magnettheilchen sind die partiellen Differentialquotienten folgender Function

$$W = \frac{t.f}{R^3},$$

wo R die Entfernung des Theilchens von einem Punkte des Stromes ist, t das Loth von dem Theilchen auf die Tangentialebene der Fläche in demselben Punkte des Stromes, f die Projection der Stromfläche auf die xy-Ebene. Mit Hülfe des obigen Ausdrucks lässt sich dann leicht der Satz von der Aequivalenz der Wirkung eines Magnettheilchens und eines Elementarstromes zeigen. — Die Resultate lassen sich dann in bekannter Weise auf einen endlichen Strom S übertragen, indem man durch S eine Fläche legt, deren einzige Begrenzung S bildet, und diese Fläche in unendlich kleine Flächenelemente zerlegt, deren jedes von einem mit S gleich gerichteten und gleich intensiven Strome umflossen wird. Die Gesammtwirkung dieser Elementarströme ist dann identisch mit jener des Stromes S, also nur abhängig von der Begrenzung, nicht von der Form der Fläche. Das Potential des Stromes S ergiebt sich dann als der Flächeninhalt der Centralprojection der Fläche S auf eine mit dem Radius 1 um das Magnettheilchen beschriebene Kugel. Mit Hülfe dieses Satzes bestimmt der Verfasser das Potential eines Stromes, dessen Leitlinie irgend ein Kegelschnitt in seiner ganzen Ausdehnung ist, und stellt den Ausdruck desselben einmal durch vollständige elliptische Integrale, sodann durch eine Entwickelung nach Kugelfunctionen dar. — Für einen ebenen Strom S werden ferner folgende Sätze bewiesen: Betrachtet man die Stromcurve S, die innerhalb der xy-Ebene liegt, als die Basis eines zur z-Axe parallelen Cylinders, so ändert sich der Werth des Potentials, wenn man von einem Punkte ausserhalb des Cylinders zu einem im Innern gelegenen Punkte übergeht, um -2π. Beim Durchgang durch die Stromebene innerhalb des Stromes ändert sich der Potentialwerth um 4π, ausserhalb des Stromes gar nicht. — Daran schliesst der

Verfasser eine Bestimmung der Werthe, denen sich das Potential und die Componenten des Stromes für sehr grosse Entfernungen des Magnettheilchens nähern. —

Zum Schluss bestimmt der Verfasser aus den vorher gefundenen Ausdrücken das Potential und die Componenten eines ebenen Ringstroms, d. h. einer von zwei concentrischen Kreisen begrenzten Fläche, die so als geschlossener Stromleiter auftritt, dass die einzelnen Strömungscurven und die Grenzcurven concentrische Kreise sind. Wn.

Th. Kötteritzsch. Die mathematische Bestimmung der Vertheilung der Elektricität auf Conductoren im Allgemeinen und speciell auf gewisse Systeme von Conductoren, die von Rotationsflächen mit gemeinschaftlicher Rotationsaxe begrenzt sind. Schlömilch Z. XIII. 121-147.

Das Problem, die Vertheilung einer gegebenen Elektricitätsmenge auf der Oberfläche eines gegebenen Systems von Conductoren zu bestimmen, lässt sich bekanntlich zurückführen auf ein anderes, die gegebene Elektricitätsmenge im Innern der Conductoren so zu vertheilen, dass jene Flächen Niveauflächen werden. Diese Aufgabe ist jedoch unbestimmt, und sie wird daher dahin präcisirt: Wie sind elektrische Massen auf der Axe von Conductoren, die von Rotationsflächen mit gemeinsamer Axe umschlossen sind und einander nicht einschliessen, anzuordnen, wenn dieselben zur Ermittelung der elektrischen Dichtigkeit auf den Conductoren benutzt werden sollen? — Unter der Annahme, dass sich das Gesetz der Dichtigkeit der elektrischen Vertheilung auf der Axe in eine Fourier'sche Reihe entwickeln lasse, wird der Ausdruck des Gesammtpotentials durch Anwendung gewisser Theoreme über bestimmte Integrale in eine zur Berechnung geeignete Doppelsumme transformirt. Die Coefficienten der Fourier'schen Reihe, sowie die Länge der Axenstücke, auf denen die Massen zu vertheilen sind, bestimmen sich aus den beiden Bedingungen, 1) dass das Potential auf einer Conductorfläche constant ist, 2) dass die innerhalb eines Conductors zu vertheilende Elektricitätsmenge gegeben ist. Bei der Bestimmung jener Coefficienten kommt eine gewisse Function in Betracht, von der nur die allgemeinen Eigenschaften angegeben werden. In der Bestimmung dieser Function, die einer besonderen Arbeit vorbehalten wird, liegt die Hauptschwierigkeit des Problems. Wn.

Capitel 4.

Wärme.

J. C. MAXWELL. On the Dynamical Theory of Gases. Phil. Mag. (4). XXXV. 129-146. 185-217.

E. BETTI. Sopra la determinazione delle temperature variabili di un cylindro. Ann. d. Un. Tosc. (2). X. 145-158.

E. BETTI. Sopra la determinazione delle temperature variabili di una lastra terminata. Brioschi Ann. (2). I. 373-380.

CHRISTOFFEL. Sul problema delle temperature stazionarie e la rappresentazione di una data superficie. Brioschi Ann. (2). I. 89-104.

FROSCH. Ueber den Temperaturzustand eines von zwei nicht concentrischen Kugelflächen eingeschlossenen Körpers. Schlömilch Z. XIII. 497-514.

Das vorstehende Problem ist bereits von Herrn C. Neumann mit Hülfe von dipolaren Coordinaten gelöst. (C. Neumann: Allgemeine Lösung des Problems über den stationären Temperaturzustand eines homogenen Körpers, welcher von irgend zwei nicht concentrischen Kugelflächen begrenzt wird. Halle 1862). Herr Frosch giebt eine andere Lösung. Man kann immer zwei Punkte p und p_1 so construiren, dass sie in Bezug auf jede der begrenzenden Kugelflächen einander als Pole entsprechen; beide liegen stets ausserhalb des von den Kugeln begrenzten Körpers, mögen die Kugeln einander einschliessen, oder mag eine ausserhalb der andern liegen. Construirt man nun um einen dieser Punkte p mit dem Radius pp_1 eine Kugelfläche und construirt in Bezug auf diese letztere die Spiegelbilder der beiden gegebenen Kugeln, so sind diese Spiegelbilder wieder Kugeln, und zwar concentrische. Unter dem Spiegelbild eines Punktes o in Bezug auf die Kugel um p ist dabei derjenige Punkt w verstanden, der auf dem Radius po liegt, und dessen Entfernung von p durch die Gleichung bestimmt ist

$$\overline{po}\,.\,\overline{pw} = \overline{pp_1}^2.$$

Durch diese (von Thomson herrührende) Methode ist der zu untersuchende Körper transformirt in einen andern, von zwei concentrischen Kugelflächen begrenzten. Für einen solchen Körper lässt sich nun leicht die Green'sche Function aus den bekannten Bedingungen bestimmen mittelst einer Entwickelung nach Kugelfunctionen, und daraus kann man weiter das Potential des Körpers so bestimmen, dass es in jedem Punkte der Grenzflächen einen gegebenen Werth annimmt. Der Verfasser zeigt ferner, dass bei der oben angegebenen Transformation des von excentrischen Kugeln begrenzten Körpers in einen von concentrischen Kugeln begrenzten die Bedingungsgleichungen des Problems für den ersten Körper übergehen in die Bedingungsgleichungen desselben Problems für den zweiten Körper. Da für diesen das Problem der Temperaturvertheilung gelöst ist, so erhält man durch die umgekehrte Transformation die Lösung für den gegebenen Körper. Die so erhaltenen Formeln stimmen mit den von Herrn C. Neumann aufgestellten völlig überein. Wn.

Boussinesq. Sur les spirales que décrit la chaleur, en se répandant, à partir d'un point intérieur, dans un milieu homogène dissymétrique. C. R. LXVI. 1194-1197. Mondes (2). XVII. 327.

Die Wärmeleitung in krystallinischen Medien hängt bekanntlich von 6 Coefficienten (cf. Lamé: leçons sur la théorie analytique de la chaleur, Paris 1861), a^2, b^2, c^2, λ, μ, ν ab, von denen man mit Lamé die drei ersten als Coefficienten der normalen, die drei letzten als Coefficienten der tangentialen Leitungsfähigkeit bezeichnen kann. Es existirt ferner für jeden Krystall ein einziges System von rechtwinkligen Axen, für welche die Differentialgleichung der Wärmebewegung nur die Coefficienten a^2, b^2, c^2 enthält. Diese Axen sind die Axen des Lamé'schen Hauptellipsoids, dessen Gleichung ist

$$\frac{x^2}{a^2} + \frac{y^2}{b^2} + \frac{z^2}{c^2} = 1.$$

Herr Boussinesq führt noch ein zweites Ellipsoid ein, das Ellipsoid der linearen Leitungsfähigkeit, dessen Gleichung die folgende ist:

$$\frac{x_1^2}{a^2} + \frac{y_1^2}{b^2} + \frac{z_1^2}{c^2} + \frac{(\lambda x_1 + \mu y_1 + \nu z_1)^2}{a^2 b^2 c^2} = 1 + \frac{\lambda^2 a^2 + \mu^2 b^2 + \nu^2 c^2}{a^2 b^2 c^2},$$

worin

$$x_1 = x - \nu \frac{y}{b^2} + \mu \frac{z}{c^2},$$

$$y_1 = y - \lambda \frac{z}{c^2} + \nu \frac{x}{a^2},$$

$$z_1 = z - \mu \frac{x}{a^2} + \lambda \frac{y}{b^2} \text{ ist.}$$

Durch Betrachtung beider Ellipsoide ergiebt sich eine einfache geometrische Construction der Curven, welche die Wärme für den Fall beschreibt, dass das krystallinische Medium in einem kleinen Raume um den Anfangspunkt herum erwärmt wird. Es werden in dem vorliegenden Auszuge jedoch nur einige Resultate ohne Beweis mitgetheilt. Wn.

J. Moutier. Sur la relation qui existe entre la cohésion d'un corps composé et les cohésions de ses éléments. C. R. LXVI. 606-609.

H. Hirn hat in seiner „exposition analytique et expérimentale de la théorie mécanique de la chaleur" (Paris 1865) den Satz aufgestellt, dass, wenn P den äussern Druck, R den innern Druck oder die Cohäsion eines Körpers, V das (scheinbare) Volumen, ψ das invariable Volumen, welches die Atome einnehmen, T die absolute Temperatur bedeuten, der Ausdruck

$$\frac{(R+P)(V-\psi)}{T}$$

für jeden Körper constant ist. Herr Moutier nimmt für diese Constante folgenden Werth an: $\frac{1}{2}MKE$, wo M das Gewicht, K die specifische Wärme des Körpers, E das mechanische Aequivalent des Körpers bedeutet. Die Gleichung wird dann auf einen Körper angewandt, der aus zwei andern zusammengesetzt ist; da nun zur Erwärmung des zusammengesetzten Körpers um einen Grad dieselbe Wärmemenge nöthig ist, wie für die Erwärmung der einzelnen Bestandtheile, so ergiebt sich daraus eine Beziehung zwischen den Grössen R, P, V, ψ für die ursprünglichen und für den zusammengesetzten Körper. Diese Beziehung vereinfacht sich für Gase, bei denen man das wirkliche Volumen der Atome gegen das Gesammtvolumen vernachlässigen kann. Wn.

J. Eibel. Beitrag zur mechanischen Theorie der Wärme. Schlömilch Z. XIII. 492-496.

C. M. Guldberg. Kortfattet Fremstilling af den mekaniske Varmetheori. Christiania.

Kurzgefasste Darstellung der mechanischen Wärmetheorie.

H.

Grashoff. Ueber die Grundbegriffe und die Terminologie der mechanischen Wärmetheorie. Z. dtsch. Ing. XII. 161-180.

Der Verfasser giebt im ersten Theile seiner Arbeit eine „Skizze zu einer Einleitung in die mechanische Wärmetheorie“, in der er namentlich bemüht ist, eine strenge Aufeinanderfolge von Definitionen, Annahmen und Grundsätzen herzustellen, um zu den berechtigten Grundlagen für die mathematische Behandlung zu gelangen, eine Sache, die nach seiner Ansicht noch fehlt. Zur Begründung von Sätzen der mechanischen Wärmetheorie gelangt er nicht. Der zweite Theil enthält eine kritische Besprechung der zweiten ganz neu bearbeiteten Auflage von: „Zeuner, Grundzüge der mechanischen Wärmetheorie. Leipzig, 1866“.

O.

Th. Wand. Kritische Darstellung des zweiten Satzes der mechanischen Wärmetheorie. Carl Repert. IV. 281-323. 369-406.

C. M. Guldberg. Sur la théorie moléculaire des corps. C. R. LXVI. 39-42. 95-97.

Der Verfasser stellt Gleichungen auf zwischen der für die Ausdehnung eines Gases nöthigen Wärmemenge, der von dem sich ausdehnenden Gase geleisteten äussern Arbeit, dem Druck, der Temperatur und dem Volumen des Gases. Die Formeln werden dann angewandt auf gesättigten und überhitzten Wasserdampf, sowie auf Aether; die für gegebene Temperatur und Druck berechneten Werthe des Volumens werden mit den von Regnault beobachteten in einer Tabelle zusammengestellt, ebenso die berechneten und beobachteten Werthe für die Wärmemenge, die erforderlich ist, um ein Kilogramm einer Flüssigkeit von 0 auf *t* Grad zu erhöhen und dann in gesättigten Dampf unter dem entsprechenden Drucke überzuführen. Wn.

Zwölfter Abschnitt.
Geodäsie und Astronomie.

Capitel 1.
Geodäsie.

C. Breymann. Sammlung geodätischer Aufgaben. Wien, Braumüller.

E. B. Christoffel. Allgemeine Theorie der geodätischen Dreiecke. Berl. Abh. 1868. 119-176.

Die bisherigen Arbeiten über geodätische Dreiecke hatten immer gewisse Einschränkungen zur Voraussetzung; entweder waren die Dreiecke unendlich klein, oder die zu Grunde gelegte Fläche war ein von der Kugel wenig verschiedenes Sphäroid. Die vorliegende Abhandlung führt nun die Lösung des allgemeinen, von jenen Einschränkungen befreiten Problems zurück auf die Theorie einer Function von vier Veränderlichen, der „reducirten Länge“ eines geodätischen Bogens, durch welche sich die Bestimmungsstücke eines geodätischen Dreiecks in endlicher Form, oder doch wenigstens als Integrale vollständiger Differentiale darstellen lassen. Weil die hierbei vorkommenden Beziehungen bei einer Verbiegung der Fläche ungeändert bleiben, so wird nicht eine Gleichung der Fläche in rechtwinkligen Coordinaten vorausgesetzt, sondern es wird angenommen, dass diese Coordinaten als Functionen von zwei Veränderlichen p und q dargestellt seien. Die in der Tangentialebene eines Punktes von diesem ausgehenden Richtungen unterscheiden sich dabei von einander durch ihre Azimuthe, deren fester Schenkel in die Richtung der von jenem Punkte aus wachsenden p fällt, während die positive Drehungsrichtung für alle Punkte der Fläche dieselbe ist.

Die ganze Arbeit zerfällt in vier Abschnitte, welche sich beziehen auf: die geodätischen Linien im Allgemeinen, die Theorie der geodätischen Dreiecke, die Theorie der reducirten Länge eines geodätischen Bogens und die geodätische Klassifikation der krummen Oberflächen.

Im ersten Abschnitte werden die Differentialgleichungen zwischen p, q und der Länge s eines geodätischen Bogens in verschiedenen Formen mit den zugehörigen Grenz- und Stetigkeitsbedingungen vollständig entwickelt. Ausgegangen wird dabei von den beiden Eigenschaften der geodätischen Linie, dass nämlich ihre Schmiegungsebene die Oberflächennormale enthält, und dass sie die kürzeste Verbindung zwischen ihren Endpunkten ist. Aus den Formeln folgt dann unmittelbar der Gauss'sche Satz: Wenn eine geodätische Linie von gegebener Länge sich um den einen Endpunkt dreht, so bleibt sie stets senkrecht zu der von dem anderen Endpunkte beschriebenen Curve. Entspricht dabei einer Drehung $d\varphi$ eine Verschiebung $d\sigma$ des beweglichen Endpunktes, so heisst die durch die Gleichung $d\sigma = m\,d\varphi$ definirte Grösse m (s. Gauss: disqu. gen. c. superf. curv.) die reducirte Länge des geodätischen Bogens.

Ein geodätisches Dreieck enthält im Allgemeinen neun Bestimmungsstücke, nämlich die drei Seiten und ihre sechs Azimuthe in den Ecken; die Dreieckswinkel sind durch die Azimuthe unmittelbar bestimmt. Im zweiten Abschnitte werden nun zunächst die Ausdrücke für die Aenderungen jener neun Stücke durch die Aenderungen der p und q in den Ecken des Dreiecks ausführlich entwickelt. Die Coefficienten der dp und dq in diesen Formeln enthalten, ausser den Grössen E, F, G aus dem Ausdrucke

$$ds^2 = E\,dp^2 + 2F\,dp\,dq + G\,dq^2$$

für das Linienelement ds^2, nur noch die Azimuthe und die reducirten Längen der Dreiecksseiten, und müssen den bekannten Integrabilitätsbedingungen genügen, da man es hier mit vollständigen Differentialen zu thun hat. Die nähere Untersuchung dieser Bedingungen führt dann zu folgenden Sätzen: 1) Die reducirte Länge eines geodätischen Bogens bleibt ungeändert, wenn man Anfangs- und Endpunkt desselben mit einander vertauscht. 2) Zählt man längs einer geodätischen Linie von einem beliebigen

Anfangspunkte aus Abscissen, ist (αr) die reducirte Länge des Bogens zwischen den Punkten, welche resp. die Abscissen α und r haben, so ist

$$\frac{\partial^2(\alpha r)}{\partial r^2} + (\alpha r) k_r = 0,$$

wo k_r das Gauss'sche Krümmungsmass im Punkte r bedeutet. 3) Die reducirte Länge eines geodätischen Bogens, als Function der p und q seiner beiden Endpunkte betrachtet, genügt mehreren partiellen Differentialgleichungen zweiter Ordnung, in deren Coefficienten ausser den E, F, G nur die Azimuthe in den Endpunkten auftreten.

Aus den Gauss'schen Sätzen über die Verbiegung von Flächen folgt unmittelbar, dass die reducirte Länge eines geodätischen Bogens sich bei der Verbiegung nicht ändert. Dieser Satz lässt sich in folgender Weise umkehren. Wenn die Punkte zweier Flächen einander so zugeordnet werden können, dass die reducirten Längen der geodätischen Verbindungslinien entsprechender Punkte für beide Flächen einander gleich sind, so lassen sich die Flächen auf einander abwickeln, und es kommen hierbei stets entsprechende Punkte zur Deckung. Bei der geometrischen Deutung solcher Untersuchungen ist jedoch ein Umstand zu beachten. Wenn die Coordinaten der beiden Flächen in der Weise als Functionen von p und q dargestellt werden, dass zu gleichen Werthen von p und q in beiden Flächen entsprechende Punkte gehören, so können sehr wohl zu reellen p und q auf der einen Fläche reelle Punkte gehören, auf der anderen aber nicht; mit anderen Worten: wenn ein Stück einer gegebenen Fläche sich nach einem bestimmten Gesetze umbiegen lässt, so gilt das noch nicht von der ganzen Fläche.

Der Bequemlichkeit halber wird im dritten Abschnitte statt der reducirten Länge die reducirte Abscisse eingeführt. Es genügt die reducirte Abscisse $[\alpha r]$ des Punktes r in Bezug auf den Punkt α (siehe oben) folgenden Bedingungen:

$$[\alpha r] = \pm(\alpha r) \quad (r \gtrless \alpha), \quad \frac{\partial^2[\alpha r]}{\partial r^2} + k[\alpha r] = 0,$$

$$[\alpha r] = 0, \quad \frac{\partial[\alpha r]}{\partial r} = 1 \quad \text{für} \quad r = \alpha.$$

Aus diesen Gleichungen folgen einige merkwürdige Relationen, von denen wir nur die Identität

$$[\alpha r].[\beta\gamma] + [\beta r].[\gamma\alpha] + [\gamma r].[\alpha\beta] = 0$$

hervorheben. Ferner werden die Bedingungen genauer untersucht, unter denen $[\alpha r] = 0$, ohne dass r gleich α ist, und die Abhängigkeit dieser Wurzeln r von α entwickelt. Wenn nämlich $[\alpha r] = 0$, so schneidet eine von α ausgehende, der gegebenen geodätischen Linie unendlich nahe Linie die erstere im Punkte r noch einmal, und es stellt sich dabei heraus, dass in Flächenstücken mit negativen k ein solches zweimaliges Schneiden nicht stattfinden kann.

Die im zweiten Abschnitte entwickelten Differentialgleichungen für die reducirte Länge enthalten noch die Azimuthe, setzen also die Kenntniss der geodätischen Linie selbst voraus. Durch nochmalige Differentiation lassen sich nun die Azimuthe eliminiren und eine partielle Differentialgleichung dritter Ordnung für die reducirte Länge herstellen, aus welcher alle auf die geodätische Linie selbst bezüglichen Grössen verschwunden sind. Dieselben kommen nur in den Grenzbedingungen vor, in der Differentialgleichung selbst treten dagegen nur p, q und als bekannt anzusehende Functionen von p und q auf. Jede Lösung dieser Differentialgleichung, welche gewisse vorgeschriebene Grenz- und Stetigkeitsbedingungen befriedigt, liefert mit Ausnahme eines besonders zu behandelnden Falles eine reducirte Länge. Aus dieser erhält man dann die Azimuthe auf algebraischem Wege, während die Ermittelung der Bogenlänge einer geodätischen Linie noch eine Integration erfordert.

In dem Ausnahmefalle ist jene Differentialgleichung dritter Ordnung die Folge einer einfacheren zweiter Ordnung, jedoch entspricht dann nicht mehr einer jeden Lösung derselben eine reducirte Länge. Dieser Fall tritt ein, 1) wenn die Fläche ein constantes Krümmungsmass besitzt, 2) wenn die Fläche sich in eine Rotationsfläche umbiegen lässt, und dann der Anfangspunkt der geodätischen Linie in die Rotationsaxe fällt. Beide Mal verschwindet dann eine gewisse Determinante, welche zugleich Invariante des Problems in demselben Sinne ist, wie das Krümmungsmass k.

Im vierten Abschnitte endlich werden die Bedingungen untersucht, unter denen zwischen den Seiten und Winkeln eines geodätischen Dreiecks Relationen stattfinden können, welche die p, q der Eckpunkte gar nicht enthalten. Das Resultat ist, dass alle krummen Oberflächen sich in vier grosse Klassen einordnen lassen, je nachdem keine, eine, zwei oder drei solcher von einander unabhängiger Gleichungen stattfinden können. Die vierte Klasse umfasst alle Flächen mit constantem Krümmungsmass. Die dafür gültigen Formeln gehen aus denen der sphärischen Trigonometrie unmittelbar hervor, wenn man in den letzteren jeden Bogen mit $\sqrt{k}$ multiplicirt, gleichviel ob k positiv oder negativ ist. Hierdurch ist auch der oben erwähnte Ausnahmefall erledigt. B.

Beltrami. Sulla teoria delle linee geodetiche. Rend. d. Ist. Lomb. (2). I. 708.

Lüroth. Verallgemeinerung des Problems der kürzesten Linie. Schlömilch Z. XIII. 156-162.

Siehe Abschn. VIII, Cap. 3, pag. 232.

E. Schering. Erweiterung des Gauss'schen Fundamentalsatzes für Dreiecke in stetig gekrümmten Flächen. Gött. Nachr. 1868. 389-391.

Siehe Abschn. VIII, Cap. 3, p. 232.

P. A. Hansen. Fortgesetzte geodätische Untersuchungen, bestehend in zehn Supplementen zur Abhandlung von der Methode der kleinsten Quadrate im Allgemeinen und ihrer Anwendung auf die Geodäsie im Besondern. Leipz. Abh. IX. 1-184.

Suppl. 1. Reflexionen über die Anlage und die Ausführung eines Dreiecksnetzes. Enthält ausser einer Kritik der bisher massgebenden Bestimmungen über Triangulationen eine Entwickelung derjenigen Grundsätze, nach denen, dem jetzigen Ausgleichungsverfahren gemäss, bei der Beurtheilung einer Triangulation verfahren werden muss.

Suppl. 2—9 enthalten Ergänzungen zu den in der „Methode der kleinsten Quadrate etc." gegebenen Rechnungsvorschriften für die praktische Ausführung einer Triangulation.

Suppl. 10. Das Beobachtungsverfahren betreffend, welches Gauss in der Hannöverschen Gradmessung angewandt hat. Ueber das Verfahren von Gauss fehlen bis jetzt alle directen Nachrichten. Der Verfasser stellt nun hierüber eine Vermuthung auf, welche sich mit den einzelnen von Gauss und Anderen gegebenen Andeutungen ganz gut verträgt, jedoch zu der Annahme führt, dass Gauss in dem „Suppl. theoriae comb. etc." bei dem jener Gradmessung entlehnten Beispiel einen Fehler begangen haben müsse. B.

Allégret. Mémoire sur la flexion des lignes géodésiques tracées sur une même surface quelconque. C. R. LXVI. 342. Mondes (2). XVII. 271 u. 423.

Es werden von dem Verfasser eine ganze Reihe von Sätzen über die Flexion oder, was dasselbe ist, über die Torsion der auf einer Fläche von einem Punkte ausgehenden geodätischen Linien ohne Beweis mitgetheilt, welche, wie man ohne grosse Mühe nachweisen kann, unmittelbare Folgerungen aus dem Ausdrucke

$$\left(\frac{1}{\varrho_1}-\frac{1}{\varrho_2}\right)\sin\theta\cos\theta$$

für die Torsion einer geodätischen Linie sind. ϱ_1, ϱ_2 sind die Hauptkrümmungshalbmesser, θ das Azimuth der geodätischen Linie, gezählt von einer Krümmungslinie aus. B.

Helmert. Studien über rationelle Vermessungen im Gebiete der höheren Geodäsie. Schlömilch Z. XIII. 73-120, 163-186.

Der erste Abschnitt der Arbeit behandelt sehr ausführlich die Ermittelung der wahrscheinlichen Lage eines Punktes, wenn die Lage zweier oder mehrerer durch ihn gehender Geraden beobachtet ist, wobei zwischen einzelnen unter ihnen noch Relationen stattfinden können. Aus dem Resultat, dass die Orte der Punkte mit gleicher Wahrscheinlichkeit concentrische, ähnliche und ähnlich liegende Ellipsen sind, werden Vorschriften für die Wahl der

Lage und Genauigkeit jener Geraden abgeleitet, um eine möglichst günstige Bestimmung bei gleichbleibender Mühe zu erhalten.

Im zweiten Abschnitt wird die Frage nach der günstigsten Methode für das Einschalten von Netzpunkten niederster Ordnung in ein grösseres bekanntes Netz dahin beantwortet, dass die Anwendung des Pothenot'schen Problems oder die Beobachtung der Hauptpunkte von den Nebenpunkten aus unter sonst gleichen Bedingungen im Allgemeinen aus praktischen und theoretischen Gründen den Vorzug verdiene.

Im dritten und vierten Abschnitt werden die günstigsten Formen der Basisnetze und der Hauptdreiecke gesucht, vorausgesetzt, dass man es mit einem idealen Terrain zu thun habe, d. h. einem solchen, dessen Triangulation den gewöhnlichen Methoden keine, besondere Kunstgriffe erfordernde Schwierigkeiten entgegensetzt. B.

Yvon Villarceau. Nouveau théorème sur les attractions locales. C. R. LXVII. 1275-1281.

Das neue Theorem besteht in zwei Formeln; die erste giebt den Unterschied zwischen der geodätischen und der wahren, in Folge lokaler Anziehungen davon verschiedenen Zenithdistanz eines Signals B in Bezug auf eine Station M als Function der Unterschiede zwischen der wahren und der geodätischen Breite von M und zwischen der wahren und der geodätischen Längendifferenz von M und B. In der zweiten Formel sind die Längendifferenzen durch die entsprechenden Azimuthe von B und M ersetzt. Es wird dann des Weiteren erörtert, wie diese Formeln in Verbindung mit einem bis an die Meeresküsten reichenden Nivellement dazu dienen können, die Coordinaten einer jeden Station, also hier speciell die Höhen der Stationen in Bezug auf das der Rechnung zu Grunde gelegte Sphäroid zu bestimmen.

B.

Fischer. Untersuchungen über die Gestalt der Erde. Darmstadt. Diehl.

Eine sehr ausführliche Kritik der bisherigen Versuche, aus Breitengradmessungen und Pendelbeobachtungen die Gestalt der

Erde zu bestimmen, mit besonderer Betonung der durch lokale und allgemeine Lothstörungen verursachten Fehler und Irrthümer.

B.

Anton Schell. Geometrischer Beweis des Lehmann'schen Satzes über die Lage des Standortes in Bezug auf das Fehlerdreieck. Wien. Ber. LVII. 67-70.

Anton Schell. Allgemeine Theorie des Polarplanimeters. Wien. Ber. LVIII. 189-209.

Der Artikel enthält die vollständige mathematische Theorie eines zum Durchschlagen eingerichteten Planimeters, nebst Vorschriften für den praktischen Gebrauch, die Rectification und Constantenbestimmung des Instrumentes, sowie für die Elimination des Fehlers, der entsteht, wenn die Axen der Laufrolle und des Führungsarmes nicht genau parallel sind. B.

Unferdinger. Das Pendel als geodätisches Instrument. Grunert Arch. XLIX. 309-330.

Der Aufsatz ist im Wesentlichen eine Reproduction zweier älteren, in den Berichten der Wiener Akademie publicirten Arbeiten desselben Verfassers. Derselbe giebt der Pendelformel folgende Gestalt:

$$\text{(I.)} \quad L_\varphi = L_0(1+A\mu^2)\left(1+\frac{\nu\mu^2}{1-\nu}\right)\frac{1-e^2\mu^2}{1-e^2(2-e^2)\mu^2},$$

wo L_φ die Pendellänge unter der Breite φ, ν das Verhältniss der Schwungkraft zur Schwerkraft unter dem Aequator, e die Excentricität der Meridianellipse, μ den sinus der Breite und A eine von der Massenvertheilung im Erdinnern abhängige Constante bedeutet. In dem Factor $1+A\mu^2$ sind die höheren Potenzen von μ, welche darin noch vorkommen müssten, vernachlässigt. Mit Hülfe der Bessel'schen Erddimensionen und der Pendellängen von Berlin, Königsberg und Güldenstein werden dann die Grössen L_0 und A bestimmt, und die Formel

$$\text{(II.)} \quad \log L_\varphi = 2.6427568+(7.35147)\mu^2+(5.3198)\mu^4+(3.547)\mu^6$$

abgeleitet. Die eingeklammerten Zahlen bedeuten Logarithmen. Bei der Vergleichung einer hiernach berechneten Tafel mit einer grösseren Anzahl (51) beobachteter Pendellängen stellen sich in den übrig bleibenden Fehlern für Insel-, Küsten und Continental-Stationen ähnliche Unterschiede heraus, wie sie schon lange von Airy nachgewiesen und von Stokes erklärt worden sind. Die Hinzufügung der vierten und sechsten Potenz von μ zu der gewöhnlichen Pendelformel

$$a + b \sin^2 \varphi$$

schafft also diese Anomalien nicht fort, auch scheint die Darstellung der Beobachtungen durch obige längere Formel nicht befriedigender zu sein als durch die gewöhnliche, wenigstens spricht eine Vergleichung der Mittelwerthe der bei beiden Formeln übrig bleibenden Fehler eher gegen, als für die obige Formel.

Beides liess sich erwarten, denn die Mitnahme von μ^4 und μ^6 ist illusorisch, so lange nicht nachgewiesen ist, dass die in dem Factor $1 + A\mu^2$ vernachlässigten Glieder keinen Einfluss auf die Coefficienten von μ^4 und μ^6 in dem Ausdruck für $\log L_\varphi$ haben.

Zum Schluss wird dann die umgekehrte Aufgabe behandelt, nämlich aus den empirisch gegebenen Coefficienten in $\log L_\varphi$ die Dimensionen der Erde und A und ν zu finden, vorausgesetzt, dass die analytischen Ausdrücke der Coefficienten die aus (I.) folgende Form besitzen. Die Auflösung des zur Erläuterung beigefügten Rechnungsbeispieles bietet keine besonderen Schwierigkeiten dar. B.

J. Höltschl. Das Pothenot'sche Problem in theoretischer und praktischer Beziehung. Mit besonderer Rücksicht auf dessen graphische Lösung mittelst des Messtisches. Weimar, R. F. Voigt.

Cayley. A „Smith's Prize" paper. No. 3 u. 4. Messenger IV. 204-206.

Explication von Landkarten. H.

Capitel 2.

Astronomie.

J. Merrifield and H. Evers. Navigation and Nautical Astronomy (Practical, Theoretical and Scientific) for use of Students and Practical Men. London, Longmans.

Laborde. Nouvelles découvertes astronomiques. Lois du mouvement des planètes. Le soleil pris comme centre moteur et régulateur de notre système planétaire. Paris, Bonaventure.

Seguin. Mécanique céleste. Paris, Gauthier-Villars.

Hoek. Sur le mouvement du système solaire dans l'espace. Deux lettres adressées à M. Delaunay. C. R. LXVI. 1200.

Maercker. Zwei wichtige chronologische Regeln. Grunert Arch. XLVIII. 8-35.

Die in diesem Aufsatz gegebenen Vorschriften zur Berechnung des zu einem bestimmten Datum gehörigen Wochentages und des Ostervollmondes für den alten wie für den neuen Kalender sind ziemlich einfach und leicht anzuwenden, indem die vorkommenden Zahlen niemals sehr gross werden. B.

Frischauf. Theorie der Bewegung der Himmelskörper um die Sonne nebst deren Bahnbestimmung in elementarer Darstellung. Graz, Leuschner nnd Lubensky.

Das Büchelchen enthält eine übersichtliche Entwickelung aller der Formeln, welche zur Bahnbestimmung unumgänglich nöthig sind, mit Fortlassung aller Nebenbetrachtungen und Ausnahmefälle, sowie der Modificationen, welche die Gauss-Olbers'schen Methoden seither erfahren haben. B.

JEAN PLANA. Mémoire sur les formules du mouvement circulaire et du mouvement elliptique, libre, autour d'un point excentrique par l'action d'une force centrale. Mem. di Torino (2). XXIV.

Absicht der Arbeit ist, nachzuweisen, dass Newton die Entdeckung des Gravitationsgesetzes nicht aus der Kenntniss der Kepler'schen Regeln, noch weniger aus der Kepler'schen Berechnung Tychonischer und älterer Beobachtungen geschöpft habe, sondern vielmehr aus einer Combination des Huyghens'schen Satzes über das Maass der Schwungkraft mit einer von Newton selbst durch die Fluxionsrechnung entdeckten Transformation des Ausdruckes für den Krümmungshalbmesser ebener Curven.

B.

E. BOUCHOTTE. Sur la distance de la terre au soleil. Mondes (2). XVI. 529.

MEYER. Kosmische Messungen. Pr. G. Bunzlau.

Eine gemeinfassliche Darstellung der Versuche, die Gestalt und Grösse der Erde zu bestimmen, von den ältesten Zeiten an bis auf die europäische Gradmessung. B.

LESPIAULT. Théorie géométrique de la variation des éléments des planètes. Paris, Gauthier-Villars.

GRUEY. Sur le calcul numérique des perturbations des petites planètes au moyen des quadratures. Ann. de l'Éc. Norm. V. 161-229.

Im Wesentlichen eine Darstellung der von Encke im Berliner astr. Jahrbuch 1837 und in den Astr. Nachr. 791, 792, 814 gegebenen Methoden, die Störungen mit Hülfe von mechanischen Quadraturen zu berechnen. Section I giebt die Entwickelungen der Formeln zur Berechnung der Störungen, sowohl der rechtwinkligen Coordinaten als auch der Bahnelemente. Section II enthält eine Ableitung der Formeln für die mechanische Quadratur und Section III ein nach den beiden Methoden (nämlich Störungen der Coordinaten und Störungen der Elemente) gerechnetes Beispiel. B.

Remigio del Grosso. Sulle perturbazioni planetarie. Battagl. G. V. 65. 129. 193. VI. 1. 125. 324.

Diese Monographie hat den Zweck, für Anfänger als Einleitung in die schwierigeren Theile der Störungstheorie zu dienen und reproducirt daher in zusammenhängender Weise das Wesentliche der bisher bekannten Methoden und Resultate unter der Voraussetzung, dass die Excentricitäten und Neigungen der gestörten Bahnen sehr klein seien. Es werden der Reihe nach behandelt: die Differentialgleichungen für die gestörten Elemente, die kanonischen Elemente, die Entwickelung der Störungsfunction nach den mittleren Anomalien, die Integration der Störungsgleichungen, die säcularen und periodischen Störungen und die Störungen der Polarcoordinaten, welche den Ort eines Planeten in seiner Bahn bestimmen. Zum Schluss ist dann noch in kürzen Umrissen hinzugefügt: die Methode von Hansen, unmittelbar den gestörten Ort zu finden, und das Verfahren, welches Y. Villarceau vorgeschlagen hat, um Masse und Bahn eines unbekannten Planeten zu finden, wenn die von ihm auf andere Körper ausgeübten Störungen bekannt sind. B.

R. Radau. Sur un théorème de mécanique. C. R. LXVI. 1262-1265. Mondes (2). XVII. 319.

R. Radau. Remarques sur le problème des trois corps. C. R. LXVII. 171-175. Mondes (2). XVII. 492.

R. Radau. Sur une transformation orthogonale applicable aux équations de la dynamique. C. R. LXVII. 316-319. Mondes (2). XVII. 579.

R. Radau. Sur l'élimination directe du nœud dans le problème des trois corps. C. R. LXVII. 841-843. Mondes (2). XVIII. 367.

R. Radau. Sur une transformation des équations différentielles de la dynamique. Ann. de l'Éc. Norm. V. 311-375.

Siehe Abschn. X, Cap. 3, p. 321.

Ch. Delaunay. Théorie du mouvement de la lune. Paris, Gauthier-Villars. T. I. 1860. T. II. 1868.

J. Tissérand. Exposition, d'après les principes de Jacobi, de la méthode suivie par M. Delaunay dans sa théorie de la lune. Liouville J. (2). XIII. 255-303.

Durch die Hamilton-Jacobi'sche Theorie wird die Integration der dynamischen Differentialgleichungen bekanntlich auf die Lösung einer partiellen Differentialgleichung zurückgeführt, was für die Variation der Constanten ganz besondere Vortheile bietet. Herr Tissérand zeigt nun, wie die von Delaunay in seiner Mondtheorie befolgte Integrationsmethode sich in eleganter Weise aus diesen Principien ableiten lässt.

Wenn man die Störungsfunction auf den constanten Theil und ein periodisches Glied beschränkt, so lassen sich die Störungsgleichungen streng integriren, und wenn man nun die Integrationsconstanten als neue Variable einführt, so hängen diese wieder von ähnlichen Gleichungen ab, nur dass die neue Störungsfunction das vorhin betrachtete periodische Glied nicht mehr enthält. Auf diese Weise schafft Delaunay aus der Störungsfunction vorweg die wichtigsten Glieder fort und wendet nachher auf die übrigen das gewöhnliche Verfahren an.

Sei also die Störungsfunction reducirt auf

$$R_0 = -B - A\cos(il + i'g + i''h + i'''n't + q),$$

wo i, i', i'', i''' ganze Zahlen sind, q eine Constante, l die mittlere Anomalie des Mondes, g das Argument der Breite des Perigäums, h die Länge des Knotens der Mondbahn, t die Zeit und n' die mittlere Bewegung der Sonne. Die Grössen A, B hängen ab von der grossen Axe a, der Excentricität e und der Neigung i der Mondbahn; sie sind aber als Functionen der drei den Elementen l, g, h zugeordneten kanonischen Elemente L, G, H ausgedrückt, welche ihrerseits Functionen von a, e, i sind. Die Integration der Störungsgleichungen

$$\frac{dL}{dt} = \frac{\partial R_0}{\partial l}, \qquad \frac{dl}{dt} = -\frac{\partial R_0}{\partial L}, \qquad \text{u. s. w.}$$

kommt nun darauf zurück, eine Lösung S der partiellen Differentialgleichung

$$\frac{\partial S}{\partial t} - B - A\cos\left(i\frac{\partial S}{\partial L} + i'\frac{\partial S}{\partial G} + i''\frac{\partial S}{\partial H} + i'''n't + q\right) = 0$$

zu suchen, die drei willkürliche Constanten C, (g), (h) enthalten muss; die verlangten Integrale sind dann

$$\frac{\partial S}{\partial L} = l, \qquad \frac{\partial S}{\partial G} = g, \qquad \frac{\partial S}{\partial H} = h,$$

$$\frac{\partial S}{\partial C} = -c, \qquad \frac{\partial S}{\partial (g)} = (G), \qquad \frac{\partial S}{\partial (h)} = (H).$$

Die Lösung S findet man ohne Schwierigkeit, und die sechs neuen kanonischen Constanten C, (g), (h), c, (G), (H) werden ihrerseits als Variable durch das kanonische System

$$\frac{dC}{dt} = \frac{\partial R_1}{\partial c}, \qquad \frac{dc}{dt} = -\frac{\partial R_1}{\partial C}, \qquad \text{u. s. w.}$$

bestimmt, wo die Störungsfunction R_1 von den Gliedern R_0 befreit ist. So ist also das mit A multiplicirte periodische Glied aus der Störungsfunction fortgeschafft. Allerdings muss man in R_1 für die Elemente $L, G, \ldots$ Reihenentwickelungen setzen, zu denen man durch die vorhergehende Integration gelangt ist, was die Rechnung wieder complicirt, aber die neu auftretenden Glieder sind von einer höheren Ordnung.

Der Verfasser zeigt endlich, wie dieselbe Methode auf die Planetenstörungen anwendbar ist, wo man nicht sechs, sondern zwölf Störungsgleichungen hat. Er empfiehlt die Anwendung derselben besonders für die Bestimmung der grossen Ungleichheit der Planeten Jupiter und Saturn. R.

NEWCOMB. Comparaison de la théorie de la lune de M. Delaunay avec celle de M. Hansen. C. R. LXVI. 1197-1200.

Delaunay hat die wahre Anomalie des Mondes dargestellt durch eine Reihe, welche nach den sinus der Vielfachen folgender vier Winkel fortschreitet: mittlere Anomalie des Mondes und der Sonne, mittlere Entfernung des Mondes von der Sonne und von seinem aufsteigenden Knoten. Herr Newcomb hat nun den Hansen'schen Ausdruck für die wahre Anomalie des Mondes durch eine Transformation mit dem Delaunay'schen direct vergleichbar gemacht und zieht aus der Vergleichung der Differenz Del.—H. für 137 der wichtigsten Coefficienten u. a. folgende interessante Schlüsse:

Die Summe der absoluten Werthe sämmtlicher Differenzen steigt auf 8'',88, wenn man einen Coefficienten weglässt, der für sich die Differenz 1'',24 liefert, und bei dessen Reduction auf die gewöhnliche Form ein Fehler zu sein scheint.

Der wahrscheinliche Unterschied zwischen den von beiden Theorien gegebenen Mondlängen beträgt 0'',8, also weniger als der wahrscheinliche Fehler der besten Positionsbestimmungen des Mondes.

Der Ausspruch Hansen's, dass die beobachteten Mondstörungen etwas grösser sind als die berechneten, scheint durch Delaunay's Theorie und die neueren Beobachtungen bestätigt zu werden, doch scheint es nicht, als ob zur Erklärung dieser Abweichung die Hypothese unumgänglich nothwendig wäre, dass Schwerpunkt und Figurmittelpunkt des Mondes nicht zusammenfallen, obgleich dieselbe allerdings genügt. B.

H. Godfray. Note on the Lunar Theory. Quart. J. IX. 126-128. 231.

W. Walton. Note on the Lunar Theory. Quart. J. IX. 226-230.

Alle 3 Noten enthalten gegenseitige Erwiderungen beider Herren, welche durch eine Note des Herrn Walton im Quart. J. VIII. 297-301 hervorgerufen sind. Sie beziehen sich auf einen Punkt in H. Godfray's: „Treatise on the Lunar Theory". Letztere war jedoch dem Referenten zu seinem Bedauern unzugänglich.

O.

E. Desmarest. Preuve physique et mathématique de la rotation diurne de la terre. Paris, Hachette.

Carl Menzzer. Ueber den Zusammenhang der Rotation und Revolution, die dritte von Copernicus entdeckte Bewegung der Erde und das Rotationsgesetz. Pr. R. Halberstadt.

Der Herr Verfasser versucht die Ansicht des Copernicus, dass die Erdaxe, um dieselbe Richtung im Raume zu bewahren, eine eigenthümliche rückläufige Bewegung besitzen müsse, wieder zu Ehren zu bringen, ein Versuch, der lebhaft an den alten Streit um die Axendrehung des Mondes erinnert. Hieran schliesst sich eine auf metaphysische Speculationen gestützte Ableitung einer Relation zwischen den Dichtigkeiten der Planeten und ihren Umdrehungszeiten, welche sich leidlich der Wirklichkeit anpasst.

B.

GYLDÉN. Zur Entwicklung der Störungsfunction. Astr. Nachr. LXX. 151.

Sind r und a der Radiusvector und die grosse Halbaxe des gestörten, r' und a' des störenden Planeten, so lässt sich die Grösse

$$\frac{a}{\Delta} = a'(r^2 + r'^2 - 2rr'\cos H)^{-\frac{1}{2}}$$

in die Reihe

$$\frac{a'}{r'}C_0 + 2\frac{r}{a}\left(\frac{a'}{r'}\right)^2 C_1 \cos H + 2\left(\frac{r}{a}\right)^2\left(\frac{a'}{r'}\right)^3 C_2 \cos 2H + \cdots$$

entwickeln. Mit Hülfe einer bekannten Transformation erhält man dann, wenn

$$\alpha = \frac{a}{a'}, \quad \left(\frac{r a'}{a r'}\right)^2 = 1 - \psi,$$

die Gleichung

$$C_n = \frac{2\alpha^{n+1}}{\pi}\int_0^{\frac{\pi}{2}} \frac{\sin w^{2n}\, dw}{\sqrt{(1 - \alpha^2 \sin^2 w + \alpha^2 \psi \sin^2 w)}}.$$

Dies nach Potenzen von ψ entwickelt, giebt, weil ψ von der Ordnung der Excentricitäten ist, eine im Allgemeinen rasch convergirende Reihe mit constanten Coefficienten. Die Entwicklung von ψ^n nach den excentrischen Anomalien des gestörten und den mittleren des störenden Körpers, verbunden mit der bereits bekannten analogen Entwicklung von

$$\left(\frac{r}{a}\right)^m \left(\frac{a'}{r'}\right)^{m+1} \cos mH,$$

liefert dann unmittelbar das Gesuchte. B.

DUFOUR. Mémoire sur une méthode pour déterminer la distance de quelques étoiles, ou du moins une limite supérieure de cette distance. C. R. LXVI. 664-666. Bull. d. l. S. Vaud. X. 1-8.

Geht die Bahnebene eines Doppelsterns nahezu durch unser

Sonnensystem, so wird die relative Geschwindigkeit des Begleitsterns in Bezug auf den Beobachter periodische Variationen erleiden, welche im Maximum gleich dem Doppelten der Geschwindigkeit des Begleiters in Bezug auf den Hauptstern sind, wenn man von der Excentricität der Bahnellipse absieht. Die Verschiebungen der Spectrallinien des Begleiters gestatten nun jene Variationen direct zu messen, oder doch wenigstens eine obere Grenze für dieselben anzugeben; hieraus und aus der Umlaufszeit ergiebt sich eine obere Grenze für die lineare Grösse der Halbaxe der Bahn, also auch für die Entfernung des Doppelsterns von der Erde. B.

H. van Blenken. Einige opmerkingen over de Beweging van Kometen. Versl. en Mededeel. (2). II. 321-326.

Th. Oppolzer. Ueber die Bestimmung einer Cometenbahn. Wien. Ber. LVII. 219-245.

Bei der Bestimmung einer Cometenbahn aus drei vollständigen Beobachtungen versagt bekanntlich die Olbers'sche Methode, sobald die drei Cometenörter zugleich mit dem mittleren Sonnenort nahezu auf ein und demselben grössten Kreise liegen, obgleich in diesem Falle eine Bahnbestimmung möglich ist. Die Oppolzer'sche Methode ist von diesem Mangel vollständig frei und durchaus allgemein; sie erreicht ausserdem, allerdings auf Kosten der Einfachheit in den Formeln, bei den ersten Annäherungen eine Genauigkeit, welche um eine Ordnung höher ist, als bei dem Verfahren von Olbers. Der Unterschied zwischen beiden beruht wesentlich in Folgendem. Bekanntlich geben drei vollständige Beobachtungen ein Bestimmungsstück zu viel zur Berechnung einer parabolischen Bahn. Man hat also die Freiheit, einer Beobachtung nur unvollständig zu genügen, was im Allgemeinen dadurch geschieht, dass man festsetzt, der aus der berechneten Parabel folgende mittlere Cometenort solle in einem bestimmten, durch den zweiten beobachteten Ort gehenden grössten Kreise liegen. Bei der Olbers'schen Methode geht dieser Kreis durch den mittleren Sonnenort, bei Oppolzer steht er nahezu senkrecht auf der Richtung der scheinbaren Bewegung des Cometen. Sonst ist der

Gang beider Methoden im Wesentlichen derselbe. Aus der Bedingung, dass die Bahnebene durch die Sonne gehen muss, wird eine Gleichung zwischen der ersten und dritten geocentrischen Entfernung des Cometen hergeleitet, deren Coefficienten ausser bekannten Grössen noch die Verhältnisse der von den Radiusvectoren des Cometen gebildeten Dreiecksflächen enthalten. Die Verbindung dieser Gleichung mit der bekannten Euler'schen gestattet dann durch successive Versuche jene beiden geocentrischen Entfernungen und damit alles Uebrige zu finden. B.

Schramm. Der Sternschnuppenfall auf der Sonne. Grunert Arch. XLVIII. 198-209.

Der Herr Verfasser stellt die Hypothese auf, dass der Sonnenkörper dunkel sei und seine Lichthülle durch das Erglühen von in die Sonnenatmosphäre stürzenden Meteoren entstehe. Auf Grund der von Prof. Newton in Newhaven gegebenen Daten über die Zahl der stündlich auf die Erde stürzenden Sternschnuppen wird der Nachweis versucht, dass die durch die Entzündung der auf die Sonne stürzenden Meteore gelieferte Lichtentwicklung hinreiche, den beobachteten Glanz der Sonne zu erzeugen. Weshalb diese Hypothese an Stelle der bisherigen Annahme von der Sonne eigenthümlichen Verbrennungsprocessen treten soll, ist nicht gesagt, ebenso fehlt der gewiss wünschenswerthe Nachweis, dass ein Sternschnuppenfall zur Erzeugung der vorhandenen Sonnenwärme genüge. B.

H. Gyldén. Ueber eine allgemeine Refractionsformel. Bull. de St. Pét. XII. 474-480.

Herr Gyldén geht von der Voraussetzung aus, dass die mittlere Temperaturabnahme eine innerhalb der atmosphärischen Grenze synectische Function der Höhe der Luftschicht über der Erdoberfläche sei. Er setzt daher

$$\frac{1+mt}{1+mt_0} = 1-\beta_1 s+\beta_2 s^2-\beta_3 s^3+\cdots,$$

wo s das Verhältniss der Höhe der Luftschicht über der Erdoberfläche zu ihrer Entfernung vom Erdmittelpunkt, m den Ausdehnungscoefficienten der Luft und t, t_0 die Temperaturen in der

Schicht und an der Oberfläche bezeichnen. Die Coefficienten β müssen durch Beobachtung bestimmt werden. β_1 ist genügend bekannt, etwa 120, β_2 u. s. f. dagegen noch ganz unbekannt, nur scheint β_2 in der Nähe der Grenzen 0 und $\frac{1}{2}\beta_1^2$ (negativ oder verschwindend wahrscheinlich nicht) zu liegen. Der Verfasser setzt es gleich $\frac{1}{4}\beta_1^2$. Dem Verhältniss der Dichtigkeit einer der Höhe x entsprechenden Luftschicht zu der an der Oberfläche liegenden kann die Form

$$\frac{\varrho}{\varrho_0} = e^{-g_1 x - g_2 x^2 - g_3 x^3}$$

gegeben werden. Dabei finden folgende Relationen statt:

$$g_1 = \left(\frac{a}{l} - \beta_1\right)\omega, \qquad g_2 = \tfrac{1}{2}\left(\frac{a}{l} - \beta_1\right)\beta_1\omega^2 + \beta_2\omega^2,$$

$$g_3 = \tfrac{1}{3}\left(\frac{a}{l} - \beta_1\right)(\beta_1^2 - \beta_2)\omega^3 + \tfrac{2}{3}\beta_1\beta_2\omega^3 - \beta_3\omega^3, \quad \text{u. s. f.}$$

a ist der Erdradius, l die barometrische Constante, ω endlich ergiebt sich aus der Gleichung $s = \omega x$ für den Werth, den s an der obersten Luftschicht annimmt, wo die Dichtigkeit verschwindend ist. Da durch die Einführung dieser Form für $\frac{\varrho}{\varrho_0}$ die Gleichung unintegrirbar wird, zerlegt H. Gyldén dieselbe in

$$\frac{\varrho}{\varrho_0} = M_1 - M_2 - M_3 \ldots,$$

wo

$$M_1 = e^{g_1 x}, \; M_2 = g_2 x^2 e^{-g_1 x}, \; M_3 = (g_3 x^3 - \tfrac{1}{2} g_2^2 x^4)\, e^{-g_1 x}, \text{ u. s. f.}$$

Dadurch werden dann die Integrale nur noch von g_1 abhängig.

O.

A. Erman. Ueber den permanenten oder mittleren Zustand der Erdatmosphäre. Astr. Nachr. LXX. 368.

Ist die Temperatur für alle Punkte der Gashülle eines rotirenden Planeten dieselbe, so befindet sich die Gashülle gegen den festen Kern in relativer Ruhe, während der Druck für alle Punkte einer Niveaufläche constant bleibt. (Laplace, Méc. cél. L. III.) Darauf hin ist vielfach behauptet worden, dass die Bewegungen in der Erdatmosphäre nur aus periodischen oder zufälligen Schwankungen um den mittleren oder Ruhezustand beständen, und dass der mittlere Barometerstand multiplicirt mit der Schwerkraft und reducirt auf das Meeresniveau für alle Punkte der Erde derselbe wäre. Diese Behauptungen werden durch die Beobachtung widerlegt, indem die von Laplace vorausgesetzte Constanz der Temperatur in Wirklichkeit nicht zutrifft.

Vielmehr, sagt Herr Erman, befindet sich unsere Atmosphäre wegen der Verschiedenheit der mittleren Jahrestemperaturen (nach Ausgleichung der periodischen und zufälligen Schwankungen) in einer beständigen Strömung, deren Richtung und Geschwindigkeit nur vom Orte, aber nicht von der Zeit abhängt, ferner ist der mittlere Luftdruck für Punkte einer Niveaufläche ebenfalls eine Function des Ortes, welche die Zeit nicht enthält.

Um zu prüfen, wie weit hiermit die Beobachtungen im Einklang stehen, schlägt Herr Erman Folgendes vor. Es sei V das von der Anziehung der Erde und der Centrifugalkraft herrührende Kräftepotential, φ das Geschwindigkeitspotential, dann lassen sich die bekannten hydrodynamischen Grundgleichungen, da die Zeit ganz aus dem Problem herausgeht, in folgender Form darstellen:

$$\frac{dp}{\varrho} = dV - \tfrac{1}{2}d\left\{\left(\frac{\partial\varphi}{\partial x}\right)^2 + \left(\frac{\partial\varphi}{\partial y}\right)^2 + \left(\frac{\partial\varphi}{\partial z}\right)^2\right\},$$

$$0 = \frac{\partial\log\varrho}{\partial x}\cdot\frac{\partial\varphi}{\partial x} + \frac{\partial\log\varrho}{\partial y}\cdot\frac{\partial\varphi}{\partial y} + \frac{\partial\log\varrho}{\partial z}\cdot\frac{\partial\varphi}{\partial z} + \frac{\partial^2\varphi}{\partial x^2} + \frac{\partial^2\varphi}{\partial y^2} + \frac{\partial^2\varphi}{\partial z^2},$$

$$p = \varrho F(x, y, z),$$

wo F bekannt ist, sobald man die Vertheilung der mittleren Jahrestemperaturen kennt. Eliminirt man ϱ und p, so erhält man zur Bestimmung von φ eine partielle Differentialgleichung, welche man nach Einführung von Polarcoordinaten und Entwickelung von V, F, und φ nach Kugelfunctionen durch die Methode der unbestimmten Coefficienten integriren kann. Aus φ findet man dann leicht p und ϱ und kann dann Rechnung und Beobachtung unmittelbar mit einander vergleichen. B.

J. FINGER. Studien aus der Physik. Pr. d. R. Ellbogen.

Der zweite Theil dieser Arbeit enthält eine hübsche elementare Ableitung der Formel für barometrische Höhenmessungen mit einer Bestimmung des wahrscheinlichen Fehlers. O.

Anhang.

Tafeln etc.

A. F. D. WACKERBARTH. Femställiga Logarithm-Tabeller. Upsala.

Gewöhnliche Logarithmen bis 11000, natürliche bis 10000, trigonometrische und andere Tabellen. H.

DEFERT. Tafeln zur Berechnung rechtwinkliger Coordinaten. Berlin, Springer.

Die Tafeln geben den Werth der Producte $a \sin \alpha$ und $a \cos \alpha$ für $a = 10, 20, 30, \ldots 90$ und für jede volle Minute von α, um aus der Länge einer Linie und ihrem Azimuth unmittelbar die rechtwinkligen Coordinaten des einen Endpunkts in Bezug auf den anderen zu finden. B.

BOERSCH. Anleitung zur Berechnung der rechtwinkligen sphärischen Coordinaten der Dreieckspunkte, sowie der Dreiecksseiten und ihrer Richtungen aus den gegebenen geographischen Längen und Breiten der Dreieckspunkte mit besonderer Berücksichtigung der trigonometrischen Landesaufnahme des vormaligen Kurfürstenthums Hessen als Grundlage für Gemarkungs-, Forst- und dergl. Vermessungen. Cassel, Württenberger.

R. ROHR. Tafeln zur Berechnung relativer Höhen. Bern, Jost und Reynert.

Namenregister.

Verzeichniss

der Herren, welche für den Jahrgang 1868 Referate geliefert haben.

(Die Verantwortlichkeit für den Inhalt tragen die Herren Referenten.)

Herr Dr. August in Berlin	A.
- Dr. Bruns in Berlin	B.
- Prof. Dr. Hoppe in Berlin	H.
- Dr. Hutt in Berlin	Ht.
- Dr. Kretzschmer in Frankfurt a. O.	K.
- Dr. Maynz in Ludwigslust	Mz.
- Dr. E. Meyer in Berlin	Mr.
- Dr. Felix Müller in Berlin	M.
- Natani in Berlin	Ni.
- Dr. Netto in Berlin	No.
- Dr. Ohrtmann in Berlin	O.
- Dr. Radau in Berlin	R.
- Dr. Schumann in Berlin	Sch.
- Dr. Teichert in Freienwalde a. O.	T.
- Dr. Wangerin in Berlin	Wn.
- Dr. Worpitzky in Berlin	Wy.

Briefe und Zusendungen erbitten wir entweder durch Vermittelung der Verlagshandlung oder unter der Adresse: Dr. Carl Ohrtmann, Berlin, Dessauerstr. 17.

Verzeichniss der sinnstörenden Druckfehler.

S. 2 Z. 12 v. o. lies Hoche statt Hache.
- 5 - 22 - - füge hinzu Boncompagni Bull. I. 51-53.
- 6 - 10 - - lies Peckkami statt Peckkarni.
- 6 - 14 - - - Hameti statt Hameli
- 7 - 9 - - - χειρ statt κειρ.
- 7 - 36 - - - R. fol. 23 statt K. fol. 23.
- 8 - 6 - - - 1724 statt 1729.
- 9 - 33 - - - a Quercu statt a Querca.
- 12 - 12 - - - Litzg. XIII statt Z. XIV.
- 13 - 24 - - - VII 304-308 statt VII 661-664.
- 13 - 31 - - - Cap. 2 statt Cap. 1.
- 24 - 23 - - - Wn. statt Wg.
- 32 - 5 - - - Cap. 4 statt Cap. 3.
- 37 - 21 - - - LXVI statt XLVI.
- 45 - 10 - - - Gordan statt Jordan.
- 54 - 18 - - - than statt then.
- 59 - 22. 29 v. o. Gordan statt Jordan.
- 70 - 6 v. o. lies Whitworth statt Withworth.
- 73 - 9 - - - Whitworth statt Withworth.
- 98 - 10 - - - XLIX statt IX.
- 100 - 22 - - - Cordier statt Cordcer.
- 116 - 19 - - - gleich Eins, die übrigen endlich statt gleich, die übrigen endlichen.
- 118 - 2 - - - Roch behandelt . . . statt Noch . . . behandelt er . . .
- 118 - 20 - - - gestaltet statt gestattet.
- 127 fehlt die Ueberschrift Functionentheorie.
- 136 Z. 14 v. o. lies Allégret statt Allègret.
- 136 - 21 - - - relative à l'intégration statt relative l'intégration.
- 138 - 9 - - - $\sin^2\varphi_n$ statt $\sin\varphi_n$.
- 140 - 11 - - - 1823 statt 1822.
- 140 - 19 - - - 1843 statt 1834.
- 140 - 20 - - - Anger statt Angler.
- 140 - 20 - - - Anwendungen statt Anwendung.
- 169 - 23 - - - d'Ovidio statt D. Ovidio.
- 187 - 16 - - - C. Sardi statt G. Sardi.
- 192 - 4 - - - p. 155 statt p. 153.
- 196 - 21. 24 v. o. lies Lamé statt Saucé.
- 198 - 6. 7 v. o. lies dS_n statt ds_n.
- 222 Z. 20 v. o. lies 71 statt 51.
- 245 - 21 - - - Planton statt Plauton.
- 291 - 20 - - - ebener Curven statt ausgezeichneter Curven.

FSC
www.fsc.org
MIX
Papier | Fördert
gute Waldnutzung
FSC® C083411

Kolibri 360 GmbH
Ferdinand-Jühlke-Straße 7
99095 Erfurt, Deutschland
produktsicherheit@kolibri360.de